面向新工科的电工电子信息基础课程系列教材

教育部高等学校电工电子基础课程教学指导分委员会推荐教材

首批国家级一流本科课程配套教材

随机信号分析与处理

石岩 赵娟 陶然 郇浩 编著

U0361885

清华大学出版社

北 京

内 容 简 介

本书介绍随机信号分析、信号检测与估计的核心理论与方法。全书共七章，内容包括概率论基础、随机信号的时域分析、随机信号的频域分析、随机信号通过线性系统的分析、窄带随机信号、信号检测理论、信号估计理论等。本书强调物理概念与数学描述的一致，充分体现内容知识间的相互关联，构建统一的知识体系和清晰的逻辑链条。同时为了体现理论联系实际的重要性，每章配以相应的研究型学习专题、MATLAB实验和习题，便于读者自学和实践。

本书可作为高等学校电子信息类专业本科生教材，同时也可供理工科研究生、教师和广大科研人员、工程技术人员参考使用。

图书在版编目(CIP)数据

随机信号分析与处理 / 石岩等编著. —北京：清华大学出版社，2021.5（2024.8重印）

面向新工科的电工电子信息基础课程系列教材

ISBN 978-7-302-58020-1

Ⅰ. ①随… Ⅱ. ①石… Ⅲ. ①随机信号－信号分析－高等学校－教材 ②随机信号－信号处理－高等学校－教材 Ⅳ. ①TN911.6 ②TN911.7

中国版本图书馆 CIP 数据核字(2021)第 070847 号

责任编辑：文　怡
封面设计：王昭红
责任校对：李建庄
责任印制：刘海龙

出版发行：清华大学出版社
　　　　　网　　　址：https://www.tup.com.cn, https://www.wqxuetang.com
　　　　　地　　　址：北京清华大学学研大厦 A 座　　　　邮　　编：100084
　　　　　社 总 机：010-83470000　　　　　　　　　　邮　　购：010-62786544
　　　　　投稿与读者服务：010-62776969, c-service@tup.tsinghua.edu.cn
　　　　　质量反馈：010-62772015, zhiliang@tup.tsinghua.edu.cn
　　　　　课件下载：https://www.tup.com.cn, 010-62795954
印 装 者：三河市龙大印装有限公司
经　　销：全国新华书店
开　　本：185mm×260mm　　　印　张：22.25　　　字　数：513 千字
版　　次：2021 年 7 月第 1 版　　　　　　　印　次：2024 年 8 月第 2 次印刷
印　　数：1501 ～ 1700
定　　价：65.00 元

产品编号：089163-01

随机信号分析与处理是本科电子信息类专业的专业核心课程，该课程以随机信号为研究对象，运用概率统计的观点对工程实际中涉及的随机问题进行建模、分析和处理，相关理论与方法已广泛应用于雷达、通信、语音处理、图像处理、自动控制、生物医学等领域。

本教材根据课题组多年积累的教学经验编写而成，力求突出以下特点。

① 强化数学基础，突出物理概念。随机信号分析与处理的最大特点在于运用概率统计的观点阐述和处理"随机"问题，因而涉及概率论与数理统计、随机过程等相关数学知识。然而本课程并非是一门数学课，如果仅仅限于数学表达、推导和计算，脱离实际物理含义，则违背了信号类课程的特点。因此，本书在强调数学描述的严谨性与逻辑性的同时，突出物理概念的解释，揭示数学描述与物理含义的统一性，培养读者抽象思维与形象思维兼顾的思维能力。

② 优化教学内容，体现贯通特点。随机信号分析、信号检测与估计通常是继信号与系统、数字信号处理之后开设的两门信号类专业课程，课程内容联系紧密，同时也是雷达原理、通信原理、语音处理、图像处理、统计信号处理等专业课程的基础。本书将随机信号分析、信号检测与估计的核心内容进行整合，在编写过程中注重知识的前后衔接，避免过多重复、冗余内容，重点突出随机信号分析与处理的核心知识与方法，力求使读者对信号类课程的知识脉络有清晰的认识。

③ 理论联系实际，注重创新培养。随机信号分析与处理的内容理论性强、概念抽象，而许多问题源自于工程实际，又具有一定的综合性和应用性。为了增强读者对知识方法的理解与运用，本书除配以传统的例题、习题之外，还辅以大量 MATLAB 实验教学内容，增强读者理论联系实际和动手实践的能力。此外，在研究型学习部分，通过设置扩展性、开放性、前沿性的专题研讨，以拓展读者的学习视野，体现创新培养理念。

全书共七章，结构安排如下。第 1 章简要回顾概率论的相关基础知识；第 2 章介绍随机信号的时域分析，主要包括随机过程的定义及统计特性、平稳随机过程及其性质、典型的随机过程等；第 3 章介绍随机信号的频域分析，主要包括功率谱密度的概念及性质、维纳-辛钦定理、白噪声模型等；第 4 章为随机信号通过线性系统的分析；第 5 章介绍窄带随机信号表示及其统计性质；第 6、7 章分别介绍信号检测与估计理论。每章均配以相应的研究型学习、MATLAB 实验和习题。附录部分包含本书相关辅助知识，供读者查阅使用。

根据课题组授课经验，本书建议学时为 48~64 学时，同时为了满足不同学时的教学任务，体现个性化、层次化教学，对标注 * 的章节可作为选学内容，不影响整体内容的理解。

本书获得北京理工大学教育教学改革重点项目 (2020CGJG007) 和信息与电子学院教育教学改革项目资助，同时在编写过程中得到了北京理工大学信息与电子学院和清华大学出版社的大力支持，在此表示感谢！限于作者水平有限，书中难免会有纰漏之处，恳请广大读者批评指正。

课件+源码

作者
2021 年 6 月

目录

目录

目录

第 **1** 章

概率论基础

概率论是研究客观世界随机现象的一门基础学科。所谓"随机"(randomness)，是指事物发生具有不确定性，且结果不可预知。这类现象在现实中广泛存在，例如投掷一枚硬币的结果、电子器件工作的寿命、每日的天气情况、分子的运动轨迹等。尽管随机现象充满不确定性，但其背后往往蕴含着一定的客观规律。采用概率统计的方法，为描述随机现象并揭示其蕴含的客观规律提供了一种有效途径。这便是研究概率论的重要意义。概率论也是随机信号分析的基础，鉴于读者已经学习过概率论课程，本章简要回顾概率论中的基本内容，并对一些重要概念、结论加以强化，加深读者的理解。

1.1 基本概念

随机现象具有不确定性，但人们希望通过定量的方式来描述它，因而引出了"**概率**"的概念。所谓概率，是指刻画事件发生可能性大小的数量指标。当然这是一个描述性定义，不具备可操作性。于是数学家定义了各种计算概率的方式，或者也可理解为概率的不同观点。归纳起来有以下几种[1, 2]：古典概率、几何概率、统计概率、贝叶斯概率以及公理化概率。

古典概率源自一种朴素的思想，其考虑某随机事件包含的结果在所有可能结果中所占的比例。以投骰子为例，假设骰子为正六面体，可能出现的结果为 $\{1, 2, 3, 4, 5, 6\}$，则"点数为偶数"的概率为 $3/6 = 1/2$，其中，"3"为偶数点的数量，"6"为所有可能结果的数量。古典概率蕴含着两个前提条件，一是所有可能出现的结果为有限个；二是所有结果是等可能 (概率) 的。显然这种假设具有很大的局限性。

几何概率通过几何化的方式计算概率，其继承了古典概率的思想，同时克服了古典概率仅能处理有限个结果的不足。例如射击，不考虑射击员能力、外部环境等因素影响，假设子弹落点是均匀分布 (即等概率) 于靶标的，则击中靶心的概率等于靶心区域的面积与靶标整体的面积之比。事实上，古典概率与几何概率均蕴含了公理化概率的思想，即通过样本空间上的**测度**① 来描述随机事件的概率。

统计概率将概率定义为事件发生的相对频率。仍以投骰子为例，若计算出现"2"的概率，可以将投骰子重复进行 n 次，统计其中出现"2"的次数 n_E，则比值 (即相对频率)n_E/n 即为"点数为 2"的概率。事实上，统计概率可视为真实概率的一种估计方法。理论证明，当 n 趋向于无穷大时，相对频率在概率意义下接近于真实概率，即伯努利大数定律 (Bernoulli law of large numbers)。以统计概率为基础，由此形成统计学中的一大分支，即频率学派 (frequentism)。然而统计概率是建立在事件可以大量重复发生的假设基础上，但在实际中，许多随机事件并不是可重复发生的，例如某体育赛事的比赛结果，地震、台风等自然灾害。在分析这类问题时，并不能简单地以相对频率作为计算依据，这是统计概率的不足之处。

与上述几种观点不同，贝叶斯概率是指对事件发生**信心**的度量，通常基于某些知识

---

① 测度是一个数学概念。通俗地讲，测度是集合大小的度量，例如长度、面积、体积等。

或个人信念。提到"信心", 读者可能会认为这是一个包含主观因素的定义, 事实亦如此。这似乎有些矛盾。概率不应当是客观的吗? 事实上, 关于概率的观点分歧由来已久, 由此产生了与频率学派相对立的贝叶斯学派 (Bayesianism)。贝叶斯学派观点认为, 任何事件首先存在一个概率, 称为先验概率 (prior probability); 而事件的概率会随着新的信息或证据不断更新, 此概率称为后验概率 (posterior probability)。贝叶斯概率取决于对信息或证据的积累, 而不是一成不变的。这种方式其实更接近于人类认知客观事物的方式。例如足球比赛有"胜""平""负"三种结果, 按照古典概率的观点, 每队获胜的概率均为 1/3。然而如果考虑两支球队的实力、状态等因素, 当然有理由相信实力较强、状态更好的一方获胜的概率会大于 1/3。由此可见, "信念"(即贝叶斯概率) 随着我们所掌握的信息发生了改变。关于频率学派与贝叶斯学派的更深层次讨论已超出本书的范围, 感兴趣的读者可参考概率论相关论著[3]。

公理化概率是由苏联数学家柯尔莫哥洛夫 (A. N. Kolmogorov, 1903–1987) 于 1933 年提出的, 其建立在集合论与测度论的基础上, 从而形成一套完整严密的数学理论。关于上文介绍的几种概率的不同观点, 均可以通过恰当定义归属于公理化概率的范畴。特别是贝叶斯概率, 实际上即为一种条件概率 (见定义 1.3)。应当说, 公理化概率是现代概率论的基石。本书涉及的概率即为公理化概率, 下面回顾概率论中的一些基本概念。

我们把对某种随机现象或不确定事物的观测过程称为**随机试验** (random experiment)①。随机试验的结果 (outcome) 有多种可能, 所有可能的结果构成的**集合**称为**样本空间** (sample space), 通常记为 Ω; 其中的元素 $\omega \in \Omega$, 即每一个结果称为**样本点** (sample point)。样本空间的**子集** $A \subset \Omega$ 称为**随机事件** (random event), 简称为事件, 其中包括 4 类情况:

① **基本事件** (elementary event): 集合仅有一个样本点;
② **复合事件** (composite event): 集合包含多个样本点;
③ **空事件** (null event): 亦称不可能事件, 集合不含任何样本点, 即空集 $\varnothing$;
④ **必然事件** (certain event): 样本空间 Ω。

例 1.1 设骰子为正六面体, 记录每次投掷顶面的点数, 显然包含 6 种试验结果, 故样本空间为 $\Omega = \{1, 2, 3, 4, 5, 6\}$。其中, "点数为 1~6 的某一个数"为基本事件, 即 $E_k = \{k\}, k = 1, 2, \cdots, 6$; "点数为偶数"为复合事件, 即 $A = \{2, 4, 6\}$; 相应地, "点数为奇数"为事件 A 的补, 即 $A^c = \{1, 3, 5\}$。注意到 $A \bigcup A^c = \Omega$, 意味着为"点数为偶数或奇数"是必然事件, 而 $A \bigcap A^c = \varnothing$, 意味着"点数既是偶数又是奇数"是空事件, 这是符合常识的。

结合例 1.1可以看出, 采用集合及其运算②可以方便、准确地描述随机事件, 同时

---

① 随机试验通常假设可在相同条件下重复进行。英文中把每一次重复试验称为"trial", 而整个试验过程称为"experiment"。

② 集合的基本运算包括并、交、补、差等。本书假定读者熟悉集合论相关内容, 不在此重复。

也为概率的公理化定义奠定了基础。为了准确定义随机事件的概率, 还应当明确哪些事件可以赋予概率, 由此引出域 (field) 的概念。

定义 1.1 (域) 设样本空间 Ω, $\mathscr{F}$ 是由样本空间中的子集构成的集合。称 $\mathscr{F}$ 是域, 满足如下 3 个条件:

(1) $\Omega \in \mathscr{F}, \varnothing \in \mathscr{F}$;

(2) 若 $A \in \mathscr{F}$, 则 $A^c \in \mathscr{F}$;

(3) 若 $A_i \in \mathscr{F}$, 则 $\bigcup\limits_{i=1}^{n} A_i \in \mathscr{F}$。

若 (3) 中并集为无穷个, 则称为 σ-域。

通俗地讲, 域是一些事件 (集合) 的集合。凡是在域中的事件, 都可以定义概率。下面给出概率的公理化定义。

定义 1.2 (公理化概率) 已知样本空间 Ω, σ-域 $\mathscr{F}$, 概率 P 是 $\mathscr{F}$ 上的函数, 满足如下 3 个条件:

(1) $P(A) \geqslant 0, \forall A \in \mathscr{F}$;

(2) $P(\Omega) = 1$;

(3) $P\left(\bigcup\limits_{i=1}^{\infty} A_i\right) = \sum_{i=0}^{\infty} P(A_i), \forall A_i, A_j \in \mathscr{F}, A_i \cap A_j = \varnothing, i \neq j$。

由 $(\Omega, \mathscr{F}, P)$ 构成的三元组称为概率空间。

根据定义 1.2, 概率是一种特殊的函数, 其将集合映射为 $[0,1]$ 上的数值。数学上, 把满足定义 1.2 中条件 (1)~(3) 的这类函数称为概率测度 (probability measure)。直观来讲, 条件 (1) 要求任意事件的概率都是非负的; 条件 (2) 要求必然事件的概率 定为 1; 条件 (3) 要求如果多个事件互斥, 则其同时发生的概率等于各自发生的概率之和。这些都是符合常识的。此外, 根据定义 1.2 还可推出概率的一些特殊性质。例如对任意的 $A, B \in \mathscr{F}$, 如果 $A \subset B$, 则 $P(A) = P(B) - P(B - A) \leqslant P(B)$。该性质称为概率测度的单调性。特别地, 由于 $A \subset \Omega$, 因此 $P(A) \leqslant P(\Omega) = 1$, 即样本空间中任意事件的概率不会大于 1。又如对任意的 $A \in \mathscr{F}$, 则 $A^c \in \mathscr{F}$, 且 $P(A^c) = 1 - P(A)$。即如果某事件发生的概率为 $P(A)$, 则不发生的概率必然为 $1 - P(A)$。据此得到一个推论, $P(\varnothing) = 1 - P(\Omega) = 0$, 即空事件的概率为零。注意逆命题不一定成立, 即概率为零的事件不一定是空事件。

关于概率测度的更深层次介绍已超出本书的范围, 感兴趣的读者可参阅文献 [4]。此外, 概率论中还有一些重要的概念和结论, 这里简单列出。

定义 1.3 (条件概率) 已知随机事件 A 与 B, 并假设 $P(B) > 0$, 则在事件 B 发生条件下, 事件 A 发生的概率为

$$P(A|B) = \frac{P(A \cap B)}{P(B)} \tag{1.1.1}$$

结合前文介绍, 贝叶斯概率可以通过条件概率来描述, 即考虑某事件 A, 证据 B, 则 $P(A)$ 是先验概率, 而 $P(A|B)$ 为后验概率。

如果 $P(A|B) = P(A)$, 意味着事件 B 发生对事件 A 没有影响, 则称事件 A **独立于**事件 B。结合条件概率的定义可得 $P(A \cap B) = P(A|B)P(B) = P(A)P(B)$。另一方面, 注意到

$$P(A \cap B) = P(A|B)P(B) = P(B|A)P(A)$$

因此如果事件 A 独立于事件 B, 则事件 B 也必然独立于事件 A, 即两者相互独立 (mutual independence)。

定义 1.4 (独立事件) 称事件 A, B 相互独立, 如果满足

$$P(A \cap B) = P(A)P(B) \tag{1.1.2}$$

注: 相互独立的概念可推广至多个事件。称事件 $A_i, i = 1, 2, \cdots, n$ 相互独立, 如果

$$P\left(\bigcap_{i=1}^{k} A_i\right) = \prod_{i=1}^{k} P(A_i), \ \forall\, 2 \leqslant k \leqslant n \tag{1.1.3}$$

$A_i, i = 1, 2, \cdots, n$ 相互独立意味着**两两独立** (pairwise independence), 即

$$P(A_i \cap A_j) = P(A_i)P(A_j), \ \forall\, i \neq j \tag{1.1.4}$$

但反之多个事件两两独立并不一定相互独立, 读者可试举出反例, 见习题 1.1。注意两者的含义不同。

利用条件概率可以得到一些重要的结论, 如链式法则、全概率公式、贝叶斯公式等。

命题 1.1 (链式法则) 设 $A_1, A_2, \cdots, A_n$ 为样本空间 Ω 中的一系列事件, 则

$$P(A_1 \cap A_2 \cap \cdots \cap A_n) = P(A_n|A_{n-1}, \cdots, A_1)P(A_{n-1}|A_{n-2}, \cdots, A_1) \times$$
$$\cdots \times P(A_2|A_1)P(A_1) \tag{1.1.5}$$

命题 1.2 (全概率公式) 设 $B_1, B_2, \cdots, B_n$ 为样本空间 Ω 的一个完备事件组, 即

$$\bigcup_{i=1}^{n} B_i = \Omega, \ \text{且}\ B_i \cap B_j = \varnothing, \ \forall\, i \neq j$$

则对样本空间中的任意一个事件 A, 有

$$P(A) = \sum_{i=1}^{n} P(A|B_i)P(B_i) \tag{1.1.6}$$

全概率公式可结合图 1.1来理解。设样本空间 Ω 被划分为一组完备事件 $B_i, i = 1, 2, \cdots, n$, 则任意事件 A 可视为由局部事件 $A \cap B_i$ 组成的整体, 其中, B_i 可视为 A 发生的某种条件或原因, 因此 $P(A \cap B_i) = P(A|B_i)P(B_i)$。显然, A 发生的概率应等于所有局部事件发生的概率之和。

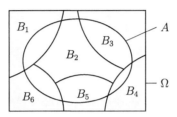

图 1.1　全概率公式的图形化解释

如果说全概率公式是依"原因"而计算"结果"的概率, 反过来, 由"结果"推算"原因"的概率可以通过贝叶斯公式来完成。

命题 1.3 (贝叶斯公式)　设 $B_1, B_2, \cdots, B_n$ 为样本空间 Ω 的一个有限划分, 则

$$P(B_i|A) = \frac{P(A|B_i)P(B_i)}{\sum_{j=1}^{n} P(A|B_j)P(B_j)} \tag{1.1.7}$$

例 1.2　已知二进制数字通信系统传输 0/1 两种字符, 如图 1.2所示。记发送端字符为 X, 接收端字符为 Y, 并设发送端字符出现的概率分别为 $P(X = 0) = p$, $P(X = 1) = 1 - p$, 若每个字符传输正确的概率为 q, 求接收端收到字符为 $Y = j$ 而发送端发送字符为 $X = i$ 的概率, $i, j = 0, 1$。

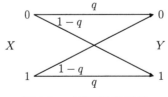

图 1.2　二进制传输系统

解:　设 $P(X = i|Y = j)$ 表示接收端收到字符 j 源自发送端发送字符 i 的概率。

根据贝叶斯公式,

$$P(X=i|Y=j) = \frac{P(Y=j|X=i)P(X=i)}{\sum\limits_{i=0}^{1} P(Y=j|X=i)P(X=i)}$$

其中

$$P(X=i) = \begin{cases} p, & i=0 \\ 1-p, & i=1 \end{cases}, \; P(Y=j|X=i) = \begin{cases} q, & i=j \\ 1-q, & i\neq j \end{cases}$$

具体计算结果如下:

$$P(X=0|Y=0) = \frac{pq}{pq+(1-p)(1-q)}$$

$$P(X=1|Y=0) = \frac{(1-p)(1-q)}{pq+(1-p)(1-q)}$$

$$P(X=0|Y=1) = \frac{p(1-q)}{p(1-q)+(1-p)q}$$

$$P(X=1|Y=1) = \frac{(1-p)q}{p(1-q)+(1-p)q}$$

1.2 随机变量

1.2.1 随机变量及概率分布

许多随机试验的结果都是数值, 如每天的气温、电路中的电压、列车行驶的速度等。即便某些试验的结果不是数值, 我们也希望将其数值化, 便于定量地分析。例如, 考虑投掷硬币这一随机试验, 其结果为"正面"或"反面", 当然也可以用数字 1、0 分别表示正、反面。这种方式反映了具体事件和抽象数值之间的映射关系, 由此产生随机变量的概念。

假设某样本空间 Ω, 对于任意的 $\omega \in \Omega$, 都存在一个数值 $X(\omega)$ 与其对应, 则 $X(\omega)$ 为随机变量, 如图 1.3所示。然而这种描述还不够精确。事实上, 由于概率论研究对象是集合, 为了保证概率有意义, 我们需要对映射 $X(\omega)$ 加以一定的约束。下面给出随机变量的定义。

定义 1.5 已知概率空间 $(\Omega, \mathscr{F}, P)$, 设映射 $X: \Omega \to \mathbb{R}$。若对于任意的 $x \in \mathbb{R}$, $\{\omega: X(\omega) \leqslant x\} \in \mathscr{F}$, 则称 $X(\omega)$ 为随机变量, 简记为 X。

图 1.3 随机变量示意图

注：上述定义可推广至复随机变量，即 $Z : \Omega \to \mathbb{C}$。复随机变量也可理解为两个实随机变量的组合，即 $Z = X + \mathrm{j}Y$，其中，X, Y 为实随机变量。因此关于复随机变量的讨论可转化为对其实部与虚部的讨论。如无特别说明，本书均默认随机变量是实的。

根据定义 1.5，随机变量实质为样本空间 Ω 到实数轴 $\mathbb{R}$ 的映射。然而在多数情况下，我们不必关心具体的样本空间是什么，而只须将重点放在随机变量本身上。为了定量地描述随机变量的统计特性，引出概率分布函数的概念。

定义 1.6 随机变量 X 的概率分布函数 (简称为分布函数) 定义为

$$F_X(x) = P(X \leqslant x) \tag{1.2.1}$$

注：分布函数描述了随机变量 X 在 $(-\infty, x]$ 范围内的概率，也称为累积分布函数 (cumulative distribution function, CDF)。随机变量的定义保证了 $P(X \leqslant x)$ 是有意义的。事实上，设概率空间 $(\Omega, \mathscr{F}, P)$，注意到 $\{\omega : X(\omega) \leqslant x\} \in \mathscr{F}$，因此

$$P(X \leqslant x) = P\{\omega : X(\omega) \leqslant x\} \tag{1.2.2}$$

上式说明，$X \leqslant x$ 的概率即为样本空间中所有满足 $X(\omega) \leqslant x$ 的样本点所组成的集合的概率[1]。

性质 1.1 分布函数具有如下性质：
(1) $0 \leqslant F_X(x) \leqslant 1$;
(2) $F_X(x)$ 单调非减，即若 $x_1 < x_2$，则 $F_X(x_1) \leqslant F_X(x_2)$;
(3) $\lim\limits_{x \to +\infty} F_X(x) = 1$, $\lim\limits_{x \to -\infty} F_X(x) = 0$;
(4) $F_X(x)$ 右连续，即 $F_X(x_0^+) = \lim\limits_{x \to x_0^+} F_X(x) = F_X(x_0), \forall x_0 \in \mathbb{R}$。

上述性质可根据分布函数的定义结合概率的意义证明，请读者自行完成。

1.2.2 随机变量的类型

随机变量按照取值范围可分为不同类型。如果取值范围为连续集，且在任意点的

---

[1] 由于概率是集合的函数，本书在表示概率时，圆括号与花括号经常交换使用。

概率为零 [1], 则称为**连续型**随机变量。如果取值范围是可数集 (countable set)[2], 则称为**离散型**随机变量。既非连续型又非离散型的随机变量称为**混合型**随机变量。

随机变量的类型也可以通过分布函数来刻画。如果分布函数是连续函数, 则为连续型随机变量。注意到分布函数连续意味着对于任意的 $x \in \mathbb{R}$, $P(X = x) = F_X(x^+) - F_X(x^-) = 0$, 这也证实了连续型随机变量取任意值的概率为零。反之, 如果分布函数存在间断点 (跳跃点), 则为离散型或混合型随机变量。具体来讲, 如果分布函数是阶梯函数, 则为离散型随机变量; 其他情况均为混合型随机变量。

对于离散型随机变量, 因其取值是可数集, 通常可直接采用分布列或概率质量函数 (probability mass function, PMF) 来描述, 即 $p_k = P(X = x_k), k = 1, 2, \cdots$。或写作

$$p_X(x) = P(X = x) = \sum_k p_k \delta[x - x_k] \tag{1.2.3}$$

其中 $\delta[x]$ 为克罗内克 (Kronecker) 函数, 即 $\delta[x] = \begin{cases} 1, & x = 0 \\ 0, & x \neq 0 \end{cases}$。

注意到

$$F_X(x) = P(X \leqslant x) = \sum_{x_k \leqslant x} P(X = x_k) \tag{1.2.4}$$

或等价地

$$F_X(x) = \sum_k P(X = x_k)u(x - x_k) = \sum_k p_k u(x - x_k) \tag{1.2.5}$$

其中 $u(x)$ 为单位阶跃函数, 即 $u(x) = \begin{cases} 1, & x \geqslant 0 \\ 0, & x < 0 \end{cases}$。

由此可见, 离散型随机变量的分布函数是阶梯函数, 在 $x = x_k$ 处出现跳跃点 (间断点), 跳跃高度即为

$$p_k = P(X = x_k) = P(X \leqslant x_k) - P(X < x_k) = F_X(x_k) - F_X(x_k^-)$$

图 1.4给出了离散型随机变量的概率质量函数与概率分布函数示意图。

对于连续型随机变量, 通常采用概率密度函数 (probability density function, PDF) 描述更为方便。

---

[1] 这看起来似乎有些矛盾, 一个连续型随机变量可以取某个连续范围 (例如某有限区间) 内的值, 但其取任意值的概率为零! 事实上, 正如前文介绍, 概率为零的事件不一定是空事件; 换言之, 概率为零的事件是可能发生的。稍后会看到, 根据分布函数的性质, 可以证明 $P(X = x) = 0, \forall x \in A$, 其中 A 为取值范围。因此并无矛盾。

[2] 可数集是指集合的元素为有限个或可与自然数集一一对应。

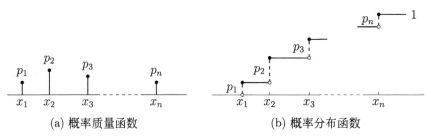

(a) 概率质量函数   (b) 概率分布函数

图 1.4　离散型随机变量的概率分布

定义 1.7　已知随机变量 X 的概率分布函数为 $F_X(x)$, 并假设 $F_X(x)$ 连续且可导, 则 X 的概率密度函数 (简称为密度函数) 定义为

$$f_X(x) = \frac{\mathrm{d}}{\mathrm{d}x} F_X(x) \tag{1.2.6}$$

注：如果引入狄拉克 (Dirac) 函数, 即

$$\delta(x) = \begin{cases} \infty, & x = 0 \\ 0, & x \neq 0 \end{cases}, \text{ 且 } \int_{-\infty}^{+\infty} \delta(x)\mathrm{d}x = 1$$

则分布函数在间断点也可以定义导数。例如对于离散型随机变量,

$$f_X(x) = \frac{\mathrm{d}}{\mathrm{d}x} F_X(x) = \frac{\mathrm{d}}{\mathrm{d}x} \sum_k p_k u(x - x_k) = \sum_k p_k \delta(x - x_k) \tag{1.2.7}$$

注意: 式(1.2.7)不同于式(1.2.3), 因为两者的 δ 函数含义不同。

因此, 任意类型的随机变量都可以定义形如式(1.2.6)的密度函数。下文主要以连续型随机变量进行介绍, 但读者可将相关结论自行推广至其他类型的随机变量。

性质 1.2　密度函数具有如下性质:

(1) $f_X(x) \geqslant 0$;

(2) $F_X(x) = \int_{-\infty}^{x} f_X(u)\mathrm{d}u$;

(3) $P(a \leqslant x \leqslant b) = \int_{a}^{b} f_X(u)\mathrm{d}u$;

(4) $\int_{-\infty}^{+\infty} f_X(u)\mathrm{d}u = 1$。

读者可根据密度函数的定义并结合分布函数的性质自行验证, 在此从略。

本书常用的两个连续型分布为均匀分布与高斯分布。

例 1.3 (均匀分布) 均匀分布可视为连续化的等概率分布, 密度函数为

$$f_X(x) = \frac{1}{b-a} I_{[a,b]}(x) \tag{1.2.8}$$

其中 $I_A(x)$ 为指示函数, 即

$$I_A(x) = \begin{cases} 1, & x \in A \\ 0, & x \notin A \end{cases}$$

注意到由于连续型随机变量的分布函数是连续函数, 因此区间 $[a,b]$ 与 (a,b), $(a,b]$, $[a,b)$ 是等价的。若 X 服从 $[a,b]$ 上均匀分布, 可简记为 $X \sim U(a,b)$。

例 1.4 (高斯分布) 高斯分布也称为正态分布, 密度函数为

$$f_X(x) = \frac{1}{\sqrt{2\pi}\sigma} \exp\left[-\frac{(x-\mu)^2}{2\sigma^2}\right] \tag{1.2.9}$$

若 X 服从高斯分布, 则称其为高斯随机变量, 简记为 $X \sim N(\mu, \sigma^2)$, 其中 μ, σ^2 分别为 X 的均值和方差。当 $\mu = 0, \sigma = 1$ 时, 称 X 服从标准正态分布。

非标准正态分布与标准正态分布之间可以相互转化。设 $X \sim N(\mu, \sigma^2)$, 令 $Y = \dfrac{X-\mu}{\sigma}$, 则 $Y \sim N(0,1)$, 且

$$P(a \leqslant X \leqslant b) = P\left(\frac{a-\mu}{\sigma} \leqslant Y \leqslant \frac{b-\mu}{\sigma}\right) = \Phi\left(\frac{b-\mu}{\sigma}\right) - \Phi\left(\frac{a-\mu}{\sigma}\right)$$

其中 $\Phi(\cdot)$ 为标准正态分布函数,

$$\Phi(x) = \frac{1}{\sqrt{2\pi}} \int_{-\infty}^{x} \mathrm{e}^{-t^2/2} \mathrm{d}t$$

实际应用中还经常使用高斯误差函数 (Gaussian error function), 即

$$\mathrm{erf}(x) = \frac{2}{\sqrt{\pi}} \int_{0}^{x} \mathrm{e}^{-t^2} \mathrm{d}t, \ x \geqslant 0$$

容易验证, 当 $x \geqslant 0$ 时,

$$\Phi(x) = \frac{1}{2}\left[1 + \mathrm{erf}\left(\frac{x}{\sqrt{2}}\right)\right]$$

此外, 还可以定义高斯误差补函数:

$$\text{erfc}(x) = 1 - \text{erf}(x) = \frac{2}{\sqrt{\pi}} \int_x^{+\infty} \text{e}^{-t^2} \text{d}t, \ x \geqslant 0$$

许多实际问题都可建模为高斯分布模型, 如实验中的测量误差、电子系统中的热噪声、一群人的身高、体重等指标、一个班级某门课程的考试分数等。根据中心极限定理[①], 大量相互独立的随机变量之和近似服从高斯分布。

鉴于读者已经学习过概率论课程, 本书假定读者对离散型与连续型随机变量已经非常熟悉, 因此不再过多展开论述。我们将一些典型的概率分布放到附录 A 中, 供读者查阅使用。本节最后通过一个例子来说明混合型随机变量。

例 1.5 (混合型随机变量) 限幅器的作用是将信号的幅度限定在一定范围之内, 考虑限幅器的输入输出具有如下关系:

$$y = g(x) = \begin{cases} -1, & x < -1 \\ x, & -1 \leqslant x \leqslant 1 \\ 1, & x > 1 \end{cases}$$

如图 1.5所示。设限幅器输入端为随机变量 X, 且 $X \sim U(-2,2)$, 求输出端 Y 的分布函数和密度函数。

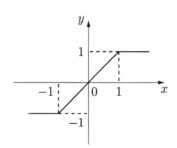

图 1.5　限幅器输入输出关系示意图

解: 根据分布函数的定义, $F_Y(y) = P(Y \leqslant y)$。由于 $|Y| \leqslant 1$, 即 $P(|Y| \leqslant 1) = 1$, 下面分情况讨论。

① 当 $y < -1$ 时, $F_Y(y) = P(Y \leqslant y) = 0$;

② 当 $y = -1$ 时, $F_Y(y) = P(Y \leqslant -1) = P(X \leqslant -1) = F_X(-1)$;

③ 当 $-1 < y < 1$ 时, $F_Y(y) = P(Y \leqslant y) = P(X \leqslant y) = F_X(y)$;

④ 当 $y \geqslant 1$ 时, $F_Y(y) = P(Y \leqslant y) = P(Y \leqslant 1) = 1$。

---

① 见附录 B。

X 服从 $[-2, 2]$ 上的均匀分布, 故密度函数为

$$f_X(x) = \begin{cases} 1/4, & -2 \leqslant x \leqslant 2 \\ 0, & \text{其他} \end{cases}$$

分布函数为

$$F_X(x) = \begin{cases} 0, & x < -2 \\ \dfrac{x+2}{4}, & -2 \leqslant x \leqslant 2 \\ 1, & x > 2 \end{cases}$$

因此 Y 的分布函数为

$$F_Y(y) = \begin{cases} 0, & y < -1 \\ \dfrac{y+2}{4}, & -1 \leqslant y < 1 \\ 1, & y \geqslant 1 \end{cases}$$

如图 1.6(a) 所示, 注意到 $F_Y(y)$ 在 $y = \pm 1$ 处存在间断点, 但并非严格的阶梯函数, 因此 Y 是混合型随机变量。

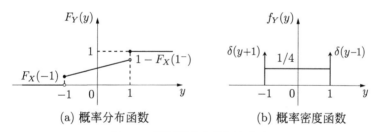

(a) 概率分布函数　　　　　(b) 概率密度函数

图 1.6　限幅器输出的概率分布

对 $F_Y(y)$ 求导, 可得

$$f_Y(y) = \frac{1}{4}\delta(y+1) + \frac{1}{4}I_{[-1,1]}(y) + \frac{1}{4}\delta(y-1)$$

如图 1.6(b) 所示, 注意到其在 $y = \pm 1$ 处存在冲激, 强度即为 $P(Y = \pm 1) = \dfrac{1}{4}$。

　　进一步观察可以发现, Y 为混合型随机变量的原因在于限幅器的阈值与输入信号的极值不等, 使得 X 在区间 $[-1, 1]$ 之外的部分被截断, 因此 $P(Y = \pm 1)$ 非零。试想如果限幅器的阈值与 X 的极值逐渐接近, 则 X 被截断的概率越来越小, 直至为零。反映在分布函数上即在跳跃点的跳跃高度逐渐减小, 直至左右两端相等, 跳跃点消失。此时 Y 与 X 具有相同的分布, Y 就变为了连续型随机变量。

1.2.3 随机变量的数字特征

数字特征是反映随机变量统计特性的一些数值化参数, 如均值、方差等。数学上把这类参数称为**矩** (moment)。

定义 1.8 随机变量 X 的 n 阶原点矩 (简称为矩) 定义为

$$\mu_n = E[X^n] = \int_{-\infty}^{+\infty} x^n f_X(x)\mathrm{d}x \tag{1.2.10}$$

注: ①通常, 式(1.2.10)针对的是连续型随机变量。在引入狄拉克函数之后, 式(1.2.10)对任意类型的随机变量均有效。当然, 对于离散型随机变量, 采用分布列定义更加直观, 即

$$\mu_n = E[X^n] = \sum_k x_k^n P(X = x_k) = \sum_k x_k^n p_k \tag{1.2.11}$$

②实际中最常用的是二阶以内的矩。一阶矩称为**期望** (expectation) 或**均值** (mean), 通常记为 μ_X 或 m_X, 其中下标表示相应的随机变量, 在不产生混淆的情况下亦可省略。二阶矩称为**均方值** (mean square)。

③定义期望算子 (亦称统计平均算子):

$$E[\cdot] = \int_{-\infty}^{+\infty} (\cdot) f_X(x)\mathrm{d}x \tag{1.2.12}$$

期望算子是线性算子。若 $Y = g(X)$, 其中 g 为某函数, 则

$$E[Y] = E[g(X)] = \int_{-\infty}^{+\infty} g(x) f_X(x)\mathrm{d}x \tag{1.2.13}$$

根据上式可知, Y 的期望可以通过函数 g 与 X 的密度函数求得, 而并不需要知道 Y 的分布[①]。一种特殊情况是 $Y = X^n$, 即 X 的 n 阶矩即为 X^n 的期望。

④为了书写方便, 本书有时也将 $E[(\cdot)^n]$ 简记为 $E[\cdot]^n$, 特别是当圆括号内为某些复合表达式时, 例如:

$$E[(X - Y)^n] = E[X - Y]^n$$

实质上是省略了期望算子的括号。注意此记法不同于期望的 n 次方, 后者通常记为 $E^n[\cdot]$, 两者不要混淆。

---

① 关于随机变量函数的分布将在 1.4 节介绍。

⑤ 并非所有的随机变量都存在矩. 例如可以验证柯西分布:

$$f_X(x) = \frac{1}{\pi} \frac{a}{(x-c)^2 + a^2}$$

其任意阶矩不存在. 关于矩的存在性讨论已超出本书的范围, 本书在提及随机变量的矩时, 默认其是存在的.

利用期望算子还可以定义其他的矩, 例如**绝对矩** (absolute moment): $E[|X|^n]$、**中心矩** (central moment): $\nu_n = E[(X - \mu_X)^n]$ 等. 特别地, 注意到

$$\nu_n = E[(X - \mu_X)^n] = E\left[\sum_{k=0}^{n} C_n^k X^k (-\mu_X)^{n-k}\right]$$

$$= \sum_{k=0}^{n} C_n^k (-1)^{n-k} E[X^k] \mu_X^{n-k} = \sum_{k=0}^{n} C_n^k (-1)^{n-k} \mu_k \mu_1^{n-k} \quad (1.2.14)$$

上式推导利用了期望的线性性质. 因此中心矩与原点矩可以相互推导.

实际中最常用的是二阶中心矩, 即**方差** (variance), 通常记作 σ_X^2, 其中下标表示相应的随机变量, 在不产生混淆的情况下亦可省略. 此外也可采用算子记法:

$$\mathrm{Var}[X] = E[(X - \mu_X)^2]$$

方差的正平方根, 即 σ_X 称为**标准差** (standard deviation). 注意到

$$\sigma_X^2 = E[X^2] - \mu_X^2$$

此式即为式(1.2.14)的特例.

方差或标准差描述了随机变量偏离均值的程度, 且具有如下性质.

性质 1.3 已知随机变量 X, 则

$$E[(X - \mu_X)^2] \leqslant E[(X - x)^2] \quad (1.2.15)$$

其中 x 为任意实数. 上述不等式右端称为**广义二阶矩** (generalized moment).

证明: 设 $g(x) = E[(X - x)^2]$, 对该式求导,

$$g'(x) = \frac{\mathrm{d}}{\mathrm{d}x}\left(E[X^2] - 2E[X]x + x^2\right) = 2x - 2E[X]$$

令 $g'(x) = 0$ 得, $x = E[X]$, 同时注意到 $g(x)$ 为凸函数, 因此 $x = E[X]$ 为 $g(x)$ 的极小值点. 得证.

性质 1.3 说明, 广义二阶矩在均值位置取得最小值。正因如此, 方差通常用于衡量分布的分散程度。

1.3 多维随机变量

1.2 节介绍了一维随机变量及其统计特性, 而在实际中, 多维随机变量也广泛存在。一方面, 多维随机变量可能源自随机变量固有的多维属性, 例如空间坐标是一个三维向量 (X, Y, Z); 另一方面, 在很多实际问题中也关心多个随机变量的联合统计特性, 例如系统输入与输出的联合统计特性、一组时间序列信号中某些时刻的联合统计特性等。

多维随机变量可视为由多个随机变量组成的向量, 记为 $\boldsymbol{X} = (X_1, X_2, \cdots, X_n)^{\mathrm{T}}$, 因此也称为**随机向量** (random vector)。多维随机变量也是研究随机过程统计特性的基础。本节简要介绍多维随机变量及相关概念。

1.3.1 联合分布与边缘分布

定义 1.9 n 维随机变量 $\boldsymbol{X} = (X_1, X_2, \cdots, X_n)^{\mathrm{T}}$ 的 (联合) 概率分布函数定义为

$$F_{\boldsymbol{X}}(\boldsymbol{x}) = P(\boldsymbol{X} \leqslant \boldsymbol{x}) = P\{X_1 \leqslant x_1, X_2 \leqslant x_2, \cdots, X_n \leqslant x_n\} \tag{1.3.1}$$

类似于一维情况, 多维分布函数依然具有有界、单调、右连续等性质。下面以二维随机变量为例给出, 读者可自行证明并推广至高维情况。

性质 1.4 二维随机变量 (X, Y) 的分布函数具有如下性质:

(1) $0 \leqslant F_{XY}(x, y) \leqslant 1$;

(2) 对任意的 $x_1 \leqslant x_2, y_1 \leqslant y_2$, 有 $F_{XY}(x_1, y_1) \leqslant F_{XY}(x_2, y_2)$, 且

$$F_{XY}(x_2, y_2) - F_{XY}(x_1, y_2) - F_{XY}(x_2, y_1) + F_{XY}(x_1, y_1) \geqslant 0;$$

(3) $\lim\limits_{x \to -\infty} F_{XY}(x, y) = 0$, $\lim\limits_{y \to -\infty} F_{XY}(x, y) = 0$, $\lim\limits_{(x,y) \to (+\infty, +\infty)} F_{XY}(x, y) = 1$;

(4) $\lim\limits_{x \to +\infty} F_{XY}(x, y) = F_Y(y)$, $\lim\limits_{y \to +\infty} F_{XY}(x, y) = F_X(x)$;

(5) $F_{XY}(x, y)$ 右连续, 即 $\lim\limits_{x \to x_0^+, y \to y_0^+} F_{XY}(x, y) = F_{XY}(x_0, y_0)$, $\forall (x_0, y_0) \in \mathbb{R}^2$。

注: ① 性质 1.4(2) 中第二个不等式实质上反映了概率的非负性。注意到对任意的 $x_1 \leqslant x_2, y_1 \leqslant y_2$,

$$P\{x_1 < X \leqslant x_2, y_1 < Y \leqslant y_2\} = F_{XY}(x_2, y_2) - F_{XY}(x_1, y_2) -$$
$$F_{XY}(x_2, y_1) + F_{XY}(x_1, y_1) \geqslant 0$$

② 性质 1.4(4) 的极限结果称为边缘概率分布, 见定义 1.11。

定义 1.10　已知 n 维随机变量 $\boldsymbol{X} = (X_1, X_2, \cdots, X_n)^{\mathrm{T}}$ 的概率分布函数为 $F_{\boldsymbol{X}}(\boldsymbol{x})$, 并假设其存在 n 阶混合偏导数, 则 $\boldsymbol{X}$ 的 (联合) 概率密度函数定义为

$$f_{\boldsymbol{X}}(\boldsymbol{x}) = \frac{\partial^n}{\partial x_1 \, \partial x_2 \, \cdots \, \partial x_n} F_{\boldsymbol{X}}(\boldsymbol{x}) \tag{1.3.2}$$

注:　类似于一维情况, 式(1.3.2)通常用于描述多维连续型随机变量。在引入多维狄拉克函数之后, 式(1.3.2)也适用于多维离散型或混合型随机变量 (即分布函数存在跳跃点的随机变量)。下文主要以多维连续型随机变量进行介绍。

性质 1.5　n 维随机变量的密度函数具有如下性质:

(1) $f_{\boldsymbol{X}}(\boldsymbol{x}) \geqslant 0$;

(2) $F_{\boldsymbol{X}}(\boldsymbol{x}) = \displaystyle\int_{(-\infty, \boldsymbol{x}]} f_{\boldsymbol{X}}(\boldsymbol{u}) \mathrm{d}\boldsymbol{u}$;

(3) $P\{\boldsymbol{X} \in \mathcal{D}\} = \displaystyle\int_{\mathcal{D}} f_{\boldsymbol{X}}(\boldsymbol{x}) \mathrm{d}\boldsymbol{x}$, 其中 $\mathcal{D} \subset \mathbb{R}^n$;

(4) $\displaystyle\int_{\mathbb{R}^n} f_{\boldsymbol{X}}(\boldsymbol{x}) \mathrm{d}\boldsymbol{x} = 1$。

$F_{\boldsymbol{X}}(\boldsymbol{x})$ 与 $f_{\boldsymbol{X}}(\boldsymbol{x})$ 描述了 $X_1, X_2, \cdots, X_n$ 的联合分布, 据此也可获得关于某一维度的统计特性, 即边缘分布 (marginal distribution)。

定义 1.11　设 n 维随机变量 $\boldsymbol{X} = (X_1, X_2, \cdots, X_n)^{\mathrm{T}}$ 的分布函数与密度函数分别为 $F_{\boldsymbol{X}}(\boldsymbol{x})$ 和 $f_{\boldsymbol{X}}(\boldsymbol{x})$, 则关于 X_k 的边缘概率分布函数为

$$F_{X_k}(x_k) = \lim_{\substack{x_j \to +\infty, \\ \forall j \neq k}} F_{\boldsymbol{X}}(x_1, \cdots, x_k, \cdots, x_n) = F_{\boldsymbol{X}}(+\infty, \cdots, x_k, \cdots, +\infty) \tag{1.3.3}$$

边缘概率密度函数为

$$f_{X_k}(x_k) = \frac{\mathrm{d}}{\mathrm{d}x_k} F_{X_k}(x_k) = \underbrace{\int_{-\infty}^{+\infty} \cdots \int_{-\infty}^{+\infty}}_{n-1\text{重}} f_{\boldsymbol{X}}(x_1, \cdots, x_k, \cdots, x_n) \underbrace{\mathrm{d}x_1 \cdots \mathrm{d}x_n}_{\text{不包含}\mathrm{d}x_k} \tag{1.3.4}$$

注:　边缘分布的定义亦推广至 m 维 $(m < n)$, 即由 $(X_1, X_2, \cdots, X_n)^{\mathrm{T}}$ 中某 m 个分量构成的联合分布, 也即对其余 $n - m$ 分量求极限 (对于分布函数) 或求积分 (对于密度函数) 的结果。

如果知道 n 维随机变量的联合分布, 则任一维度的边缘分布可通过式(1.3.3)或式(1.3.4)计算得到; 反之, 已知边缘分布不一定得到联合分布。这是因为边缘分布仅仅描述了随机变量在某一维度的孤立的统计特性, 而没有给出任意多个维度的联合统计

特性。一个典型的例子是 X, Y 服从高斯分布, 但 (X, Y) 不一定服从联合高斯 (见习题 1.9), 除非满足 X, Y 相互独立。下面给出随机变量相互独立的概念。

定义 1.12 已知 n 维随机变量 $\boldsymbol{X} = (X_1, X_2, \cdots, X_n)^{\mathrm{T}}$, 如果

$$F_{\boldsymbol{X}}(\boldsymbol{x}) = F_{X_1}(x_1) \cdots F_{X_n}(x_n) \tag{1.3.5}$$

或等价地

$$f_{\boldsymbol{X}}(\boldsymbol{x}) = f_{X_1}(x_1) \cdots f_{X_n}(x_n) \tag{1.3.6}$$

则称 $X_1, X_2, \cdots, X_n$ 相互独立。

如果随机变量 $X_1, X_2, \cdots, X_n$ 相互独立, 则其联合分布即为边缘分布的乘积。此外, 如果多个随机变量相互独立且具有相同的分布, 则称其独立同分布 (independent and identical distribution, i.i.d.)。

1.3.2 条件分布

在许多实际问题中, 需要考虑在一定条件下随机变量的统计特性, 即所谓的条件分布 (conditional probability)。

已知随机变量 X, 并考虑随机事件 B 与 $\{X \leqslant x\}$ 同属于一个概率空间, 根据条件概率的定义, 有

$$F_{X|B}(x|B) = P(X \leqslant x|B) = \frac{P(\{X \leqslant x\} \cap B)}{P(B)}, \ P(B) \neq 0 \tag{1.3.7}$$

容易验证, $F_{X|B}(x|B)$ 满足分布函数的性质, 因此称 $F_{X|B}(x|B)$ 为已知 B 条件下 X 的概率分布函数。相应地, 条件概率密度函数为

$$f_{X|B}(x|B) = \frac{\mathrm{d}}{\mathrm{d}x} F_{X|B}(x|B) \tag{1.3.8}$$

下面考虑两种特殊情况。

① $B = \{Y \leqslant y\}$, 其中 Y 为随机变量。此时式(1.3.7)变为

$$F_{X|Y}(x|Y \leqslant y) = P(X \leqslant x|Y \leqslant y) = \frac{P\{X \leqslant x, Y \leqslant y\}}{P(Y \leqslant y)} = \frac{F_{XY}(x, y)}{F_Y(y)}$$

由此可见, 在 $Y \leqslant y$ 条件下, X 的分布函数即为 X, Y 的联合分布与 Y 的边缘分布之

比。相应地, 条件概率密度函数为

$$f_{X|Y}(x|Y \leqslant y) = \frac{1}{F_Y(y)} \frac{\partial}{\partial x} F_{XY}(x,y)$$

②$B = \{Y = y\}$, 其中 Y 为随机变量。注意到若 Y 为连续型随机变量, $P(Y = y) = 0$, 此时不能利用式(1.3.7)来计算。下面通过极限方式来计算。设 $C = \{y - \Delta y < Y \leqslant y + \Delta y\}$, 则

$$F_{X|Y}(x|Y=y) = P(X \leqslant x|Y=y) = \lim_{\Delta y \to 0} \frac{P(\{X \leqslant x\} \cap C)}{P(C)} = \lim_{\Delta y \to 0} \frac{\int_{-\infty}^{x} \int_C f_{XY}(u,v) \mathrm{d}u \mathrm{d}v}{\int_C f_Y(v) \mathrm{d}v}$$

注意到 $P(C) \approx f_Y(y) \cdot 2\Delta y$, 因此上式可近似为

$$F_{X|Y}(x|Y=y) = \lim_{\Delta y \to 0} \frac{\int_{-\infty}^{x} f_{XY}(u,y) \mathrm{d}u \cdot 2\Delta y}{f_Y(y) \cdot 2\Delta y} = \frac{\int_{-\infty}^{x} f_{XY}(u,y) \mathrm{d}u}{f_Y(y)}$$

于是便得到在 $Y = y$ 条件下 X 的分布函数, 简记为 $F_{X|Y}(x|y)$。相应地, 条件密度函数为

$$f_{X|Y}(x|y) = f_{X|Y}(x|Y=y) = \frac{f_{XY}(x,y)}{f_Y(y)}$$

进一步观察, 如果

$$f_{X|Y}(x|y) = \frac{f_{XY}(x,y)}{f_Y(y)} = f_X(x)$$

则说明 Y 取值对 X 没有影响, 因此 X, Y 相互独立。

我们把上述分析过程归纳为定义 1.13。

定义 1.13　已知随机变量 X, Y, 则在 $Y \leqslant y$ 条件下, X 的分布函数与密度函数分别为

$$F_{X|Y}(x|Y \leqslant y) = \frac{F_{XY}(x,y)}{F_Y(y)} \tag{1.3.9}$$

$$f_{X|Y}(x|Y \leqslant y) = \frac{1}{F_Y(y)} \frac{\partial}{\partial x} F_{XY}(x,y) \tag{1.3.10}$$

在 $Y = y$ 条件下, X 的分布函数与密度函数分别为

$$F_{X|Y}(x|y) = \frac{\int_{-\infty}^{x} f_{XY}(u,y) \mathrm{d}u}{f_Y(y)} \tag{1.3.11}$$

$$f_{X|Y}(x|y) = \frac{f_{XY}(x,y)}{f_Y(y)} \tag{1.3.12}$$

例 1.6 (二维高斯分布) 激光通常具有良好的相干性 (coherence)。设光强为时间函数 $U(t)$, 任取时刻 t_1, t_2, 则 $X = U(t_1), Y = U(t_2)$ 可建模为二维联合高斯分布, 即

$$f_{XY}(x,y) = \frac{1}{2\pi\sigma_X\sigma_Y\sqrt{1-r^2}}$$

$$\exp\left[-\frac{1}{2(1-r^2)}\left(\frac{(x-\mu_X)^2}{\sigma_X^2} - \frac{2r(x-\mu_X)(y-\mu_Y)}{\sigma_X\sigma_Y} + \frac{(y-\mu_Y)^2}{\sigma_Y^2}\right)\right] \tag{1.3.13}$$

其中 $\mu_X, \mu_Y, \sigma_X^2, \sigma_Y^2$ 分别为 X, Y 的均值和方差, r 为 X, Y 的相关系数 (见定义 1.16)。

为了便于讨论, 不妨假设[①]$\mu_X = \mu_Y = 0$, 且 $\sigma_X^2 = \sigma_Y^2 = 1$, 此时联合分布变为

$$f_{XY}(x,y) = \frac{1}{2\pi\sqrt{1-r^2}}\exp\left[-\frac{x^2 - 2rxy + y^2}{2(1-r^2)}\right]$$

通过计算易知

$$f_X(x) = \int_{-\infty}^{+\infty} f_{X,Y}(x,y)\mathrm{d}y = \frac{1}{\sqrt{2\pi}}\exp\left(-\frac{x^2}{2}\right)$$

因此 X 的边缘分布是高斯分布; 同理可得 Y 的边缘分布也是高斯分布。

下面求 $Y = y$ 条件下, X 的分布。

$$f_{X|Y}(x|y) = \frac{f_{XY}(x,y)}{f_Y(y)} = \frac{1}{2\pi\sqrt{1-r^2}}\exp\left(-\frac{x^2 - 2rxy + y^2}{2(1-r^2)}\right) \bigg/ \frac{1}{\sqrt{2\pi}}\exp\left(-\frac{y^2}{2}\right)$$

$$= \frac{1}{\sqrt{2\pi}\sqrt{1-r^2}}\exp\left[-\frac{1}{2}\left(\frac{x-ry}{\sqrt{1-r^2}}\right)^2\right]$$

由此可见, 在 $Y = y$ 条件下, X 同样服从高斯分布, 均值为 ry, 方差为 $1-r^2$。当 $r \neq 0$ 时, X 的均值与方差均发生了变化。这说明, 条件 $Y = y$ 改变了 X 的统计性质。结合贝叶斯概率的观点, 即概率随着证据发生了更新。稍后会看到, 这说明 X, Y 是**相关**的。

1.3.3 多维随机变量的数字特征

与一维随机变量类似, 多维随机变量也可以定义矩的概念。下面主要以二维随机变量为例进行介绍。

---

① 实际中光强为非负值, 其均值不可能为零。这里仅为了便于讨论高斯分布的性质。

定义 1.14 已知随机变量 X, Y 及联合密度函数 $f_{XY}(x, y)$, X 与 Y 的 $n + m$ 阶联合矩 (joint moment) 定义为

$$E[X^n Y^m] = \int_{-\infty}^{+\infty} \int_{-\infty}^{+\infty} x^n y^m f_{XY}(x, y) \mathrm{d}x \mathrm{d}y \tag{1.3.14}$$

注: ① 在引入狄拉克函数之后, 式(1.3.14)对所有类型的随机变量均有效. 当然对于离散型随机变量, 亦可采用分布列定义:

$$E[X^n Y^m] = \sum_{i,j} x_i^n y_j^m P(X = x_i, Y = y_j) = \sum_{i,j} x_i^n y_j^m p_{ij} \tag{1.3.15}$$

② 可定义中心化的联合矩, 即联合中心矩 (joint central moment):

$$E[(X - \mu_X)^n (Y - \mu_Y)^m] = \int_{-\infty}^{+\infty} \int_{-\infty}^{+\infty} (x - \mu_X)^n (y - \mu_Y)^m f_{XY}(x, y) \mathrm{d}x \mathrm{d}y \tag{1.3.16}$$

③ 在讨论联合矩时, 如无特别说明, 依然默认其是存在的.

实际中使用最广泛的是二阶联合矩, 即**相关** (correlation) 与**协方差** (covariance).

定义 1.15 已知随机变量 X, Y 及联合密度函数 $f_{XY}(x, y)$, X 与 Y 的相关定义为

$$R_{XY} = E[XY] = \int_{-\infty}^{+\infty} \int_{-\infty}^{+\infty} xy f_{XY}(x, y) \mathrm{d}x \mathrm{d}y \tag{1.3.17}$$

X 与 Y 的协方差定义为

$$K_{XY} = E[(X - \mu_X)(Y - \mu_Y)] = \int_{-\infty}^{+\infty} \int_{-\infty}^{+\infty} (x - m_X)(y - m_Y) f_{XY}(x, y) \mathrm{d}x \mathrm{d}y \tag{1.3.18}$$

注: ① 利用期望线性运算性质可得

$$K_{XY} = E[(X - \mu_X)(Y - \mu_Y)] = E[XY] - \mu_X \mu_Y = R_{XY} - \mu_X \mu_Y \tag{1.3.19}$$

因此相关与协方差可以相互推导.

② 协方差也可以记作 σ_{XY}, 或采用算子记法:

$$\mathrm{Cov}(X, Y) = E[(X - E[X])(Y - E[Y])]$$

易知 $\mathrm{Cov}(X, X) = \mathrm{Var}[X] = \sigma_X^2$.

③ 相关与协方差可以推广至高维随机变量。设 n 维随机变量 $\boldsymbol{X} = (X_1, X_2, \cdots, X_n)^{\mathrm{T}}$，定义相关矩阵

$$\boldsymbol{R_X} = E[\boldsymbol{X}\boldsymbol{X}^{\mathrm{T}}] = \begin{bmatrix} R_{X_1X_1} & R_{X_1X_2} & \cdots & R_{X_1X_n} \\ R_{X_2X_1} & R_{X_2X_2} & \cdots & R_{X_2X_n} \\ \vdots & \vdots & \ddots & \vdots \\ R_{X_nX_1} & R_{X_nX_2} & \cdots & R_{X_nX_n} \end{bmatrix} \tag{1.3.20}$$

以及协方差矩阵

$$\boldsymbol{K_X} = E[(\boldsymbol{X} - E[\boldsymbol{X}])(\boldsymbol{X} - E[\boldsymbol{X}])^{\mathrm{T}}] = \begin{bmatrix} K_{X_1X_1} & K_{X_1X_2} & \cdots & K_{X_1X_n} \\ K_{X_2X_1} & K_{X_2X_2} & \cdots & K_{X_2X_n} \\ \vdots & \vdots & \ddots & \vdots \\ K_{X_nX_1} & K_{X_nX_2} & \cdots & K_{X_nX_n} \end{bmatrix} \tag{1.3.21}$$

对于实随机变量，相关矩阵与协方差矩阵均为实对称阵，同时也是半正定矩阵[①]。

相关矩阵或协方差矩阵可以方便描述多维随机变量的二阶统计特性，特别是对于多维联合高斯分布，其统计特性完全由期望与协方差矩阵决定，见例 1.12。

相关反映的是两个随机变量的线性关联程度。如果 $E[XY] = E[X]E[Y]$，则称随机变量 X, Y **不相关** (uncorrelated)。显然，如果两个随机变量相互独立，则两者亦不相关；反之不一定成立。这是因为相互独立体现的是随机变量完整的统计特性，而相关仅仅反映的是二阶联合矩的特性。事实上，如果两个随机变量相互独立，则任意阶联合矩满足如下关系：

$$\begin{aligned} E[X^nY^m] &= \int_{-\infty}^{+\infty} \int_{-\infty}^{+\infty} x^n y^m f_{XY}(x,y) \mathrm{d}x\mathrm{d}y \\ &= \int_{-\infty}^{+\infty} \int_{-\infty}^{+\infty} x^n y^m f_X(x) f_Y(y) \mathrm{d}x\mathrm{d}y \\ &= \int_{-\infty}^{+\infty} x^n f_X(x)\mathrm{d}x \int_{-\infty}^{+\infty} y^m f_Y(y)\mathrm{d}y = E[X^n]E[Y^m] \end{aligned}$$

反之，如果任意阶联合矩满足上式关系，则 X, Y 相互独立。由此可见，相互独立性比不相关更为严格。下面来看一个例子。

例 1.7 已知 X 服从 $[-1, 1]$ 上的均匀分布，$Y = X^2$，判断 X, Y 是否相关？是否相互独立？

---

① 对所有 $\boldsymbol{x} \neq \boldsymbol{0}$，如果满足 $\boldsymbol{x}^{\mathrm{T}}\boldsymbol{A}\boldsymbol{x} \geqslant 0$，称 $\boldsymbol{A}$ 为半正定矩阵；如果不等式严格成立，则称为正定矩阵。

解： 首先判断相关性。易知 $E[X] = 0$，

$$E[Y] = E[X^2] = \int_{-\infty}^{+\infty} x^2 f_X(x)\mathrm{d}x = \frac{1}{2}\int_{-1}^{1} x^2 \mathrm{d}x = \frac{1}{3}$$

$$E[XY] = E[X^3] = \int_{-\infty}^{+\infty} x^3 f_X(x)\mathrm{d}x = \frac{1}{2}\int_{-1}^{1} x^3 \mathrm{d}x = 0$$

因此 $E[XY] = E[X]E[Y]$，X, Y 不相关。

下面判断 X, Y 是否相互独立。如果相互独立，则 X, Y 的任意阶联合矩应满足 $E[X^k Y^j] = E[X^k]E[Y^j]$。然而，注意到

$$E[X^2] = E[Y] = \frac{1}{3}$$

$$E[X^2 Y] = \int_{-\infty}^{+\infty} x^4 f_X(x)\mathrm{d}x = \frac{1}{5} \neq E[X^2]E[Y]$$

因此 X, Y 不相互独立。事实上，该结论是可以预见的，因为 $Y = X^2$，Y 的任意取值由 X 的取值决定，因而两者不可能相互独立。

为了定量地描述相关性大小，可以定义归一化的协方差，即相关系数 (correlation coefficient)。

定义 1.16 随机变量 X, Y 的相关系数定义为

$$r_{XY} = \frac{\sigma_{XY}}{\sigma_X \sigma_Y} \tag{1.3.22}$$

相关系数是一个无量纲的物理量，其范围为 $-1 \leqslant r_{XY} \leqslant 1$。当 $r_{XY} = 0$ 时，易知 $E[XY] = E[X]E[Y]$，因此 X 与 Y 不相关。$|r_{XY}|$ 越大，相关性越强，而 $\pm$ 号反映了正/负相关性。当 $r_{XY} = \pm 1$ 时，称 X, Y 完全正/负相关，此时两者满足线性关系。

命题 1.4 已知随机变量 X, Y，$|r_{XY}| = 1$ 的充要条件是存在常数 $a, b \in \mathbb{R}$ 使得 $Y = aX + b$ 以概率 1 成立 [①]。

证明： (充分性) 设存在常数 $a, b \in \mathbb{R}$ 使得 $Y = aX + b$ 以概率 1 成立，则 $E[Y] = aE[X] + b$，$\sigma_Y^2 = a^2 \sigma_X^2$，因此

$$r_{XY} = \frac{E[(X - E[X])(Y - E[Y])]}{\sigma_X \sigma_Y} = \frac{aE[(X - E[X])^2]}{|a|\sigma_X^2} = \pm 1$$

充分性得证。

---

① 随机变量通常以统计的方式描述相等关系。如果满足 $P(X = Y) = 1$，称随机变量 X, Y 以概率 1 相等。可以证明，X, Y 以概率 1 相等等价于 $E[(X - Y)^2] = 0$。

(必要性) 令 $U = \dfrac{X - \mu_X}{\sigma_X}, V = \dfrac{Y - \mu_Y}{\sigma_Y}$, 则 $\mu_U = \mu_V = 0, \sigma_U^2 = \sigma_V^2 = 1$, 且 $r_{XY} = r_{UV}$。注意到

$$E[(U - V)^2] = \sigma_U^2 + \sigma_V^2 - 2r_{UV} = 2(1 - r_{UV})$$

当 $r_{XY} = r_{UV} = 1$ 时, $E[(U - V)^2] = 0$, 这意味着 U, V 以概率 1 相等, 即

$$U - V = \frac{X - \mu_X}{\sigma_X} - \frac{Y - \mu_Y}{\sigma_Y} = 0$$

以概率 1 成立。等价表示为

$$Y = \frac{\sigma_Y}{\sigma_X} X - \frac{\sigma_Y}{\sigma_X} \mu_X + \mu_Y$$

令 $a = \dfrac{\sigma_Y}{\sigma_X}, b = -\dfrac{\sigma_Y}{\sigma_X} \mu_X + \mu_Y$, 因而 $Y = aX + b$ 以概率 1 成立。

当 $r_{XY} = r_{UV} = -1$ 时, 可以考虑 $U + V$, 证明过程与上述类似。必要性得证。

上文提到, 两个随机变量不相关并不意味着相互独立。但是对于二维高斯随机变量, 两者是等价的。

命题 1.5 已知 (X, Y) 服从二维联合高斯分布, 则 X, Y 不相关等价于相互独立。

证明: 不失一般性, 假设 $\mu_X = \mu_Y = 0$, 且 $\sigma_X^2 = \sigma_Y^2 = 1$, 根据例 1.6可知, 此时联合高斯分布为

$$f_{XY}(x, y) = \frac{1}{2\pi\sqrt{1 - r^2}} \exp\left[-\frac{x^2 - 2rxy + y^2}{2(1 - r^2)}\right]$$

如果 X, Y 不相关, 则 $r = 0$, 于是

$$f_{XY}(x, y) = \frac{1}{2\pi} \exp\left[-\frac{x^2 + y^2}{2}\right] = f_X(x)f_Y(y)$$

这说明当 X, Y 不相关时, X, Y 也相互独立。反之, X, Y 相互独立必然是不相关的。因此命题得证。

该命题也可以通过条件分布证明。根据例 1.6可知, 在 $Y = y$ 条件下, X 服从高斯分布: $X|Y = y \sim N(ry, 1 - r^2)$。若 $r = 0$, 则 $X|Y = y \sim N(0, 1)$, 即

$$f_{X|Y}(x|y) = \frac{1}{\sqrt{2\pi}} \exp\left(-\frac{x^2}{2}\right) = f_X(x)$$

此时 X, Y 相互独立。因此对于二维联合高斯随机变量 (X, Y), X, Y 不相关意味着相互独立, 反之亦然。

注：该命题可推广至多维高斯随机变量, 见性质 1.8。注意等价关系成立要求**联合分布**是高斯的。换言之, 如果 X, Y 各自服从高斯分布但联合分布未知, 则 X, Y 不相关不一定蕴含着相互独立, 见习题 1.10。

本节最后, 我们通过几何视角来阐述相关的意义。读者回顾, 在欧氏空间中两个向量的内积定义为

$$\langle \boldsymbol{x}, \boldsymbol{y} \rangle = \boldsymbol{x}^{\mathrm{T}} \boldsymbol{y} = \sum_{i=1}^{n} x_i y_i, \ \boldsymbol{x}, \boldsymbol{y} \in \mathbb{R}^n$$

类似地, 设 $\mathscr{V}$ 为所有二阶矩有限的随机变量构成的向量空间, 定义

$$\langle X, Y \rangle = E[XY], \ \forall X, Y \in \mathscr{V} \tag{1.3.23}$$

可以证明该运算同样具有内积的性质, 即

① 对称性: $\langle X, Y \rangle = \langle Y, X \rangle$;

② 非负性: $\langle X, X \rangle \geqslant 0$ 且 $\langle X, X \rangle = 0$ 当且仅当 $X = 0$;

③ 线性: $\langle aX + bY, Z \rangle = a\langle X, Z \rangle + b\langle Y, Z \rangle, \forall a, b \in \mathbb{R}$。

因此相关即为一种**内积**。特别地, 如果随机变量 X, Y 满足 $\langle X, Y \rangle = E[XY] = 0$, 则称两者**正交**, 这与欧氏空间中向量正交的概念是相仿的。

此外, 考虑中心化的随机变量 $\widetilde{X} = X - \mu_X, \widetilde{Y} = Y - \mu_Y$, 则

$$\langle \widetilde{X}, \widetilde{Y} \rangle = E[(X - \mu_X)(Y - \mu_Y)] = \sigma_{XY}$$

且 $\widetilde{X}$ 与 $\widetilde{Y}$ 的夹角为

$$\theta = \arccos \frac{\langle \widetilde{X}, \widetilde{Y} \rangle}{\|\widetilde{X}\| \|\widetilde{Y}\|} = \arccos \frac{\sigma_{XY}}{\sigma_X \sigma_Y} = \arccos r_{XY}$$

或等价地, $\cos\theta = r_{XY}$。因此两个随机变量的相关系数即为中心化后的夹角的余弦值。易知 $-1 \leqslant r_{XY} \leqslant 1$。当 r_{XY} 越接近 1 时, θ 越接近零, 说明两个随机变量 (中心化后) 趋于同方向; 反之, 当 r_{XY} 越接近 -1 时, θ 越接近 π, 两个随机变量 (中心化后) 趋于相反方向。若 $r_{XY} = 0$, 则 $\widetilde{X}$ 与 $\widetilde{Y}$ 正交, 也即 X, Y 不相关。注意正交与不相关并不等价, 除非两个随机变量中至少其中一个的均值为零。

1.4　随机变量的函数

在许多问题中, 经常需要分析随机变量的函数, 记为 [①]$Y = g(X)$。例如在例 1.5 中, 限幅器的输出即为随机输入的函数。显然随机变量的函数依然是随机变量。关于这一

---

① 严格来讲, 函数用于描述确定性关系, 这里用大写字母表示仅为了说明自变量和因变量都是随机的。

论断可以通过两种方式来理解。一种是采用系统的观点，将函数视为系统输入输出关系。每一个输入 x(即随机变量 X 的样本) 对应一个输出 y，因而整体输出也是随机变量，如图 1.7(a) 所示。另一种是采用数学定义，回顾随机变量是样本空间到实数轴的映射，即 $X : \Omega \to \mathbb{R}$。对于任意 $\omega \in \Omega$，存在 $X(\omega) \in \mathbb{R}$ 与之对应。考虑函数 $Y = g(X)$，显然 $Y(\omega) = g(X(\omega))$ 为复合函数，因此 Y 同样为样本空间到实数轴的映射，即 $Y : \Omega \to \mathbb{R}$。如图 1.7(b) 所示。若对任意 $y \in \mathbb{R}$，$\{\omega : Y(\omega) \leqslant y\} = \{\omega : g(X(\omega)) \leqslant y\}$ 为随机事件，则 Y 亦为随机变量。一般常见的函数均满足这一条件。

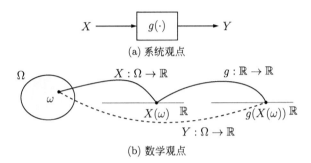

(a) 系统观点

(b) 数学观点

图 1.7 随机变量的函数的两种解释

本节介绍随机变量函数的概率分布，我们重点针对一维与二维情况展开讨论，并默认随机变量均为连续型。

1.4.1 一维随机变量函数的概率分布

已知随机变量 X，定义 X 的函数 $Y = g(X)$，现求 Y 的分布。根据分布函数的定义，

$$F_Y(y) = P(Y \leqslant y) = P(g(X) \leqslant y) = P\{X \in D_y\} \tag{1.4.1}$$

其中 $D_y = \{x : g(x) \leqslant y\}$。

因此，如果能够确定 D_y，则 $F_Y(y)$ 便可以根据 X 的概率分布来得到。一种特殊情况是，g 为严格单调函数，此时存在反函数 $x = g^{-1}(y) = h(y)$。具体分两种情况。

① g 为严格单调递增函数，$g'(x) > 0$，则

$$\{Y \leqslant y\} = \{g(X) \leqslant y\} = \{X \leqslant g^{-1}(y)\} = \{X \leqslant h(y)\}$$

因此

$$F_Y(y) = P\{X \leqslant h(y)\} = F_X(h(y)) \tag{1.4.2}$$

② g 为严格单调递减函数，$g'(x) < 0$，则

$$\{Y \leqslant y\} = \{g(X) \leqslant y\} = \{X \geqslant g^{-1}(Y)\} = \{X \geqslant h(y)\}$$

因此

$$F_Y(y) = P\{X \geqslant h(y)\} = 1 - P\{X < h(y)\} = 1 - F_X(h(y)^-) \tag{1.4.3}$$

其中 $F_X(h(y)^-)$ 表示取 $F_X(x)$ 在 $x = h(y)$ 处的左极限。

下面求密度函数, 并假设 $F_X(x)$ 连续且可导, 分别对式(1.4.2)与式(1.4.3)求导可得

$$f_Y(y) = \frac{\mathrm{d}}{\mathrm{d}y} F_Y(y) = \begin{cases} f_X(h(y))h'(y), & g'(x) > 0 \\ -f_X(h(y))h'(y), & g'(x) < 0 \end{cases}$$

注意到 h 的单调性与 g 一致, 因此 h' 与 g' 同号, 上式可统一写作

$$f_Y(y) = f_X(h(y))|h'(y)| \tag{1.4.4}$$

对于一般的非单调函数, 可以将上述思路进行拓展。以图 1.8所示函数为例, 考虑 Y 落在一段充分小的区间上的概率为

$$P\{y \leqslant Y \leqslant y + \Delta y\} = \int_y^{y+\Delta y} f_Y(v)\mathrm{d}v \approx f_Y(y)\Delta y \tag{1.4.5}$$

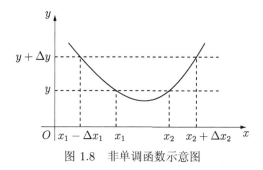

图 1.8　非单调函数示意图

另一方面, 由于 Δy 充分地小, 总可以找到 $[y, y + \Delta y]$ 对应的 x 的单调区间, 如图 1.8所示。于是

$$\begin{aligned} P\{y \leqslant Y \leqslant y + \Delta y\} &= P\{x_1 - \Delta x_1 \leqslant x \leqslant x_1\} + P\{x_2 \leqslant x \leqslant x_2 + \Delta x_2\} \\ &= \int_{x_1 - \Delta x_1}^{x_1} f_X(u)\mathrm{d}u + \int_{x_2}^{x_2 + \Delta x_2} f_X(u)\mathrm{d}u \\ &\approx f_X(x_1)\Delta x_1 + f_X(x_2)\Delta x_2 \end{aligned} \tag{1.4.6}$$

其中 $x_1 = h_1(y), x_2 = h_2(y)$。结合式(1.4.5)可得

$$f_Y(y) = f_X(x_1)\frac{\Delta x_1}{\Delta y} + f_X(x_2)\frac{\Delta x_2}{\Delta y} \tag{1.4.7}$$

令 $\Delta y \to 0$, 上式变为

$$f_Y(y) = f_X(x_1)\left|\frac{\mathrm{d}x_1}{\mathrm{d}y}\right| + f_X(x_2)\left|\frac{\mathrm{d}x_2}{\mathrm{d}y}\right| \tag{1.4.8}$$

上式加入了绝对值是因为需要考虑区间单调性。例如在单调递减区间,

$$\lim_{\Delta y \to 0}\frac{\Delta x_1}{\Delta y} = \lim_{\Delta y \to 0}\frac{h_1(y) - h_1(y + \Delta y)}{\Delta y} = -\frac{\mathrm{d}x_1}{\mathrm{d}y} > 0$$

而在单调递增区间,

$$\lim_{\Delta y \to 0}\frac{\Delta x_2}{\Delta y} = \lim_{\Delta y \to 0}\frac{h_2(y + \Delta y) - h_2(y)}{\Delta y} = \frac{\mathrm{d}x_2}{\mathrm{d}y} > 0$$

将 $x_1 = h_1(y)$, $x_2 = h_2(y)$ 代入式(1.4.8), 得

$$f_Y(y) = f_X(h_1(y))|h_1'(y)| + f_X(h_2(y))|h_2'(y)| \tag{1.4.9}$$

式(1.4.9)可视为式(1.4.4)的推广。我们可以将上述分析过程推广至更一般情况, 于是得到如下命题。

命题 1.6 已知随机变量 X 及其密度函数 $f_X(x)$, 设 $Y = g(X)$, 其中 g 为连续可微函数, 则 Y 的密度函数为

$$f_Y(y) = \sum_{i=1}^{N} f_X(x_i)\left|\frac{\mathrm{d}x_i}{\mathrm{d}y}\right| = \sum_{i=1}^{N} f_X(h_i(y))\,|h_i'(y)| \tag{1.4.10}$$

其中 $x_i = h_i(y)(i = 1, 2, \cdots, N)$ 是方程 $y - g(x) = 0$ 的根。

根据上述讨论, 我们得到了两种计算随机变量函数的概率分布的方法。一种是通过定义出发, 寻找满足式(1.4.1)的区域 D_y, 从而利用 X 的分布函数得到 Y 的分布函数, 进而再对分布函数求导得到密度函数, 我们称之为定义法。另一种是根据命题 1.6, 直接利用式(1.4.10)得到 Y 的密度函数, 再对其进行积分求得分布函数, 我们称之为公式法。两种方法是等价的。通常, 若只需计算密度函数, 则采用公式法更为方便。下面来看一个例子。

例 1.8 已知随机变量 X 服从 $[-\pi, \pi]$ 上的均匀分布, 求 $Y = \sin X$ 的密度函数。

解: 采用公式法计算。注意到 $y = \sin x$ 在 $[-\pi, \pi]$ 上并非严格单调。不妨先考虑 $0 \leqslant y < 1$, 求解方程

$$y - \sin x = 0$$

得

$$x_1 = \arcsin y = h_1(y), \ x_2 = \pi - \arcsin y = h_2(y)$$

相应地,

$$h_1'(y) = \frac{1}{\sqrt{1-y^2}}, \ h_2'(y) = -\frac{1}{\sqrt{1-y^2}}$$

代入式(1.4.10), 得

$$f_Y(y) = f_X(\arcsin y)\frac{1}{\sqrt{1-y^2}} + f_X(\pi - \arcsin y)\frac{1}{\sqrt{1-y^2}} \tag{1.4.11}$$

X 服从 $[-\pi, \pi]$ 上的均匀分布,

$$f_X(x) = \frac{1}{2\pi}I_{[-\pi,\pi]}(x)$$

结合式(1.4.11)得

$$f_Y(y) = \frac{1}{2\pi}\frac{1}{\sqrt{1-y^2}} + \frac{1}{2\pi}\frac{1}{\sqrt{1-y^2}} = \frac{1}{\pi}\frac{1}{\sqrt{1-y^2}} \tag{1.4.12}$$

同理计算可知当 $-1 < y \leqslant 0$ 时依然具有式(1.4.12)的形式。因此

$$f_Y(y) = \begin{cases} \dfrac{1}{\pi}\dfrac{1}{\sqrt{1-y^2}}, & -1 < y < 1 \\ 0, & \text{其他} \end{cases}$$

本题亦可采用定义法计算, 留给读者自行完成, 见习题 1.3。

1.4.2 多维随机变量函数的概率分布

本节主要以二维随机变量为例进行论述。设随机变量 X, Y 的联合密度函数为 $f_{XY}(x,y)$, 定义二元函数

$$\begin{cases} U = g_1(X,Y) \\ V = g_2(X,Y) \end{cases}$$

则 U, V 也是随机变量。下面讨论 U, V 的联合分布。

根据联合分布函数的定义,

$$F_{U,V}(u,v) = P(U \leqslant u, V \leqslant v) = P\{g_1(X,Y) \leqslant u, g_2(X,Y) \leqslant v\}$$
$$= P\{(X,Y) \in D_{uv}\} = \iint_{D_{uv}} f_{XY}(x,y)\mathrm{d}x\mathrm{d}y$$

其中 $D_{uv} = \{(x,y) : g_1(x,y) \leqslant u, g_2(x,y) \leqslant v\}$。

类似于一维情况, 如果能够确定 D_{uv}, 则 U,V 的联合分布即可通过 X,Y 的联合分布而得到。另一方面, 我们也可以结合概率的意义直接推导联合密度函数。

假定 g_1, g_2 为一一映射[①]且连续可微, 则存在 h_1, h_2 满足

$$\begin{cases} X = h_1(U,V) \\ Y = h_2(U,V) \end{cases}$$

h_1, h_2 也是一一映射且连续可微的。

于是对于 xy 平面上的任意区域 S_{xy}, 存在 uv 平面上唯一的区域 S_{uv} 与之对应, 反之亦然。因此 (x,y) 落在 S_{xy} 内的概率应等于 (u,v) 落在 S_{uv} 的概率, 即

$$\iint_{S_{uv}} f_{UV}(u,v)\mathrm{d}u\mathrm{d}v = \iint_{S_{xy}} f_{XY}(x,y)\mathrm{d}x\mathrm{d}y$$

如图 1.9所示。当区域足够小, 下列近似估计式成立:

$$f_{UV}(u,v)\Delta S_{uv} = f_{XY}(x,y)\Delta S_{xy}$$

其中 $\Delta S_{xy}, \Delta S_{uv}$ 分别代表对应区域 (微元) 的面积。

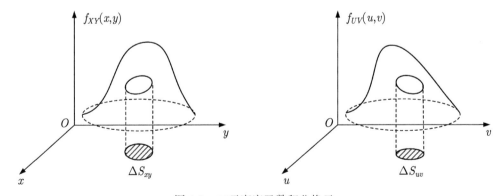

图 1.9 二元密度函数积分换元

————————

[①] 一一映射是指对任何 (x,y), 存在唯一的 (u,v) 与之对应, 反之亦然。

令 $\Delta S_{uv} \to 0$, 由微积分知识可知

$$f_{UV}(u,v) = f_{XY}(x,y)\frac{\mathrm{d}S_{xy}}{\mathrm{d}S_{uv}} = f_{XY}(h_1(u,v), h_2(u,v))|J| \tag{1.4.13}$$

其中 J 为雅可比行列式,

$$J = \frac{\partial(x,y)}{\partial(u,v)} = \begin{vmatrix} \dfrac{\partial h_1}{\partial u} & \dfrac{\partial h_1}{\partial v} \\ \dfrac{\partial h_2}{\partial u} & \dfrac{\partial h_2}{\partial v} \end{vmatrix}$$

式(1.4.13)给出了二维随机变量函数的密度函数的表达式, 该结论亦可推广至高维情况, 命题 1.7 给出了一般性的结论。

命题 1.7　已知 n 维随机变量 $\boldsymbol{X} = (X_1, X_2, \cdots, X_n)^{\mathrm{T}}$ 的联合密度函数为 $f_{\boldsymbol{X}}(\boldsymbol{x})$, 设 $\boldsymbol{Y} = g(\boldsymbol{X})$, 其中 $g : \mathbb{R}^n \to \mathbb{R}^n$ 为一一映射且连续可微的向量函数[①], 则 $\boldsymbol{Y}$ 的联合密度函数为

$$f_{\boldsymbol{Y}}(\boldsymbol{y}) = f_{\boldsymbol{X}}(h(\boldsymbol{y}))|J| \tag{1.4.14}$$

其中 h 为 g 的反函数, J 为 $n \times n$ 雅可比行列式,

$$J = \frac{\partial(x_1, \cdots, x_n)}{\partial(y_1, \cdots, y_n)} = \begin{vmatrix} \dfrac{\partial h_1}{\partial y_1} & \cdots & \dfrac{\partial h_1}{\partial y_n} \\ \vdots & \ddots & \vdots \\ \dfrac{\partial h_n}{\partial y_1} & \cdots & \dfrac{\partial h_n}{\partial y_n} \end{vmatrix}$$

例 1.9　已知随机变量 X, Y 相互独立, $X \sim N(0, \sigma_X^2), Y \sim N(0, \sigma_Y^2)$。定义旋转变换

$$U = X\cos\alpha - Y\sin\alpha$$
$$V = X\sin\alpha + Y\cos\alpha$$

求 U, V 的联合密度函数。

解:　X, Y 相互独立且服从高斯分布, 因此两者服从联合高斯分布, 密度函数为

$$f_{XY}(x,y) = f_X(x)f_Y(y) = \frac{1}{2\pi\sigma_X\sigma_Y}\exp\left[-\frac{1}{2}\left(\frac{x^2}{\sigma_X^2} + \frac{y^2}{\sigma_Y^2}\right)\right]$$

---

① 向量函数由一组函数构成, 例如 $\boldsymbol{g} = (g_1, g_2, \cdots, g_n)$, 其中 $g_i : \mathbb{R} \to \mathbb{R}, i = 1, 2, \cdots, n$。向量函数通常用于描述多维空间的映射。

根据旋转变换易知

$$X = U \cos \alpha + V \sin \alpha = h_1(U, V)$$

$$Y = -U \sin \alpha + V \cos \alpha = h_2(U, V)$$

雅可比行列式为

$$J = \frac{\partial(x, y)}{\partial(u, v)} = \begin{vmatrix} \cos \alpha & \sin \alpha \\ -\sin \alpha & \cos \alpha \end{vmatrix} = 1$$

根据命题 1.7, U, V 的联合密度函数为

$$f_{UV}(u, v) = f_{XY}(h_1(u, v), h_2(u, v))|J|$$

$$= \frac{1}{2\pi \sigma_X \sigma_Y} \exp\left[-\frac{1}{2} \left(\frac{(u \cos \alpha + v \sin \alpha)^2}{\sigma_X^2} + \frac{(-u \sin \alpha + v \cos \alpha)^2}{\sigma_Y^2} \right) \right]$$

进一步计算可得

$$f_{UV}(u, v) = \frac{1}{2\pi \sigma_U \sigma_V \sqrt{1 - r^2}} \exp\left[-\frac{1}{2(1 - r^2)} \left(\frac{u^2}{\sigma_U^2} - \frac{2ruv}{\sigma_U \sigma_V} + \frac{v^2}{\sigma_V^2} \right) \right]$$

其中

$$\sigma_U^2 = \sigma_X^2 \cos^2 \alpha + \sigma_Y^2 \sin^2 \alpha$$

$$\sigma_V^2 = \sigma_X^2 \sin^2 \alpha + \sigma_Y^2 \cos^2 \alpha$$

$$r = \frac{(\sigma_X^2 - \sigma_Y^2) \sin \alpha \cos \alpha}{\sigma_U \sigma_V}$$

由此可见, U, V 亦服从联合高斯分布。

通过例 1.9 得出一条重要结论, 即二维高斯随机变量经过旋转之后依然是高斯的, 但相关性会发生变化。因此我们可以利用旋转变换改变高斯分布的相关性。从几何角度来看, 由于二维高斯分布 (假设零均值) 的等高线是椭圆, 即

$$\begin{bmatrix} x & y \end{bmatrix} \begin{bmatrix} \sigma_X^2 & \sigma_{XY} \\ \sigma_{XY} & \sigma_Y^2 \end{bmatrix}^{-1} \begin{bmatrix} x \\ y \end{bmatrix} = c$$

显然, 椭圆旋转之后依然是椭圆, 因此不会破坏分布的高斯性。对于相关的高斯随机变量, 经过恰当的旋转, 分布等高线可变为标准椭圆 (即椭圆的长轴与短轴与坐标轴平行), 此时协方差矩阵为对角阵, 从而实现了去相关, 如图 1.10 所示。

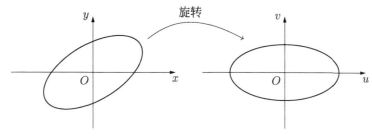

图 1.10　高斯分布等高线旋转示意图

去相关是一种重要的数据分析方法, 通常可用于数据压缩或特征提取。假设有一组二维数据 (x, y), 即 (X, Y) 的样本。如果两个维度具有一定的相关性, 则信息是冗余的。一种极端情况是两个维度完全相关, 例如 $Y = X$, 此时数据分布呈直线 $y = x$, 因此只需要知道其中一个维度的信息, 则另一个维度的信息便确定了。沿 $y = x$ 方向来看, 数据本质上是一维的, 因此可以利用旋转变换将数据映射到水平坐标轴, 从而得到一维数据 $u = x$, 该数据代表了原始数据的全部信息, 由此便实现了数据压缩的目的。当然, 实际中数据一般不是完全相关的, 但总可以找到一个线性变换, 使得原数据的协方差矩阵变为对角阵。这便是**主成分分析** (principle component analysis) 的基本思想。关于主成分分析将在第 2 章继续讨论。

1.5　随机变量的特征函数 *

前面几节介绍了随机变量的统计特性, 注意到所有的论述均围绕着分布函数或密度函数展开的。另一方面, **特征函数** (characteristic function, CF) 也是描述随机变量统计特性的一种重要方式。稍后会看到, 特征函数与密度函数具有一一对应的关系, 同时在一些问题分析过程中展现出密度函数不具备的优势。下面首先介绍一维随机变量的特征函数, 随后推广至多维随机变量。

1.5.1　一维随机变量的特征函数

定义 1.17　随机变量 X 的特征函数定义为

$$C_X(u) = E[\mathrm{e}^{\mathrm{j}uX}] = \int_{-\infty}^{+\infty} \mathrm{e}^{\mathrm{j}ux} f_X(x)\mathrm{d}x, \ u \in \mathbb{R} \tag{1.5.1}$$

注: 对于离散型随机变量, 亦可采用分布列定义:

$$C_X(u) = E[\mathrm{e}^{\mathrm{j}uX}] = \sum_k \mathrm{e}^{\mathrm{j}ux_k} P(X = x_k) = \sum_k \mathrm{e}^{\mathrm{j}ux_k} p_k, \ u \in \mathbb{R}$$

注意到式(1.5.1)与傅里叶变换非常相似①。事实上, 特征函数也可以理解为密度函数的傅里叶变换, 只不过自变量多了一个负号, 即 $C_X(u) = \mathscr{F}[f_X](-u)$。根据逆傅里叶变换可得

$$f_X(x) = \frac{1}{2\pi} \int_{-\infty}^{+\infty} \mathrm{e}^{-\mathrm{j}ux} C_X(u) \mathrm{d}u \tag{1.5.2}$$

由此可见, 特征函数与密度函数具有一一对应的关系, 两者均能够反映随机变量的统计特性。

例 1.10 已知 $X \sim N(0,1), Y = aX + b$, 其中 a, b 为常数。求 X, Y 的特征函数。

解: 根据题目条件, X 的密度函数为

$$f_X(x) = \frac{1}{\sqrt{2\pi}} \exp\left(-\frac{x^2}{2}\right)$$

X 的特征函数为

$$\begin{aligned}
C_X(u) &= \int_{-\infty}^{+\infty} f_X(x) \mathrm{e}^{\mathrm{j}ux} \mathrm{d}x = \frac{1}{\sqrt{2\pi}} \int_{-\infty}^{+\infty} \mathrm{e}^{-x^2/2 + \mathrm{j}ux} \mathrm{d}x \\
&= \frac{1}{\sqrt{2\pi}} \mathrm{e}^{-u^2/2} \int_{-\infty}^{+\infty} \mathrm{e}^{-(x-\mathrm{j}u)^2/2} \mathrm{d}x = \mathrm{e}^{-u^2/2}
\end{aligned}$$

因此 X 的特征函数也是高斯函数。结合信号的观点, 即时域上的高斯函数在频域也是高斯函数。

根据 $Y = aX + b$, 易知 $Y \sim N(b, a^2)$, 可以采用定义计算其特征函数。当然, 利用期望的线性性质更为方便,

$$C_Y(u) = E[\mathrm{e}^{\mathrm{j}uY}] = E[\mathrm{e}^{\mathrm{j}u(aX+b)}] = \mathrm{e}^{\mathrm{j}bu} E[\mathrm{e}^{\mathrm{j}auX}] = \mathrm{e}^{\mathrm{j}bu} C_X(au) = \mathrm{e}^{\mathrm{j}bu - (au)^2/2}$$

我们可将例 1.10 中的结论推广至一般情况。

性质 1.6 已知随机变量 X 的特征函数为 $C_X(u)$, 则 $Y = aX + b$ 的特征函数为

$$C_Y(u) = \mathrm{e}^{\mathrm{j}bu} C_X(au)$$

例 1.11 已知相互独立的随机变量 X, Y, 密度函数分别为 $f_X(x), f_Y(y)$。求 $Z = X + Y$ 的密度函数。

---

① 傅里叶变换定义为

$$F(u) = \mathscr{F}[f](u) = \int_{-\infty}^{+\infty} f(x) \mathrm{e}^{-\mathrm{j}ux} \mathrm{d}x$$

解： 根据分布函数定义,

$$F_Z(z) = P(Z \leqslant z) = P(X + Y \leqslant z) = \iint_{x+y \leqslant z} f_{XY}(x,y)\mathrm{d}x\mathrm{d}y$$

由于 X, Y 相互独立, 因此

$$F_Z(z) = \iint_{x+y \leqslant z} f_{XY}(x,y)\mathrm{d}x\mathrm{d}y = \int_{-\infty}^{+\infty} f_X(x)\mathrm{d}x \int_{-\infty}^{z-x} f_Y(y)\mathrm{d}y$$

对上式求关于 z 的导数, 得

$$f_Z(x) = \frac{\mathrm{d}}{\mathrm{d}z} F_Z(z) = \int_{-\infty}^{+\infty} f_X(x)\mathrm{d}x \left(\frac{\mathrm{d}}{\mathrm{d}z} \int_{-\infty}^{z-x} f_Y(y)\mathrm{d}y \right) = \int_{-\infty}^{+\infty} f_X(x) f_Y(z-x)\mathrm{d}x$$

由此可见, Z 的密度函数为 X, Y 的密度函数的卷积。

注意到卷积是积分运算, 通常计算复杂度较高。若考虑特征函数, 根据傅里叶变换的卷积定理, 易知 Z 的特征函数为 X, Y 的特征函数的乘积, 即

$$C_Z(u) = C_X(u)C_Y(u)$$

因此, 若知道 X, Y 的特征函数, 则很容易得到 Z 的特征函数, 再利用逆傅里叶变换便得到 Z 的密度函数。

例 1.11 的结论亦可推广至多个随机变量之和, 于是得到如下结论。

性质 1.7 已知 $X_i, i = 1, 2, \cdots, n$ 为相互独立的随机变量, 特征函数分别为 $C_{X_i}(u), i = 1, 2, \cdots, n$, 则 $Y = \sum_{i=1}^{n} X_i$ 的特征函数为

$$C_Y(u) = \prod_{i=1}^{n} C_{X_i}(u)$$

利用性质 1.7 容易得到一些有用的结论。例如, 多个相互独立的高斯随机变量之和也是高斯的。读者可自行证明。

特征函数与矩具有密切关系, 我们有如下命题。

命题 1.8 随机变量的 n 阶矩与特征函数具有如下关系:

$$E[X^n] = \mathrm{j}^{-n} \left. \frac{\mathrm{d}^n}{\mathrm{d}u^n} C_X(u) \right|_{u=0} = \mathrm{j}^{-n} C_X^{(n)}(0) \tag{1.5.3}$$

证明: 根据矩的定义

$$E[X^n] = \int_{-\infty}^{+\infty} x^n f_X(x)\mathrm{d}x$$

另一方面, 对 $C_X(u)$ 求 n 阶导数, 得

$$C_X^{(n)}(u) = \frac{\mathrm{d}^n}{\mathrm{d}u^n} \int_{-\infty}^{+\infty} \mathrm{e}^{\mathrm{j}ux} f_X(x)\mathrm{d}x = \int_{-\infty}^{+\infty} \frac{\mathrm{d}^n}{\mathrm{d}u^n}\mathrm{e}^{\mathrm{j}ux} f_X(x)\mathrm{d}x = \mathrm{j}^n \int_{-\infty}^{+\infty} x^n \mathrm{e}^{\mathrm{j}ux} f_X(x)\mathrm{d}x$$

将 $x = 0$ 代入上式, 得

$$C_X^{(n)}(0) = \mathrm{j}^n \int_{-\infty}^{+\infty} x^n f_X(x)\mathrm{d}x = \mathrm{j}^n E[X^n]$$

因此

$$E[X^n] = \mathrm{j}^{-n} C_X^{(n)}(0)$$

命题得证。

式(1.5.3)给出了计算随机变量矩的一种方法。相比于原始定义中涉及密度函数的积分运算, 对特征函数求导运算通常更为简便。事实上, 若将特征函数展成麦克劳林级数的形式, 即

$$C_X(u) = \sum_{n=0}^{+\infty} \frac{C_X^{(n)}(0)}{n!} u^n = \sum_{n=0}^{+\infty} \frac{\mathrm{j}^n E[X^n]}{n!} u^n \tag{1.5.4}$$

则特征函数可由各阶矩唯一地确定, 从而密度函数也由各阶矩唯一地确定。

定义随机变量的**矩生成函数** (moment generating function, MGF):

$$M_X(s) = E[\mathrm{e}^{sX}] = \int_{-\infty}^{+\infty} \mathrm{e}^{sx} f_X(x)\mathrm{d}x, \ s \in \mathbb{R} \tag{1.5.5}$$

注意矩生成函数的自变量要求为实数。当然, 若将其扩展到复数域, 则特征函数可视为矩生成函数的一种特殊形式, 即

$$C_X(u) = M_X(s)|_{s=\mathrm{j}u}$$

另一方面, 根据泰勒级数,

$$\mathrm{e}^{sX} = 1 + sX + \frac{s^2 X^2}{2!} + \cdots + \frac{s^n X^n}{n!} + \cdots$$

易知

$$M_X(s) = E[\mathrm{e}^{sX}] = \sum_{n=0}^{+\infty} \frac{E[X^n]}{n!} s^n \tag{1.5.6}$$

因此, 矩生成函数也可由各阶矩唯一地确定。反之, 可以根据矩生成函数计算各阶矩, 这也是其名称的由来。

1.5.2 多维随机变量的特征函数

本节介绍多维随机变量的特征函数。

定义 1.18 n 维随机变量 $\boldsymbol{X} = (X_1, X_2, \cdots, X_n)^{\mathrm{T}}$ 的特征函数定义为

$$C_{\boldsymbol{X}}(\boldsymbol{u}) = E[\mathrm{e}^{\mathrm{j}\boldsymbol{u}^{\mathrm{T}}\boldsymbol{X}}] = \int_{\mathbb{R}^n} \mathrm{e}^{\mathrm{j}\boldsymbol{u}^{\mathrm{T}}\boldsymbol{x}} f_{\boldsymbol{X}}(\boldsymbol{x}) \mathrm{d}\boldsymbol{x} \tag{1.5.7}$$

读者如果熟悉 n 维傅里叶变换, 则对上式并不会感到陌生。相应地, 利用 n 维逆傅里叶变换可得

$$f_{\boldsymbol{X}}(\boldsymbol{x}) = \frac{1}{(2\pi)^n} \int_{\mathbb{R}^n} \mathrm{e}^{-\mathrm{j}\boldsymbol{u}^{\mathrm{T}}\boldsymbol{x}} C_{\boldsymbol{X}}(\boldsymbol{u}) \mathrm{d}\boldsymbol{u} \tag{1.5.8}$$

因此 n 维随机变量的特征函数与密度函数同样具有一一对应的关系。

利用特征函数同样可以判断相互独立性。

命题 1.9 已知 n 维随机变量 $\boldsymbol{X} = (X_1, X_2, \cdots, X_n)^{\mathrm{T}}$, 则 $X_1, X_2, \cdots, X_n$ 相互独立的充要条件是

$$C_{\boldsymbol{X}}(\boldsymbol{u}) = C_{X_1}(u_1) \cdots C_{X_n}(u_n)$$

例 1.12 (n 维高斯分布) 设 $\boldsymbol{X} = (X_1, X_2, \cdots, X_n)^{\mathrm{T}}$ 为 n 维随机变量, 如果密度函数具有如下形式:

$$f_{\boldsymbol{X}}(\boldsymbol{x}) = \frac{1}{\sqrt{(2\pi)^n \det \boldsymbol{K_X}}} \exp\left[-\frac{(\boldsymbol{x} - \boldsymbol{m_X})^{\mathrm{T}} \boldsymbol{K_X}^{-1} (\boldsymbol{x} - \boldsymbol{m_X})}{2} \right] \tag{1.5.9}$$

其中 $\boldsymbol{m_X}$ 为 $\boldsymbol{X}$ 的期望, $\boldsymbol{K_X}$ 为 $\boldsymbol{X}$ 的协方差矩阵且可逆[①], 则称 $\boldsymbol{X}$ 服从 n 维 (联合) 高斯分布, 简记为 $\boldsymbol{X} \sim N(\boldsymbol{m_X}, \boldsymbol{K_X})$。

---

① 协方差矩阵 (见定义 1.15注④) 是半正定阵, 但并非一定是可逆的, 例如设二维随机变量 (X, Y) 并令 $Y = X$, 则 $\sigma_X^2 = \sigma_Y^2 = \sigma_{XY}$, 此时协方差矩阵行列式为零, 故不可逆。

n 维高斯随机变量的特征函数为 ①

$$C_{\boldsymbol{X}}(\boldsymbol{u}) = E\left[\mathrm{e}^{\mathrm{j}\boldsymbol{u}^{\mathrm{T}}\boldsymbol{X}}\right] = \exp\left[\mathrm{j}\boldsymbol{u}^{\mathrm{T}}\boldsymbol{m_X} - \frac{\boldsymbol{u}^{\mathrm{T}}\boldsymbol{K_X}\boldsymbol{u}}{2}\right] \tag{1.5.10}$$

特别地, 当 $\boldsymbol{m_X} = 0$ 时,

$$C_{\boldsymbol{X}}(\boldsymbol{u}) = E\left[\mathrm{e}^{\mathrm{j}\boldsymbol{u}^{\mathrm{T}}\boldsymbol{X}}\right] = \exp\left[-\frac{\boldsymbol{u}^{\mathrm{T}}\boldsymbol{K_X}\boldsymbol{u}}{2}\right] \tag{1.5.11}$$

由此可见, n 维高斯随机变量的特征函数依然是高斯函数。

注意到式(1.5.10)中并不要求协方差矩阵 $\boldsymbol{K_X}$ 可逆, 相比于密度函数定义式(1.5.9)放宽了要求, 事实上, 式(1.5.10)亦可作为 n 维高斯分布的定义式。

利用特征函数可以证明联合高斯分布的一些重要性质。

性质 1.8 已知 n 维随机变量 $\boldsymbol{X} = (X_1, X_2, \cdots, X_n)^T$ 服从联合高斯分布, 则 $X_1, X_2, \cdots, X_n$ 两两互不相关等价于相互独立。

证明: $X_1, X_2, \cdots, X_n$ 两两互不相关, 即 $K_{X_i X_j} = 0, \forall i \neq j$, 此时协方差矩阵退化为对角阵,

$$\boldsymbol{K_X} = \begin{bmatrix} \sigma_{X_1}^2 & 0 & \cdots & 0 \\ 0 & \sigma_{X_2}^2 & \ddots & 0 \\ \vdots & \vdots & \ddots & \vdots \\ 0 & 0 & \cdots & \sigma_{X_n}^2 \end{bmatrix}$$

于是特征函数为

$$\begin{aligned} C_{\boldsymbol{X}}(\boldsymbol{u}) &= \exp\left[\mathrm{j}\boldsymbol{u}^{\mathrm{T}}\boldsymbol{m_X}\right] \exp\left[-\frac{\boldsymbol{u}^{\mathrm{T}}\boldsymbol{K_X}\boldsymbol{u}}{2}\right] \\ &= \exp\left[\mathrm{j}(m_{X_1}u_1 + \cdots + m_{X_n}u_n)\right] \exp\left[-\frac{1}{2}\left(\sigma_{X_1}^2 u_1^2 + \cdots + \sigma_{X_n}^2 u_n^2\right)\right] \\ &= C_{X_1}(u_1) \cdots C_{X_n}(u_n) \end{aligned}$$

因此, 当 $X_1, X_2, \cdots, X_n$ 两两不相关时, 也是相互独立的。反之, 相互独立一定是不相关的。因此命题得证。

性质 1.9 (线性变换性质) 已知 $\boldsymbol{X}$ 为 n 维高斯随机变量, $\boldsymbol{X} \sim N(\boldsymbol{m_X}, \boldsymbol{K_X})$。设线性变换 $\boldsymbol{Y} = \boldsymbol{A}\boldsymbol{X} + \boldsymbol{b}$, 其中 $\boldsymbol{A} \in \mathbb{R}^{m \times n}$, $\boldsymbol{b} \in \mathbb{R}^m$。则 $\boldsymbol{Y}$ 为 m 维高斯随机变量, $\boldsymbol{Y} \sim N(\boldsymbol{A}\boldsymbol{m_X} + \boldsymbol{b}, \boldsymbol{A}\boldsymbol{K_X}\boldsymbol{A}^{\mathrm{T}})$。

---

① 推导可参见文献 [1] 第 344 页。

证明： 采用特征函数证明。根据定义，$\boldsymbol{Y}$ 的特征函数为

$$
\begin{aligned}
C_{\boldsymbol{Y}}(\boldsymbol{u}) &= E\left[\mathrm{e}^{\mathrm{j}\boldsymbol{u}^{\mathrm{T}}\boldsymbol{Y}}\right] = E\left[\mathrm{e}^{\mathrm{j}\boldsymbol{u}^{\mathrm{T}}(\boldsymbol{AX}+\boldsymbol{b})}\right] \\
&= \exp(\mathrm{j}\boldsymbol{u}^{\mathrm{T}}\boldsymbol{b})E\left[\mathrm{e}^{\mathrm{j}(\boldsymbol{A}^{\mathrm{T}}\boldsymbol{u})^{\mathrm{T}}\boldsymbol{X}}\right] \\
&= \exp(\mathrm{j}\boldsymbol{u}^{\mathrm{T}}\boldsymbol{b})\exp\left[\mathrm{j}(\boldsymbol{A}^{\mathrm{T}}\boldsymbol{u})^{\mathrm{T}}\boldsymbol{m}_{\boldsymbol{X}} - \frac{(\boldsymbol{A}^{\mathrm{T}}\boldsymbol{u})^{\mathrm{T}}\boldsymbol{K}_{\boldsymbol{X}}(\boldsymbol{A}^{\mathrm{T}}\boldsymbol{u})}{2}\right] \\
&= \exp\left[\mathrm{j}\boldsymbol{u}^{\mathrm{T}}(\boldsymbol{A}\boldsymbol{m}_{\boldsymbol{X}}+\boldsymbol{b}) - \frac{\boldsymbol{u}^{\mathrm{T}}(\boldsymbol{A}\boldsymbol{K}_{\boldsymbol{X}}\boldsymbol{A}^{\mathrm{T}})\boldsymbol{u}}{2}\right]
\end{aligned}
$$

由此可见 $\boldsymbol{Y}$ 服从 m 维高斯分布，均值为 $\boldsymbol{m}_{\boldsymbol{Y}} = \boldsymbol{A}\boldsymbol{m}_{\boldsymbol{X}} + \boldsymbol{b}$，协方差矩阵为 $\boldsymbol{K}_{\boldsymbol{Y}} = \boldsymbol{A}\boldsymbol{K}_{\boldsymbol{X}}\boldsymbol{A}^{\mathrm{T}}$。

注： 该性质对变换矩阵 $\boldsymbol{A}$ 的维度 m, n 没有限制。利用该性质可以得到一条推论，即如果 $\boldsymbol{X}$ 为 n 维高斯随机变量，则 $\boldsymbol{Y} = \boldsymbol{AX}$ 是 m 维高斯随机变量，且 $(\boldsymbol{X}, \boldsymbol{Y})^{\mathrm{T}}$ 是 $n + m$ 维联合高斯的。事实上，令 $\boldsymbol{B} = \begin{bmatrix} \boldsymbol{I}_n \\ \boldsymbol{A} \end{bmatrix} \in \mathbb{R}^{(n+m)\times n}$，其中 $\boldsymbol{I}_n$ 为 $n \times n$ 单位阵，则 $\boldsymbol{Y}' = \boldsymbol{BX} = (\boldsymbol{X}, \boldsymbol{AX})^{\mathrm{T}}$ 也是高斯的，即 $(\boldsymbol{X}, \boldsymbol{Y})^{\mathrm{T}}$ 是联合高斯的。

简而言之，性质 1.9 说明高斯随机变量经线性变换之后依然是高斯的。事实上，前面章节的一些例子可视为该性质的特例。例如例 1.9 中，旋转即为一种线性变换，因此根据性质 1.9 可直接得到旋转之后的随机变量的协方差矩阵，即

$$
\begin{bmatrix} \sigma_U^2 & \sigma_{UV} \\ \sigma_{VU} & \sigma_V^2 \end{bmatrix} = \begin{bmatrix} \cos\alpha & -\sin\alpha \\ \sin\alpha & \cos\alpha \end{bmatrix} \begin{bmatrix} \sigma_X^2 & 0 \\ 0 & \sigma_Y^2 \end{bmatrix} \begin{bmatrix} \cos\alpha & \sin\alpha \\ -\sin\alpha & \cos\alpha \end{bmatrix}
$$

两者计算结果一致。又如例 1.10 即为性质 1.9 在一维情况下的特殊结论。同时可以看到，采用特征函数证明过程是非常简洁的，仅仅用到了期望的线性性质及高斯随机变量的特征函数形式，而如果采用密度函数证明会十分复杂。

根据性质 1.9 还可以得到高斯随机变量的其他一些性质，这些性质都可视为性质 1.9 的推论，读者可自行证明。

性质 1.10 (线性组合性质) 已知 $\boldsymbol{X} = (X_1, \cdots, X_n)^{\mathrm{T}}$ 为 n 维高斯随机变量，则

$$
Y = \sum_{i=1}^n \alpha_i X_i
$$

服从一维高斯分布。

性质 1.11 (边缘分布性质) 已知 $\boldsymbol{X} = (X_1, \cdots, X_n)^{\mathrm{T}}$ 为 n 维高斯随机变量，则 $\boldsymbol{X}$ 的 m 维 $(m < n)$ 边缘分布也服从高斯分布。

性质 1.12 (条件分布性质) 已知 $\boldsymbol{X} = (X_1,\cdots,X_n)^{\mathrm{T}}$ 为 n 维高斯随机变量, 并记 $\boldsymbol{X} = (\boldsymbol{X}_k, \boldsymbol{X}_{n-k})^{\mathrm{T}}$, 其中 $\boldsymbol{X}_k = (X_1,\cdots,X_k)^{\mathrm{T}}$, $\boldsymbol{X}_{n-k} = (X_{k+1},\cdots,X_n)^{\mathrm{T}}$, 则条件分布 $f_{\boldsymbol{X}}(\boldsymbol{X}_k|\boldsymbol{X}_{n-k}=\boldsymbol{\alpha})$ 也是高斯分布。

例 1.6即为上述性质的在二维下的特殊情况。此外, 还可以证明高斯随机序列的极限也是高斯的, 这对于分析高斯过程的统计性质 (见第 2 章) 十分有用。

性质 1.13 (极限性质) 已知 $\boldsymbol{X}_k = (X_{1,k}, X_{2,k},\cdots,X_{n,k})^{\mathrm{T}} \in \mathbb{R}^n, k \in \mathbb{Z}$ 是一系列 n 维高斯随机变量 (即随机序列), 且均方收敛[①]于 $\boldsymbol{X}$, 即

$$\lim_{k\to\infty} E\left[\boldsymbol{X}_k - \boldsymbol{X}\right]^2 = 0$$

或等价于

$$\lim_{k\to\infty} E\left[X_{i,k} - X_i\right]^2 = 0, \ 1 \leqslant i \leqslant n$$

则 $\boldsymbol{X}$ 也是 n 维高斯随机变量。

本节最后, 我们来讨论多维随机变量的矩与特征函数的关系。首先将命题1.8推广至多维情况。

命题 1.10 n 维随机变量的联合矩与特征函数具有如下关系:

$$E[X_1^{k_1}\cdots X_n^{k_n}] = \mathrm{j}^{-k}\left.\frac{\partial^k}{\partial^{k_1}u_1\cdots\partial^{k_n}u_n}C_{\boldsymbol{X}}(\boldsymbol{u})\right|_{\boldsymbol{u}=\boldsymbol{0}} \tag{1.5.12}$$

其中 $k = \sum_{i=1}^n k_i$。

证明过程与命题 1.8类似, 请读者自行完成。

下面给出关于高斯随机变量联合矩的一个重要结论。

性质 1.14 (高斯四阶矩) 设 $\boldsymbol{X} = (X_1, X_2, X_3, X_4)^{\mathrm{T}}$ 是零均值的高斯随机变量, 则四阶联合矩为

$$E[X_1X_2X_3X_4] = E[X_1X_2]E[X_3X_4] + E[X_1X_3]E[X_2X_4] + E[X_1X_4]E[X_2X_3] \tag{1.5.13}$$

证明: 因为 $\boldsymbol{X}$ 是零均值的高斯随机变量, 故特征函数为

$$C_{\boldsymbol{X}}(\boldsymbol{u}) = \exp\left[-\frac{\boldsymbol{u}^{\mathrm{T}}\boldsymbol{K}\boldsymbol{u}}{2}\right], \ \boldsymbol{u} \in \mathbb{R}^4$$

① 关于各类收敛的定义见附录 B.2。

其中 $\boldsymbol{K} = E[\boldsymbol{X}\boldsymbol{X}^{\mathrm{T}}]$ 为 4×4 的协方差矩阵, 矩阵元素为 $K_{ij} = E[X_i X_j], 1 \leqslant i, j \leqslant 4$。

根据矩与特征函数的关系, 有

$$E[X_1 X_2 X_3 X_4] = \mathrm{j}^{-4} \left. \frac{\partial^4 C_{\boldsymbol{X}}(\boldsymbol{u})}{\partial u_1 \partial u_2 \partial u_3 \partial u_4} \right|_{\boldsymbol{u}=\boldsymbol{0}} \tag{1.5.14}$$

利用 Taylor 展开,

$$C_{\boldsymbol{X}}(\boldsymbol{u}) = 1 - \frac{\boldsymbol{u}^{\mathrm{T}}\boldsymbol{K}\boldsymbol{u}}{2} + \frac{\left(\boldsymbol{u}^{\mathrm{T}}\boldsymbol{K}\boldsymbol{u}\right)^2}{8} + \cdots + (-1)^n \frac{\left(\boldsymbol{u}^{\mathrm{T}}\boldsymbol{K}\boldsymbol{u}\right)^n}{n!2^n} + \cdots$$

其中

$$\boldsymbol{u}^{\mathrm{T}}\boldsymbol{K}\boldsymbol{u} = \sum_{i=1}^{4} K_{ii} u_i^2 + \sum_{\substack{1 \leqslant i,j \leqslant 4, \\ i \neq j}} K_{ij} u_i u_j$$

不考虑对称项 (即 $K_{ij} = K_{ji}$), 则上式共有 16 项。

注意到对式(1.5.14)求四阶混合偏导并取 $\boldsymbol{u} = \boldsymbol{0}$, 指数低于或高于 2 的项必为零, 故只需考虑二次项 $(\boldsymbol{u}^{\mathrm{T}}\boldsymbol{K}\boldsymbol{u})^2/8$,

$$E[X_1 X_2 X_3 X_4] = \frac{1}{8} \left. \frac{\partial^4 (\boldsymbol{u}^{\mathrm{T}}\boldsymbol{K}\boldsymbol{u})^2}{\partial u_1 \partial u_2 \partial u_3 \partial u_4} \right|_{\boldsymbol{u}=\boldsymbol{0}}$$

其中 $(\boldsymbol{u}^{\mathrm{T}}\boldsymbol{K}\boldsymbol{u})^2$ 共有 16^2 项。考虑到求 4 阶混合偏导并取 $\boldsymbol{u} = \boldsymbol{0}$, 事实上只有 $4! = 24$ 项非零, 而可能的组合包括

$$E[X_1 X_2]E[X_3 X_4], \ E[X_1 X_3]E[X_2 X_4], \ E[X_1 X_4]E[X_2 X_3]$$

说明每种组合出现 8 次, 因此

$$\begin{aligned}
E[X_1 X_2 X_3 X_4] &= \frac{1}{8} \left. \frac{\partial^4 (\boldsymbol{u}^{\mathrm{T}}\boldsymbol{K}\boldsymbol{u})^2}{\partial u_1 \partial u_2 \partial u_3 \partial u_4} \right|_{\boldsymbol{u}=\boldsymbol{0}} \\
&= E[X_1 X_2]E[X_3 X_4] + E[X_1 X_3]E[X_2 X_4] + E[X_1 X_4]E[X_2 X_3]
\end{aligned}$$

根据性质 1.14, 令 $X_1 = X_2 = X_3 = X_4$, 则得到一维高斯随机变量的一个特殊性质。

性质 1.15 一维高斯随机变量的四阶中心矩与方差具有如下关系:

$$\nu_4 = 3\sigma^4 \tag{1.5.15}$$

1.6 研究型学习——高阶统计量 *

在 1.2.3节我们介绍了随机变量的矩。通常来讲, 二阶以内的矩能够反映随机变量的一些基本统计特性, 甚至可以完全决定随机变量的分布, 例如高斯分布即由均值与方差完全决定。但是当低阶矩不足以完全刻画随机变量的统计特性时, 就需要借助高阶矩来描述。下面介绍两个特殊的高阶矩, 即偏度 (skewness) 与峰度 (kurtosis)。首先给出标准矩 (standardized moment) 的概念。

定义 1.19 随机变量 X 的 n 阶标准矩定义为

$$\tilde{\nu}_n = E\left[\left(\frac{X - \mu_X}{\sigma_X}\right)^n\right] = \frac{\nu_n}{\sigma^n} \tag{1.6.1}$$

定义 1.20 随机变量的三阶标准矩称为偏度, 四阶标准矩称为峰度, 分别记作

$$\gamma = \tilde{\nu}_3 = \frac{\nu_3}{\sigma^3}, \ \kappa = \tilde{\nu}_4 = \frac{\nu_4}{\sigma^4}$$

偏度用于刻画密度函数的非对称性。直观来讲, 考虑单峰 (unimodal) 分布[1], 如果密度函数关于均值对称分布, 则偏度为零。如果密度函数的尾部[2]左边短右边长, 则偏度大于零; 反之偏度小于零, 如图 1.11(a) 所示。

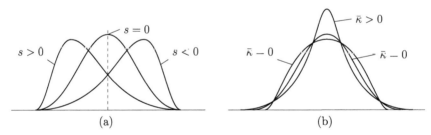

图 1.11 分布的偏度与峰度

峰度用于刻画随机变量离群值的多少[3]。根据 1.5节性质 1.15可知, 高斯分布的峰度为 3。因此通常也将高斯分布的峰度作为基准, 定义超额峰度 (excess kurtosis):

$$\bar{\kappa} = \tilde{\nu}_4 - 3$$

直观来看, 假定在相同方差的情况下, 如果 $\bar{\kappa} > 0$, 则密度函数的尾部较高斯分布

---

[1] 单峰分布是指密度函数仅有一个最大值, 该最大值点称为众数 (mode)。

[2] 尾部 (tail) 是一个统计学概念。直观来讲, 是指密度函数曲线逐渐趋于零的部分。尾部可用于描述随机变量取离群值 (outlier) 的概率。

[3] 历史原因, 中文习惯将 kurtosis 翻译为"峰度", 一些教材将其等价于峰态 (peakedness), 即峰值附近的形状。但事实上, 四阶标准矩与密度函数的峰态并无太大关系, 而主要反映的是密度函数尾部的形状。

更"厚", 即离群值的概率更大; 反之, 则密度函数的尾部较高斯分布更"薄", 即离群值的概率更小, 如图 1.11(b) 所示。

作业 通过查阅文献资料, 完成以下问题, 撰写一份研究型报告。

(1) 试举例说明正偏度和负偏度的分布;

(2) 如果偏度非零, 试分析均值、众数、中位数三者之间的关系;

(3) 试举例说明超额峰度大于零和小于零的分布; 借助 MATLAB 绘制分布曲线并与高斯分布进行比较。

1.7 MATLAB 仿真实验

1.7.1 随机数的生成

在进行随机信号仿真分析时, 通常需要产生随机数。利用计算机生成的随机数称为"伪"随机数 (pseudo-random number), 这是因为随机数是通过确定的算法生成的, 并非完全不可预知。当然, 由于算法通常设计得足够复杂, 以至于对于不了解算法结构的人来说, 产生的结果看起来是"随机"的。随机数生成算法也称为随机数生成器 (random number generator, RNG)。在 MATLAB[①]中, 可以利用函数 **rng** 控制随机数的生成, 包括选择指定的生成器、设置随机数是否可复现等, 具体使用方法可参见 MATLAB 帮助文档[②]。

本节介绍一种简单的随机数生成器, 即线性同余生成器 (linear congruential generator, LCG), 其思想源自于取模运算, 具体实现算法为

$$X_{n+1} = (aX_n + c) \mod m, \, n = 0, 1, 2, \cdots \tag{1.7.1}$$

其中 m 为模数, $0 < a < m$ 为乘子, $0 \leqslant c < m$ 为增量, 三者均为整数。初始的随机数 X_0 称为种子。

用 MATLAB 实现线性同余生成器的代码如下。

```
function x=rndlcg(m,a,c,s,n)
% LCG 生成随机数
% m: 模数
% a: 乘子
% c: 增量
% s: 种子
```

---

① MATLAB[®] 为美国 MathWorks 公司出品的数值计算软件, 具有强大的编程能力和丰富的工具包, 详细介绍见: https://ww2.mathworks.cn。

② https://www.mathworks.com/help/index.html。

```
% n: 迭代次数
x = s;
t = 0;
while t<n
  x = rem(a*x+c,m);
  t = t+1;
end
```

理论上来讲, 线性同余法至多可生成 m 个不同的整数, 然而取模运算的一个潜在弊端在于会导致周期性的结果, 因而不是完全随机的。不同的参数组合决定了算法的性能, 常见的组合类型包括:

(1) m 为素数, $c = 0$: 这种情况下亦称为莱默随机数生成器 (Lehmer RNG)。

(2) $m = 2^k, c = 0$: 这种情况在计算机中广泛使用, 其原因在于在二进制表示下取模运算可以通过截断实现, 因而算法效率较高。

(3) $c \neq 0$: 此时称为混合同余生成器。

1.7.2 生成指定分布的随机数

实际应用中经常需要生成指定分布的随机数。例如若要生成均匀分布的随机变量, 可利用 1.7.1 节介绍的线性同余生成器, 但使用 MATLAB 内置函数 rand 更为方便, 句法为

```
r = rand;              % 返回一个区间 (0,1) 内均匀分布的随机数
r = rand(n);           % 返回一个 n×n 的随机数矩阵
r = rand(s1,s2,...,sn); % 返回一个 s1×s2×···×sn 的随机数矩阵
```

MATLAB 还内置了另外两个基本的随机数生成函数: randn 与 randi, 其中 randn 用于生成标准正态分布的随机数; randi 用于生成伪随机整数。此外, MATLAB 统计与机器学习工具箱 (statistics and machine learning toolbox) 内置函数 random 可用于生成指定分布类型的随机数, 句法为

```
pd = makedist('name',p); % 创建指定分布对象, 其中 name 为分布名称,
                         % p 为参数
r = random(pd);          % 生成指定分布的随机数
```

对于一些常见的分布, 也可以直接调用相应的随机数生成函数, 如表 1.1所示, 具体使用方法可参见 MATLAB 帮助文档。

表 1.1　生成指定分布的随机数 [①]

分布名称	函　　数	分布名称	函　　数
二项分布	binornd	正态分布	normrnd
泊松分布	poissrnd	指数分布	exprnd
离散均匀分布	unidrnd	瑞利分布	raylrnd
连续均匀分布	unifrnd	χ^2-分布	chi2rnd

对于一般性的非典型分布, 则可依据如下命题间接生成。

命题 1.11　若随机变量 X 的分布函数为 $F_X(x)$, 则 $U = F_X(X)$ 服从 $[0,1]$ 上的均匀分布。反之, 若随机变量 U 服从 $[0,1]$ 上的均匀分布, $F_X(x)$ 为随机变量 X 的分布函数, 则 $Y = F_X^{-1}(U)$ 与 X 同分布。

根据上述命题, 可以首先生成 $[0,1]$ 上均匀分布的随机变量, 再通过分布函数的反函数生成指定分布的随机变量, 该方法称为逆变换采样 (inverse transform sampling) 法。命题 1.11 的具体证明留给读者, 见习题 1.4。

1.7.3　随机变量数字特征的估计

在实际应用中, 通常根据随机变量的样本来对其统计特性进行估计。设 $\{x_n\}_{n=1}^{N}$ 为随机变量 X 的样本, 则

$$\hat{m}_X = \frac{1}{N} \sum_{n=1}^{N} x_n \tag{1.7.2}$$

$$\hat{\sigma}_X^2 = \frac{1}{N-1} \sum_{n=1}^{N} (x_n - \hat{m}_X)^2 \tag{1.7.3}$$

注意式(1.7.3)中分母为 $N-1$ 而非 N, 这是为了保证估计是无偏的, 即 $E[\hat{\sigma}_X^2] = \sigma_X^2$。如果分母为 N, 则

$$E[\hat{\sigma}_X^2] = \frac{N-1}{N} \sigma_X^2 \to \sigma_X^2, \; N \to \infty$$

这种情况下是渐近无偏的。

类似地, 对于两个随机变量 X, Y 的协方差, 有如下估计:

$$\hat{\sigma}_{XY}^2 = \frac{1}{N-1} \sum_{n=1}^{N} (x_n - \hat{m}_X)(y_n - \hat{m}_Y) \tag{1.7.4}$$

MATLAB 内置了计算样本均值、方差、协方差等数字特征的函数, 示例如下。

[①] 需要安装 MATLAB 统计与机器学习工具箱。

实验 1.1　随机生成两组标准正态分布数 X, Y, 并计算相应的均值、方差、标准差和协方差。

```
rng('default'); % 随机数可复现（可选）
L = 20;   % 数组长度
x = randn(1,L); % 生成服从标准正态分布的随机数组 x
y = randn(1,L); % 生成服从标准正态分布的随机数组 y
m = mean(x); % 计算 x 的均值
v = var(x); % 计算 x 的方差
s = std(x); % 计算 x 的标准差
c = cov(x,y); % 计算 x,y 的协方差矩阵
```

结果如下。

```
>> x
x =

    0.5377    1.8339   -2.2588    0.8622    0.3188   -1.3077   -0.4336
    0.3426    3.5784    2.7694   -1.3499    3.0349    0.7254   -0.0631
    0.7147   -0.2050   -0.1241    1.4897    1.4090    1.4172
>> y
y =

    0.6715   -1.2075    0.7172    1.6302    0.4889    1.0347    0.7269
   -0.3034    0.2939   -0.7873    0.8884   -1.1471   -1.0689   -0.8095
   -2.9443    1.4384    0.3252   -0.7549    1.3703   -1.7115
>> m
m =

    0.6646
>> v
v =

    2.1895
>> s
s =

    1.4797
>> c
c =

    2.1895   -0.7112
   -0.7112    1.4618
```

注意 cov 的结果为对角阵, 其中主对角元素分别为 X, Y 的方差, 次对角元素为 X, Y 的协方差。

1.7.4 随机变量概率分布的估计

为了直观得到随机变量样本的分布规律, 可以使用 MATLAB 中的直方图函数 histogram; 而函数 ksdensity 可用于精细估计样本的密度函数, 在实际应用中可灵活选取。下面通过一个例子进行说明。

实验 1.2 随机生成 5000 个标准正态分布数, 并绘制其直方图和概率密度函数。

```
N = 5000; % 随机数个数
x = randn(1,N); % 生成高斯随机数
histogram(x,'normalization','pdf'); % 绘制直方图, 归一化类型为概率密度函数
hold on
ksdensity(x); % 估计概率密度函数并绘图
```

结果如图 1.12所示。可见, 两者除形式不同之外, 分布形态基本与高斯曲线吻合。

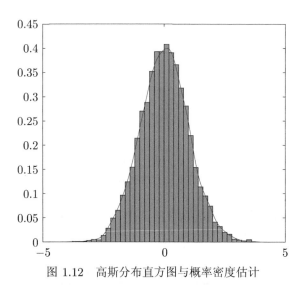

图 1.12 高斯分布直方图与概率密度估计

1.7.5 绘制分布函数与密度函数

MATLAB 内置函数 pdf 与 cdf 可用于精确描绘指定类型的密度函数与分布函数。

实验 1.3 绘制瑞利分布的密度函数与分布函数, 其中参数 $\sigma = 2$。

```
pd = makedist('Rayleigh','b',2); % 创建瑞利分布, 尺度参数为 2
x = 0:0.01:10; % 支撑区间
y = pdf(pd,x); % 生成密度函数
z = cdf(pd,x); % 生成分布函数

% 绘图
subplot(1,2,1)
plot(x,y,'linewidth',1.5);
title('密度函数');
subplot(1,2,2)
plot(x,z,'linewidth',1.5);
title('分布函数');
```

结果如图 1.13所示。

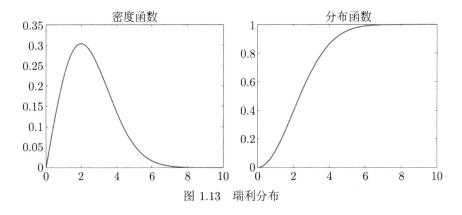

图 1.13 瑞利分布

除函数 pdf 与 cdf 之外, 还可以直接调用一些常见分布的密度函数和分布函数,见表 1.2。具体使用方法可参考 MATLAB 帮助文档。

表 1.2 常见的密度函数与分布函数 [①]

分布名称	概率密度函数	概率分布函数	分布名称	概率密度函数	概率分布函数
二项分布	binopdf	binocdf	正态分布	normpdf	normcdf
泊松分布	poisspdf	poisscdf	指数分布	exppdf	expcdf
离散均匀分布	unidpdf	unidcdf	瑞利分布	raylpdf	raylcdf
连续均匀分布	unifpdf	unifcdf	χ^2-分布	chi2pdf	chi2cdf

---

① 需要安装 MATLAB 统计与机器学习工具箱。

MATLAB 实验练习

1.1 利用线性同余生成器生成 1000 个 $[0,1]$ 上均匀分布的随机数, 参数设置如下, 并计算相应的均值与方差。

(1) MINSTD: $m = 2^{31} - 1, a = 7^5, c = 0$;

(2) IBM RANDU: $m = 2^{31}, a = 2^{16} + 3, c = 0$;

(3) Borland C/C++: $m = 2^{32}, a = 22695477, c = 1$。

1.2 编写用于估计两个随机变量互相关函数的 MATLAB 函数。

1.3 已知 X 服从指数分布:

$$F_X(x) = 1 - \mathrm{e}^{-\lambda x}, \ \lambda > 0$$

均值为 $1/\lambda$, 方差为 $1/\lambda^2$。

分别利用逆变换采样法和 MATLAB 函数 exprnd 产生 1000 个 $\lambda = 0.5$ 的指数分布随机数, 估计其均值与方差, 并比较两种方法的精度。

1.4 已知 $X \sim N(1,4)$, $Y \sim N(2,6)$, 分别生成 1000 个 X, Y 的样本, 并估计各自的均值、方差以及两者的协方差。

1.5 绘制以下分布的密度函数与分布函数, 通过调整参数观察分布变化。

(1) 二项分布:

$$p_k = \binom{n}{k} p^k (1-p)^{n-k}, \ k = 0, 1, \cdots, n$$

(2) 泊松分布:

$$p_k = \frac{\lambda^k}{k!} \mathrm{e}^{-\lambda}, \ \lambda > 0, k = 0, 1, \cdots$$

(3) 拉普拉斯分布:

$$f_X(x) = \frac{1}{2\beta} \exp\left(-\frac{|x|}{\beta}\right), \ \beta > 0$$

(4) 瑞利分布:

$$f_X(x) = \frac{x}{\sigma^2} \exp\left(-\frac{x^2}{2\sigma^2}\right), \ \sigma > 0, x \geqslant 0$$

习　题

1.1 试举例说明 n 个随机事件 $A_i, i = 1, 2, \cdots, n$ 是两两独立的, 但不是相互独立的。

1.2 某电子系统由 C_1, C_2 两个部件组成, 其中 C_1 正常工作的概率为 p_1, C_2 正常工作的概率为 p_2, 且两个部件工作相互独立。记

$$X_i = \begin{cases} 1, & C_i \text{ 正常工作} \\ 0, & C_i \text{ 非正常工作} \end{cases}, \ i = 1, 2$$

求 X_1, X_2 的联合密度函数。

1.3 采用定义法重做例 1.8, 并与公式法结果进行对照。

1.4 证明命题 1.11。

1.5 已知非线性器件的输入输出关系为 $y = x^n$, 其中 n 为正整数。设输入端随机变量 X 的密度函数为 $f_X(x)$, 求输出端随机变量 Y 的密度函数。

1.6 已知随机变量 X, Y 服从均值为零、方差为 σ^2 的高斯分布, 且相互独立, 作极坐标变换,

$$Z = \sqrt{X^2 + Y^2}$$

$$\Phi = \begin{cases} \arctan Y/X, & X > 0 \\ \arctan Y/X + \pi, & X < 0, Y \geqslant 0 \\ \arctan Y/X - \pi, & X < 0, Y < 0 \end{cases}$$

证明 Z 服从瑞利分布, 即

$$f_Z(z) = \frac{z}{\sigma^2} \exp\left(-\frac{z^2}{2\sigma^2}\right), \ z \geqslant 0$$

而 Φ 服从 $[-\pi, \pi]$ 上的均匀分布。

1.7 已知 X, Y 服从指数分布且相互独立,

$$f_X(x) = \lambda_1 \mathrm{e}^{-\lambda_1 x}, \ \lambda_1 > 0, x \geqslant 0$$
$$f_Y(y) = \lambda_2 \mathrm{e}^{-\lambda_2 y}, \ \lambda_2 > 0, y \geqslant 0$$

分别求 $U = \max(X, Y), V = \min(X, Y)$ 的密度函数。

1.8 电阻的实际阻值通常含有一定误差, 假设误差在标定阻值的 1% 上下浮动, 且服从均匀分布。某电路需要 20kΩ 的电阻, 现有两种方式: (a) 取一个标定阻值 20kΩ 的电阻; (b) 取两个标定阻值 10kΩ 的电阻串联。若要求实际阻值尽可能在 20kΩ ± 100Ω 以内, 试问哪种方式更好?

1.9 已知随机变量 X, Y 均服从高斯分布, 试举出反例说明 (X, Y) 不服从二维高斯分布。

提示: 寻找一个非高斯的联合密度函数 $f_{XY}(x, y)$ 使得其边缘密度函数 $f_X(x), f_Y(y)$ 都是高斯的。

1.10 已知随机变量 X 服从标准正态分布, A 等概率取 ± 1, X, A 相互独立, 证明 $Y = AX$ 也服从标准正态分布。进一步, 判断 X, Y 是否相互独立? 是否相关?

1.11 已知 $\varPhi$ 服从 $[-\pi, \pi]$ 上的均匀分布, $X = \cos\varPhi, Y = \sin\varPhi$。判断 X, Y 是否相关? 是否正交? 是否相互独立?

1.12 已知 $\boldsymbol{X} = (X_1, X_2, X_3)^{\mathrm{T}}$ 服从联合高斯分布, 其中均值与协方差矩阵分别为

$$\boldsymbol{m_X} = \begin{bmatrix} 1 \\ 2 \\ 3 \end{bmatrix}, \quad \boldsymbol{K_X} = \begin{bmatrix} 10 & 2 & 0 \\ 2 & 5 & 2 \\ 0 & 2 & 4 \end{bmatrix}$$

计算: (1) X_1 的密度函数; (2) (X_1, X_2) 的联合密度函数; (3) $X_2 + X_3$ 的密度函数。

1.13 证明性质 1.13。提示: 利用特征函数。

1.14 已知随机变量 X, Y, 定义条件期望

$$E[X|Y = y] = \int_{-\infty}^{+\infty} x f_{X|Y}(x|y) \mathrm{d}x$$

其中

$$f_{X|Y}(x|y) = \frac{f_{XY}(x, y)}{f_Y(y)}$$

注意到 $E[X|Y = y]$ 是关于 y 的函数, 如果考虑所有 y 构成的集合, 则为随机变量, 记为 $E[X|Y]$。

证明:

(1) 如果 X, Y 相互独立, 则 $E[X|Y] = E[X]$;

(2) $E[E[X|Y]] = E[X]$;

(3) $E[g(Y)X|Y] = g(Y)E[X|Y]$, 其中 g 为连续函数;

(4) $E[(X - E[X|Y])^2] \leqslant E[(X - g(Y))^2]$, 其中 g 为连续函数。

第 2 章

随机信号的时域分析

在"信号与系统""数字信号处理"等前期信号类课程中, 我们研究的对象是**确定性信号** (deterministic signal), 即关于时间①的函数。在现实世界中还存在另一类信号, 具有随机性或不确定性, 称之为**随机信号** (random signal)。例如, 电子设备中的噪声电压随时间起伏不定, 其在任意时刻的取值是随机的。语音信号也是一种典型的随机信号, 通常无法用确定的函数来描述。此外, 自然界还存在着大量的随机现象, 大到天文、气象, 小到微观粒子的运动。这些随机现象一方面体现了自然界固有的属性, 另一方面也反映了人类认知的局限性。尽管如此, 人们希望从随机信号中获取有用的信息, 以便更好地认识、掌握客观事物的规律, 由此产生了随机信号分析与处理的相关理论与方法。

随机信号分析的最大特点是运用概率统计的思想方法研究、阐释随机问题, 因此与概率论、数理统计、随机过程等数学知识紧密联系。在第 1 章我们简要回顾了概率论的相关内容。当然, 作为一门信号类课程, 随机信号分析也延续了确定性信号分析的一些方法, 例如信号的时域分析、频域分析以及信号经过线性系统的分析等。本书余下章节将围绕这些内容展开。本章首先介绍随机信号的时域分析。

2.1 随机过程及其统计特性

2.1.1 随机过程的概念与类型

随机信号分析的前提是为随机信号建立一个数学模型, 以便准确、客观地描述随机信号。具体来讲, 随机信号的数学模型是**随机过程** (random process)②, 因此关于随机信号分析的论述即围绕着随机过程展开的。为了直观理解随机过程的概念, 我们以电路中的噪声电压为例。噪声是由于电子的热扰动 (thermal agitation) 产生的, 因而其电压值具有随机性。考虑一段连续时间内的观测, 每进行一次便得到一个电压波形。而由于随机性, 每次观测的电压波形不尽相同。为了充分地描述噪声电压, 必须考虑所有"可能"的电压波形, 这些波形的集合便构成了随机过程。联系随机变量的概念, 随机变量是样本空间到实数轴的映射, 即 $X : \Omega \to \mathbb{R}$。类似地, 随机过程也可以看作一个潜在的样本空间到函数集的映射, 如图 2.1所示。下面给出随机过程的定义。

定义 2.1 已知样本空间 Ω, 若对于任意的 $\omega \in \Omega$, 总存在一个时间函数 $X(t,\omega), t \in \mathcal{T}$ 与之对应, 其中 $\mathcal{T}$ 为时间指标集③, 则由所有这样的函数构成的集合称为随机过程, 记为

$$\{X(t,\omega) : t \in \mathcal{T}, \omega \in \Omega\}$$

其中每一个元素称为样本函数 (sample function)。

---

① 广义上讲, 所谓的"时间"不限于物理意义上的时间, 也可以是其他一维或多维参量。

② 本书将随机信号与随机过程视为等价的概念, 在后文中经常交换使用。

③ 对于随机过程而言, 时间指标集通常为无限集, 例如实数集 $\mathbb{R}$, 自然数集 $\mathbb{N}$ 等。

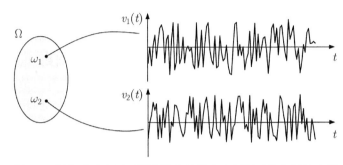

图 2.1　随机噪声电压可视为潜在的样本空间到函数空间的映射

根据上述定义, 随机过程是大量样本函数的集合。但也可将其视为以 t 和 ω 为自变量的"二元函数", 即 $X : \mathcal{T} \times \Omega \to \mathbb{R}$, 因此通常可以省略花括号, 直接记作 $X(t,\omega)$。如不考虑具体的样本空间, 亦可简记为 $X(t)$。这种记法与确定性信号类似, 更符合工程使用习惯。注意到在任意时刻 $t_0 \in \mathcal{T}$, $X(t_0)$ 为随机变量。于是得到随机过程的另外一种定义。

定义 2.2　若对于任意时刻 $t_0 \in \mathcal{T}$, $X(t_0)$ 为随机变量, 则 $X(t), t \in \mathcal{T}$ 为随机过程。

简而言之, 随机过程是以时间为参量的随机变量。这里的时间通常是指物理意义上的时间, 当然也可以是其他参量。我们把随某种参量变化的随机变量统称为**随机函数** (random function)。如果参量是多维的, 通常也称为**随机场** (random field)。本书仅限讨论一维参量的随机函数, 即随机过程。

定义 2.1与定义 2.2是等价的。具体来讲, 随机过程包含如下含义:

① 随机过程是关于时间 t 与样本点 ω 的二元函数, 即 $X(t,\omega)$;

② 当 ω 固定时, 例如 $\omega = \omega_0$, $X(t,\omega_0)$ 是关于时间 t 的确定函数, 即样本函数。如不考虑样本空间, 通常也可用小写字母表示: $x(t)$;

③ 当 t 固定时, 即 $t = t_0$, $X(t_0,\omega)$ 是随机变量, 所有可能的取值集合称为状态空间 (state space);

④ 当 t,ω 均固定时, 即 $t = t_0, \omega = \omega_0$, $X(t_0,\omega_0)$ 是一个确定值, 称为状态 (state)。

随机过程可按照时间参数是否连续分为两类, 即**连续时间随机过程** (简称为随机过程) 与**离散时间随机过程** (简称为随机序列 (random sequence)), 分别记为 $X(t)$ 与 $X[n]$(或 X_n)。因两者的统计特性描述相仿, 下文以连续时间随机过程为主进行介绍, 在 2.6节将单独介绍随机序列。当然在一般性论述中, "随机过程" 通常泛指两者, 不作单独区分。

随机过程亦可按照状态空间进行分类。如果状态空间为连续集, 则称为**连续状态随机过程**; 如果状态空间为可数集, 则称为**离散状态随机过程**。或分别简称为连续型随机过程和离散型随机过程。综合上述两种分类方法, 可以得到四类随机过程。

① 连续型随机过程: 时间与状态均连续;

② 离散型随机过程: 时间连续, 状态离散;

③ 连续型随机序列: 时间离散, 状态连续;

④ 离散型随机序列: 时间与状态均离散。

例 2.1 判断下列随机信号的类型。

(1) $X(t) = A\cos(\omega_0 t + \theta)$, 其中 A 为 $[-1,1]$ 上均匀分布的随机变量, ω_0, θ 为常数。

(2) $X(t) = \sum_n A_n p(t - nT)$, 其中 A_n 为服从伯努利分布, $P(A_n = 0) = P(A_n = 1) = 1/2$, $p(t)$ 为时宽 T 的矩形脉冲, 即 $p(t) = \begin{cases} 1, & 0 \leqslant t \leqslant T \\ 0, & \text{其他} \end{cases}$。

(3) $X[n] = A\cos(\Omega_0 n + \theta)$, 其中 A 为 $[-1,1]$ 上的均匀分布的随机变量, Ω_0, θ 为常数。

(4) $X[n] = \begin{cases} 1, & P(X[n] = 1) = 1/2 \\ 0, & P(X[n] = 0) = 1/2 \end{cases}$。

解: (1) 时间参数连续, 且状态连续, 故为连续型随机过程。

(2) 时间参数连续, 状态为 0 或 1, 故为离散型随机过程。

(3) 时间参数离散, 状态连续, 故为连续型随机序列。

(4) 时间参数与状态均离散, 故为离散型随机序列。

注: ① 本例中的 (3)、(4) 可分别视为 (1)、(2) 的采样序列, 即 $X[n] = X(t)|_{t=nT}$。图 2.2 画出了 4 个随机信号的某一样本函数。注意到随机序列的任意样本函数不是连续函数, 但是依然可以是 "连续型" 随机序列, 因为 "连续型" 与 "离散型" 是按照状态空间划分的。

② 取值只有两种, 且各个时刻相互独立同分布的随机序列称为伯努利序列 (Bernoulli sequence) 或伯努利过程 (Bernoulli process), 本例中 (4) 即为一种情况。

随机过程还可以按照其他依据进行分类。例如可以根据随机过程的取值范围分为实随机过程与复随机过程。事实上, 复随机过程可视为两个实随机过程的组合, 即

$$Z(t) = X(t) + jY(t) \tag{2.1.1}$$

因此关于复过程 $Z(t)$ 的性质可通过 $X(t), Y(t)$ 联合来描述。本书如无特别说明, 均假设随机过程是实的。

此外还可以根据随机过程是否有表达式进行分类。例如例 2.1 中所示的随机过程都有显示表达式, 但也存在着大量无法用表达式来表示的随机过程。事实上对于随机信号而言, 有无表达式并非特别重要, 而其统计特性通常更值得关注。由此产生了众多

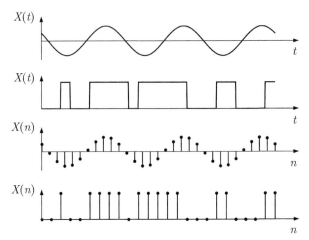

图 2.2　四类随机过程的样本函数, 从上至下依次对应例 2.1(1)~(4)

不同统计特性的过程, 例如伯努利过程、高斯过程、泊松过程、马尔可夫过程等。下面介绍随机过程的统计特性。

2.1.2　随机过程的统计特性

随机过程是含有时间参数的随机变量, 因此其统计特性可以通过随机变量来描述。例如, 随机过程 $X(t)$ 在 $t = t_0$ 时的概率分布即为随机变量 $X(t_0)$ 的概率分布。由于时刻是任意的, 于是可以得到概率分布随时间的变化规律, 即随机过程的一维概率分布。

定义 2.3　随机过程 $X(t)$ 的一维概率分布函数和密度函数分别为

$$F_X(x;t) = P(X(t) \leqslant x) \tag{2.1.2}$$

$$f_X(x;t) = \frac{\partial F_X(x;t)}{\partial x} \tag{2.1.3}$$

例 2.2　已知 $X(t) = At^2$, 其中 $A \sim U(0,1)$。求 $F_X(x;t)$ 和 $f_X(x;t)$。

解:　根据定义 2.3,

$$F_X(x;t) = P(X(t) \leqslant x) = P(At^2 \leqslant x) = \begin{cases} P(0 \leqslant x), & t = 0 \\ P(A \leqslant x/t^2), & t \neq 0 \end{cases}$$

① 当 $t = 0$ 时,

$$F_X(x;t) = P(0 \leqslant x) = \begin{cases} 1, & x \geqslant 0 \\ 0, & x < 0 \end{cases}$$

$$f_X(x;t) = \frac{\partial}{\partial x} F_X(x;t) = \delta(x)$$

② 当 $t \neq 0$ 时,$F_X(x;t) = P(A \leqslant x/t^2) = F_A(x/t^2)$。因为 A 服从 $[0,1]$ 上的均匀分布,

$$F_A(a) = \begin{cases} 0, & a < 0 \\ a, & 0 \leqslant a \leqslant 1 \\ 1, & a > 1 \end{cases}$$

故

$$F_X(x;t) = F_A(x/t^2) = \begin{cases} 0, & x < 0 \\ x/t^2, & 0 \leqslant x \leqslant t^2 \\ 1, & x > t^2 \end{cases}$$

$$f_X(x;t) = \frac{\partial}{\partial x} F_X(x;t) = \begin{cases} 1/t^2, & 0 \leqslant x \leqslant t^2 \\ 0, & \text{其他} \end{cases}$$

图 2.3(a) 和图 2.3(b) 分别画出了不同时刻 $X(t)$ 的一维概率分布函数与密度函数。注意到当 $t \to 0$ 时,分布函数变为单位阶跃函数,而相应的密度函数变为单位冲激函数,因此情况① 可视为情况② 的极限形式。

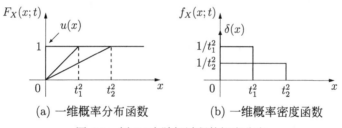

(a) 一维概率分布函数　　　(b) 一维概率密度函数

图 2.3　例 2.2中随机过程的概率分布

此外,还可以通过选取多个不同时刻描述随机过程的统计特性。

定义 2.4　随机过程 $X(t)$ 的二维概率分布函数和密度函数分别为

$$F_X(x_1, x_2; t_1, t_2) = P(X(t_1) \leqslant x_1, X(t_2) \leqslant x_2) \tag{2.1.4}$$

$$f_X(x_1, x_2; t_1, t_2) = \frac{\partial^2 F_X(x_1, x_2; t_1, t_2)}{\partial x_1 \partial x_2} \tag{2.1.5}$$

类似地,可以将上述定义推广至 n 维。

定义 **2.5** 随机过程 $X(t)$ 的 n 维概率分布函数和密度函数分别为

$$F_X(x_1, \cdots, x_n; t_1, \cdots, t_n) = P(X(t_1) \leqslant x_1, \cdots, X(t_n) \leqslant x_n) \tag{2.1.6}$$

$$f_X(x_1, \cdots, x_n; t_1, \cdots, t_n) = \frac{\partial^n F_X(x_1, \cdots, x_n; t_1, \cdots, t_n)}{\partial x_1 \cdots \partial x_n} \tag{2.1.7}$$

为方便书写, 也可用向量记法: $F_X(\boldsymbol{x}; \boldsymbol{t})$ 和 $f_X(\boldsymbol{x}; \boldsymbol{t})$, 其中 $\boldsymbol{x} = (x_1, \cdots, x_n)^{\mathrm{T}}$, $\boldsymbol{t} = (t_1, \cdots, t_n)^{\mathrm{T}}$。

由上述定义可见, 随机过程的概率分布实质就是其在多个时刻构成的随机向量的联合分布。因此关于随机变量联合分布的性质也适用于随机过程, 在此不再赘述。然而应当注意随机过程的概率分布与时刻有关, 通常是时变的。概率分布完整地刻画了随机过程的统计特性, 但是在实际中, 限于掌握的信息有限, 完全确定一个随机过程的概率分布往往非常困难, 甚至不可行。而采用数字特征来分析随机过程更为实用。下面介绍随机过程的矩。

定义 **2.6** 随机过程 $X(t)$ 的 n 阶原点矩和 n 阶中心矩分别定义为

$$\mu_n(t) = E[X^n(t)] = \int_{-\infty}^{+\infty} x^n f_X(x; t) \mathrm{d}x \tag{2.1.8}$$

$$\nu_n(t) = E\left[(X(t) - E[X(t)])^n\right] = \int_{-\infty}^{+\infty} (x - E[X(t)])^n f_X(x; t) \mathrm{d}x \tag{2.1.9}$$

注意到随机过程的原点矩和中心矩都是关于时间 t 的一元函数, 因而通常是时变的。

随机过程的一阶原点矩称为期望 (均值):

$$m_X(t) = E[X(t)] = \int_{-\infty}^{+\infty} x f_X(x; t) \mathrm{d}x \tag{2.1.10}$$

期望是所有样本函数的平均函数, 因而也称为统计平均 (statistical average) 或集合平均 (ensemble average), 其描述了随机过程的整体走势。

二阶原点矩称为均方值:

$$E[X^2(t)] = \int_{-\infty}^{+\infty} x^2 f_X(x; t) \mathrm{d}x \tag{2.1.11}$$

二阶中心矩称为方差:

$$\sigma_X^2(t) = E[(X(t) - m_X(t))^2] = \int_{-\infty}^{+\infty} (x - m_X(t))^2 f_X(x; t) \mathrm{d}x \tag{2.1.12}$$

$\sigma_X(t)$ 称为标准差。方差与标准差描述了随机过程偏离均值的程度。

原点矩和中心矩刻画了随机过程在某个时刻的统计特性, 但无法反映随机过程在不同时刻之间的内在联系. 事实上, 仅凭孤立时刻的矩不足以完全刻画随机过程的统计特性. 以图 2.4 为例, 可以看出两个随机过程具有相似的均值和方差, 但很明显 $Y(t)$ 变化相对 $X(t)$ 更加剧烈. 这种差异反映了随机过程在不同时刻的相关性. 因此有必要定义随机过程在不同时刻的联合矩. 下面给出随机过程自相关函数 (autocorrelation function) 的定义.

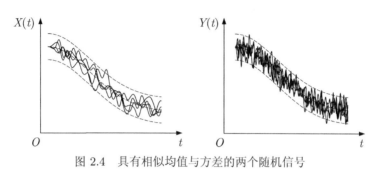

图 2.4 具有相似均值与方差的两个随机信号

定义 2.7 随机过程 $X(t)$ 的自相关函数定义为

$$R_X(t_1, t_2) = E[X(t_1)X(t_2)] = \int_{-\infty}^{+\infty} \int_{-\infty}^{+\infty} x_1 x_2 f_X(x_1, x_2; t_1, t_2) \mathrm{d}x_1 \mathrm{d}x_2 \quad (2.1.13)$$

当 $t_1 = t_2 = t$ 时, $R_X(t,t) = E[X^2(t)]$.

注: ① 上述定义可推广至复随机过程, 即[1]

$$R_X(t_1, t_2) = E[X^*(t_1)X(t_2)] \quad (2.1.14)$$

容易验证, $R_X^*(t_1, t_2) = R_X(t_2, t_1)$. 对于实随机过程, 则有 $R_X(t_1, t_2) = R_X(t_2, t_1)$, 即自相关函数关于 $t_1 = t_2$ 对称.

② 形如 $E[X^n(t_1)X^m(t_2)]$ 的矩称为 $n + m$ 阶联合矩. 自相关函数是二阶联合矩, 其反映了随机过程在任意两个时刻的线性关联程度.

此外还可定义中心化的二阶联合矩, 即协方差函数 (covariance function).

定义 2.8 随机过程 $X(t)$ 的协方差函数定义为

$$K_X(t_1, t_2) = E[(X(t_1) - m_X(t_1))(X(t_2) - m_X(t_2))] \quad (2.1.15)$$

$$= \int_{-\infty}^{+\infty} [x_1 - m_X(t_1)][x_2 - m_X(t_2)] f_X(x_1, x_2; t_1, t_2) \mathrm{d}x_1 \mathrm{d}x_2 \quad (2.1.16)$$

---

① 注意共轭相乘中是对第一个时刻的随机变量取共轭; 而有些教材定义为对第二个时刻的随机变量取共轭, 即 $R_X(t_1, t_2) = E[X(t_1)X^*(t_2)]$. 这不过是一种约定, 本质上不会影响复随机过程的性质.

当 $t_1 = t_2 = t$ 时，$K_X(t,t) = E[(X(t) - m_X(t))^2] = \sigma_X^2(t)$。

注： 对于复随机过程，协方差函数定义为

$$K_X(t_1, t_2) = E[(X(t_1) - m_X(t_1))^*(X(t_2) - m_X(t_2))] \tag{2.1.17}$$

而方差为 $\sigma_X^2(t) = K_X(t,t) = E[|X(t) - m_X(t)|^2]$。

协方差函数反映了随机过程在任意两个时刻的起伏值之间的线性关联程度。注意到对于实随机过程，

$$K_X(t_1, t_2) = R_X(t_1, t_2) - m_X(t_1)m_X(t_2)$$

因此，均值和自相关函数是随机过程最重要的两个数字特征，其他二阶以内的数字特征均可以间接求得。

虽然自相关函数与协方差函数能够反映随机过程的相关程度，但其大小也与随机过程本身取值有关，因此相关程度是相对的，而不是绝对的。为了定量地描述相关程度，可以定义归一化的协方差函数，即相关系数。

定义 2.9 随机过程 $X(t)$ 的相关系数定义为

$$r_X(t_1, t_2) = \frac{K_X(t_1, t_2)}{\sigma_X(t_1)\sigma_X(t_2)} \tag{2.1.18}$$

相关系数是关于 t_1, t_2 的二元函数，也是无量纲的物理量，满足 $-1 \leqslant r_X(t_1, t_2) \leqslant 1$。$|r_X(t_1, t_2)|$ 越大，两个时刻的相关性越强；当 $r_X(t_1, t_2) = 0$ 时，随机过程在这两个时刻**不相关**。

类似于随机变量，可以定义随机过程的特征函数。

定义 2.10 随机过程 $X(t)$ 的一维特征函数定义为

$$C_X(u; t) = E[\mathrm{e}^{\mathrm{j}uX(t)}] = \int_{-\infty}^{+\infty} \mathrm{e}^{\mathrm{j}ux} f_X(x; t)\mathrm{d}x \tag{2.1.19}$$

特征函数与密度函数具有一一对应的关系，两者构成傅里叶变换对。因此密度函数可通过对特征函数做傅里叶变换求得：

$$f_X(x; t) = \frac{1}{2\pi} \int_{-\infty}^{+\infty} \mathrm{e}^{-\mathrm{j}ux} C_X(u; t)\mathrm{d}u \tag{2.1.20}$$

随机过程的 n 阶矩可通过对其特征函数求 n 阶导数获得，即

$$E[X^n(t)] = \int_{-\infty}^{+\infty} x^n f_X(x;t)\mathrm{d}x = (-\mathrm{j})^n \left.\frac{\partial^n C_X(u;t)}{\partial u^n}\right|_{u=0} \tag{2.1.21}$$

n 维特征函数的定义与一维相仿。

定义 2.11 随机过程 $X(t)$ 的 n 维特征函数定义为

$$C_X(\boldsymbol{u};\boldsymbol{t}) = E[\mathrm{e}^{\mathrm{j}\boldsymbol{u}^{\mathrm{T}}X(\boldsymbol{t})}] = \int_{\mathbb{R}^n} \mathrm{e}^{\mathrm{j}\boldsymbol{u}^{\mathrm{T}}\boldsymbol{x}} f_X(\boldsymbol{x};\boldsymbol{t})\mathrm{d}\boldsymbol{x} \tag{2.1.22}$$

n 维特征函数与 n 维联合密度函数具有一一对应的关系。此外，多维特征函数也可用于求混合矩，例如二维特征函数与自相关函数具有如下关系：

$$R_X(t_1,t_2) = E[X(t_1)X(t_2)] = -\left.\frac{\partial^2 C_X(u_1,u_2;t_1,t_2)}{\partial u_1 \partial u_2}\right|_{u_1=u_2=0} \tag{2.1.23}$$

2.2 随机过程的微分与积分

微分与积分是线性系统的基本运算单元，例如线性时不变系统中的卷积计算即为一种积分运算。

例 2.3 (滑动平均 (moving average) 滤波器) 已知滑动平均滤波器的冲激响应为

$$h(t) = \begin{cases} 1/2T, & -T \leqslant t \leqslant T \\ 0, & \text{其他} \end{cases}$$

则滤波器输入输出关系为

$$y(t) = x(t) * h(t) = \frac{1}{2T}\int_{t-T}^{t+T} x(\tau)\mathrm{d}\tau \tag{2.2.1}$$

滑动平均滤波器具有信号平滑的作用，能够滤除信号一些微小的波动，如图 2.5所示。

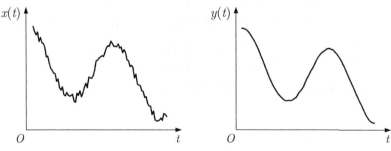

图 2.5 滑动平均滤波器的输入与输出

注意到式(2.2.1)对于确定性信号成立, 这是读者熟知的结论。一个自然的问题是: 对于随机信号, 式(2.2.1)是否成立? 答案是肯定的。关于随机信号通过线性系统的分析将在第 4 章详细介绍。本节首先介绍随机过程的微分、积分及其运算性质。

2.2.1 随机过程的连续性

读者回忆, 在微积分中数列的收敛、函数的连续、微分、积分都是通过“极限”定义的。类似地, 随机过程的连续、微分、积分等定义也需要利用极限的概念, 但这种极限并非是确定性的数值关系, 而是建立在统计意义上。下面首先介绍随机序列**均方收敛** (mean-square convergence) 的概念。

定义 2.12 (均方收敛) 已知随机序列 $X_n, n \in \mathbb{N}$, 且 $E[X_n^2] < \infty$, X 为随机变量, 称 X_n 均方收敛于 X, 如果

$$\lim_{n \to \infty} E[X_n - X]^2 = 0 \tag{2.2.2}$$

记为 ①$\underset{n \to \infty}{\text{l.i.m}} X_n = X$ 或 $X_n \xrightarrow{\text{m.s.}} X, n \to \infty$。

类似地, 对于随机过程, 可以定义均方意义下的连续, 即**均方连续** (mean-square continuity)。

定义 2.13 (均方连续) 已知随机过程 $X(t)$, 且 $E[X^2(t)] < \infty$, 称 $X(t)$ 在 $t = t_0$ 均方连续, 如果

$$\lim_{\Delta t \to 0} E[X(t_0 + \Delta t) - X(t_0)]^2 = 0 \tag{2.2.3}$$

记为 $\underset{t \to t_0}{\text{l.i.m}} X(t) = X(t_0)$ 或 $X(t) \xrightarrow{\text{m.s.}} X(t_0), t \to t_0$。

通过统计意义描述、分析随机信号是本书的核心思想。事实上, 除均方意义之外, 随机序列的收敛性、随机过程的连续性还有其他的定义方式, 在此不做详细介绍, 感兴趣的读者可参阅概率论相关论著[4] 及本书附录 C。采用均方意义的方便之处在于能够将随机过程与其自相关函数联系起来, 从而将不确定性对象的研究转化为确定性对象的研究。例如可以通过自相关函数判断随机过程是否均方连续, 参见附录 C 定理 C.1。此外, 下述命题表明, 均方连续蕴含着均值连续。

---

① 为了和普通意义的极限作区分, 采用符号 l.i.m 以表示均方意义下的极限; 在不引起混淆的情况下, 也可直接用 lim, 具体意义视极限后面的对象而定。

命题 2.1 若随机过程 $X(t)$ 在点 t 均方连续, 则 $E[X(t)]$ 在点 t 连续, 即

$$\lim_{\Delta t \to 0} E[X(t + \Delta t)] = E[\underset{\Delta t \to 0}{\text{l.i.m}} X(t + \Delta t)] = E[X(t)] \tag{2.2.4}$$

证明： 令 $Y = X(t+\Delta t) - X(t)$。因为 $\sigma_Y^2 = E[Y^2] - E^2[Y] \geqslant 0$, 故 $E^2[Y] \leqslant E[Y^2]$, 即

$$E^2[X(t + \Delta t) - X(t)] \leqslant E[X(t + \Delta t) - X(t)]^2$$

因为 $X(t)$ 在点 t 均方连续, 故当 $\Delta t \to 0$ 时, 上式不等式右侧趋向于零, 此时左侧也必然趋向于零, 即

$$E[X(t + \Delta t)] \to E[X(t)], \ \Delta t \to 0$$

因此 $E[X(t)]$ 在点 t 连续。

注意到式(2.2.4)中用 lim 与 l.i.m 分别代表普通意义的极限和均方意义下的极限。在不产生混淆的前提下, 式(2.2.4)可以理解为期望与极限运算可交换顺序。

2.2.2　随机过程的微分

随机过程的微分 (导数) 也可通过均方意义下的极限来定义。

定义 2.14 已知随机过程 $X(t)$ 在点 t 均方连续, 称 $X(t)$ 在点 t 均方可微 (可导), 如果

$$\underset{\Delta t \to 0}{\text{l.i.m}} \frac{X(t + \Delta t) - X(t)}{\Delta t} = X'(t) \tag{2.2.5}$$

则称 $X'(t)$ 为 $X(t)$ 在点 t 的均方导数。如果 $X(t)$ 在某段区间上可导, 则称 $X'(t)$ 为导数过程, 通常也记为 $X'(t) = \dfrac{\mathrm{d}X(t)}{\mathrm{d}t}$。

随机过程在某点是否可导可以通过柯西准则或自相关函数来判断, 具体参见附录 C。下文如涉及随机过程的导数, 均默认是存在的。

下面介绍导数过程的统计特性。

性质 2.1 已知随机过程 $X(t)$ 在某区间上的导数过程为 $Y(t)$, 则

(1) $E[Y(t)] = \dfrac{\mathrm{d}}{\mathrm{d}t} E[X(t)]$

(2) $R_{XY}(t_1, t_2) = \dfrac{\partial}{\partial t_2} R_X(t_1, t_2), R_{YX}(t_1, t_2) = \dfrac{\partial}{\partial t_1} R_X(t_1, t_2)$

(3) $R_Y(t_1, t_2) = \dfrac{\partial^2}{\partial t_1 \partial t_2} R_X(t_1, t_2)$

特别地, 当 $t_1 = t_2 = t$ 时, 有

$$E[Y^2(t)] = \frac{\partial^2}{\partial t_1 \partial t_2} R_X(t_1, t_2)\Big|_{t_1=t_2=t} \tag{2.2.6}$$

证明: (1) 利用期望与极限可交换顺序,

$$E[Y(t)] = E\left[\operatornamewithlimits{l.i.m}_{\Delta t \to 0} \frac{X(t+\Delta t) - X(t)}{\Delta t}\right] = \lim_{\Delta t \to 0} \frac{E[X(t+\Delta t)] - E[X(t)]}{\Delta t} = \frac{\mathrm{d}}{\mathrm{d}t} E[X(t)]$$

(2) 类似地,

$$\begin{aligned}
E\left[X(t_1)Y(t_2)\right] &= E\left[X(t_1) \operatornamewithlimits{l.i.m}_{\Delta t_2 \to 0} \frac{X(t_2+\Delta t_2) - X(t_2)}{\Delta t_2}\right] \\
&= \lim_{\Delta t_2 \to 0} \frac{1}{\Delta t_2} E[X(t_1)(X(t_2+\Delta t_2) - X(t_2))] \\
&= \lim_{\Delta t_2 \to 0} \frac{1}{\Delta t_2}[R_X(t_1, t_2+\Delta t_2) - R_X(t_1, t_2)] = \frac{\partial}{\partial t_2} R_X(t_1, t_2)
\end{aligned}$$

同理可证, $R_{YX}(t_1, t_2) = \frac{\partial}{\partial t_1} R_X(t_1, t_2)$。

(3)

$$\begin{aligned}
E\left[Y(t_1)Y(t_2)\right] &= E\left[\operatornamewithlimits{l.i.m}_{\Delta t_1 \to 0} \frac{X(t_1+\Delta t_1) - X(t_1)}{\Delta t_1} \operatornamewithlimits{l.i.m}_{\Delta t_2 \to 0} \frac{X(t_2+\Delta t_2) - X(t_2)}{\Delta t_2}\right] \\
&= \lim_{\Delta t_1 \to 0} \lim_{\Delta t_2 \to 0} \frac{1}{\Delta t_1 \Delta t_2} E[(X(t_1+\Delta t_1) - X(t_1))(X(t_2+\Delta t_2) - X(t_2))] \\
&= \lim_{\Delta t_1 \to 0} \lim_{\Delta t_2 \to 0} \frac{1}{\Delta t_1 \Delta t_2}[R_X(t_1+\Delta t_1, t_2+\Delta t_2) - R_X(t_1+\Delta t_1, t_2) \\
&\qquad - R_X(t_1, t_2+\Delta t_2) + R_X(t_1, t_2)] \\
&= \lim_{\Delta t_1 \to 0} \frac{1}{\Delta t_1}\left[\frac{\partial R_X(t_1+\Delta t_1, t_2)}{\partial t_2} - \frac{\partial R_X(t_1, t_2)}{\partial t_2}\right] = \frac{\partial^2 R_X(t_1, t_2)}{\partial t_1 \partial t_2}
\end{aligned}$$

注: 注意式 (2.2.6) 不能写作

$$E[Y^2(t)] = \frac{\mathrm{d}^2}{\mathrm{d}t^2} R_X(t, t) = \frac{\mathrm{d}^2}{\mathrm{d}t^2} E[X^2(t)]$$

尽管上式与式 (2.2.6) 非常相似, 但是两者的意义截然不同。事实上, 式 (2.2.6) 右端的含义是对自相关函数 $R_X(t_1, t_2)$ 求混合偏导后, 再取偏导数在 (t, t) 处的值。而 $\frac{\mathrm{d}^2}{\mathrm{d}t^2} R_X(t, t)$ 是 $R_X(t, t)$ 的二阶导数。两者在一般情况下不相等。下面通过一个例子来说明。

例 2.4 已知随机过程 $X(t) = At$, 其中 A 是随机变量。$Y(t)$ 是 $X(t)$ 的导数过

程。求 $E[Y^2(t)]$。

解： 易知 $Y(t) = \dfrac{\mathrm{d}}{\mathrm{d}t}X(t) = A$，故 $E[Y^2(t)] = E[A^2]$。若利用命题 2.1，首先求得

$$R_Y(t_1, t_2) = \frac{\partial^2}{\partial t_1 \partial t_2} R_X(t_1, t_2) = \frac{\partial^2}{\partial t_1 \partial t_2} E[A^2 t_1 t_2] = E[A^2]$$

故

$$E[Y^2(t)] = R_Y(t, t) = E[A^2]$$

因此结论一致。另一方面，

$$\frac{\mathrm{d}^2}{\mathrm{d}t^2} E[X^2(t)] = \frac{\mathrm{d}^2}{\mathrm{d}t^2} E[A^2 t^2] = 2E[A^2]$$

显然 $E[Y^2(t)] \neq \dfrac{\mathrm{d}^2}{\mathrm{d}t^2} E[X^2(t)]$，除非 $E[A^2] = 0$，此时 $A \equiv 0$。

2.2.3 随机过程的积分

类似于确定性函数，随机过程的积分也可按照分割、求和、取极限的方式来定义。

定义 2.15 称随机过程 $X(t)$ 在 $[a, b]$ 上的均方可积，如果存在随机变量 Y，使得

$$\lim_{\max \Delta t_i \to 0} E\left[Y - \sum_{i=1}^{n} X(t_i)\Delta t_i\right]^2 = 0 \tag{2.2.7}$$

其中 $a = t_0 < t_1 < \cdots < t_n = b$ 是区间 $[a, b]$ 上的任意划分，$\Delta t_i = t_i - t_{i-1}$。

称 Y 是 $X(t)$ 在 $[a, b]$ 上的均方积分，记为

$$Y = \int_a^b X(t)\mathrm{d}t \tag{2.2.8}$$

类似地，可以定义 $X(t)$ 的加权积分：

$$Y(t) = \int_a^b X(\tau)h(t, \tau)\mathrm{d}\tau \tag{2.2.9}$$

及变上限积分：

$$Y(t) = \int_0^t X(\tau)\mathrm{d}\tau \tag{2.2.10}$$

上述两种情况的积分结果均为随机过程。

由于积分本质上仍是极限运算, 因此可以与期望交换顺序, 于是得到如下结论。

性质 2.2 已知随机过程 $X(t)$ 在区间 $[a,b]$ 上可积,

$$Y = \int_a^b X(t)\mathrm{d}t$$

则

$$E[Y] = \int_a^b E[X(t)]\mathrm{d}t \tag{2.2.11}$$

$$E[Y^2] = \int_a^b \int_a^b R_X(t_1,t_2)\mathrm{d}t_1\mathrm{d}t_2 \tag{2.2.12}$$

性质 2.3 已知随机过程 $X(t)$ 在区间 $[0,t]$ 上可积,

$$Y(t) = \int_0^t X(\tau)\mathrm{d}\tau$$

则

$$R_Y(t_1,t_2) = \int_0^{t_1} \int_0^{t_2} R_X(u,v)\mathrm{d}u\mathrm{d}v \tag{2.2.13}$$

2.3 平稳随机过程

2.3.1 平稳过程的概念

正如 2.1.2 节所介绍的, 一般情况下, 随机过程的统计特性依时刻而变化, 这无疑增加了随机信号分析的复杂程度。为了使分析更具有可行性, 下面考虑一种特殊的信号模型, 其统计特性具有时移不变性 (time-translation invariance), 即**平稳随机过程**。

定义 2.16 已知随机过程 $X(t)$, 若对任意时移 $\varepsilon \in \mathbb{R}$, $X(t)$ 与 $X(t+\varepsilon)$ 具有相同的概率分布, 即任意的 n 维分布函数满足

$$F_X(x_1,\cdots,x_n;t_1,\cdots,t_n) = F_X(x_1,\cdots,x_n;t_1+\varepsilon,\cdots,t_n+\varepsilon), \ \forall n \geqslant 1 \tag{2.3.1}$$

或等价地, 任意的 n 维密度函数满足

$$f_X(x_1,\cdots,x_n;t_1,\cdots,t_n) = f_X(x_1,\cdots,x_n;t_1+\varepsilon,\cdots,t_n+\varepsilon), \ \forall n \geqslant 1 \tag{2.3.2}$$

则称 $X(t)$ 为严格平稳 (strict-sense stationary, SSS) 随机过程, 简称严平稳过程。

严平稳过程具有如下性质。

(1) 一维概率分布与时间无关, 即

$$F_X(x;t) = F_X(x;t+\varepsilon) \xlongequal{\varepsilon=-t} F_X(x;0) = F_X(x)$$

同理, $f_X(x;t) = f_X(x)$。

(2) 原点矩与中心矩均为常数。特别地,

$$E[X(t)] = \int_{-\infty}^{+\infty} x f_X(x) \mathrm{d}x = m_X$$

$$\mathrm{Var}[X(t)] = \int_{-\infty}^{+\infty} (x - m_X)^2 f_X(x) \mathrm{d}x = \sigma_X^2$$

(3) 二维概率分布与时刻无关, 只与两个时刻的间隔 (时间差) 有关, 即

$$F_X(x_1, x_2; t_1, t_2) = F_X(x_1, x_2; t_1 + \varepsilon, t_2 + \varepsilon)$$

$$\xlongequal{\varepsilon=-t_1} F_X(x_1, x_2; 0, t_2 - t_1) \xlongequal{\tau=t_2-t_1} F_X(x_1, x_2; \tau)$$

同理, $f_X(x_1, x_2; t_1, t_2) \xlongequal{\tau=t_2-t_1} f_X(x_1, x_2; \tau)$。

(4) 自相关函数、协方差函数只与时间差有关,

$$R_X(t_1, t_2) = \int_{-\infty}^{+\infty} \int_{-\infty}^{+\infty} x_1 x_2 f_X(x_1, x_2; \tau) \mathrm{d}x_1 \mathrm{d}x_2 = R_X(\tau)$$

$$K_X(t_1, t_2) = K_X(\tau) = R_X(\tau) - m_X^2$$

根据定义 2.16, 如需证明一个随机过程是严平稳的, 需要判定其所有的概率分布具有时移不变性, 显然该条件过于苛刻, 实际中很难实现。因此严平稳过程通常作为一种理想情况, 限于理论分析的范畴。为了增加实用性, 可以将条件适当弱化, 例如只要求二阶以内的矩具有时移不变性, 由此引出宽平稳过程的概念。

定义 2.17　已知随机过程 $X(t)$, 如果满足

(1) $E[X(t)] = m_X$

(2) $R_X(t_1, t_2) = R_X(t_2 - t_1) = R_X(\tau)$

(3) $E[X^2(t)] < \infty$

则称 $X(t)$ 为广义平稳或宽平稳 (wide-sense stationary, WSS) 随机过程, 简称宽平稳过程。

注: ①对于实过程, 注意到 $R_X(t_1, t_2) = R_X(t_2, t_1)$, 因此 $R_X(t_2 - t_1) = R_X(t_1 - t_2)$。这说明自相关函数是关于时间差 τ 的偶函数。

②单独满足条件 (3) 的随机过程称为**二阶矩过程**。二阶矩过程在理论分析和实际应用中均具有重要地位。随机过程的许多性质，如均方收敛、均方连续均要求二阶矩有限。从物理意义来看，二阶矩有限意味着信号的平均功率有限，实际中的信号均满足这一条件。

③稍后会介绍一种典型的信号模型，即**白噪声**。理想白噪声的自相关函数是狄拉克函数，即 $R_X(\tau) = \delta(\tau)$，这意味着信号的平均功率无限大，不满足宽平稳定义中的条件 (3)。然而由于其自相关函数具有良好的数学性质，因此通常可以按照平稳过程的相关方法来分析。本书将其视为一种特殊的"宽平稳过程"。

例 2.5 已知随机相位信号: $X(t) = a\cos(\omega_0 t + \Phi)$，其中 a, ω_0 为常数，$\Phi \sim U(0, 2\pi)$。试判断该信号是否宽平稳。

解:

$$E[X(t)] = E[a\cos(\omega_0 t + \Phi)] = \int_0^{2\pi} a\cos(\omega_0 t + \varphi)\frac{1}{2\pi}\mathrm{d}\varphi = \frac{a}{2\pi}\sin(\omega_0 t + \varphi)\Big|_0^{2\pi} = 0$$

$$R_X(t_1, t_2) = E[X(t_1)X(t_2)] = E[a^2\cos(\omega_0 t_1 + \Phi)\cos(\omega_0 t_2 + \Phi)]$$

$$= \frac{a^2}{2}E\left[\cos[\omega_0(t_1 + t_2) + 2\Phi] + \cos[\omega_0(t_1 - t_2)]\right]$$

$$= \frac{a^2}{2}\cos[\omega_0(t_1 - t_2)]$$

$$E[X^2(t)] = R_X(t, t) = \frac{a^2}{2} < \infty$$

满足宽平稳定义的 3 个条件，因此 $X(t)$ 是宽平稳过程。图 2.6展示了随机相位信号的形式。

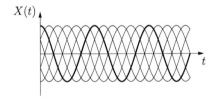

图 2.6 随机相位信号

结合严平稳过程的性质可知，如果二阶矩有限，则严平稳过程也是宽平稳过程，反之不一定成立。当然，如果随机过程的统计特性完全由二阶以内的矩决定，则宽平稳过程也是严平稳过程。在 2.7.1 节将看到，高斯过程即属于这种情况。本书主要研究宽平稳过程，在后面章节，如无特别说明，平稳过程均指宽平稳过程。

2.3.2 平稳过程的自相关函数

自相关函数是刻画平稳过程统计特性的重要依据，本节介绍自相关函数的性质。

性质 2.4 实平稳过程的自相关函数具有如下性质。

(1) 自相关函数是偶函数: $R_X(\tau) = R_X(-\tau)$。

(2) 自相关函数在原点取值非负: $R_X(0) \geqslant 0$。

(3) 自相关函数在原点取模最大值: $R_X(0) \geqslant |R_X(\tau)|$。

(4) 如果自相关函数在原点连续, 则其在实轴上任意一点连续。

(5) 如果存在 $T \neq 0$, 使得 $R_X(T) = R_X(0)$, 则 $R_X(\tau)$ 是以 T 为周期的周期函数, 即 $R_X(\tau) = R_X(\tau + T)$。

(6) $R_X(\tau) = K_X(\tau) + m_X^2$。

证明: (1) 根据定义, $R_X(\tau) = E[X(t)X(t+\tau)] = E[X(t+\tau)X(t)] = R_X(-\tau)$。

(2) $R_X(0) = E[X^2(t)] \geqslant 0$。

(3) 根据柯西-施瓦茨不等式,

$$E^2[X(t)X(t+\tau)] \leqslant E[X^2(t)]E[X^2(t+\tau)]$$

即 $R_X^2(\tau) \leqslant R_X^2(0)$, 因此 $|R_X(\tau)| \leqslant R_X(0)$。

(4) 任取 $\tau \in \mathbb{R}$,

$$
\begin{aligned}
|R_X(\tau + \Delta\tau) - R_X(\tau)|^2 &= |E[X(t)X(t+\tau+\Delta\tau)] - E[X(t)X(t+\tau)]|^2 \\
&= |E[X(t)(X(t+\tau+\Delta\tau) - X(t+\tau))]|^2 \\
&\leqslant E[X^2(t)] \cdot E[X(t+\tau+\Delta\tau) - X(t+\tau)]^2 \\
&= 2R_X(0) \cdot (R_X(0) - R_X(\Delta\tau))
\end{aligned}
$$

若 $R_X(\tau)$ 在原点连续, 则当 $\Delta\tau \to 0$, 上式右端趋于零, 因此左端也趋于零, 故 $R_X(\tau)$ 在 τ 连续。根据 τ 的任意性, $R_X(\tau)$ 处处连续。

(5) 根据 (4) 中的不等式关系, 令 $\Delta\tau = T$, 得证。

(6) $K_X(\tau) = E[(X(t) - m_X)(X(t+\tau) - m_X)] = R_X(\tau) - m_X^2$, 得证。

性质 2.4通常可作为判断一个函数是否能够作为自相关函数的依据。例如, 非偶函数不可能是 (实过程的) 自相关函数。又如, 矩形函数也不可能是自相关函数, 因为其在原点连续, 但存在间断点, 与性质 2.4(4) 矛盾。图 2.7中给出了一些常见的自相关函数形式。

根据性质 2.4(6), 平稳过程的自相关函数与协方差函数仅相差一个常数项 m_X^2, 因此两者任意知道其中一个, 即可得到另外一个。特别是对于零均值的平稳过程, 两者相等。协方差函数的性质可参照自相关函数函数得到, 不再赘述。

平稳过程与其自相关函数具有如下关系。

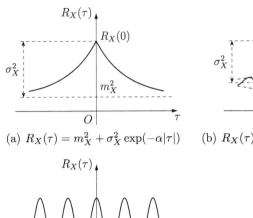

(a) $R_X(\tau) = m_X^2 + \sigma_X^2 \exp(-\alpha|\tau|)$

(b) $R_X(\tau) = m_X^2 + \sigma_X^2 \cos\omega_0\tau \exp(-\alpha|\tau|)$

(c) $R_X(\tau) = m_X^2 + a\cos\omega_0\tau$

(d) $R_X(\tau) = \beta\exp(-\alpha\tau^2) + a\cos\omega_0\tau$

图 2.7　平稳过程自相关函数的一些常见形式

性质 2.5　设 $X(t)$ 为平稳过程, $R_X(\tau)$ 为其自相关函数, 则有如下关系。

(1) 若存在 $T \neq 0$, 使得 $E[X(t+T) - X(t)]^2 = 0$, 则称 $X(t)$ 为 (均方意义下的) 周期过程。若 $X(t)$ 是以 T 为周期的周期过程, 则 $R_X(\tau)$ 是以 T 为周期的周期函数, 即 $R_X(\tau) = R_X(\tau + T)$; 反之亦然。

(2) 若 $X(t)$ 包含一个周期过程, 则 $R_X(\tau)$ 含有一个相同周期的周期分量。

(3) 若 $X(t)$ 不包含任何周期过程, 则

$$R_X(\infty) = \lim_{|\tau|\to\infty} R_X(\tau) = m_X^2$$

且 $\sigma_X^2 = R_X(0) - R_X(\infty)$。

证明:　(1) 注意到 $E[X(t+T) - X(t)]^2 = 2[R_X(0) - R_X(T)]$, 因此 $E[X(t+T) - X(t)]^2 = 0$ 等价于 $R_X(T) = R_X(0)$。根据性质 2.4(5), $R_X(\tau)$ 是以 T 为周期的周期函数。

(2) 即 (1) 的推论。

(3) 如果 $X(t)$ 不含任何周期过程, 则 $X(t)$ 与 $X(t+\tau)$ 的相关性会随着 $|\tau|$ 增大而减弱, 当 $|\tau| \to \infty$ 时, 可认为两者不相关, 因此

$$R_X(\infty) = \lim_{|\tau|\to\infty} R_X(\tau) = \lim_{|\tau|\to\infty} E[X(t)X(t+\tau)] = \lim_{|\tau|\to\infty} E[X(t)]E[X(t+\tau)] = m_X^2$$

进一步利用相关与协方差的关系可得, $\sigma_X^2 = E[X^2(t)] - m_X^2 = R_X(0) - R_X(\infty)$。

注：注意到性质 2.5(3) 的证明利用了"非周期过程的相关性随着时间间隔增大而减弱"这一假设。从物理意义上来看，这种假设是合理的。当然，如果随机过程包含某个周期分量，则其相关函数也包含相应的周期分量，这种情况下结论就不再成立了。

根据性质 2.5，可以通过自相关函数推断随机过程的统计特性。下面来看两个例子。

例 2.6 已知平稳随机过程 $X(t)$ 的自相关函数为

$$R_X(\tau) = 36 + \frac{4}{1 + 5\tau^2}$$

求 $X(t)$ 的均值和方差。

解： 注意到 $R_X(\tau)$ 不含周期分量，因此根据性质 2.5(3)，

$$m_X^2 = \lim_{\tau \to \infty} R_X(\tau) = 36$$

因此均值 $m_X = \pm 6$。而方差 $\sigma_X^2 = R_X(0) - m_X^2 = 4$。

例 2.7 已知平稳随机过程 $X(t)$ 的自相关函数为

$$R_X(\tau) = 10\mathrm{e}^{-5|\tau|} + 5\cos 2\tau + 25$$

求 $X(t)$ 的均值和方差。

解： 注意到 $R_X(\tau)$ 含有周期分量，因此无法直接应用性质 2.5(3)。然而，考虑周期分量是正弦函数形式，很可能是随机相位信号的自相关函数，因此可以假设 $X(t) = U(t) + V(t)$，其中 $U(t)$ 为随机相位信号，$V(t)$ 为非周期随机信号，且 $U(t), V(t)$ 相互独立，于是

$$R_X(\tau) = R_U(\tau) + R_V(\tau) = \underbrace{5\cos 2\tau}_{\text{周期分量}} + \underbrace{10\mathrm{e}^{-5|\tau|} + 25}_{\text{非周期分量}}$$

易知 $m_U = 0$，而

$$m_V = \pm\sqrt{\lim_{\tau \to \infty} R_V(\tau)} = \pm 5$$

因此 $m_X = m_U + m_V = \pm 5$，而 $\sigma_X^2 = R_X(0) - m_X^2 = 15$。

为了定量地描述平稳过程相关性的强弱，可以采用相关系数。

定义 2.18 平稳过程的相关系数定义为

$$r_X(\tau) = \frac{K_X(\tau)}{K_X(0)} = \frac{R_X(\tau) - m_X^2}{\sigma_X^2} \tag{2.3.3}$$

平稳过程的相关系数是关于时间差的函数, 是无量纲的物理量, 满足 $-1 \leqslant r_X(\tau) \leqslant 1$。易知 $r_X(0) = 1$, 即平稳过程在同一时刻相关性最强。

上文提到, 一般而言, 若平稳过程不含周期分量, 则两个时刻的相关性会随着时间间隔增大而减弱。因此也可以通过时间指标刻画相关性的强弱, 由此引出相关时间 (correlation time) 的概念。

定义 2.19 已知平稳过程的相关系数为 $r_X(\tau)$, 设阈值 $0 < \rho < 1$, 如果存在 $\tau_0 > 0$, 当 $\tau > \tau_0$ 时, $|r_X(\tau)| \leqslant \rho$, 则称 τ_0 为相关时间。

定义 2.19可理解为一种阈值定义法, 即考虑某个阈值 ρ 及对应的临界点 τ_0, 如图 2.8(a) 所示, 若当 $\tau > \tau_0$ 时, $|r_X(\tau)| \leqslant \rho$, 则此时 $X(t)$ 与 $X(t+\tau)$ 不再相关。通常 ρ 取值很小, 例如 $\rho = 0.05$。

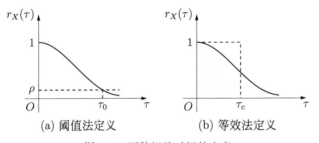

(a) 阈值法定义 (b) 等效法定义

图 2.8 两种相关时间的定义

相关时间还可以通过另外一种方式定义。

定义 2.20 假设平稳过程的相关系数在 $[0, +\infty)$ 可积, 则相关时间定义为

$$\tau_c = \int_0^{+\infty} r_X(\tau) \mathrm{d}\tau \tag{2.3.4}$$

定义 2.20可视为一种等效定义法, 即通过一个矩形函数等效于原始的相关系数, 等效原则为两者的积分相等, 如图 2.8(b) 所示。等效的矩形函数可以视为一种硬判决, 即当 $|\tau| \leqslant \tau_c$ 时, 两个时刻完全相关, 反之则不相关[①]。

尽管两种相关时间的定义方式不同, 但均可以刻画相关性的强弱。特别是对于等效法定义, 在第 3 章将会看到, 其与信号的等效噪声带宽具有密切关系。从物理意义来看, 相关时间越小意味着相关性越弱, 随机过程随时间变化越剧烈; 反之, 相关时间越大意味着相关性越强, 随机过程随时间变化越缓慢。

---

① 注意矩形函数并不能作为自相关函数或相关系数, 这里的描述仅为了说明相关时间的物理意义。

2.4 随机过程的遍历性

2.4.1 遍历性的概念

在实际中, 为了准确得到随机过程的统计特性, 通常需要重复多次试验以获得大量的样本函数。然而, 这种方式所需要的工作量很大, 甚至在某些情况下不可行。以地震勘探为例, 为了得到地震波的分布规律, 采用多次爆破的方法成本高、破坏性大, 且试验条件不能严格保证相同。如果能够通过一次爆破获得地震波的统计特性, 不失为一种合理的解决方法。下面再看一个例子。

例 2.8 考虑一批稳定状态下工作的二极管, 为得到电压 $V(t)$ 的统计特性, 如均值, 可采取如下两种估计方法。

方法一: 随机选取 k 个二极管, 在工作条件完全相同的情况下, 任取某一时刻 t_0, 测得 k 个二极管的电压 $v_i = v_i(t_0)$, 并取平均:

$$\hat{v}_k = \frac{1}{k} \sum_{i=1}^{k} v_i$$

根据强大数定律[①],

$$P\left\{ \lim_{k \to \infty} \hat{v}_k = E[V(t_0)] \right\} = 1$$

方法二: 随机选取一个二极管, 在充分长的时间内观测它的电压值, 测得 k 个时间节点上的电压值 $v(t_i), i = 1, 2, \cdots, k$, 并取平均:

$$\bar{v}_k = \frac{1}{k} \sum_{i=1}^{k} v(t_i)$$

第一种方法利用大量样本在同一时刻的观测值估计均值, 其结果称为统计平均 (statistic average) 或集合平均 (ensemble average)。第二种方法利用单一样本在多个时刻的观测值估计均值, 其结果称为时间平均 (time average)。由于假设二极管工作在稳定状态下, 我们有理由认为一个二极管与多个二极管的统计特性并无差别, 因此可以预见两种估计方法结果相同。

事实上, 苏联数学家辛钦 (A. Y. Khinchine, 1894—1959) 证明: 在一定的条件下, 对随机过程的一个样本函数取时间平均从概率意义上趋向于该过程的统计平均。这种性质称为**遍历性**或**各态历经性** (ergodicity)。下面给出时间平均的定义。

---

① 见附录 B。

定义 2.21 随机过程 $X(t)$ 在一段时间 $[-T, T]$ 上的时间平均定义为

$$A_T[X(t)] = \frac{1}{2T} \int_{-T}^{T} X(t)\mathrm{d}t \tag{2.4.1}$$

当 $T \to \infty$ 时, 若上式存在极限 (均方意义下), 则称该极限为 $X(t)$ 的时间平均 (时间均值), 记为

$$A[X(t)] = \underset{T \to \infty}{\mathrm{l.i.m}} \frac{1}{2T} \int_{-T}^{T} X(t)\mathrm{d}t \tag{2.4.2}$$

其中 $A[\cdot] = \underset{T \to \infty}{\mathrm{l.i.m}} \frac{1}{2T} \int_{-T}^{T} (\cdot)\,\mathrm{d}t$ 为时间平均算子 [①]。

时间平均不限于随机过程本身, 也可以是随机过程的函数或组合, 例如随机过程在两个时刻乘积的时间平均即为时间相关函数。

定义 2.22 随机过程 $X(t)$ 的时间相关函数定义为

$$A[X(t)X(t+\tau)] = \underset{T \to \infty}{\mathrm{l.i.m}} \frac{1}{2T} \int_{-T}^{T} X(t)(X+\tau)\mathrm{d}t \tag{2.4.3}$$

注意时间相关函数并不是相关函数的时间平均, 因其不含有期望运算。
下面给出遍历性的定义。

定义 2.23 设平稳随机过程 $X(t)$,
(1) 称 $X(t)$ 的均值具有遍历性 (一阶遍历性), 如果 [②]

$$A[X(t)] = E[X(t)] = m_X \tag{2.4.4}$$

(2) 称 $X(t)$ 的自相关函数具有遍历性 (二阶遍历性), 如果

$$A[X(t)X(t+\tau)] = E[X(t)X(t+\tau)] = R_X(\tau) \tag{2.4.5}$$

(3) 称 $X(t)$ 具有宽遍历性, 如果同时具有一阶和二阶遍历性;
(4) 称 $X(t)$ 具有严格遍历性, 如果其任意阶矩具有遍历性。

例 2.9 已知随机相位信号: $X(t) = a\cos(\omega_0 t + \Phi)$, 其中 a, ω_0 为常数, $\Phi \sim U(0, 2\pi)$。试判断该信号是否为宽遍历过程。

---

① 也可用 $\overline{(\cdot)}$ 表示时间平均, 这种记法在工程中经常使用。

② 注意时间平均 (均方极限) 的结果有可能是随机变量。严格来讲, 描述随机变量的相等关系应建立在统计意义上, 例如两个随机变量 A, B "以概率 1" 相等, 意味着 $P\{A = B\} = 1$。然而这涉及测度论方面的知识, 已超出本书的范围。本书在讨论随机变量等式关系时, 如无特别说明, 直接使用 "相等"。事实上, 由于遍历性中要求时间平均等于常数或常量 (非随机变量), 这种描述并不会产生问题。

解: 首先根据例 2.5可知, 随机相位信号是宽平稳过程, $E[X(t)] = 0$, $R_X(\tau) = \frac{a^2}{2}\cos\omega_0\tau$。下面求时间平均。

$$A\left[X(t)\right] = \mathop{\mathrm{l.i.m}}_{T\to\infty}\frac{1}{2T}\int_{-T}^{T}a\cos(\omega_0 t + \Phi)\mathrm{d}t = \mathop{\mathrm{l.i.m}}_{T\to\infty}\frac{a\cos\Phi\cdot\sin\omega_0 T}{\omega_0 T} = 0 = E[X(t)]$$

$$A\left[X(t)X(t+\tau)\right] = \mathop{\mathrm{l.i.m}}_{T\to\infty}\frac{1}{2T}\int_{-T}^{T}a\cos(\omega_0 t + \Phi)\cdot a\cos(\omega_0(t+\tau) + \Phi)\mathrm{d}t$$

$$= \frac{a^2}{2}\cos\omega_0\tau = R_X(\tau)$$

因此随机相位信号是宽遍历过程。

图 2.9画出了随机相位信号的一些样本函数。结合图形来看, 在任意时刻, 随机相位信号的统计平均为零; 而对于任意样本函数, 其沿时间轴的时间平均亦为零。因此只要保证足够长的时间, 任意一个样本函数便可以表示所有样本函数的状态, 好似其经历了所有的状态, 即所谓 "各态历经性"。

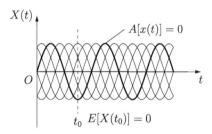

图 2.9　随机相位信号均值遍历性示意图

如果随机过程具有遍历性, 则可以根据样本函数的时间平均估计随机过程的统计特性, 例如:

$$\hat{m}_X = \lim_{T\to\infty}\frac{1}{2T}\int_{-T}^{T}x(t)\mathrm{d}t$$

$$\hat{R}_X(\tau) = \lim_{T\to\infty}\frac{1}{2T}\int_{-T}^{T}x(t)x(t+\tau)\mathrm{d}t$$

当 T 充分大时, 也可省略极限运算。这便是遍历性的实际意义。

此外, 如果随机过程代表的是电路中的噪声电压 (或电流), 其时间平均具有明确的物理意义。读者回顾, 确定性信号的直流分量为信号的均值, 平均功率为信号的均方值。这种平均即为时间上的平均。类似地, 如果随机过程 $X(t)$ 具有遍历性, 则其直流分量为

$$m_X = \mathop{\mathrm{l.i.m}}_{T\to\infty}\frac{1}{2T}\int_{-T}^{T}X(t)\mathrm{d}t = E[X(t)]$$

总平均功率为

$$Q = \mathop{\text{l.i.m}}_{T \to \infty} \frac{1}{2T} \int_{-T}^{T} X^2(t)\mathrm{d}t = E[X^2(t)]$$

交流平均功率为

$$\sigma_X^2 = \mathop{\text{l.i.m}}_{T \to \infty} \frac{1}{2T} \int_{-T}^{T} [X(t) - m_X]^2 \mathrm{d}t$$

第 3 章将给出随机信号平均功率的详细介绍。

2.4.2 遍历性的条件*

下面讨论遍历性成立的条件。注意到随机过程的时间平均结果是一个常数, 而时间相关函数是关于时间差的单变量函数。因此, 如果随机过程具有宽遍历性, 则该过程也必然是宽平稳的。换言之, 平稳性是遍历性的必要条件。

命题 2.2 如果随机过程具有宽遍历性, 则该过程必为宽平稳过程。

反之, 宽平稳过程不一定满足宽遍历性。下面通过一个例子说明。

例 2.10 设随机过程 $X(t) = Y$, 其中 Y 为随机变量, $0 < \sigma_Y^2 < \infty$。证明 $X(t)$ 为宽平稳过程但不具有宽遍历性。

解: 注意到 $E[X(t)] = E[Y] = m_Y$, $R_X(t_1, t_2) = E[Y^2] = \sigma_Y^2 + m_Y^2 < \infty$, 因此 $X(t)$ 是宽平稳过程。求 $X(t)$ 的时间平均,

$$A[X(t)] = \mathop{\text{l.i.m}}_{T \to \infty} \frac{1}{2T} \int_{-T}^{T} Y \mathrm{d}t = Y$$

显然 $Y \neq E[Y]$, 除非 $\sigma_Y^2 = E[Y - m_Y]^2 = 0$, 此时 $X(t)$ 为一常数。因此 $X(t)$ 不具有宽遍历性。直观来看, 由于 $X(t)$ 的任意样本函数为一常数, 因此不可能遍历所有的状态。

定理 2.1 随机过程 $X(t)$ 的均值具有遍历性的充要条件是

$$\lim_{T \to \infty} \frac{1}{T} \int_{0}^{2T} \left(1 - \frac{\tau}{2T}\right) K_X(\tau)\mathrm{d}\tau = 0 \tag{2.4.6}$$

证明: 令 $X_T = \frac{1}{2T} \int_{-T}^{T} X(t)\mathrm{d}t$, 易知 $E[X_T] = E[X(t)] = m_X$。根据定义, 若证明

$X(t)$ 的均值具有遍历性, 则需证明 $\underset{T\to\infty}{\mathrm{l.i.m}}\, X_T = m_X$, 即证明

$$\lim_{T\to\infty}\sigma_{X_T}^2 = \lim_{T\to\infty} E\left[X_T - m_X\right]^2 = 0$$

注意到

$$\sigma_{X_T}^2 = E\left[X_T - m_X\right]^2 = \frac{1}{4T^2}\int_{-T}^{T}\int_{-T}^{T} K_X(t_1, t_2)\mathrm{d}t_1\mathrm{d}t_2 = \frac{1}{4T^2}\int_{-T}^{T}\int_{-T}^{T} K_X(t_1 - t_2)\mathrm{d}t_1\mathrm{d}t_2$$

令 $t_1 + t_2 = v, t_1 - t_2 = \tau$, 利用二重积分换元法, 有

$$\sigma_{X_T}^2 = E\left[X_T - m_X\right]^2 = \frac{1}{4T^2}\iint_{D} K_X(\tau)|J|\mathrm{d}v\mathrm{d}\tau$$

其中 $J = \dfrac{\partial(t_1, t_2)}{\partial(v, \tau)} = -\dfrac{1}{2}$, 积分区域 D 如图 2.10所示。

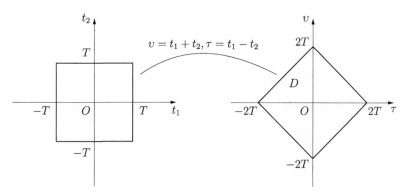

图 2.10　二重积分换元

对上式继续推导,

$$\sigma_{X_T}^2 = \frac{1}{8T^2}\int_{-2T}^{2T} K_X(\tau)\mathrm{d}\tau \int_{-2T+|\tau|}^{2T-|\tau|}\mathrm{d}v$$

$$= \frac{1}{2T}\int_{-2T}^{2T}\left(1 - \frac{|\tau|}{2T}\right) K_X(\tau)\mathrm{d}\tau$$

$$= \frac{1}{T}\int_{0}^{2T}\left(1 - \frac{\tau}{2T}\right) K_X(\tau)\mathrm{d}\tau$$

最后一步利用到了 $K_X(\tau)$ 是偶函数。

因此 $\underset{T\to\infty}{\mathrm{l.i.m}}\, X_T = m_X$ 等价于

$$\lim_{T\to\infty}\frac{1}{T}\int_{0}^{2T}\left(1 - \frac{\tau}{2T}\right) K_X(\tau)\mathrm{d}\tau = 0$$

定理得证。

注意到

$$\left| \int_0^{+\infty} \left(1 - \frac{\tau}{2T}\right) K_X(\tau) \mathrm{d}\tau \right| \leqslant \int_0^{\infty} \left| \left(1 - \frac{\tau}{2T}\right) K_X(\tau) \right| \mathrm{d}\tau \leqslant \int_0^{+\infty} |K_X(\tau)| \mathrm{d}\tau$$

因此如果 $K_X(\tau)$ 在 $[0,\infty)$ 绝对可积, 则式(2.4.6)成立。于是得到均值具有遍历性的充分条件。

推论 2.1 随机过程 $X(t)$ 的均值具有遍历性的充分条件是

$$\int_0^{+\infty} |K_X(\tau)| \mathrm{d}\tau < \infty \tag{2.4.7}$$

关于自相关函数具有遍历性的条件, 可类比于上述命题而得到。具体来讲, 若令 $Y(t;\tau) = X(t)X(t+\tau)$, 则 $X(t)$ 的自相关函数具有遍历性等价于 $Y(t;\tau)$ 的均值具有遍历性。我们不加证明地给出如下定理。

定理 2.2 随机过程 $X(t)$ 的自相关函数具有遍历性的充要条件是

$$\lim_{T \to \infty} \frac{1}{T} \int_0^{2T} \left(1 - \frac{u}{2T}\right) [B(u) - R_X^2(\tau)] \mathrm{d}u = 0 \tag{2.4.8}$$

其中 $B(u) = E[X(t)X(t+\tau)X(t+u)X(t+\tau+u)]$。

结合上述分析, 我们得到了判断均值、自相关函数具有遍历性的各类条件。尽管如此, 在实际中运用这些条件进行判定还是比较困难的, 特别是注意到自相关函数的遍历性需要计算随机过程的四阶矩。因此在实际问题分析中, 通常可以假定随机信号具有遍历性, 再通过实验验证其合理性。

2.5 两个随机过程的联合统计特性

2.5.1 联合分布与互相关函数

在许多实际问题中, 经常会遇到两个或多个随机信号。例如在通信接收机中, 由于噪声的存在, 接收端信号可建模为原信号与噪声的叠加,

$$Y(t) = X(t) + N(t)$$

为了去除噪声, 提取有用的信息, 通常需要知道 $X(t), Y(t)$ 的联合统计特性。本节即针对两个随机过程的联合统计特性展开讨论。

定义 2.24 随机过程 $X(t)$ 与 $Y(t)$ 的 $n+m$ 维联合概率分布函数为

$$F_{XY}(x_1,\cdots,x_n,y_1,\cdots,y_m;t_1,\cdots,t_n,t'_1,\cdots,t'_m)$$
$$= P\{X(t_1) \leqslant x_1,\cdots,X(t_n) \leqslant x_n,Y(t'_1) \leqslant y_1,\cdots,Y(t'_m) \leqslant y_m\} \qquad (2.5.1)$$

$n+m$ 维联合密度函数为

$$f_{XY}(x_1,\cdots,x_n,y_1,\cdots,y_m;t_1,\cdots,t_n,t'_1,\cdots,t'_m)$$
$$= \frac{\partial^{n+m} F_{XY}(x_1,\cdots,x_n,y_1,\cdots,y_m;t_1,\cdots,t_n,t'_1,\cdots,t'_m)}{\partial x_1 \cdots \partial x_n \partial y_1 \cdots \partial y_m} \qquad (2.5.2)$$

其中 $t_1,\cdots,t_n;t'_1,\cdots,t'_m$ 为任意时刻。

如果 $X(t)$ 与 $Y(t)$ 的联合分布等于各自分布的乘积, 即

$$F_{XY}(x_1,\cdots,x_n,y_1,\cdots,y_m;t_1,\cdots,t_n,t'_1,\cdots,t'_m)$$
$$= F_X(x_1,\cdots,x_n;t_1,\cdots,t_n)F_Y(y_1,\cdots,y_m;t'_1,\cdots,t'_m) \qquad (2.5.3)$$

则 $X(t)$ 与 $Y(t)$ 相互独立。上述关系也可通过密度函数等价地表述。

联合分布完全刻画了两个随机过程的统计特性, 可以通过高维联合分布求得低维联合分布及边缘分布。当然, 实际中完全掌握联合分布通常比较困难, 而采用数字特征进行分析更具有可行性。下面介绍两个随机过程的二阶联合矩, 即互相关函数 (cross-correlation function)。

定义 2.25 已知随机过程 $X(t)$ 与 $Y(t)$, 二维联合密度函数为 $f_{XY}(x,y;t_1,t_2)$, 则两者的互相关函数定义为

$$R_{XY}(t_1,t_2) = E[X(t_1)Y(t_2)] = \int_{-\infty}^{+\infty} \int_{-\infty}^{+\infty} xy f_{XY}(x,y;t_1,t_2)\mathrm{d}x\mathrm{d}y \qquad (2.5.4)$$

类似地, 可以定义中心化的互相关函数, 即互协方差函数 (cross-covariance function)。

定义 2.26 随机过程 $X(t)$ 与 $Y(t)$ 的互协方差函数为

$$K_{XY}(t_1,t_2) = E[X(t_1) - m_X(t_1)][Y(t_2) - m_Y(t_2)]$$
$$= \int_{-\infty}^{+\infty} \int_{-\infty}^{+\infty} (x - m_X(t_1))(y - m_Y(t_2))f_{XY}(x,y;t_1,t_2)\mathrm{d}x\mathrm{d}y \qquad (2.5.5)$$

互相关函数与互协方差函数具有如下关系:

$$K_{XY}(t_1, t_2) = R_{XY}(t_1, t_2) - m_X(t_1)m_Y(t_2) \qquad (2.5.6)$$

通过互相关函数可以定义两个随机过程的不相关、正交等概念。

定义 2.27 称随机过程 $X(t)$ 与 $Y(t)$ 不相关, 如果

$$K_{XY}(t_1, t_2) = 0, \ \forall\, t_1, t_2 \in \mathcal{T} \qquad (2.5.7)$$

或等价地,

$$E[X(t_1)Y(t_2)] = E[X(t_1)]E[Y(t_2)], \ \forall\, t_1, t_2 \in \mathcal{T} \qquad (2.5.8)$$

如果 $X(t)$ 与 $Y(t)$ 相互独立, 则两者不相关, 反之不一定成立。

定义 2.28 称随机过程 $X(t)$ 与 $Y(t)$ 正交, 如果

$$R_{XY}(t_1, t_2) = 0, \ \forall\, t_1, t_2 \in \mathcal{T} \qquad (2.5.9)$$

2.5.2 联合平稳性与联合遍历性

本节介绍两个随机过程的联合平稳性与联合遍历性。联合平稳性可以通过两个过程的联合概率分布来刻画, 即如果任意维联合分布具有时移不变性, 则称两个过程为**联合严平稳**。当然, 实际中通常采用联合矩来刻画, 即**联合宽平稳**。下面给出具体的定义。

定义 2.29 称随机过程 $X(t)$ 与 $Y(t)$ 联合宽平稳, 如果 $X(t)$ 与 $Y(t)$ 各自宽平稳, 且 $R_{XY}(t, t+\tau) = R_{XY}(\tau)$。

性质 2.6 联合宽平稳过程的互相关函数具有如下性质。

(1) $R_{XY}(\tau) = R_{YX}(-\tau)$

(2) $|R_{XY}(\tau)|^2 \leqslant R_X(0)R_Y(0)$

(3) $|R_{XY}(\tau)| \leqslant \dfrac{1}{2}[R_X(0) + R_Y(0)]$

证明留给读者自行完成, 见习题 2.13。

若 $X(t)$ 与 $Y(t)$ 联合宽平稳, 则

$$K_{XY}(\tau) = R_{XY}(\tau) - m_X m_Y$$

此外, 可以定义两者的互相关系数,

$$r_{XY}(\tau) = \frac{K_{XY}(\tau)}{\sigma_X \sigma_Y}$$

互相关系数满足 $|r_{XY}(\tau)| \leqslant 1$。如果对任意的 τ，当 $r_{XY}(\tau) = 0$，则 $X(t), Y(t)$ 不相关。

两个随机过程的联合遍历性依然可以按照"时间平均等于统计平均"的原则来定义。实际中主要考虑二阶联合矩的遍历性，即所谓联合宽遍历性。

定义 2.30 称随机过程 $X(t)$ 与 $Y(t)$ 具有联合宽遍历性，如果
(1) $X(t)$ 与 $Y(t)$ 联合宽平稳；
(2) $A[X(t)Y(t+\tau)] = E[X(t)Y(t+\tau)] = R_{XY}(\tau)$。

由此可见，联合平稳是联合遍历的必要条件。同时注意到，联合遍历的定义中并不涉及 $X(t), Y(t)$ 各自的遍历性。这是因为联合遍历主要关注于两个过程的联合矩是否具有遍历性，对各自过程的遍历性并无要求。当然，联合遍历性与各自过程的遍历性并无矛盾，可以同时满足。

例 2.11 已知随机过程

$$X(t) = A\cos\omega_0 t + B\sin\omega_0 t$$
$$Y(t) = A\cos\omega_1 t + B\sin\omega_1 t$$

其中 A, B 是均值为零、方差为 $\sigma^2 < \infty$，且相互独立的随机变量，$\omega_0 \neq \omega_1$。试判断 $X(t), Y(t)$ 是否联合宽平稳。

解： 首先判断 $X(t)$ 与 $Y(t)$ 是否宽平稳。根据已知条件，$E[A] = E[B] = 0$，$E[A^2] = E[B^2] = \sigma^2$，$E[AB] = E[A]E[B] = 0$。

$$E[X(t)] = E[A]\cos\omega_0 t + E[B]\sin\omega_0 t = 0$$
$$\begin{aligned}
R_X(t_1, t_2) &= E[X(t_1)X(t_2)] \\
&= E[(A\cos\omega_0 t_1 + B\sin\omega_0 t_1)(A\cos\omega_0 t_2 + B\sin\omega_0 t_2)] \\
&= E[A^2]\cos\omega_0 t_1\cos\omega_0 t_2 + E[B^2]\sin\omega_0 t_1\sin\omega_0 t_2 \\
&= \sigma^2\cos[\omega_0(t_1 - t_2)]
\end{aligned}$$
$$E[X^2(t)] = \sigma^2 < \infty$$

因此 $X(t)$ 宽平稳。同理可知，$Y(t)$ 宽平稳。

下面判断 $X(t)$ 与 $Y(t)$ 的互相关函数是否为关于时间差的函数。

$$\begin{aligned}
R_{XY}(t_1, t_2) &= E[X(t_1)Y(t_2)] \\
&= E[(A\cos\omega_0 t_1 + B\sin\omega_0 t_1)(A\cos\omega_1 t_2 + B\sin\omega_1 t_2)] \\
&= E[A^2]\cos\omega_0 t_1\cos\omega_1 t_2 + E[B^2]\sin\omega_0 t_1\sin\omega_1 t_2 \\
&= \sigma^2\cos(\omega_0 t_1 - \omega_1 t_2) = \sigma^2\cos[\omega_0(t_1 - t_2) + (\omega_0 - \omega_1)t_2]
\end{aligned}$$

由于 $\omega_0 - \omega_1 \neq 0$, 因此互相关不是关于时间差的函数。故 $X(t), Y(t)$ 不是联合宽平稳过程。

到目前为止, 我们讨论的对象均限于实随机过程, 然而在许多工程应用中也会涉及复信号。例如在雷达接收机中通常包含两路信号, 即同相 (in-phase) 分量与正交 (quadrature) 分量。为便于分析, 通常会将两路信号表示成复信号的形式, 即 $Z(t) = X_I(t) + jX_Q(t)$。此外在第 5 章将会看到, 解析信号也是一种复信号。关于复随机过程的统计特性可根据实随机过程推广而得到。例如设复随机过程 $Z(t) = X(t) + jY(t)$, 则其概率分布可以通过 $X(t), Y(t)$ 的联合分布来描述, 即

$$F_Z(z_1, \cdots, z_n; t_1, \cdots, t_n) = F_{XY}(x_1, \cdots, x_n, y_1, \cdots, y_n; t_1, \cdots, t_n) \tag{2.5.10}$$

此外, 复随机过程的期望、方差、相关函数等数字特征亦可仿照实随机过程而定义, 见习题 2.14。

2.6 随机序列

前面几节主要围绕连续时间随机过程展开论述。除此之外, 离散时间随机过程, 即随机序列, 也是一类重要的随机过程。特别是当今随着计算机和数字化电子电气设备的普及, 离散信号在日常生活和工程实践中广泛存在, 其重要性不言而喻。

随机序列是以离散时间为参数的随机变量, 记为[1] $X[n]$ 或 X_n, 其中 $n \in \mathbb{Z}$。本节介绍随机序列的统计特性。稍后会看到, 关于随机序列的诸多描述与连续时间随机过程非常相似, 两者在形式上的差别主要体现在时间参数上。事实上, 如果将随机序列视为某随机过程的采样序列, 即 $X[n] = X(t)|_{t=nT}$, 其中 T 为采样间隔, 则两者的统计特性基本一致。

2.6.1 随机序列的统计特性

对于任意的 $n \in \mathbb{Z}$, $X[n]$ 为随机变量, 因此随机序列的概率分布依然可以通过随机变量来描述。下面给出一般形式。

定义 2.31 随机序列 $X[n]$ 的 N 维概率分布函数和密度函数分别为

$$F_X(x_1, \cdots, x_N; n_1, \cdots, n_N) = P(X[n_1] \leqslant x_1, \cdots, X[n_N] \leqslant x_N) \tag{2.6.1}$$

$$f_X(x_1, \cdots, x_N; n_1, \cdots, n_N) = \frac{\partial^N F_X(x_1, \cdots, x_N; n_1, \cdots, n_N)}{\partial x_1 \cdots \partial x_N} \tag{2.6.2}$$

---

[1] 严格来讲, n 并不具有时间量纲, 但通常将其称为离散时间并不会引起歧义。此外, 本书仅考虑离散时间是一维的情况。

类似地, 两个随机序列的联合概率分布定义如下。

定义 2.32 随机序列 $X[n], Y[n]$ 的 $N + M$ 维联合概率分布函数和密度函数分别为

$$F_{XY}(x_1, \cdots, x_N, y_1, \cdots, y_M; n_1, \cdots, n_N, n'_1, \cdots, n'_M)$$
$$= P(X[n_1] \leqslant x_1, \cdots, X[n_N] \leqslant x_N, Y[n'_1] \leqslant y_1, \cdots, Y[n'_M] < y_M) \tag{2.6.3}$$

$$f_{XY}(x_1, \cdots, x_N, y_1, \cdots, y_M; n_1, \cdots, n_N, n'_1, \cdots, n'_M)$$
$$= \frac{\partial^{N+M} F_{XY}(x_1, \cdots, x_N, y_1, \cdots, y_M; n_1, \cdots, n_N, n'_1, \cdots, n'_M)}{\partial x_1 \cdots \partial x_N \partial y_1 \cdots \partial y_M} \tag{2.6.4}$$

如果对任意的 N, M,

$$F_{XY}(x_1, \cdots, x_N, y_1, \cdots, y_M; n_1, \cdots, n_N, n'_1, \cdots, n'_M)$$
$$= F_X(x_1, \cdots, x_N; n_1, \cdots, n_N) F_Y(y_1, \cdots, y_M; n'_1, \cdots, n'_M) \tag{2.6.5}$$

则称 $X[n]$ 与 $Y[n]$ 相互独立。

定义 2.33 随机序列的均值、均方值及方差定义分别如下:

$$m_X[n] = E[X[n]] = \int_{-\infty}^{+\infty} x f_X(x; n)\mathrm{d}x \tag{2.6.6}$$

$$E[X^2[n]] = \int_{-\infty}^{+\infty} x^2 f_X(x; n)\mathrm{d}x \tag{2.6.7}$$

$$\sigma_X^2[n] = E[X[n] - m_X[n]]^2 = \int_{-\infty}^{+\infty} (x - m_X[n])^2 f_X(x; n)\mathrm{d}x \tag{2.6.8}$$

定义 2.34 随机序列 $X[n]$ 的自相关函数与协方差函数定义分别如下:

$$R_X(n_1, n_2) = E[X[n_1]X[n_2]] = \int_{-\infty}^{+\infty} \int_{-\infty}^{+\infty} x_1 x_2 f_X(x_1, x_2; n_1, n_2)\mathrm{d}x_1\mathrm{d}x_2 \tag{2.6.9}$$

$$K_X(n_1, n_2) = E[(X[n_1] - m_X[n_1])(X[n_2] - m_X[n_2])]$$
$$= \int_{-\infty}^{+\infty} \int_{-\infty}^{+\infty} [x_1 - m_X(n_1)][x_2 - m_X(n_2)] f_X(x_1, x_2; n_1, n_2)\mathrm{d}x_1\mathrm{d}x_2 \tag{2.6.10}$$

定义 2.35 随机序列 $X[n]$ 与 $Y[n]$ 的互相关函数与互协方差函数定义分别如下:

$$R_{XY}(n_1, n_2) = E[X[n_1]Y[n_2]] = \int_{-\infty}^{+\infty} \int_{-\infty}^{+\infty} xy f_{XY}(x, y; n_1, n_2) \mathrm{d}x \mathrm{d}y \quad (2.6.11)$$

$$K_{XY}(n_1, n_2) = E[(X[n_1] - m_X[n_1])(Y[n_2] - m_Y[n_2])]$$

$$= \int_{-\infty}^{+\infty} \int_{-\infty}^{+\infty} [x - m_X(n_1)][y - m_Y(n_2)] f_{XY}(x, y; n_1, n_2) \mathrm{d}x \mathrm{d}y \quad (2.6.12)$$

如果对任意的 n_1, n_2, $K_{XY}(n_1, n_2) = 0$, 则称 $X[n]$ 与 $Y[n]$ 不相关。如果对任意的 n_1, n_2, $R_{XY}(n_1, n_2) = 0$, 则称 $X[n]$ 与 $Y[n]$ 正交。

2.6.2 随机序列的平稳性与遍历性

如果随机序列的概率分布具有时移不变性, 则该随机序列为严平稳序列。当然, 实际中可以适当放宽条件, 考虑二阶以内矩的平稳性, 即宽平稳。

定义 2.36 称随机序列 $X[n]$ 为宽平稳序列, 如果满足

(1) $E[X[n]] = m_X$;

(2) $R_X(n_1, n_2) = R_X(n_2 - n_1) = R_X(m)$;

(3) $E[X^2[n]] < \infty$。

定义 2.37 称随机序列 $X[n]$ 与 $Y[n]$ 联合宽平稳, 如果 $X[n]$ 与 $Y[n]$ 各自宽平稳, 且 $R_{XY}(n, n+m) = R_{XY}(m)$。

注意到若将平稳随机序列 $X[n]$ 视为平稳随机过程 $X(t)$ 的采样序列, 即 $X[n] = X(t)|_{t=nT}$, 则

$$R_X(m) = E[X[n]X[n+m]] = E[X(nT)X(nT+mT)] = R_X(\tau)|_{\tau=mT}$$

即 $X[n]$ 的自相关函数也是 $X(t)$ 的自相关函数的采样序列。因此随机序列自相关函数的诸多性质可以参考其对应的随机过程而得到, 如性质 2.4。类似地, 两个随机序列互相关函数的性质也可参考性质 2.6 得到。不再赘述。

例 2.12 (伯努利序列) 伯努利序列是伯努利试验的数学模型。以投硬币为例, 记第 n 次 ($n \geqslant 1$) 投掷出现正面的结果为 $X_n = 1$, 出现背面的结果为 $X_n = 0$, 并假设每次试验相互独立, 且 $P(X_n = 1) = p, P(X_n = 0) = 1 - p, 0 < p < 1$, 于是 $X_n, n \geqslant 1$ 即称为伯努利序列。

(1) 计算 X_n 的均值、方差和自相关函数, 并判断 X_n 是否为宽平稳序列;

(2) 设 $Y_n = \sum_{k=1}^{n} X_k$, 求 Y_n 的一维概率分布、均值、方差和自相关函数。

解: (1) 因为 $X_n, n \geqslant 1$ 相互独立同分布,

$$E[X_n] = 1 \times p + 0 \times (1-p) = p$$

$$R_X(n,m) = E[X_n X_m] = \begin{cases} E[X_n]E[X_m] = p^2, & m \neq n \\ E[X_n^2] = p, & m = n \end{cases}$$

$$\sigma_X^2[n] = E[X_n^2] - E^2[X_n] = p(1-p)$$

由此可以看出, 伯努利序列是宽平稳序列。

(2) Y_n 代表即 n 次投掷出现正面的次数, 根据概率论知识可知, Y_n 服从二项分布, 即

$$P(Y_n = k) = \binom{n}{k} p^k (1-p)^{n-k}, \ 0 \leqslant k \leqslant n$$

注意到 Y_n 的一维分布与 n 有关, 因此不是平稳序列。

Y_n 的均值、自相关函数与方差分别为

$$E[Y_n] = E\left[\sum_{k=1}^{n} X_k\right] = \sum_{k=1}^{n} E[X_k] = np$$

$$R_Y(n,m) = E[Y_n Y_m] = E\left[\sum_{k=1}^{n} X_k \sum_{j=1}^{m} X_j\right] = \sum_{j \neq k} E[X_k X_j] + \sum_{j=k} E[X_j^2]$$

$$= (mn - l)p^2 + lp$$

其中 $l = \min(m,n)$。当 $m = n$ 时, $E[Y_n^2] = (n^2 - n)p^2 + np$。故

$$\sigma_Y^2[n] = E[Y_n^2] - E^2[Y_n] = np(1-p)$$

注: ① 伯努利序列有其他变体, 例如状态可以取 $\{1, -1\}$, 这种情况下 Y_n 称为**伯努利随机游走** (Bernoulli random walk) 序列, 读者可自行计算相应的概率分布及数字特征, 见习题 2.22。关于随机游走模型将在 2.7.3 节继续讨论。

② 如果独立重复试验的结果 (即 X_n 的状态) 不限于两个, 不妨记为 $\{0, 1, \cdots, N-1\}$, 且

$$\sum_{k=0}^{N-1} P(X_n = k) = 1$$

则称 X_n 为**伯努利方案** (Bernoulli scheme)。实际中有许多伯努利方案的例子, 例如掷骰子即为一种典型的伯努利方案。此外, 在数字通信中, 脉冲幅度调制 (PAM) 信号

(如图 2.11所示) 的振幅通常也可建模为伯努利方案, 即

$$X(t) = \sum_n A_n p(t - nT)$$

其中 A_n 为满足伯努利方案的随机变量, $p(t)$ 是时宽为 T 的脉冲。

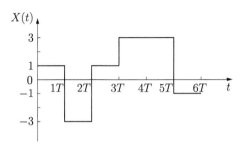

图 2.11　脉冲幅度调制信号, 其中振幅 $A_n = \pm 1, \pm 3$

③ 如果对任意的 $m \neq n$, X_n, X_m 相互独立, 则称 X_n 为**独立序列**。如果进一步满足同分布, 则称为独立同分布序列。伯努利序列即为独立同分布序列。

例 2.13 (等候时间模型)　考虑等候公交车的问题, 假设车站依次发车, 且每辆车的发车间隔 $\tau[n]$ 相互独立且服从指数分布, 即

$$f_\tau(t; n) = f_\tau(t) = \lambda \exp(-\lambda t) u(t), \ \lambda > 0, n \geqslant 1$$

记 $T[n]$ 为第 n 辆公交车的等候时间, $T[0] = 0$, 求 $T[n]$ 的概率分布。

解:　由题目条件可知, 第 n 辆车的等候时间即为前 n 辆车累计发车时间, 即

$$T[n] = \sum_{k=1}^{n} \tau[k], \ n \geqslant 1$$

注意到 $T[n]$ 是 $\tau[k]$ 的 n 项之和, 而 $\tau[k]$ 是独立序列, 根据概率论知识可知, $T[n]$ 的密度函数应为 $f_\tau(t)$ 的 n 重卷积, 即

$$f_T(t; n) = \underbrace{f_\tau * \cdots * f_\tau}_{n}(t; n) = \frac{(\lambda t)^{n-1}}{(n-1)!} \lambda \exp(-\lambda t) u(t), \ \lambda > 0, n \geqslant 1 \tag{2.6.13}$$

满足式(2.6.13)称为厄朗 (Erlang) 分布, 其是 Gamma 分布 [①] 的一种特殊情况。图 2.12给出了厄朗分布以及 $T[n]$ 的样本函数。

---

① 见附录 A。

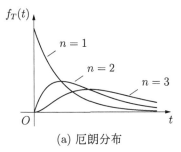
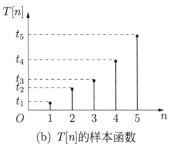

(a) 厄朗分布   (b) $T[n]$ 的样本函数

图 2.12　等候时间模型

注:　注意到 $T[n]$ 的密度函数依赖于 n, 因此不是平稳过程。容易验证 (见习题 2.16),

$$E[T[n]] = n/\lambda, \ \mathrm{Var}[T[n]] = n/\lambda^2$$

此外, 由于 $\tau[n] = T[n] - T[n-1]$ 相互独立, 即 $T[n]$ 的增量相互独立, 具有这样性质的随机序列称为**独立增量序列**。

定义 2.38　随机序列 $X[n]$ 的时间平均与时间相关函数分别定义为

$$A[X[n]] = \mathop{\mathrm{l.i.m}}_{N\to\infty} \frac{1}{2N+1} \sum_{n=-N}^{N} X[n] \tag{2.6.14}$$

$$A[X[n]X[n+m]] = \mathop{\mathrm{l.i.m}}_{N\to\infty} \frac{1}{2N+1} \sum_{n=-N}^{N} X[n]X[n+m] \tag{2.6.15}$$

其中 $A[\cdot] = \mathop{\mathrm{l.i.m}}\limits_{N\to\infty} \dfrac{1}{2N+1} \sum\limits_{n=-N}^{N} (\cdot)$ 为时间平均算子。

定义 2.39　已知平稳随机序列 $X[n]$, 称其具有宽遍历性, 如果满足
(1) 均值具有遍历性, 即 $A[X[n]] = E[X[n]] = m_X$;
(2) 自相关函数具有遍历性, 即 $A[X[n]X[n+m]] = E[X[n]X[n+m]] = R_X(m)$。

遍历性的意义在于可以利用样本的时间平均估计随机序列的统计平均。例如, 设 $x[n], n = 0, 1, \cdots, N-1$ 为随机序列 $X[n]$ 的有限长度样本, 则

$$\hat{m}_X = \frac{1}{N} \sum_{n=0}^{N-1} x[n] \tag{2.6.16}$$

$$\hat{R}_X(m) = \frac{1}{N} \sum_{n=0}^{N-1-|m|} x[n]x[n+|m|], \ 0 \leqslant |m| \leqslant N-1 \tag{2.6.17}$$

实际中, 当 N 充分大时, 通常可以取得较好的估计结果。本章实验部分将介绍利用 MATLAB 对随机信号的统计特性进行估计。

定义 2.40 称随机序列 $X[n]$ 与 $Y[n]$ 具有联合宽遍历性, 如果

(1) $X[n]$ 与 $Y[n]$ 联合宽平稳;

(2) $A[X[n]Y[n+m]] = E[X[n]Y[n+m]] = R_{XY}(m)$。

2.7 典型的随机过程

2.7.1 高斯过程

在实际应用中, 高斯过程是使用最广泛的一类随机信号模型。一方面, 许多随机现象的机理都与高斯分布有关, 例如接收机中的热噪声、电子系统的测量误差、雷达探测过程中的背景杂波等; 另一方面, 高斯过程有许多良好的数学性质, 便于分析与处理。本节介绍高斯过程的概念及统计特性。

定义 2.41 (高斯过程) 称随机过程 $X(t)$ 是高斯过程, 如果其任意 n 维概率分布是高斯的, 即

$$f_{\boldsymbol{X}}(\boldsymbol{x};\boldsymbol{t}) = \frac{1}{(2\pi)^{n/2}|\boldsymbol{K_X}|^{1/2}} \exp\left[-\frac{(\boldsymbol{x}-\boldsymbol{m_X})^{\mathrm{T}}\boldsymbol{K_X}^{-1}(\boldsymbol{x}-\boldsymbol{m_X})}{2}\right] \tag{2.7.1}$$

其中 $\boldsymbol{X} = [X(t_1), X(l_2), \cdots, X(t_n)]^{\mathrm{T}}$, $\boldsymbol{m_X} = E[\boldsymbol{X}]$, $\boldsymbol{K_X} = F[(\boldsymbol{X}-\boldsymbol{m_X})(\boldsymbol{X}-\boldsymbol{m_X})^{\mathrm{T}}]$。

换言之, 高斯过程可视为 n 维高斯随机变量的极限情况 (当 $n \to \infty$), 因此其统计特性可通过 n 维高斯分布来描述。具体来说, 即由均值向量与协方差矩阵 (与时间有关) 完全决定。

如果高斯过程是广义平稳的, 则称之为平稳高斯过程。此时一维密度函数与时间无关, 即

$$f_X(x) = \frac{1}{\sqrt{2\pi}\sigma_X} \exp\left[-\frac{(x-m_X)^2}{2\sigma_X^2}\right]$$

同时, 注意到任意时刻 t_i, t_j 的协方差仅与时间差 $\tau_{i,j} = t_j - t_i$ 有关, 即

$$K_X(t_i, t_j) = K_X(t_j - t_i) = K_X(\tau_{i,j})$$

因此 n 维密度函数可以表示为

$$f_{\boldsymbol{X}}(\boldsymbol{x};\boldsymbol{\tau}) = \frac{1}{(2\pi)^{n/2}|\boldsymbol{K_X}(\boldsymbol{\tau})|^{1/2}} \exp\left[-\frac{(\boldsymbol{x}-\boldsymbol{m_X})^{\mathrm{T}}\boldsymbol{K_X}^{-1}(\boldsymbol{\tau})(\boldsymbol{x}-\boldsymbol{m_X})}{2}\right]$$

其中 $\boldsymbol{\tau}$ 是由所有 $\tau_{i,j}, 1 \leqslant i, j \leqslant n$ 组成的向量, 考虑到 $K_X(\tau_{i,j}) = K_X(\tau_{j,i})$, 以及 $K(\tau_{i,i}) = K_X(0) = \sigma_X^2$, 因此实际 $\boldsymbol{\tau}$ 中含有 $C_n^2 = n(n-1)/2$ 项。

高斯过程的统计特性由 n 维高斯分布来刻画, 因此关于高斯分布的诸多性质 (见第 1 章) 同样适用于高斯过程, 在此不再重复。下面补充介绍高斯过程的其他一些性质。

性质 2.7 高斯过程与确定性信号之和仍为高斯过程。

证明: 令 $Y(t) = X(t) + s(t)$, 其中 $X(t)$ 为高斯过程, $s(t)$ 为确定性信号, 当然也可将其视为随机信号, 密度函数为

$$f_S(x;t) = \delta(x - s(t))$$

同时假设 $X(t)$ 与 $s(t)$ 相互独立。

任取时刻 t_0, 根据概率论知识,

$$f_Y(y;t_0) = (f_X * f_S)(y;t_0) = f_X(y;t_0) * \delta(y - s(t_0)) = f_X(y - s(t_0); t_0)$$

可见, 任意时刻 t_0, $Y(t_0)$ 依然服从高斯分布。

上述推导可推广到多维, 即对任意 n 个时刻 $t_1, t_2, \cdots, t_n$,

$$f_Y(y_1, \cdots, y_n; t_1, \cdots, t_n) = f_X(y_1 - s(t_1), \cdots, y_n - s(t_n); t_1, \cdots, t_n)$$

因此 $Y(t_1), Y(t_2), \cdots, Y(t_n)$ 服从联合高斯分布, 故 $Y(t)$ 是高斯过程。

性质 2.8 高斯过程的导数过程也是高斯过程。

证明: 设 $X(t)$ 是高斯过程, $Y(t)$ 是其导数过程, 即

$$Y(t) = \frac{\mathrm{d}}{\mathrm{d}t} X(t) = \underset{\Delta t \to 0}{\mathrm{l.i.m}} \frac{X(t + \Delta t) - X(t)}{\Delta t}$$

任取 $t_1, t_2, \cdots, t_n$ 及 Δt, 由于 $X(t)$ 是高斯过程, 故

$$[X(t_1), X(t_1 + \Delta t), \cdots, X(t_n), X(t_n + \Delta t)]^{\mathrm{T}}$$

服从 $2n$ 维高斯分布。又因为多维高斯随机变量经线性变换之后依然是高斯的, 因此

$$\left[\frac{X(t_1 + \Delta t) - X(t_1)}{\Delta t}, \cdots, \frac{X(t_n + \Delta t) - X(t_n)}{\Delta t} \right]^{\mathrm{T}}$$

是 n 维高斯随机变量。

令 $\Delta t \to 0$, 则

$$\left[\frac{X(t_1 + \Delta t) - X(t_1)}{\Delta t}, \cdots, \frac{X(t_n + \Delta t) - X(t_n)}{\Delta t} \right]^{\mathrm{T}} \xrightarrow{\text{m.s.}} [Y(t_1), \cdots, Y(t_n)]^{\mathrm{T}}$$

根据高斯随机变量的极限也服从高斯分布 (见第 1 章性质 1.13), 因此 $[Y(t_1), \cdots, Y(t_n)]^{\mathrm{T}}$ 也是 n 维高斯随机变量。由 n 的任意性可知, $Y(t)$ 也是高斯过程。

由于积分本质也是线性变换的极限, 参考上述性质的证明, 可以判断高斯过程的积分也是高斯过程。

性质 2.9 已知 $X(t)$ 是高斯过程, 且在区间 $[a, b]$ 上均方可积, 则

$$Y(t) = \int_a^t X(\tau)\mathrm{d}\tau, \ t \in [a, b] \tag{2.7.2}$$

及

$$Y(t) = \int_a^b X(\tau)h(\tau, t)\mathrm{d}\tau \tag{2.7.3}$$

都是高斯过程。

综合上述两条性质, 我们得到一条有用的结论, 即高斯过程经过线性系统的输出依然是高斯过程。

在实际应用中, 经常会遇到一种噪声类型, 即加性高斯白噪声 (additive white Gaussian noise, AWGN)。其中 "加性" 是指噪声与信号具有加法关系; "高斯" 即高斯过程; 而 "白噪声" 是指自相关函数为冲激函数, 意味着任意不同时刻均不相关 (假设零均值)。本章实验部分将介绍利用 MATLAB 仿真生成高斯白噪声。

2.7.2　泊松过程 *

在介绍泊松过程之前, 首先回顾泊松分布。泊松分布通常用于描述某段固定时间内随机事件的发生次数, 其密度函数具有如下形式:

$$P(X = k) = \frac{\lambda^k}{k!}\mathrm{e}^{-\lambda}, \ \lambda > 0, k \in \mathbb{N}$$

其中 λ 为参数。易求得 $E[X] = \lambda$, $\mathrm{Var}[X] = \lambda$, 因此参数 λ 表示该段时间内随机事件发生的平均次数。

回顾 2.7.1 节介绍的等候时间模型 (见例 2.13), 设

$$T[0] = 0, \ T[n] = \sum_{k=1}^{n} \tau[k], \ n \geqslant 1$$

其中 $\tau[n]$ 相互独立且服从指数分布, 即

$$f_\tau(t;n) = f_\tau(t) = \lambda \exp(-\lambda t) u(t), \ n \geqslant 1$$

于是 $T[n]$ 服从厄朗分布,

$$f_T(t;n) = \frac{(\lambda t)^{n-1}}{(n-1)!} \lambda \exp(-\lambda t) u(t), \ n \geqslant 1$$

等候时间模型描述了某随机事件累次发生所需的时间。现将问题换一种方式描述, 考虑某时间段 $[0, t)$ 随机事件发生的次数, 记为 $X(t)$, 该过程即为泊松计数过程 (Poisson counting process), 简称为泊松过程 (Poisson process)。下面给出定义。

定义 2.42 (泊松过程 (第一种定义))　泊松 (计数) 过程定义为

$$X(t) = \sum_{n=1}^{\infty} u(t - T[n]) \tag{2.7.4}$$

其中 $T[n]$ 表示随机事件第 n 次发生的时间, 即例 2.13中所定义的等候时间, 又称为泊松点。

显然, 泊松过程是离散型随机过程, 其样本函数是阶梯函数, 且跳跃的高度恒为 1, 如图 2.13所示。

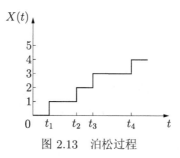

图 2.13　泊松过程

泊松过程的一维概率质量函数为

$$P_X(n;t) = P(X(t) = n) = \frac{(\lambda t)^n}{n!} \mathrm{e}^{-\lambda t} u(t), \ \lambda > 0, n \geqslant 0 \tag{2.7.5}$$

上式推导需要借助 $T[n]$ 的分布, 简要计算如下。

当 $n = 0$ 时, $X(t) = 0$ 意味着 $T[1] > t$, 即如果在时刻 t 随机事件发生的次数为零 (没有发生), 则随机事件第一次发生的时刻必然在 t 之后, 因此

$$P(X(t) = 0) = P(T[1] > t) = \int_t^\infty f_T(\beta; 1)\mathrm{d}\beta = \mathrm{e}^{-\lambda t}u(t)$$

类似地, 当 $n \geqslant 1$ 时, $X(t) = n$ 意味着在时刻 t 随机事件发生的次数为 n(已经发生了 n 次), 则随机事件第 $n + 1$ 次发生的时刻必然在 t 之后, 且第 n 次发生的时刻不会超过 t, 因此

$$P(X(t) = n) = P(T[n] \leqslant t, T[n + 1] > t)$$
$$= P(T[n] \leqslant t, \tau[n + 1] > t - T[n])$$
$$= \int_0^t f_T(\alpha; n)\mathrm{d}\alpha \int_{t-\alpha}^\infty f_\tau(\beta)\mathrm{d}\beta = \frac{(\lambda t)^n}{n!}\mathrm{e}^{-\lambda t}u(t)$$

上述计算过程利用到了 $T[n]$ 与 $\tau[n + 1]$ 相互独立。

根据式(2.7.5)可知, 泊松过程的一维概率分布即为含有时间参数的泊松分布, 且

$$E[X(t)] = \lambda t, \mathrm{Var}[X(t)] = \lambda t$$

由此可见, 参数 λ 表示单位时间内随机事件发生的平均次数, 又称为速率 (rate) 或强度 (intensity)。同时注意到, 泊松过程的一维分布与时间有关, 因此不是平稳过程。

泊松过程还可以通过另外一种方式定义。首先给出独立增量过程的定义。

定义 2.43 (独立增量过程) 称随机过程 $X(t)$ 是独立增量过程, 如果对任意 $t_1 < t_2 < \cdots < t_n$,

$$X(t_1), X(t_2) - X(t_1), \cdots, X(t_n) - X(t_{n-1})$$

相互独立。

定义 2.44 (泊松过程 (第二种定义)) 称独立增量过程 $X(t), t \in [0, \infty)$ 为泊松过程, 如果 $X(0) = 0$, 且在任意区间 (t_1, t_2) 上的增量服从泊松分布, 即

$$P(X(t_2) - X(t_1) = n) = \frac{(\lambda(t_2 - t_1))^n}{n!}\mathrm{e}^{-\lambda(t_2 - t_1)}, \ n \geqslant 0 \tag{2.7.6}$$

泊松过程的自相关函数与协方差函数 (见习题 2.17) 分别为

$$R_X(t_1, t_2) = \lambda \min(t_1, t_2) + \lambda^2 t_1 t_2 \tag{2.7.7}$$

$$K_X(t_1, t_2) = \lambda \min(t_1, t_2) \tag{2.7.8}$$

实际中有许多信号与泊松过程有关, 例如随机电报信号、散粒噪声等。

例 2.14 (随机电报信号) 随机电报信号是数字电路中一种常见的信号形式。例如 T 型触发器的输出信号受触发电平控制, 在高低电平之间来回翻转。由于无法预知下一次触发的时刻, 因此可以将该信号建模为

$$Y(t) = (-1)^{X(t)}, \ t \geqslant 0$$

其中 $X(t)$ 为泊松过程。称 $Y(t)$ 为半随机电报信号。

注意到 $Y(t)$ 的取值为 ± 1, 相应的概率为

$$P(Y(t) = 1) = P\{X(t) = 2k, k \in \mathbb{N}\} = \mathrm{e}^{-\lambda t} \sum_{k=0}^{\infty} \frac{(\lambda t)^{2k}}{(2k)!} = \mathrm{e}^{-\lambda t} \cosh \lambda t$$

$$P(Y(t) = -1) = P\{X(t) = 2k+1, k \in \mathbb{N}\} = \mathrm{e}^{-\lambda t} \sum_{k=0}^{\infty} \frac{(\lambda t)^{2k+1}}{(2k+1)!} = \mathrm{e}^{-\lambda t} \sinh \lambda t$$

或写成密度函数的形式:

$$f_Y(y; t) = \mathrm{e}^{-\lambda t} \left[\delta(y-1) \cosh \lambda t + \delta(y+1) \sinh \lambda t \right]$$

易知

$$E[Y(t)] = \mathrm{e}^{-\lambda t} (\cosh \lambda t - \sinh \lambda t) = \mathrm{e}^{-2\lambda t}$$

由此可见, 半随机电报信号的均值非常数, 故非平稳。事实上, 由于泊松过程总是从零开始计数, 即 $X(0) = 0$, 因此半随机电报信号在起始时刻取值总是为 1, 直到某时刻 $X(t)$ 计数增加 1 时再跳变为 -1。这也是其名称中 "半随机" 的由来。当 t 充分大时, 均值渐近趋向于零。图 2.14 给出了半随机电报信号的某一样本函数。

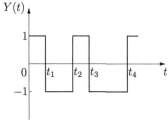

图 2.14 半随机电报信号

为了使半随机电报信号变为平稳过程, 可以引入一个伯努利随机变量 A, 其中 $P(A=1) = P(A=-1) = 1/2$。令 $Z(t) = AY(t)$, 且 A 与 $Y(t)$ 相互独立, 通过计算

可知 (见习题 2.18),

$$E[Z(t)] = E[A]E[Y(t)] = 0$$
$$R_Z(t_1, t_2) = E[A^2 Y(t_1)Y(t_2)] = E[A^2]E[Y(t_1)Y(t_2)] = e^{-2\lambda|t_2 - t_1|}$$

因此 $Z(t)$ 为平稳过程。由于 $Z(t)$ 起始时刻取值完全随机化, 因此称之为随机电报信号。

例 2.15 散粒噪声 (shot noise), 又称为泊松噪声, 是电子或光学设备 (如二极管、晶体管、激光器) 中一种常见的噪声, 其最早是由德国物理学家肖特基 (W. Schottky) 于 1918 年研究真空管时发现。散粒噪声源自电子或光子的离散属性。例如, 考虑激光器发射的一束光 (即由大量光子组成) 打到墙上形成光斑, 光斑的亮度由单位时间的光子数量决定。由于光斑所需的光子通常在数十亿量级, 因此亮度通常只随时间变化。但是如果光子数较少, 亮度便会出现波动, 此波动即为散粒噪声。散粒噪声的数学模型为脉冲序列, 即

$$N(t) = \sum_i h(t - t_i)$$

其中 $h(t)$ 为一有限脉冲, t_i 为泊松点。

事实上, 假设 $X(t)$ 为泊松过程, 则其导数为一冲激序列, 即

$$P(t) = \frac{\mathrm{d}}{\mathrm{d}t}X(t) = \sum_i \delta(t - t_i)$$

于是 $N(t)$ 可视为 $P(t)$ 经过一线性时不变系统 $h(t)$ 的输出 [①]。

2.7.3 马尔可夫过程 *

马尔可夫过程 (Markov process) 是一类重要的随机过程模型。在介绍该过程之前, 首先介绍随机游走模型。例 2.12 提到了随机游走的概念, 伯努利随机游走是最简单的随机游走模型, 其可视为一维扩散过程 (diffusion process) 或布朗运动 (Brownian motion) 的一种离散化模型。注意到例 2.12 中随机游走序列 Y_n 的取值 (状态) 可以任意大, 下面考虑有界的情况。

例 2.16 (一维随机游走) 设质点在含有 N 个点的线段上随机游动, 如图 2.15 所示。每次只能移动一步, 向右移动的概率为 p, 向左移动的概率为 $q = 1 - p$, 而如果质点到达线段端点, 则下一步均以概率 1 移动到相邻点。已知初始时刻质点位于各个点

---

① 关于随机信号经过线性系统的分析见第 4 章。

的概率为

$$\boldsymbol{p}[0] = [p_1[0], p_2[0], \cdots, p_N[0]]^{\mathrm{T}}$$

求 k 步之后, 质点位于各个点的概率 $\boldsymbol{p}[k]$。

图 2.15　一维有界随机游走模型

解: 显然, 质点左右移动 (排除端点) 可视为伯努利试验, 而其到达任意点可视为多次伯努利试验的累计结果。稍微特殊的是, 由于质点运动是有界的, 其位于端点时的移动不再是伯努利试验, 而是确定事件。记 p_{ij} 为质点从第 i 个点移动到第 j 个点的概率, 则

$$p_{ij} = \begin{cases} p, & 2 \leqslant i \leqslant N-1, j = i+1 \\ q = 1-p, & 2 \leqslant i \leqslant N-1, j = i-1 \\ 1, & i = 1, j = 2 \text{或} i = N, j = N-1 \\ 0, & \text{其他} \end{cases}$$

记 k 步之后, 质点位于第 i 个点的概率为 $p_i[k]$。注意到当前位置仅与上一步位置有关, 具体来讲, 可分以下两种情况。

①若 k 步后位于端点, 即 $i = 1$ 或 $i = N$, 则上一步必是从 $i = 2$ 点左移或 $i = N-1$ 点右移而得, 因此

$$p_1[k] = p_2[k-1] \times p_{21} = p_2[k-1] \times q$$
$$p_N[k] = p_{N-1}[k-1] \times p_{N-1,N} = p_{N-1}[k-1] \times p$$

②若 k 步后位于非端点, 即 $2 \leqslant i \leqslant N-1$, 则上一步必是从 $i+1$ 点左移或 $i-1$ 点右移而得, 因此

$$p_i[k] = p_{i+1}[k-1] \times p_{i+1,i} + p_{i-1}[k-1] \times p_{i-1,i}$$
$$= \begin{cases} p_{i+1}[k-1] \times q + p_{i-1}[k-1] \times p, & i \neq 2 \text{且} i \neq N-1 \\ p_3[k-1] \times q + p_1[k-1] \times 1, & i = 2 \\ p_N[k-1] \times 1 + p_{N-2}[k-1] \times p, & i = N-1 \end{cases}$$

将上述关系用矩阵表示为

$$\boldsymbol{p}[k] = \begin{bmatrix} p_1[k] \\ p_2[k] \\ p_3[k] \\ \vdots \\ p_{N-1}[k] \\ p_N[k] \end{bmatrix} = \begin{bmatrix} 0 & q & 0 & \cdots & 0 & 0 \\ 1 & 0 & q & \cdots & 0 & 0 \\ 0 & p & 0 & \cdots & 0 & 0 \\ \vdots & \vdots & \vdots & \ddots & \vdots & \vdots \\ 0 & 0 & 0 & \cdots & 0 & 1 \\ 0 & 0 & 0 & \cdots & p & 0 \end{bmatrix} \begin{bmatrix} p_1[k-1] \\ p_2[k-1] \\ p_3[k-1] \\ \vdots \\ p_{N-1}[k-1] \\ p_N[k-1] \end{bmatrix} := \boldsymbol{P}^{\mathrm{T}} \boldsymbol{p}[k-1]$$

或记作行向量的形式:

$$\boldsymbol{p}^{\mathrm{T}}[k] = \boldsymbol{p}^{\mathrm{T}}[k-1]\boldsymbol{P}$$

其中 $\boldsymbol{P} = [p_{ij}]_{1 \leqslant i,j \leqslant N}$。

根据例 2.16, 质点的位置状态可视为一个随机序列。显然, 任意时刻的状态仅与上一时刻有关, 我们将具有这种性质的随机序列称为马尔可夫序列 (Markov sequence)。下面给出定义。

定义 2.45 (马尔可夫序列) 已知随机序列 $X_n, n \in \mathbb{N}$, 如果满足

$$f_X(x_n|x_{n-1}, x_{n-2}, \cdots, x_0) = f_X(x_n|x_{n-1}), \ \forall n \geqslant 1 \tag{2.7.9}$$

则称 X_n 为马尔可夫序列。进一步, 如果满足

$$f_X(x_{n+1}|x_n) = f_X(x_n|x_{n-1}), \ \forall n \geqslant 1 \tag{2.7.10}$$

则称马尔可夫序列是齐次 (homogeneous) 的。

注: ① 式(2.7.9)称为马尔可夫性, 其意味着随机序列当前的状态仅与上一个时刻的状态有关, 而与其他时刻的状态均无关。$n = 0$ 为随机序列的起始时刻, 当然也可根据实际情况选取, 只要保证式(2.7.9)中的条件概率有意义。事实上, 起始时刻的选取不会影响马尔可夫性。

② 式(2.7.9)可进一步推广为

$$f_X(x_n|x_{n-1}, x_{n-2}, \cdots, x_0) = f_X(x_n|x_{n-1}, \cdots, x_{n-K}), \ \forall n \geqslant 1 \tag{2.7.11}$$

其中 $K \geqslant 1$, 其意味着当前时刻的状态概率仅与之前 K 个时刻的状态有关。满足上式的随机序列称为 K 阶马尔可夫序列。

③ 如果马尔可夫序列的状态是离散的, 则称之为马尔可夫链 (Markov chain)。此时也可用概率质量函数来描述, 即

$$P_X\{X_n = x_n | X_{n-1} = x_{n-1}, \cdots, X_0 = x_0\} = P_X\{X_n = x_n | X_{n-1} = x_{n-1}\}, \, \forall n \geqslant 1 \tag{2.7.12}$$

或简记为

$$P_X(X_n | X_{n-1}, X_{n-2}, \cdots, X_0) = P_X(X_n | X_{n-1}), \, \forall n \geqslant 1 \tag{2.7.13}$$

称 $P_X(X_n | X_{n-1})$ 为从状态 x_{n-1} 到状态 x_n 的转移概率 (transition probability)。类似地, 如果满足

$$P_X(X_{n+1} | X_n) = P_X(X_n | X_{n-1}), \, \forall n \geqslant 1 \tag{2.7.14}$$

则称马尔可夫链是齐次的。

如果马尔可夫链的状态为有限个, 则称之为有限状态 (finite-state) 马尔可夫链。

类似地, 如果连续时间随机过程具有马尔可夫性, 则称为马尔可夫过程。

定义 2.46 (马尔可夫过程) 已知随机过程 $X(t)$, 任取时刻 $t_0 < t_1 < \cdots < t_n$, 如果满足

$$f_X(x_n | x_{n-1}, \cdots, x_0; t_n, t_{n-1}, \cdots, t_0) = f_X(x_n | x_{n-1}; t_n, t_{n-1}), \, \forall n \geqslant 1 \tag{2.7.15}$$

则称 $X(t)$ 为马尔可夫过程。进一步, 如果满足

$$f_X(x_{n+1} | x_n; t_{n+1}, t_n) = f_X(x_n | x_{n-1}; t_n, t_{n-1}), \, \forall n \geqslant 1 \tag{2.7.16}$$

则称该马尔可夫过程是齐次的。

下面以马尔可夫链为例讨论马尔可夫过程的一些性质, 并假设状态有限, 不妨设为 $\{1, 2, \cdots, M\}$, 记从状态 $X_n = i$ 到 $X_{n+m} = j$ 的概率为

$$p_{ij}(n, n+m) = P\{X_{n+m} = j | X_n = i\}, \, m > 0, 1 \leqslant i, j \leqslant M \tag{2.7.17}$$

称 $p_{ij}(n, n+m)$ 为 m 步状态转移概率。

如果马尔可夫链是齐次的, 则转移概率与起始时刻无关, 因此可令 $p_{ij}^m = p_{ij}(n, n+m), \forall n$。特别地, 构造矩阵

$$\boldsymbol{P} = \begin{bmatrix} p_{11} & \cdots & p_{1,M} \\ \vdots & \ddots & \vdots \\ p_{M,1} & \cdots & p_{M,M} \end{bmatrix}$$

其中 $p_{ij} = P\{X_{n+1} = j | X_n = i\}$。称 $\boldsymbol{P}$ 为 1 步状态转移矩阵 (state transition matrix)。显然, $\boldsymbol{P}$ 中的任意元素非负。同时注意到 p_{ij} 表示从状态 i 到状态 j 的概率, 因此从状态 i 到所有状态 $j, 1 \leqslant j \leqslant M$ 的概率之和必然为 1, 即

$$\sum_{j=1}^{M} p_{ij} = P\{X_{n+1} = j | X_n = i\} = 1 \tag{2.7.18}$$

也即 $\boldsymbol{P}$ 的每一行元素之和为 1。

此外, 对于齐次马尔可夫链, 转移概率具有如下关系。

定理 2.3 (查普曼-柯尔莫哥洛夫方程) 已知 X_n 为齐次马尔可夫链, 设 p_{ij}^n 为 n 步转移概率, 则

$$p_{ij}^{n+m} = \sum_{k=1}^{M} p_{ik}^n p_{kj}^m \tag{2.7.19}$$

证明:

$$
\begin{aligned}
p_{ij}^{n+m} &= P\{X_{n+m} = j | X_0 = i\} \\
&= \sum_{k=1}^{M} P\{X_{n+m} = j, X_n = k | X_0 = i\} \\
&= \sum_{k=1}^{M} P\{X_{n+m} = j | X_n = k, X_0 = i\} P\{X_n = k | X_0 = i\} \\
&= \sum_{k=1}^{M} P\{X_{n+m} = j | X_n = k\} P\{X_n = k | X_0 = i\} = \sum_{k=1}^{M} p_{ik}^n p_{kj}^m
\end{aligned}
$$

倒数第二个等式中利用了马尔可夫性。

式(2.7.19)称为查普曼-柯尔莫哥洛夫 (Chapman-Kolmogorov) 方程。该方程可以直观解释如下。设 $X_n = k$ 是 $X_0 = i$ 到 $X_{n+m} = j$ 的中间过程, 因此从 $X_0 = i$ 到 $X_{n+m} = j$ 的转移概率应等于从 $X_0 = i$ 到 $X_n = k$ 的转移概率与从 $X_n = k$ 到 $X_{n+m} = j$ 的转移概率的乘积之和, 其中求和是因为 k 应遍历所有状态。

查普曼-柯尔莫哥洛夫方程也可以用矩阵形式表示:

$$\boldsymbol{P}^{(n+m)} = \boldsymbol{P}^{(n)} \boldsymbol{P}^{(m)} \tag{2.7.20}$$

其中 $\boldsymbol{P}^{(m)} = [p_{ij}^m]_{1 \leqslant i,j \leqslant M}$ 表示 m 步转移矩阵。特别地, 注意到

$$\boldsymbol{P}^{(2)} = \boldsymbol{P}\boldsymbol{P} = \boldsymbol{P}^2$$

由数学归纳法可知, 对任意的 m, $\boldsymbol{P}^{(m)} = \boldsymbol{P}^m$。因此齐次马尔可夫链在任意时刻的状态概率可由转移矩阵 $\boldsymbol{P}$ 与初始时刻概率完全刻画, 即 [①]

$$\boldsymbol{p}^{\mathrm{T}}[n] = \boldsymbol{p}^{\mathrm{T}}[n-1]\boldsymbol{P} = \cdots = \boldsymbol{p}^{\mathrm{T}}[0]\boldsymbol{P}^n \tag{2.7.21}$$

例 2.17 (二进制数字系统) 已知二进制数字通信系统传输 0/1 两种字符, 设字符传输正确的概率为 p, 传输错误的概率为 $q = 1 - p$。记初始时刻 0/1 字符出现的概率分别为 $p_0[0], p_1[0]$, 求经过 k 级传输后 0/1 字符出现的概率。

解: 记 X_k 为 k 级传输后出现的字符, 相应的概率为

$$p_0[k] = P\{X_k = 0\}, p_1[k] = P\{X_k = 1\}$$

并记 $\boldsymbol{p}^{\mathrm{T}}[k] = [p_0[k], p_1[k]]$。显然, X_k 的状态仅与上一步 X_{k-1} 有关, 因此构成马尔可夫链。记 $p_{ij} = P\{X_k = j | X_{k-1} = i\}, i, j \in \{0, 1\}$, 则状态转移矩阵为

$$\boldsymbol{P} = \begin{bmatrix} p_{00} & p_{01} \\ p_{10} & p_{11} \end{bmatrix} = \begin{bmatrix} p & q \\ q & p \end{bmatrix}$$

因此 k 级传输后 0/1 字符出现的概率为

$$\boldsymbol{p}^{\mathrm{T}}[k] = \boldsymbol{p}^{\mathrm{T}}[k-1]\boldsymbol{P} = \boldsymbol{p}^{\mathrm{T}}[0]\boldsymbol{P}^k = \begin{bmatrix} p_0[0], p_1[0] \end{bmatrix} \begin{bmatrix} p & q \\ q & p \end{bmatrix}^k, \ k \geqslant 1$$

注意到马尔可夫链的概率分布 $\boldsymbol{p}[n]$ 是时变的, 一个有意思的问题是, 当 n 充分大, $\boldsymbol{p}[n]$ 是否趋向于某个固定的概率分布? 由此引出两个重要的概念, 即平稳分布与极限分布。

定义 2.47 (平稳分布) 设 $\boldsymbol{P}$ 为马尔可夫链的转移矩阵, 称 $\boldsymbol{\pi} = [\pi_1, \cdots, \pi_M]^{\mathrm{T}}$ 为平稳分布 (stationary distribution), 如果满足

$$\boldsymbol{\pi}^{\mathrm{T}} = \boldsymbol{\pi}^{\mathrm{T}}\boldsymbol{P} \ \text{且} \ \sum_{j=1}^{M} \pi_j = 1 \tag{2.7.22}$$

平稳分布是转移矩阵的左特征向量, 其对应的特征值为 $\lambda = 1$。注意到同一特征值可以拥有多个线性无关的特征向量, 因此平稳分布不一定唯一。

定义 2.48 (极限分布) 设 $p_{ij}^n = P(X_n = j | X_0 = i), 1 \leqslant i, j \leqslant M$ 为马尔可夫链

---

① 通常马尔可夫链的状态概率用行向量来表示, 这是一种习惯记法。

的 n 步转移概率, 如果

$$\lim_{n\to\infty} p_{ij}^n = p_j, \ \forall\, 1 \leqslant i,j \leqslant M \tag{2.7.23}$$

则称 $\boldsymbol{p} = [p_1, \cdots, p_M]^{\mathrm{T}}$ 为极限分布 (limiting distribution)。

极限分布也可以用转移矩阵来表示, 即

$$\lim_{n\to\infty} \boldsymbol{P}^n = \begin{bmatrix} p_1 & \cdots & p_M \\ \vdots & \ddots & \vdots \\ p_1 & \cdots & p_M \end{bmatrix} = \begin{bmatrix} \boldsymbol{p}^{\mathrm{T}} \\ \vdots \\ \boldsymbol{p}^{\mathrm{T}} \end{bmatrix} \tag{2.7.24}$$

如果 $\boldsymbol{p}[n]$ 的极限概率存在, 不妨记为 $\boldsymbol{p}' = \lim\limits_{n\to\infty} \boldsymbol{p}[n]$, 则该极限即为极限分布。事实上, 两者具有等价的关系。直观来讲, 因为极限分布与初始状态无关, 当 n 充分大时,

$$p_{ij}^n = P(X_n = j | X_0 = i) = P(X_n = j) = p_j[n]$$

因此两者的极限相等。当然也可以通过数学公式证明。注意到

$$(\boldsymbol{p}')^{\mathrm{T}} = \lim_{n\to\infty} \boldsymbol{p}^{\mathrm{T}}[n] = \lim_{n\to\infty} \boldsymbol{p}^{\mathrm{T}}[0]\boldsymbol{P}^n = \boldsymbol{p}^{\mathrm{T}}[0] \lim_{n\to\infty} \boldsymbol{P}^n = \boldsymbol{p}^{\mathrm{T}}[0] \begin{bmatrix} \boldsymbol{p}^{\mathrm{T}} \\ \vdots \\ \boldsymbol{p}^{\mathrm{T}} \end{bmatrix} = \boldsymbol{p}^{\mathrm{T}} \tag{2.7.25}$$

最后, 等式利用了 $\sum\limits_{j=1}^{M} p_j[0] = 1$。由此也验证了极限分布与初始概率无关。

如果极限分布存在, 则一定唯一。并称此时序列到达稳定状态 (steady state)。进一步, 根据式(2.7.21), 令 $n \to \infty$, 则

$$\boldsymbol{p}^{\mathrm{T}} = \lim_{n\to\infty} \boldsymbol{p}^{\mathrm{T}}[n] = \lim_{n\to\infty} \boldsymbol{p}^{\mathrm{T}}[n-1]\boldsymbol{P} = \boldsymbol{p}^{\mathrm{T}}\boldsymbol{P} \tag{2.7.26}$$

因此极限分布也是平稳分布; 但是反之不一定成立。下面来看一个例子。

例 2.18 (乒乓模型)　设 X_n 为齐次马尔可夫链, 状态为 $\{0,1\}$, 转移矩阵为

$$\boldsymbol{P} = \begin{bmatrix} 0 & 1 \\ 1 & 0 \end{bmatrix}$$

设初始概率为 $\boldsymbol{p}[0]$, 求平稳分布与极限分布。

解: 容易验证, $\boldsymbol{\pi} = [1/2, 1/2]^{\mathrm{T}}$ 满足

$$\boldsymbol{\pi}^{\mathrm{T}} = \boldsymbol{\pi}^{\mathrm{T}} \boldsymbol{P}$$

且 $\sum_{j=1}^{2} \pi_j = 1$。因此 $\boldsymbol{\pi}$ 为平稳分布。

另一方面, 注意到

$$\boldsymbol{P}^n = \begin{cases} \boldsymbol{P}, & n = 2k+1 \\ \boldsymbol{I}, & n = 2k \end{cases}$$

因此不存在极限分布。

当然, 也可以通过 $\boldsymbol{p}^{\mathrm{T}}[n]$ 的极限来分析。设初始状态概率为 $\boldsymbol{p}^{\mathrm{T}}[0] = (p, q)$, 其中 $p + q = 1$, 则任意偶数时刻的状态概率为 $\boldsymbol{p}^{\mathrm{T}}[2k] = (p, q)$, 而任意奇数时刻的状态概率为 $\boldsymbol{p}^{\mathrm{T}}[2k+1] = (q, p)$, 因此不存在极限概率。

下面讨论极限分布的计算方法。为了书写方便, 以下采用列向量的记法。将式(2.7.21)重写为

$$\boldsymbol{p}[n] = \boldsymbol{P}^{\mathrm{T}} \boldsymbol{p}[n-1] := \boldsymbol{A} \boldsymbol{p}[n-1]$$

及

$$\boldsymbol{p}[n] = \boldsymbol{A}^n \boldsymbol{p}[0]$$

如果 $\boldsymbol{A}^n$ 能够显式地表示出来, 则直接对其求极限即可得到极限分布。然而通常直接计算 $\boldsymbol{A}^n$ 计算量过大, 且不一定有固定表达式。下面考虑一种特殊情况, 即 $\boldsymbol{A}$ 可对角化。根据线性代数知识, 此时 $\boldsymbol{A}$ 可以分解为

$$\boldsymbol{A} = \boldsymbol{U} \boldsymbol{D} \boldsymbol{U}^{-1} = \sum_{j=1}^{M} \lambda_j \boldsymbol{u}_j \boldsymbol{v}_j^{\mathrm{T}}$$

其中 $\boldsymbol{D}$ 为由特征值组成的对角阵, $\boldsymbol{D} = \mathrm{diag}(\lambda_j)_{1 \leqslant j \leqslant M}$, $\boldsymbol{u}_j$ 为 $\boldsymbol{U}$ 的列向量, $\boldsymbol{v}_j^{\mathrm{T}}$ 为 $\boldsymbol{U}^{-1}$ 的行向量, 则

$$\boldsymbol{p}[n] = \boldsymbol{A}^n \boldsymbol{p}[0] = \boldsymbol{U} \boldsymbol{D}^n \boldsymbol{U}^{-1} \boldsymbol{p}[0] = \sum_{j=1}^{M} \lambda_j^n \boldsymbol{u}_j \boldsymbol{v}_j^{\mathrm{T}} \boldsymbol{p}[0] \qquad (2.7.27)$$

因此可根据式(2.7.27)计算极限分布。特别地, 如果 $\boldsymbol{A}$ 的主特征值为 1, 即 $|\lambda_j| < \lambda_1 = 1$, $j = 2, \cdots, M$, 则

$$\lim_{n\to\infty} \boldsymbol{p}[n] = \lim_{n\to\infty} \sum_{j=1}^{M} \lambda_j^n \boldsymbol{u}_j \boldsymbol{v}_j^{\mathrm{T}} \boldsymbol{p}[0] = \boldsymbol{u}_1 \boldsymbol{v}_1^{\mathrm{T}} \boldsymbol{p}[0] = c\boldsymbol{u}_1 \tag{2.7.28}$$

其中 $c = \boldsymbol{v}_1^{\mathrm{T}} \boldsymbol{p}[0]$ 为常数。

上述分析可以进一步扩展, 我们不加证明地给出如下定理。

定理 2.4 如果 $\lambda_1 = 1$ 为 $\boldsymbol{A}$ 的主特征值, 即 $|\lambda_j| < |\lambda_1| = 1$, $j = 2, \cdots, M$, 则

$$\boldsymbol{p}[n] = \boldsymbol{A}\boldsymbol{p}[n-1] \tag{2.7.29}$$

收敛到稳定状态。

下面通过一个例子来说明。

例 2.19 设 X_n 为齐次马尔可夫链, 状态为 $\{0,1\}$, 转移矩阵为

$$\boldsymbol{P} = \begin{bmatrix} 1-a & a \\ b & 1-b \end{bmatrix}, \ 0 < a,b < 1$$

求 X_n 的极限分布。

解: 记 $\boldsymbol{A} = \boldsymbol{P}^{\mathrm{T}}$, 注意到 $\boldsymbol{A}$ 非对称阵, 但是依然可以对角化为

$$\boldsymbol{A} = \frac{1}{a+b} \begin{bmatrix} b & 1 \\ a & -1 \end{bmatrix} \begin{bmatrix} 1 & 0 \\ 0 & 1-(a+b) \end{bmatrix} \begin{bmatrix} 1 & 1 \\ a & -b \end{bmatrix} := \boldsymbol{U}\boldsymbol{D}\boldsymbol{U}^{-1}$$

注意到 $\lambda_1 = 1, |\lambda_2| = |1 - (a+b)| < 1$。

$$\lim_{n\to\infty} \boldsymbol{A}^n = \lim_{n\to\infty} \boldsymbol{U}\boldsymbol{D}^n\boldsymbol{U}^{-1} = \boldsymbol{U} \begin{bmatrix} 1 & 0 \\ 0 & 0 \end{bmatrix} \boldsymbol{U}^{-1} = \boldsymbol{u}_1 \boldsymbol{v}_1^{\mathrm{T}} = \frac{1}{a+b} \begin{bmatrix} b & b \\ a & a \end{bmatrix}$$

因此

$$\boldsymbol{p} = \frac{1}{a+b} \begin{bmatrix} b & a \end{bmatrix}^{\mathrm{T}}$$

马尔可夫过程具有丰富的理论内涵, 并在信号处理、数据分析、自动控制、金融等领域得到了广泛的应用。限于篇幅, 本书仅对马尔可夫序列的基本概念和部分性质进行了讨论。关于马尔可夫过程的更多内容可参考随机过程相关文献 [1, 5]。

2.7.4 维纳过程 *

维纳过程 (Wiener process) 是布朗运动的数学模型, 该过程可通过随机游走模型来推导。设伯努利随机游走序列

$$X[n] = \sum_{k=1}^{n} W[k]$$

其中 $W[k]$ 为状态为 $\{s, -s\}$ 的对称伯努利序列, 即

$$W[k] = \begin{cases} s, & P(W[k] = s) = p = 1/2 \\ -s, & P(W[k] = -s) = 1 - p = 1/2 \end{cases}$$

易知 (见习题 2.22)$E[X[n]] = 0$, $E[X^2[n]] = ns^2$, 且 $X[n]$ 服从二项分布,

$$P(X[n] = rs) = \binom{n}{k} p^k (1-p)^{n-k}$$

其中 $r = 2k - n$。根据概率论知识可知, 当 n 充分大时, 二项分布近似于高斯分布, 即

$$\binom{n}{k} p^k q^{n-k} \approx \frac{1}{\sqrt{2\pi npq}} \exp\left(-\frac{(k-np)^2}{2npq}\right), \ n \to \infty, q = 1 - p \tag{2.7.30}$$

上式即棣莫弗-拉普拉斯 (de Moivre-Laplace) 定理。

现将随机游走模型的时间连续化, 定义

$$X_T(t) = \sum_{k=1}^{\infty} W[k] u(t - kT) \tag{2.7.31}$$

易知 $X_T(nT) = X[n]$, 因此两者具有相同的统计特性。现考虑当 $T \to 0$ 时, $X_T(t)$ 的极限, 于是便得到维纳过程。

定义 2.49 (维纳过程) 已知 $X_T(t)$ 定义如式(2.7.31),

$$X(t) = \lim_{T \to 0} X_T(t) \tag{2.7.32}$$

称 $X(t)$ 为维纳过程。

维纳过程可视为时间间隔无限小的伯努利随机游走序列, 两者的关系如图 2.16 所示。

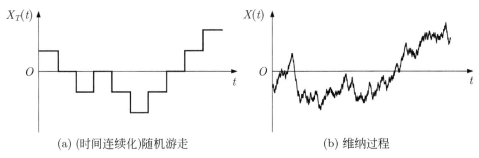

(a) (时间连续化)随机游走　　　　　(b) 维纳过程

图 2.16　维纳过程与随机游走的关系

下面讨论维纳过程的统计特性。由于 $X_T(t)|_{t=nT} = X[n]$, 因此

$$E[X_T(t)] = E[X_T(nT)] = 0 \tag{2.7.33}$$

$$E[X_T^2(t)] = E[X_T^2(nT)] = ns^2 = \frac{ts^2}{T} \tag{2.7.34}$$

当 $T \to 0$ 时, 或等价地 $n \to \infty$, 为了使得式(2.7.34)有意义, 可以令 $s^2/T = \alpha$, 于是得到

$$E[X(t)] = 0, \; \mathrm{Var}[X(t)] = E[X^2(t)] = \alpha t \tag{2.7.35}$$

进一步, 可以证明 $X(t)$ 服从高斯分布 [①]:

$$f_X(x;t) = \frac{1}{\sqrt{2\pi\alpha t}} \exp\left(-\frac{x^2}{2\alpha t}\right), \; t > 0 \tag{2.7.36}$$

由于伯努利随机游走是独立增量序列, 而维纳过程是伯努利随机游走的极限形式, 因此维纳过程也是独立增量过程。可以证明, 对任意的 $t_1 < t_2$, 增量 $\Delta X = X(t_2) - X(t_1)$ 同样服从高斯分布:

$$f_{\Delta X}(\Delta x; t_1, t_2) = \frac{1}{\sqrt{2\pi\alpha(t_2 - t_1)}} \exp\left(-\frac{\Delta x^2}{2\alpha(t_2 - t_1)}\right), \; t_2 - t_1 > 0 \tag{2.7.37}$$

事实上, 上述关系式也可作为维纳过程的定义, 即维纳过程是增量服从高斯分布的独立增量过程。进一步可以证明, 维纳过程也是高斯过程。

维纳过程的自相关函数为

$$R_X(t_1, t_2) = \alpha \min(t_1, t_2) \tag{2.7.38}$$

---

① 证明见文献 [5]。

我们将上式的计算留给读者, 见习题 2.24。

由于维纳过程的均值为零, 因此自相关函数也等于协方差函数。注意到维纳过程与泊松过程具有相同形式的协方差函数 [见式(2.7.8)], 尽管两者是截然不同的随机信号模型。

2.8 研究型学习——主成分分析 *

主成分分析 (principle component analysis) 是一种常用的信号处理工具, 其目的是去除样本间的相关性, 从而挖掘信号潜在的特征信息。主成分分析可以通过不同的方式来阐述, 下面采用线性变换的思想简要介绍其原理。设 $\boldsymbol{X} = (X_1, X_2, \cdots, X_n)^{\mathrm{T}} \in \mathbb{R}^n$ 为 n 维随机变量, $\boldsymbol{X}$ 的协方差矩阵为

$$\boldsymbol{K_X} = E[(\boldsymbol{X} - \boldsymbol{m_X})(\boldsymbol{X} - \boldsymbol{m_X})^{\mathrm{T}}]$$

主成分分析的目的是寻求一个正交变换 $\boldsymbol{Y} = \boldsymbol{AX}$, 使得变换后 $\boldsymbol{Y}$ 的各个分量不相关, 即协方差矩阵为对角阵:

$$\boldsymbol{K_Y} = \mathrm{diag}(\sigma_1^2, \sigma_2^2, \cdots, \sigma_n^2)$$

其中 $\sigma_1^2 \geqslant \sigma_2^2 \geqslant \cdots \geqslant \sigma_n^2$。$\boldsymbol{Y}$ 的每个分量即为主成分[1]。

为讨论方便, 不妨设 $\boldsymbol{X}$ 均值为零, 注意到

$$\boldsymbol{K_Y} = E[\boldsymbol{YY}^{\mathrm{T}}] = E[\boldsymbol{AXX}^{\mathrm{T}}\boldsymbol{A}^{\mathrm{T}}] = \boldsymbol{AK_X}\boldsymbol{A}^{\mathrm{T}}$$

因此若对 $\boldsymbol{K_X}$ 做特征值分解,

$$\boldsymbol{K_X} = \boldsymbol{U\Lambda U}^{\mathrm{T}}$$

其中 $\boldsymbol{U}$ 为正交阵, $\boldsymbol{\Lambda} = \mathrm{diag}(\lambda_1, \lambda_2, \cdots, \lambda_n)$, 对角元素即为 $\boldsymbol{K_X}$ 的特征值, 且 $\lambda_1 \geqslant \lambda_2 \geqslant \cdots \geqslant \lambda_n > 0$。

令 $\boldsymbol{A} = \boldsymbol{U}^{\mathrm{T}}$, 于是有

$$\boldsymbol{K_Y} = \boldsymbol{AU\Lambda U}^{\mathrm{T}}\boldsymbol{A}^{\mathrm{T}} = \boldsymbol{\Lambda}$$

从而便得到对角化的协方差矩阵, $\boldsymbol{Y}$ 各分量的方差即为 $\boldsymbol{\Lambda}$ 的特征值。

---

[1] 有些资料将变换矩阵 $\boldsymbol{A}^{\mathrm{T}}$ 中的列向量称为主成分。事实上, 由于 $\boldsymbol{A}$ 是正交变换, 易知 $\boldsymbol{x} = \boldsymbol{A}^{\mathrm{T}}\boldsymbol{y} = \sum_{i=1}^{n} y_i \boldsymbol{a}_i$, 其中 $\boldsymbol{a}_i$ 为 $\boldsymbol{A}^{\mathrm{T}}$ 的列向量, 即主成分; 而 y_i 为组合系数。实际不会造成太大歧义。

注意到主成分分析得到的分量按照方差由大到小排列, 因而信号的能量主要集中在前几个主成分, 方差较小的成分可以忽略不计。基于此, 主成分分析常用于数据压缩 (data compression)、数据降维 (dimensionality reduction) 和特征提取 (feature extraction)。图 2.17展示了二维高斯分布数据的主成分分析结果, 可以看出, 沿 $\boldsymbol{v}_1$ 方向数据相对分散, 而沿 $\boldsymbol{v}_2$ 方向数据相对集中, 因此 $\boldsymbol{v}_1$ 方向携带了数据的主要信息。根据高斯分布的性质可知, 旋转变换能够去除高斯分布的相关性。事实上, 旋转变换即为一种正交变换, 因此该变换可视为主成分分析的一种特殊情况。

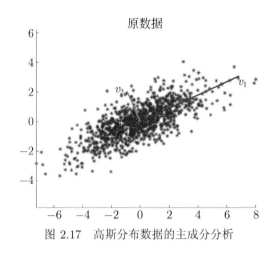

图 2.17 高斯分布数据的主成分分析

主成分分析与 Karhunen–Loève 变换 (简称 K-L 变换, 亦称为 K-L 展开、K-L 分解) 具有密切联系, 从某种程度上讲, 两者是等价。K-L 变换的基本思想是将中心化 (即零均值) 的随机信号 $X(t)$ 展开为如下形式:

$$X(t) = \sum_{k=1}^{\infty} Z_k e_k(t), a < t < b$$

其中 $\{Z_k\}_{k=1}^{\infty}$ 是不相关的随机序列, 而 $\{e_k(t)\}_{k=1}^{\infty}$ 是 (a,b) 上一组正交基函数。不同于傅里叶级数等展开方法, K-L 展开式中的正交基是依据信号的协方差函数决定的, 因而理论上能够实现最优去相关。关于 K-L 变换的更多介绍读者可参考文献 [6, 1, 5]。

作业 通过查阅文献资料, 调研主成分分析的原理、实现算法与应用, 撰写一份研究型报告。

2.9 MATLAB 仿真实验

2.9.1 随机信号的生成

本节介绍利用 MATLAB 进行随机信号的时域分析。首先应当明确, 计算机中处理的对象是离散数据, 因此所有仿真涉及的信号本质上均为离散信号。在 MATLAB 中, 可利用随机数生成函数生成指定长度和分布的随机序列。例如, randn(1,L) 生成长度为 L 的高斯随机序列, 本质上等同于 L 个高斯分布的随机数。由于通常假设各个随机数间是相互独立的 [①], 因此生成的序列也是独立序列。

对于连续时间信号, 可以通过采样间隔充分小的离散序列进行模拟。例如, 若要生成起始时刻为零、持续时长 T 秒的连续信号, 可设采样间隔为 T_s(或采样率 $F_s = 1/T_s$), 则序列长度为 $N = T/T_s + 1$。在 MATLAB 中, 可以通过数组方便建立采样点, 示例如下。

实验 2.1 仿真生成频率 1Hz 的正弦信号叠加高斯噪声, 其中信号幅度为 2, 噪声方差为 $\sigma^2 = 0.1$。

为保证信号不失真, 采样率应满足大于信号最高频率两倍。本实验中设采样率为 1000Hz, 信号时长 3s。MATLAB 代码如下。

```
T = 3;                  % 信号时长 (s)
Fs = 1000;              % 采样率 (Hz)
t = 0:1/Fs:T-1/Fs;      % 采样点
x = 2*cos(2*pi*t)+sqrt(0.1)*randn(size(t)); % 生成含噪正弦信号
plot(t,x);              % 绘图
```

结果如图 2.18 所示。

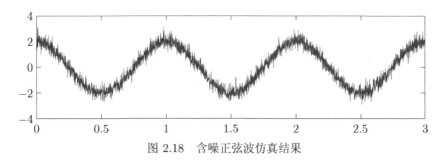

图 2.18 含噪正弦波仿真结果

2.9.2 随机信号的均值与相关函数估计

在实际应用中, 由于随机信号的概率分布往往未知或不易求得, 通常采用样本函数的时间平均对其统计平均进行估计。在遍历性的假设条件下, 这种估计是合理的。以下均假设随机信号具有遍历性 (也必然是平稳的)。

对于随机信号的均值, 在 MATLAB 中可以利用函数 mean 进行估计, 即计算一段有限长度的样本的均值。下面重点讨论相关函数的估计。

[①] 由于伪随机数由确定算法生成, 理论上不是统计独立的, 但在实际应用中通常可以这样假设。

设 $\{x_n\}_{n=0}^{N-1}, \{y_n\}_{n=0}^{N-1}$ 分别为实随机信号 (序列)X_n, Y_n 的样本, 两者的互相关函数估计式为

$$\widehat{R}_{XY}[m] = \begin{cases} \alpha \sum_{n=0}^{N-m-1} x_{n+m}y_n, & 0 \leqslant m \leqslant N-1 \\ \widehat{R}_{YX}[-m], & -(N-1) \leqslant m < 0 \end{cases} \quad (2.9.1)$$

其中 α 为归一化系数。当 $x=y$ 时, 上式变为自相关函数估计, 即

$$\widehat{R}_X[m] = \alpha \sum_{n=0}^{N-1-|m|} x_{n+|m|}x_n, \quad 0 \leqslant |m| \leqslant N-1 \quad (2.9.2)$$

注意, 如果令 $\alpha = 1/N$, 对上式求期望得

$$E[\widehat{R}_X[m]] = \frac{N-|m|}{N} R_X[m] \quad (2.9.3)$$

此时估计是有偏的, 也是渐近无偏的。若令 $\alpha = 1/(N-|m|)$, 则估计是无偏的。

在 MATLAB 中, 可以使用函数 xcorr 来计算样本的相关函数, 句法为

```
r = xcorr(x,scaleopt);      % x 的自相关函数, 其中 sclaeopt 为归一化选项
r = xcorr(x,y,scaleopt);    % x,y 的互相关函数
```

MATLAB 提供了 4 种归一化选项, 具体说明见表 2.1。

表 2.1 xcorr 归一化选项说明

scaleopt	归一化系数 α
'none'	1
'biased'	$1/N$
'unbiased'	$1/(N-|m|)$
'coeff'	$1/\sqrt{\widehat{R}_X(0)\widehat{R}_Y(0)}$

实验 2.2 仿真生成均值为零、方差为 5 的独立同分布的高斯随机序列, 并估计其均值、方差和自相关函数。

实验中设序列长度 $N=1000$, MATLAB 代码如下。

```
N = 1000;                % 序列长度
sigma = sqrt(5);         % 标准差
x = randn(1,N)*sigma;    % 生成高斯随机序列
m = mean(x);             % 均值
```

```
v = var(x);                  % 方差
r = xcorr(x,'coeff');        % 自相关函数, 归一化使得相关最大值为 1
plot(1-N:N-1,r)              % 画出自相关函数
```

均值与方差结果如下。

```
m =
    -0.0730
>> v
v =
     4.9897
```

估计结果与理论值比较接近。

自相关函数估计结果如图 2.19所示。可以看出, 自相关函数在 $m = 0$ 取得最大值, 而在其他时刻取值基本稳定在零附近, 但并非严格等于零。这可以从两方面进行解释。一方面, 伪随机数理论上不可能完全统计独立; 另一方面, 实际估计的样本数目总是有限的, 因而会存在估计误差。实验表明, 随着样本数目的增长, 自相关函数在 $m \neq 0$ 处的取值会趋向于零。因此实际中可以近似认为不同时刻是相互独立的[①]。理论上来讲, 如果随机序列仅在同一时刻是相关的, 而在任意两个不同时刻是相互独立的 (或至少是不相关的, 在零均值条件下即自相关函数取值为零), 这类信号称为**白噪声**。因此通常可用 randn 仿真生成高斯白噪声。

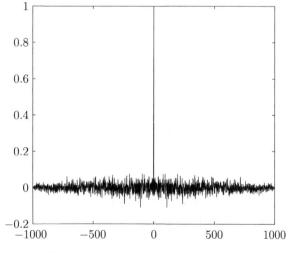

图 2.19　高斯白噪声的自相关函数估计

---

① 注意, 本实验是通过自相关函数结合零均值的假设验证相互独立性, 并非是指自相关函数为零蕴含相互独立。

MATLAB 实验练习

2.1 利用 rand 生成 $[a,b]$ 上均匀分布的随机序列, 序列长度为 N, 具体参数如下。估计该序列的均值、方差和自相关函数, 并与理论值进行比较。

(1) ① $a=-1, b=3, N=1000$; ② $a=-2, b=2, N=1000$。

(2) 试分析序列长度对估计结果有何影响。

2.2 已知随机信号:

$$X(t) = \sin(2\pi f_1 t) + 2\cos(2\pi f_2 t) + N(t)$$

其中 $f_1 = 50\text{Hz}$, $f_2 = 200\text{Hz}$, $N(t)$ 为高斯白噪声, 平均功率为 $\sigma^2 = 0.1$。

仿真生成 $X(t)$, 采样率 $F_s = 1000\text{Hz}$, 时长 3s, 画出信号波形并估计 $X(t)$ 的自相关函数和 $X(t)$ 与 $N(t)$ 的互相关函数。

2.3 已知脉冲幅度调制 (PAM) 信号:

$$X(t) = \sum_n A_n p(t - nT)$$

其中 A_n 为伯努利序列, $P(A_n=1) = P(A_n=-1) = 1/2$, $p(t)$ 为时宽 $T = 0.1\text{s}$ 的矩形脉冲。

仿真生成时长 5s 的 PAM 信号并绘制波形。

2.4 已知随机电报信号:

$$Y(t) = A(-1)^{X(t)}$$

其中 A 为伯努利随机变量, $P(A=1) = P(A=-1) = 1/2$, $X(t)$ 为 $\lambda=1$ 的泊松过程。

仿真生成 5s 的随机电报信号并绘制波形。

2.5 仿真生成维纳过程。

习　　题

2.1 已知 $X(t) = A^2 t$, 其中 $A \sim U(-1,1)$。

(1) 求 $X(t)$ 的一维概率分布函数和概率密度函数;

(2) 求 $X(t)$ 的均值、方差、自相关函数和协方差函数;

(3) 设

$$Y(t) = \int_0^t X(u)\mathrm{d}u$$

求 $Y(t)$ 的均值、方差、自相关函数和协方差函数。

2.2 已知随机过程 $X(t) = A\cos(\omega_0 t + \Phi)$, 其中 A 服从瑞利分布, Φ 服从 $[-\pi, \pi]$ 上的均匀分布, 且 A, Φ 相互独立, ω_0 为常数。判断 $X(t)$ 是否为宽平稳过程。

2.3 已知随机相位信号 $X(t) = \cos(\omega_0 t + \Phi)$, 其中 ω_0 为常数, Φ 为随机变量, 其特征函数为

$$C_\Phi(u) = E[e^{\mathrm{j}u\Phi}]$$

证明: $X(t)$ 为宽平稳过程的充要条件是 $C_\Phi(1) = 0$ 且 $C_\Phi(2) = 0$。

2.4 已知随机过程 $X(t) = X_1\cos\omega_0 t + X_2\sin\omega_0 t$, 其中 ω_0 为常数, X_1, X_2 是相互独立的伯努利随机变量, 输出为 $\{-1, 1\}$, 且 $P(X_1 = 1) = P(X_2 = 1) = p$。判断 $X(t)$ 是否为宽平稳过程。

2.5 已知 $Y(t)$ 为平稳过程 $X(t)$ 的导数过程, 证明:

(1) $Y(t)$ 也是平稳过程, 且

$$R_Y(\tau) = -\frac{\mathrm{d}^2}{\mathrm{d}\tau^2}R_X(\tau)$$

(2) $X(t), Y(t)$ 联合平稳, 且

$$R_{XY}(\tau) = \frac{\mathrm{d}}{\mathrm{d}\tau}R_X(\tau), R_{YX}(\tau) = -\frac{\mathrm{d}}{\mathrm{d}\tau}R_X(\tau)$$

(3) $X(t), Y(t)$ 在同一时刻正交。

2.6 已知平稳过程 $X(t)$ 在 $[a, b]$ 上均方可积,

$$Y = \int_a^b X(t)\mathrm{d}t$$

证明:

$$E[Y^2] = 2\int_0^{b-a}(b - a - \tau)R_X(\tau)\mathrm{d}\tau$$

2.7 (循环平稳过程 (cyclostationary process)) 称随机过程 $X(t)$ 为严循环平稳过程, 如果存在常数 $T > 0$, 使得

$$F_X(x_1, x_2, \cdots, x_n; t_1, t_2, \cdots, t_n) = F_X(x_1, x_2, \cdots, x_n; t_1 + T, t_2 + T, \cdots, t_n + T), \forall n \in \mathbb{N}$$

如果仅满足 $E[X(t)] = E[X(t + T)]$ 且 $R_X(t_1, t_2) = R_X(t_1 + T, t_2 + T)$, 则称 $X(t)$ 为宽循环平稳过程。

(1) 判断严/宽循环平稳过程是否为严/宽平稳过程, 并说明理由;

(2) 设 $Y(t) = X(t)\cos\omega_0 t$, 其中 $X(t)$ 为宽平稳过程, ω_0 为常数。判断 $Y(t)$ 是否为宽平稳过程和宽循环平稳过程;

(3) 设 $Z(t) = Y(t - D)$, 其中 D 服从 $[0, 2\pi/\omega_0]$ 上的均匀分布, 且与 $X(t)$ 相互独立。判断 $Z(t)$ 是否为宽平稳过程。

2.8 证明:

(1) 如果 $X(t)$ 是以周期为 T 的宽循环平稳过程, $D \sim U(0, T)$ 且与 $X(t)$ 相互独立, 则 $Y(t) = X(t - D)$ 是宽平稳过程, 且

$$m_Y(t) = \frac{1}{T} \int_0^T m_X(t) \mathrm{d}t$$

$$R_Y(\tau) = \frac{1}{T} \int_0^T R_X(t, t + \tau) \mathrm{d}t$$

(2) 如果 $X(t)$ 是以周期为 T 的严循环平稳过程, $D \sim U(0, T)$ 且与 $X(t)$ 相互独立, 则 $Y(t) = X(t - D)$ 是严平稳过程, 且概率分布函数满足

$$F_Y(y_1, y_2, \cdots, y_n; t_1, t_2, \cdots, t_n) = \frac{1}{T} \int_0^T F_X(x_1, x_2, \cdots, x_n; t_1 - u, t_2 - u, \cdots, t_n - u) \mathrm{d}u$$

2.9 已知 $x(t)$ 为零相位锯齿波脉冲串, 脉冲重复周期为 T, 高度为 A, 如图 2.20所示。设 $Y(t) = x(t - D)$, 其中 D 服从 $[0, T]$ 上的均匀分布。证明 $Y(t)$ 的一阶概率密度函数为

$$f_Y(y; t) = \frac{1}{A} I_{[0,A]}(y)$$

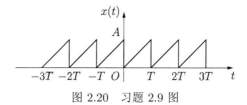

图 2.20　习题 2.9 图

2.10 判断图 2.21所示函数能否作为平稳过程的自相关函数。

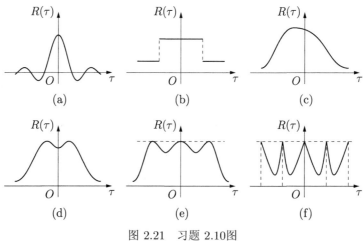

图 2.21　习题 2.10图

2.11 已知平稳过程的自相关函数如下, 求相应的相关系数。

(1) $R_X(\tau) = 5e^{-\tau^2}$;

(2) $R_X(\tau) = e^{-|\tau|}(1 + |\tau|)$;

(3) $R_X(\tau) = (3e^{-\tau^2} + 1)\cos\tau$。

2.12 异步二元信号是数字通信中一种常见的信号, 其模型为

$$X(t) = \sum_n X_n w\left[\frac{t - D - nT}{T}\right]$$

其中 X_n 为伯努利序列, $P(X_n = a) = P(X_n = -a) = 1/2$, w 为单位矩形脉冲,

$$w(t) = \begin{cases} 1, & |t| < 1/2 \\ 0, & \text{其他} \end{cases}$$

T 为固定脉宽, D 服从 $[-T/2, T/2]$ 上的均匀分布, 且与 X_n 相互独立。求 $X(t)$ 的均值与自相关函数, 并判断 $X(t)$ 是否为宽平稳过程。

2.13 证明性质 2.6。

2.14 已知复随机过程 $Z(t) = X(t) + jY(t)$, 其中 $X(t), Y(t)$ 均为实随机过程。定义 $Z(t)$ 的期望、自相关函数和协方差函数分别为

$$m_Z(t) = E[Z(t)] = E[X(t)] + jE[Y(t)]$$

$$R_Z(t_1, t_2) = E[Z^*(t_1)Z(t_2)]$$

$$K_Z(t_1, t_2) = E[(Z(t_1) - m_Z(t_1))^*(Z(t_2) - m_Z(t_2))]$$

特别地, 当 $t_1 = t_2 = t$ 时, 协方差函数即为方差, $\sigma_Z^2(t) = K_Z(t, t)$。证明:

(1) $Z(t)$ 的方差满足

$$\sigma_Z^2(t) = \sigma_X^2(t) + \sigma_Y^2(t)$$

(2) $Z(t)$ 的自相关函数满足

$$R_Z(t_1, t_2) = R_X(t_1, t_2) + R_Y(t_1, t_2) + j(R_{XY}(t_1, t_2) - R_{YX}(t_1, t_2))$$

(3) $Z(t)$ 的协方差函数满足

$$K_Z(t_1, t_2) = R_Z(t_1, t_2) - m_Z^*(t_1)m_Z(t_2)$$

(4) $Z(t)$ 的自相关函数与协方差函数具有共轭对称性, 即

$$R_Z(t_1, t_2) = R_Z^*(t_2, t_1), \ K_Z(t_1, t_2) = K_Z^*(t_2, t_1)$$

2.15 称复随机过程 $Z(t)$ 是宽平稳的, 如果满足 $E[Z(t)] = m_Z$, 且 $R_Z(t_1, t_2) = R_Z(\tau)$, 其中 $\tau = t_2 - t_1$。

(1) 已知复信号 $Z(t) = A\mathrm{e}^{\mathrm{j}(\omega_0 t + \Phi)}$, 其中 ω_0 为常数, $\Phi \sim U(0, 2\pi)$, A 为随机变量且与 Φ 相互独立。判断 $Z(t)$ 是否宽平稳;

(2) 设

$$V(t) = \sum_{n=1}^{N} A_n \mathrm{e}^{\mathrm{j}(\omega_0 t + \Phi_n)}$$

其中 ω_0 为常数, $\Phi_n \sim U(0, 2\pi)$, 且对任意 $1 \leqslant i, j \leqslant N$, A_i, Φ_j 相互独立。判断 $V(t)$ 是否宽平稳。

2.16 设 $T[n]$ 为等候时间模型 (见例 2.13) 中的等候时间, $\tau[n]$ 为间隔时间, 证明:

$$E[T[n]] = n/\lambda = nE[\tau[n]]$$
$$\mathrm{Var}[T[n]] = n/\lambda^2 = n\mathrm{Var}[\tau[n]]$$

提示: 利用 $\tau[n]$ 独立同分布。

2.17 证明泊松过程的自相关函数和协方差函数分别为

$$R_X(t_1, t_2) = \lambda \min(t_1, t_2) + \lambda^2 t_1 t_2$$
$$K_X(t_1, t_2) = \lambda \min(t_1, t_2)$$

提示: 利用泊松过程是独立增量过程, 且增量服从泊松分布。

2.18 证明随机电报信号 (见例 2.14) 的自相关函数为

$$R_Z(t_1, t_2) = \mathrm{e}^{-2\lambda|t_2 - t_1|}$$

2.19 已知随机过程 $X(t)$ 的均值和相关函数分别为

$$E[X(t)] = 0, R_X(\tau) = \mathrm{e}^{-\alpha|\tau|}$$

判断 $X(t)$ 的均值是否具有遍历性。

2.20 已知随机过程 $X(t) = A\cos\omega_0 t + B\sin\omega_0 t$, 其中 A, B 独立同分布于 $N(0, \sigma^2)$。求 $X(t)$ 的一维、二维概率密度函数。

2.21 已知 $X(t)$ 为平稳高斯过程, 自相关函数为 $R_X(\tau) = \mathrm{e}^{-|\tau|}$。求

$$Y = \int_0^1 X(t)\mathrm{d}t$$

的概率密度函数。

2.22 设随机游走序列

$$X[n] = \sum_{k=1}^n W[k]$$

其中 $W[k]$ 为伯努利序列, $P(W[k] = s) = P(W[k] = -s) = 1/2$。求 $X[n]$ 的均值、方差、自相关函数。

2.23 已知 $X(t)$ 为泊松过程, 定义泊松增量

$$Y(t) = \frac{X(t + \Delta t) - X(t)}{\Delta t}$$

(1) 证明:
$$P\left(Y(t) = \frac{k}{\Delta t}\right) = \frac{(\lambda \Delta t)^k}{k!}\mathrm{e}^{-\lambda \Delta t}, \ k \geqslant 0$$

(2) 求 $Y(t)$ 的均值和自相关函数;

(3) 令 $Z(t) = \lim_{\Delta t \to 0} Y(t)$, 求 $Z(t)$ 的均值和自相关函数。

2.24 证明维纳过程的自相关函数为

$$R_X(t_1, t_2) = \alpha \min(t_1, t_2)$$

2.25 已知 $X(t), t \geqslant 0$ 为独立增量过程, $X(0) = 0$。对于任意的 $t_2 > t_1 \geqslant 0$, 增量 $\Delta X = X(t_2) - X(t_1)$ 的密度函数为 $f_{\Delta X}(\Delta x; \tau)$, 其中 $\tau = t_2 - t_1 > 0$。求 $X(t)$ 的一维密度函数与二维密度函数。

2.26 已知随机过程 $X(t)$, 如果对任意的 $t_1, t_2, \cdots, t_n$, $X(t_1), X(t_2), \cdots, X(t_n)$ 相互独立, 则称 $X(t)$ 为独立过程。试分析独立过程与独立增量过程 (见定义 2.43) 之间的关系。

2.27 证明独立增量过程是马尔可夫过程。

第

3

章

随机信号的频域分析

众所周知, 确定性信号有两种表示方法, 即时域表示与频域表示。傅里叶变换是联系时域与频域的桥梁。第 2 章介绍了随机信号的时域分析方法, 即将随机信号建模为随机过程, 通过其统计特性来描述和分析随机信号。一个自然的问题是, 对于随机信号是否存在相应的频域分析方法? 随机信号在频域是如何表征的? 本章将围绕这些问题展开论述。

3.1　确定性信号的谱

在介绍随机信号的频域分析之前, 首先回顾关于确定性信号的一些重要结论。确定性信号有两个重要类型, 即能量信号和功率信号。下面以连续时间信号为例进行阐述。

定义 3.1　已知连续时间信号 $x(t)$, 定义信号的能量和平均功率分别为

$$E = \int_{-\infty}^{+\infty} |x(t)|^2 \mathrm{d}t \tag{3.1.1}$$

$$P = \lim_{T \to \infty} \frac{1}{2T} \int_{-T}^{T} |x(t)|^2 \mathrm{d}t \tag{3.1.2}$$

若 $0 < E < \infty$, 则称 $x(t)$ 为能量信号; 若 $0 < P < \infty$, 则称 $x(t)$ 为功率信号。

显然, 能量信号的平均功率为零, 而功率信号的能量无穷大。因此, 能量信号与功率信号具有互斥的关系。有限长度的信号一般是能量信号, 而无限长度的信号能量可能无穷大, 但可以是功率信号, 如周期信号、直流信号等。此外, 存在既非能量信号也非功率信号的信号, 如 $x(t) = t, t \geqslant 0$。

傅里叶变换是信号处理的核心工具, 其建立了信号的时频关系。对于连续时间信号 $x(t)$, 其傅里叶变换与逆傅里叶变换分别为[①]

$$X(\omega) = \int_{-\infty}^{+\infty} x(t) \mathrm{e}^{-\mathrm{j}\omega t} \mathrm{d}t \tag{3.1.3}$$

$$\hat{x}(t) = \frac{1}{2\pi} \int_{-\infty}^{+\infty} X(\omega) \mathrm{e}^{\mathrm{j}\omega t} \mathrm{d}\omega \tag{3.1.4}$$

称 $X(\omega)$ 为信号的频谱[②], 其是关于 ω 的复函数, 即 $X(\omega) = |X(\omega)|\mathrm{e}^{\mathrm{j}\phi(\omega)}$, 其中 $|X(\omega)|$ 与 $\phi(\omega)$ 分别为幅度谱和相位谱。$x(t)$ 与 $X(\omega)$ 具有一一对应的关系, 因此通常也记作 $x(t) \overset{\mathscr{F}}{\longleftrightarrow} X(\omega)$, 称两者构成傅里叶变换对。本书假定读者对一些典型信号的傅里叶变

　　[①] 理论上来讲, 重建信号 (即由逆变换得到的信号) 不一定完全等于原信号, 这涉及傅里叶变换的存在性与收敛性问题。因此式(3.1.4)用 $\hat{x}(t)$ 表示重建信号, 以区别于原信号 $x(t)$。稍后会看到 (见命题 3.1), 如果 $x(t)$ 为连续函数, 则 $\hat{x}(t) = x(t)$。

　　[②] 注意这里用大写字母表示信号的傅里叶变换, 不要与随机过程混淆。

换非常熟悉, 在此不再赘述。

一个信号是否存在傅里叶变换可以通过以下命题来判断。

命题 3.1 如果信号 $x(t)$ 满足狄利克雷条件:

- $\displaystyle\int_{-\infty}^{+\infty} |x(t)|\mathrm{d}t < \infty;$
- $x(t)$在任意有限区间内有有限个极值点;
- $x(t)$在任意有限区间内有有限个第一类间断点①。

则该信号存在傅里叶变换, 且重建信号满足

$$\hat{x}(t) = \frac{1}{2\pi}\int_{-\infty}^{+\infty} X(\omega)\mathrm{e}^{\mathrm{j}\omega t}\mathrm{d}\omega = \frac{1}{2}[x(t^-) + x(t^+)], \ \forall\, t \in \mathbb{R} \qquad (3.1.5)$$

特别地, 如果 $x(t)$ 为连续函数, 则 $\hat{x}(t) = x(t)$。

命题 3.2 如果信号 $x(t)$ 满足平方可积条件:

$$\int_{-\infty}^{+\infty} |x(t)|^2\mathrm{d}t < \infty$$

则该信号存在傅里叶变换, 且

$$\int_{-\infty}^{+\infty} |x(t) - \hat{x}(t)|^2\mathrm{d}t < \infty$$

命题 3.1说明, 如果信号连续且绝对可积, 则必然存在傅里叶变换, 且重建信号等于原信号。命题 3.2说明, 能量信号存在傅里叶变换, 且重建信号与原信号的误差能量为零。注意上述两个命题均为充分条件。在实际应用中, 绝大多数信号均满足这两个条件之一, 因此通常并不需要讨论傅里叶变换的存在性。但是有些典型的信号不满足上述条件, 如正弦信号、阶跃信号等。对于这些信号, 在引入冲激函数 $\delta(t)$ 后仍可定义傅里叶变换。

如果 $x(t)$ 为能量信号, 根据帕塞瓦尔 (Parseval) 定理可知能量在时域与频域是守恒的, 即

$$\int_{-\infty}^{+\infty} |x(t)|^2\mathrm{d}t = \frac{1}{2\pi}\int_{-\infty}^{+\infty} |X(\omega)|^2\mathrm{d}\omega \qquad (3.1.6)$$

称 $|X(\omega)|^2$ 为信号 $x(t)$ 的能量谱密度 (energy spectral density, ESD)。

---

① 第一类间断点是指左右极限都存在的间断点。

若 $x(t)$ 为功率信号, 则其能量无穷大, 因此不能直接应用帕塞瓦尔定理。但是如果考虑其在有限区间 (如 $[-T,T]$) 内的能量, 此时帕塞瓦尔定理依然成立:

$$\int_{-T}^{T} |x(t)|^2 \mathrm{d}t = \frac{1}{2\pi} \int_{-\infty}^{+\infty} |X_T(\omega)|^2 \mathrm{d}\omega$$

其中 $X_T(\omega)$ 为截断信号 $x_T(t) = x(t)I_{[-T,T]}(t)$ 的傅里叶变换, 即

$$X_T(\omega) = \int_{-\infty}^{+\infty} x_T(t)\mathrm{e}^{-\mathrm{j}\omega t}\mathrm{d}t = \int_{-T}^{T} x(t)\mathrm{e}^{-\mathrm{j}\omega t}\mathrm{d}t$$

因此, $x(t)$ 的平均功率可以表示为

$$P = \lim_{T\to\infty} \frac{1}{2T} \int_{-T}^{T} |x(t)|^2 \mathrm{d}t = \frac{1}{2\pi} \int_{-\infty}^{+\infty} \lim_{T\to\infty} \frac{|X_T(\omega)|^2}{2T} \mathrm{d}\omega \tag{3.1.7}$$

称 $\lim\limits_{T\to\infty} |X_T(\omega)|^2/2T$ 为信号 $x(t)$ 的功率谱密度 (power spectral density, PSD)。

3.2 随机信号的功率谱密度

3.2.1 功率谱密度的定义及其性质

本节介绍随机信号的谱, 我们以连续时间随机过程为例展开论述。回顾随机过程的定义, 随机过程可视为大量样本函数的集合, 即 $X(t,\zeta), \zeta \in Z$, 其中 Z 为样本空间 [1]。试想如果每个样本函数的傅里叶变换存在, 则其频谱可以仿照确定性信号而定义。然而随机信号通常持续时间无限长, 因此并非能量信号, 也不满足狄利克雷条件, 故一般对其频谱 (以及能量谱) 不做定义。但随机信号通常是功率信号, 其功率谱是有物理意义的, 下面就来介绍功率谱的定义。

考虑随机信号的某一样本函数 $X(t,\zeta)$ 及其在 $[-T,T]$ 上的截断 $X_T(t,\zeta) = X(t,\zeta)I_{[-T,T]}(t)$, 如图 3.1所示。类似于确定性信号, 定义样本函数的平均功率:

$$P(\zeta) = \lim_{T\to\infty} \frac{1}{2T} \int_{-T}^{T} |X(t,\zeta)|^2 \mathrm{d}t = \frac{1}{2\pi} \int_{-\infty}^{+\infty} \lim_{T\to\infty} \frac{|X_T(\omega,\zeta)|^2}{2T} \mathrm{d}\omega \tag{3.2.1}$$

图 3.1　随机信号的截断样本函数

---

[1] 本节用 ζ 表示样本点, Z 表示样本空间, 以区别于频率变量 ω (真实角频率) 和 Ω (归一化角频率)。

其中 $X_T(\omega, \zeta)$ 为截断样本函数的傅里叶变换[①],

$$X_T(\omega, \zeta) = \int_{-\infty}^{+\infty} X_T(t, \zeta) \mathrm{e}^{-\mathrm{j}\omega t} \mathrm{d}t = \int_{-T}^{T} X(t, \zeta) \mathrm{e}^{-\mathrm{j}\omega t} \mathrm{d}t \tag{3.2.2}$$

注意到 $P(\zeta)$ 是关于样本点 ζ 的函数, 因此是一个随机变量。对 $P(\zeta)$ 取统计平均, 则得到随机信号 $X(t)$ 的平均功率:

$$Q = E[P(\zeta)] = E\left[\lim_{T \to \infty} \frac{1}{2T} \int_{-T}^{T} |X(t, \zeta)|^2 \mathrm{d}t\right] \tag{3.2.3}$$

$$= \lim_{T \to \infty} \frac{1}{2T} \int_{-T}^{T} E[X^2(t)] \mathrm{d}t \tag{3.2.4}$$

$$= \frac{1}{2\pi} \int_{-\infty}^{+\infty} \lim_{T \to \infty} \frac{E[|X_T(\omega, \zeta)|^2]}{2T} \mathrm{d}\omega \tag{3.2.5}$$

上式推导利用了期望与极限、积分交换顺序, 并假设随机过程是实的。式(3.2.5)给出了平均功率在频域上的表示形式, 其中被积函数即为随机信号的功率谱密度。

定义 3.2 随机信号 $X(t)$ 的功率谱密度定义为

$$S_X(\omega) = \lim_{T \to \infty} \frac{E[|X_T(\omega, \zeta)|^2]}{2T} \tag{3.2.6}$$

其中 $X_T(\omega, \zeta)$ 为截断样本函数 $X_T(t, \zeta)$ 的傅里叶变换, 如式(3.2.2)所示。

综合上述分析过程, 事实上也得到了随机信号平均功率的三种等价定义。

定义 3.3 随机信号的平均功率具有如下三种等价定义:
(1) 随机信号的平均功率是样本平均功率的统计平均, 即式(3.2.3);
(2) 随机信号的平均功率是均方值的时间平均, 即式(3.2.4);
(3) 随机信号的平均功率是功率谱密度沿频率轴的积分, 即式(3.2.5)。
特别地, 若 $X(t)$ 是平稳过程, 则

$$Q = \lim_{T \to \infty} \frac{1}{2T} \int_{-T}^{T} E[X^2(t)] \mathrm{d}t = E[X^2(t)] = R_X(0) = \frac{1}{2\pi} \int_{-\infty}^{+\infty} S_X(\omega) \mathrm{d}\omega \tag{3.2.7}$$

定义 3.3提供了三种计算平均功率的方法, 其中式(3.2.3)与式(3.2.4)为时域计算法, 式(3.2.5)为频域计算法, 实际中可灵活选取。

例 3.1 已知随机相位信号 $X(t) = a\cos(\omega_0 t + \Theta)$, 其中 a 为常数, $\Theta \sim U(0, 2\pi)$, 求 $X(t)$ 的平均功率。

[①] 这里沿用大写字母表示信号的傅里叶变换, 注意与随机过程区分。

解: 方法一: 采用式(3.2.3)计算。首先求样本函数的平均功率,

$$P(\theta) = \lim_{T \to \infty} \frac{1}{2T} \int_{-T}^{T} a^2 \cos^2(\omega_0 t + \theta) \mathrm{d}t$$

$$= \frac{a^2}{2} \lim_{T \to \infty} \frac{1}{2T} \int_{-T}^{T} [\cos(2\omega_0 t + 2\theta) + 1] \mathrm{d}t$$

$$= \frac{a^2}{2} \left(\lim_{T \to \infty} \frac{1}{2T} \frac{1}{2\omega_0} \sin(2\omega_0 t + 2\theta) \Big|_{-T}^{T} + 1 \right) = \frac{a^2}{2}$$

对上式求统计平均, 得

$$Q = E[P(\theta)] = \frac{a^2}{2}$$

方法二: 采用式(3.2.4)计算。由第 2 章内容易知, $X(t)$ 是宽平稳过程, 因此

$$Q = E[X^2(t)] = R_X(0) = \frac{a^2}{2} \cos \omega_0 \tau \Big|_{\tau=0} = \frac{a^2}{2}$$

方法三: 采用式(3.2.5)计算。这涉及功率谱密度的计算, 我们将在 3.2.2 节给出, 见例 3.2。

性质 3.1 随机信号的功率谱密度具有如下性质:

(1) $S_X(\omega)$ 非负;

(2) $S_X(\omega)$ 是实函数;

(3) 若 $X(t)$ 是实信号, 则 $S_X(\omega)$ 是偶函数。

上述性质可根据功率谱密度的定义直接得到, 证明留给读者自行完成, 见习题 3.1。

由于实信号的功率谱是偶函数, 必然包含正、负频率[①]两部分, 因此也称为双边功率谱。根据对称性, 任意知道正、负频率其中一部分即可确定另一部分, 因而双边功率谱的信息是冗余的。实际中也经常使用单边功率谱 (又称为物理谱), 即

$$G_X(\omega) = \begin{cases} 2S_X(\omega), & \omega > 0 \\ 0, & \omega < 0 \end{cases} \tag{3.2.8}$$

其中尺度因子 2 是为了保证单边谱与双边谱的平均功率一致。

---

① 频率表示单位时间内周期运动的次数, 单位为 Hz。如果考虑周期运动的方向性, 则负频率具有明确的物理意义。例如圆周运动, 规定逆时针旋转为正方向, 则顺时针旋转为负方向, 因此单位时间内顺时针旋转的周数即为负频率。

3.2.2 维纳-辛钦定理

随机信号的功率谱密度与其自相关函数具有密切联系。维纳-辛钦 (Wiener-Khinchine) 定理表明, 两者构成傅里叶变换对。

定理 3.1 (维纳-辛钦定理) 已知平稳随机信号 $X(t)$ 的自相关函数 $R_X(\tau)$ 和功率谱密度 $S_X(\omega)$, 则

$$S_X(\omega) = \int_{-\infty}^{+\infty} R_X(\tau) \mathrm{e}^{-\mathrm{j}\omega\tau} \mathrm{d}\tau \tag{3.2.9}$$

$$R_X(\tau) = \frac{1}{2\pi} \int_{-\infty}^{+\infty} S_X(\omega) \mathrm{e}^{\mathrm{j}\omega\tau} \mathrm{d}\omega \tag{3.2.10}$$

证明: 根据功率谱密度的定义,

$$S_X(\omega) = \lim_{T\to\infty} \frac{E[|X_T(\omega,\zeta)|^2]}{2T} = \lim_{T\to\infty} \frac{1}{2T} E[X_T^*(\omega,\zeta) X_T(\omega,\zeta)]$$

为了书写方便, 下面省略 ζ, 上式继续推导为

$$\begin{aligned}
\text{上式} &= \lim_{T\to\infty} \frac{1}{2T} E\left[\int_{-T}^{T} X^*(t_1)\mathrm{e}^{\mathrm{j}\omega t_1}\mathrm{d}t_1 \int_{-T}^{T} X(t_2)\mathrm{e}^{-\mathrm{j}\omega t_2}\mathrm{d}t_2\right] \\
&= \lim_{T\to\infty} \frac{1}{2T} \int_{-T}^{T}\int_{-T}^{T} E[X^*(t_1)X(t_2)]\mathrm{e}^{-\mathrm{j}\omega(t_2-t_1)}\mathrm{d}t_1\mathrm{d}t_2 \\
&= \lim_{T\to\infty} \frac{1}{2T} \int_{-\infty}^{+\infty}\int_{-\infty}^{+\infty} R_X(t_1,t_2)\mathrm{rect}\left(\frac{t_1}{2T}\right)\mathrm{rect}\left(\frac{t_2}{2T}\right)\mathrm{e}^{-\mathrm{j}\omega(t_2-t_1)}\mathrm{d}t_1\mathrm{d}t_2
\end{aligned}$$

令 $t = t_1, \tau = t_2 - t_1$, 则

$$\begin{aligned}
\text{上式} &= \lim_{T\to\infty} \frac{1}{2T} \int_{-\infty}^{+\infty}\int_{-\infty}^{+\infty} R_X(t,t+\tau)\mathrm{rect}\left(\frac{t}{2T}\right)\mathrm{rect}\left(\frac{t+\tau}{2T}\right)\mathrm{e}^{-\mathrm{j}\omega\tau}\mathrm{d}t\mathrm{d}\tau \\
&= \int_{-\infty}^{+\infty} \left[\lim_{T\to\infty} \frac{1}{2T} \int_{-T}^{T} \mathrm{rect}\left(\frac{t+\tau}{2T}\right)\mathrm{d}t\right] R_X(\tau)\mathrm{e}^{-\mathrm{j}\omega\tau}\mathrm{d}\tau \\
&= \int_{-\infty}^{+\infty} \left[\lim_{T\to\infty} \left(1 - \frac{|\tau|}{2T}\right)\right] R_X(\tau)\mathrm{e}^{-\mathrm{j}\omega\tau}\mathrm{d}\tau \\
&= \int_{-\infty}^{+\infty} R_X(\tau)\mathrm{e}^{-\mathrm{j}\omega\tau}\mathrm{d}\tau
\end{aligned}$$

根据逆傅里叶变换,

$$R_X(\tau) = \frac{1}{2\pi} \int_{-\infty}^{+\infty} S_X(\omega)\mathrm{e}^{\mathrm{j}\omega\tau}\mathrm{d}\omega$$

定理得证。

根据维纳-辛钦定理, 容易验证平稳过程的平均功率具有如下关系:

$$Q = \frac{1}{2\pi} \int_{-\infty}^{+\infty} S_X(\omega) \mathrm{d}\omega = R_X(0) = E[X^2(t)]$$

由此可见, 通过维纳-辛钦定理推导的平均功率与 3.2.1 节定义是一致的。

对于实平稳过程, 由于自相关函数和功率谱密度均为偶函数, 因此有

$$S_X(\omega) = 2 \int_0^{+\infty} R_X(\tau) \cos \omega\tau \mathrm{d}\tau \tag{3.2.11}$$

$$R_X(\tau) = \frac{1}{\pi} \int_0^{+\infty} S_X(\omega) \cos \omega\tau \mathrm{d}\omega \tag{3.2.12}$$

维纳-辛钦定理可推广至更一般的非平稳情况, 我们不加证明地给出如下定理。

定理 3.2 (广义维纳-辛钦定理) 随机信号 $X(t)$ 的自相关函数和功率谱密度具有如下关系:

$$S_X(\omega) = \int_{-\infty}^{+\infty} \overline{R_X(t, t+\tau)} \mathrm{e}^{-\mathrm{j}\omega\tau} \mathrm{d}\tau \tag{3.2.13}$$

其中

$$\overline{R_X(t, t+\tau)} = \lim_{T \to \infty} \frac{1}{2T} \int_{-T}^{T} R_X(t, t+\tau) \mathrm{d}t$$

例 3.2 采用频域法计算例 3.1。

解: 首先易知随机相位信号是宽平稳过程, 其自相关函数为

$$R_X(\tau) = \frac{a^2}{2} \cos \omega_0 \tau$$

因而功率谱密度为

$$S_X(\omega) = \int_{-\infty}^{+\infty} R_X(\tau) \mathrm{e}^{-\mathrm{j}\omega\tau} \mathrm{d}\tau = \frac{a^2 \pi}{2} [\delta(\omega - \omega_0) + \delta(\omega + \omega_0)]$$

平均功率为

$$Q = \frac{1}{2\pi} \int_{-\infty}^{+\infty} S_X(\omega) \mathrm{d}\omega = \frac{a^2}{4} \int_{-\infty}^{+\infty} [\delta(\omega - \omega_0) + \delta(\omega + \omega_0)] \mathrm{d}\omega = \frac{a^2}{2}$$

结合例 3.1可知, 时域计算与频域计算结果是一致的。

例 3.3 已知平稳过程 $X(t)$ 的自相关函数为

$$R_X(\tau) = ae^{-\beta|\tau|}, \ a > 0, \beta > 0$$

求 $X(t)$ 的功率谱密度。

解： $X(t)$ 的自相关函数为双边指数函数，

$$S_X(\omega) = \int_{-\infty}^{+\infty} ae^{-\beta|\tau|}e^{-j\omega\tau}d\tau$$

$$= \int_{-\infty}^{0} ae^{(\beta-j\omega)\tau}d\tau + \int_{0}^{+\infty} ae^{-(\beta+j\omega)\tau}d\tau$$

$$= \frac{ae^{(\beta-j\omega)\tau}}{\beta - j\omega}\bigg|_{-\infty}^{0} - \frac{ae^{-(\beta+j\omega)}}{\beta + j\omega}\bigg|_{0}^{+\infty}$$

$$= \frac{a}{\beta - j\omega} + \frac{a}{\beta + j\omega} = \frac{2a\beta}{\beta^2 + \omega^2}$$

图 3.2列出了一些常见信号的自相关函数与功率谱密度之间的对应关系。

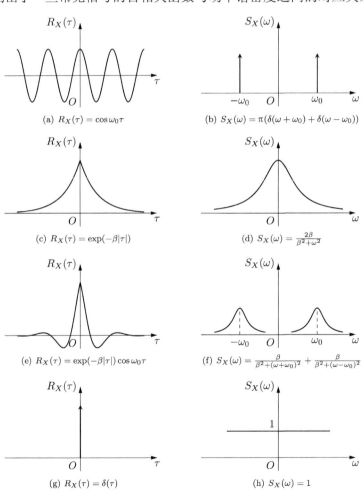

(a) $R_X(\tau) = \cos\omega_0\tau$

(b) $S_X(\omega) = \pi(\delta(\omega + \omega_0) + \delta(\omega - \omega_0))$

(c) $R_X(\tau) = \exp(-\beta|\tau|)$

(d) $S_X(\omega) = \frac{2\beta}{\beta^2 + \omega^2}$

(e) $R_X(\tau) = \exp(-\beta|\tau|)\cos\omega_0\tau$

(f) $S_X(\omega) = \frac{\beta}{\beta^2 + (\omega + \omega_0)^2} + \frac{\beta}{\beta^2 + (\omega - \omega_0)^2}$

(g) $R_X(\tau) = \delta(\tau)$

(h) $S_X(\omega) = 1$

图 3.2　常见的自相关函数与功率谱密度

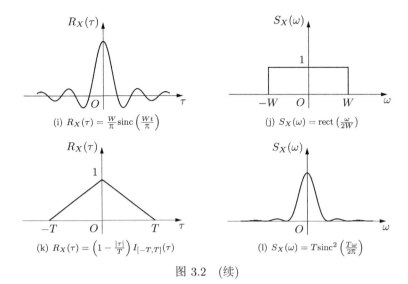

(i) $R_X(\tau) = \frac{W}{\pi}\mathrm{sinc}\left(\frac{Wt}{\pi}\right)$

(j) $S_X(\omega) = \mathrm{rect}\left(\frac{\omega}{2W}\right)$

(k) $R_X(\tau) = \left(1 - \frac{|\tau|}{T}\right)I_{[-T,T]}(\tau)$

(l) $S_X(\omega) = T\mathrm{sinc}^2\left(\frac{T\omega}{2\pi}\right)$

图 3.2 (续)

3.2.3 复频域上的功率谱密度

功率谱密度可以推广至拉普拉斯变换域 (即复频域, 或简称 s 域)。首先回顾确定性信号的拉普拉斯变换:

$$X(s) = \int_{-\infty}^{+\infty} x(t)\mathrm{e}^{-st}\mathrm{d}t \xleftrightarrow{\mathscr{L}} x(t) = \frac{1}{2\pi\mathrm{j}}\int_{\sigma-\mathrm{j}\infty}^{\sigma+\mathrm{j}\infty} X(s)\mathrm{e}^{st}\mathrm{d}s$$

类似于频域的推导, 设实随机过程 $X(t)$ 在 $[-T,T]$ 上的拉普拉斯变换[①]为

$$X_T(s) = \int_{-\infty}^{+\infty} X_T(t)\mathrm{e}^{-st}\mathrm{d}t = \int_{-T}^{\mathrm{T}} X(t)\mathrm{e}^{-st}\mathrm{d}t$$

根据帕塞瓦尔等式,

$$\int_{-T}^{\mathrm{T}} X^2(t)\mathrm{d}t \xupdownarrow[X_T(t)\xleftrightarrow{\mathscr{L}}X_T(s)]{} \frac{1}{2\pi\mathrm{j}}\int_{\sigma-\mathrm{j}\infty}^{\sigma+\mathrm{j}\infty} X_T(s)X_T(-s)\mathrm{d}s$$

因此 $X(t)$ 的平均功率为

$$Q = \lim_{T\to\infty}\frac{1}{2T}\int_{-T}^{T} E[X^2(t)]\mathrm{d}t = \frac{1}{2\pi\mathrm{j}}\int_{\sigma-\mathrm{j}\infty}^{\sigma+\mathrm{j}\infty}\lim_{T\to\infty}\frac{E[X_T(s)X_T(-s)]}{2T}\mathrm{d}s \tag{3.2.14}$$

上式右端被积函数即为 s 域上的功率谱密度。

---

① 这里依旧采用大写字母表示随机过程的拉普拉斯变换, 注意与随机过程区分。

定义 3.4 实随机信号 $X(t)$ 在 s 域上的功率谱密度定义为

$$S_X(s) = \lim_{T \to \infty} \frac{E[X_T(s)X_T(-s)]}{2T} \tag{3.2.15}$$

其中 $X_T(s)$ 为 $X_T(t)$ 的拉普拉斯变换, 即 $X_T(s) = \int_{-T}^{+T} X(t)\mathrm{e}^{-st}\mathrm{d}t$。

注意到当 $s = \mathrm{j}\omega$ 时, $S_X(s) = S_X(\omega)$。因此 $S_X(\omega)$ 可视为 $S_X(s)$ 的特殊情况。两者中任意知道一种形式, 另一种就可通过变量代换得到, 即

$$S_X(\omega) = S_X(s)\big|_{s=\mathrm{j}\omega} \tag{3.2.16}$$

$$S_X(s) = S_X(\omega)\big|_{\omega=-\mathrm{j}s} \tag{3.2.17}$$

随机信号的平均功率可以通过对 $S_X(s)$ 积分而求得, 即式(3.2.14)。由于该积分是复积分, 在某些情况下要比 $S_X(\omega)$ 沿频率轴的积分 (实积分) 更为简便。下面通过一个例子来说明。

例 3.4 已知平稳过程 $X(t)$ 的功率谱密度为

$$S_X(\omega) = \frac{\omega^2 + 4}{\omega^4 + 10\omega^2 + 9}$$

求 $X(t)$ 的平均功率。

解: 方法一: 根据定义,

$$E[X^2(t)] = \frac{1}{2\pi}\int_{-\infty}^{+\infty} S_X(\omega)\mathrm{d}\omega = \frac{1}{2\pi}\int_{-\infty}^{+\infty} \frac{\omega^2 + 4}{\omega^4 + 10\omega^2 + 9}\mathrm{d}\omega$$

注意到功率谱密度是有理函数[①], 显然直接计算积分并不容易。但注意到

$$S_X(\omega) = \frac{\omega^2 + 4}{\omega^4 + 10\omega^2 + 9} = \frac{1}{8}\left(\frac{3}{\omega^2 + 1} + \frac{5}{\omega^2 + 9}\right)$$

利用傅里叶变换对,

$$a\mathrm{e}^{-\beta|\tau|} \overset{\mathscr{F}}{\longleftrightarrow} \frac{2a\beta}{\omega^2 + \beta^2}$$

得

$$\frac{3}{2}\mathrm{e}^{-|\tau|} \overset{\mathscr{F}}{\longleftrightarrow} \frac{3}{\omega^2 + 1}, \quad \frac{5}{6}\mathrm{e}^{-3|\tau|} \overset{\mathscr{F}}{\longleftrightarrow} \frac{5}{\omega^2 + 9}$$

---

① 两个多项式之比称为有理函数。

再根据维纳-辛钦定理,

$$R_X(\tau) = \mathscr{F}^{-1}[S_X(\omega)] = \frac{1}{8}\left(\frac{3}{2}\mathrm{e}^{-|\tau|} + \frac{5}{6}\mathrm{e}^{-3|\tau|}\right)$$

于是 $E[X^2(t)] = R_X(0) = \dfrac{7}{24}$。

方法二: 考虑 s 域的功率谱密度,

$$S_X(s) = S_X(\omega)|_{\omega=-\mathrm{j}s} = \frac{-s^2+4}{s^4-10s^2+9} = \frac{-(s-2)(s+2)}{(s-1)(s+1)(s-3)(s+3)}$$

于是

$$E[X^2(t)] = \frac{1}{2\pi\mathrm{j}}\int_{\sigma-\mathrm{j}\infty}^{\sigma+\mathrm{j}\infty} S_X(s)\mathrm{d}s \xrightarrow{\diamondsuit\,\sigma=0} \frac{1}{2\pi\mathrm{j}}\int_{-\mathrm{j}\infty}^{+\mathrm{j}\infty} S_X(s)\mathrm{d}s$$

上式是 $S_X(s)$ 沿虚轴上的积分。利用留数定理[①],

$$\frac{1}{2\pi\mathrm{j}}\oint_C S_X(s)\mathrm{d}s = \sum_{S_i\in C\text{ 内部}} \mathrm{Res}(S_X, s_i)$$

其中 C 是复平面上虚轴与左半平面半圆围成的封闭曲线, s_i 是 C 内部的奇点, 如图 3.3所示。可以证明[②], 当 $R\to\infty$ 时, 沿半圆的复积分为零, 因此

$$\frac{1}{2\pi\mathrm{j}}\oint_C S_X(s)\mathrm{d}s = \frac{1}{2\pi\mathrm{j}}\int_{-\mathrm{j}\infty}^{+\mathrm{j}\infty} S_X(s)\mathrm{d}s = \sum_{S_i\in C\text{ 内部}} \mathrm{Res}(S_X, s_i)$$

其中 $s_1 = -1, s_2 = -3$ 为一阶奇点, 故留数为

$$\mathrm{Res}(S_X, -1) = (s+1)S_X(s)|_{s=-1} = \frac{3}{16}$$

$$\mathrm{Res}(S_X, -3) = (s+3)S_X(s)|_{s=-3} = \frac{5}{48}$$

因此

$$E[X^2(t)] = \frac{1}{2\pi\mathrm{j}}\int_{-\mathrm{j}\infty}^{+\mathrm{j}\infty} S_X(s)\mathrm{d}s = \frac{3}{16} + \frac{5}{48} = \frac{7}{24}$$

[①] 见附录 D。

[②] 见附录 D, 引理 D.2。

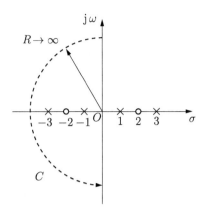

图 3.3 利用留数定理计算复积分

例 3.4 中信号的功率谱密度为有理函数形式, 简称为有理谱, 其一般形式为

$$S_X(\omega) = S_0 \frac{\omega^{2M} + a_{2M-2}\omega^{2M-2} + \cdots + a_2\omega^2 + a_0}{\omega^{2N} + b_{2N-2}\omega^{2N-2} + \cdots + b_2\omega^2 + b_0} \tag{3.2.18}$$

其中 S_0 为常数, $M < N$。注意到分子与分母多项式中各项阶次均为偶数, 这保证了功率谱密度是偶函数。

许多信号的功率谱都具有有理函数的形式; 即使不满足, 通常也可以用有理函数去逼近。此外, 注意到例 3.4 中的功率谱在 s 域上的零、极点呈对称分布。这并非偶然, 事实上, 任意 s 域上的有理谱均可分解为左、右半平面对称的两部分, 即所谓的谱分解定理。

定理 3.3 (谱分解定理) 设 $S_X(s)$ 具有有理函数的形式, 如式(3.2.18)所示, 则 $S_X(s)$ 可分解为如下形式:

$$S_X(s) = S_X^-(s) S_X^+(s) \tag{3.2.19}$$

其中 $S_X^-(s), S_X^+(s)$ 的零、极点分别位于 s 域的左、右半平面上, 且

$$S_X^+(s) = S_X^-(-s)$$

证明: 设 $X(t)$ 为实过程, 根据定义

$$S_X(s) = \lim_{T \to \infty} \frac{E[X_T(s) X_T(-s)]}{2T}$$

容易验证, $S_X(s) = S_X(-s)$, $S_X^*(s) = S_X(s^*)$。

因此, 如果 s_0 是 $S_X(s)$ 的零点, 即 $S_X(s_0) = 0$, 则

$$S_X(-s_0) = S_X(s_0^*) = S_X(-s_0^*) = 0$$

上式说明 $-s_0, s_0^*, -s_0^*$ 均为 $S_X(s)$ 的零点。因此, $S_X(s)$ 的零点呈对称、共轭分布, 如图 3.4所示。

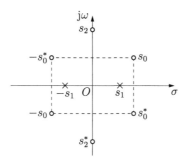

图 3.4 s 域功率谱密度的零、极点分布示意图

同理可证, $S_X(s)$ 的极点呈对称、共轭分布。因此可将功率谱密度分解为如下形式,

$$S_X(s) = T(-s)T(s) = S_X^-(s)S_X^+(s)$$

其中 $T(s) = S_X^+(s)$ 的零、极点分布于 s 右半平面, $T(-s) = S_X^-(s)$ 的零极点分布于 s 左半平面, 且 $S_X^-(s) = S_X^+(-s)$。

注意到当零、极点为实数或虚数时, 分布退化为实数轴或虚数轴上的两点分布, 如图 3.4所示。此时上述分解式依然成立。

系统函数的零极点分布决定了系统的一些重要特性。对于因果稳定系统, 系统函数的极点应位于 s 平面的左半部分。因此, 可以利用谱分解定理设计具有指定性质的系统。这部分内容将在第 4 章详细介绍。

3.3 互功率谱密度

两个信号的互功率谱密度可以仿照功率谱密度的定义而得到。

定义 3.5 随机信号 $X(t)$ 与 $Y(t)$ 的互功率谱密度 (简称互谱密度) 定义为

$$S_{XY}(\omega) = \lim_{T \to \infty} \frac{E[X_T^*(\omega, \zeta)Y_T(\omega, \zeta)]}{2T} \tag{3.3.1}$$

其中 $X_T(\omega, \zeta), Y_T(\omega, \zeta)$ 分别为截断样本函数 $X_T(t, \zeta), Y_T(t, \zeta)$ 的傅里叶变换, 即

$$X_T(\omega, \zeta) = \int_{-\infty}^{+\infty} X_T(t, \zeta) \mathrm{e}^{-\mathrm{j}\omega t} \mathrm{d}t, \quad Y_T(\omega, \zeta) = \int_{-\infty}^{+\infty} Y_T(t, \zeta) \mathrm{e}^{-\mathrm{j}\omega t} \mathrm{d}t$$

类似地, $Y(t)$ 与 $X(t)$ 的互谱密度为

$$S_{YX}(\omega) = \lim_{T \to \infty} \frac{E[Y_T^*(\omega, \zeta) X_T(\omega, \zeta)]}{2T} \tag{3.3.2}$$

易知 $S_{XY}(\omega) = S_{YX}^*(\omega)$。

类似于维纳-辛钦定理, 互谱密度与互相关函数具有密切联系。

定理 3.4 已知随机信号 $X(t), Y(t)$ 为联合平稳过程, 则两者的互相关函数和互谱密度具有如下关系:

$$S_{XY}(\omega) = \int_{-\infty}^{+\infty} R_{XY}(\tau) \mathrm{e}^{-\mathrm{j}\omega\tau} \mathrm{d}\tau \tag{3.3.3}$$

定理 3.4说明, 两个随机信号的互相关函数与互谱密度构成傅里叶变换对。因此式(3.3.3)通常也可作为互谱密度的定义。互谱密度的物理意义即为互相关函数在频域上的表征。

性质 3.2 已知 $X(t), Y(t)$ 为实联合平稳随机过程, 则互谱密度具有如下性质:
(1) $S_{XY}(\omega) = S_{YX}^*(\omega) = S_{YX}(-\omega)$;
(2) $\mathrm{Re}[S_{XY}(\omega)] = \mathrm{Re}[S_{XY}(-\omega)]$, $\mathrm{Im}[S_{XY}(\omega)] = -\mathrm{Im}[S_{XY}(-\omega)]$;
(3) 若 $X(t), Y(t)$ 正交, 则 $S_{XY}(\omega) = 0$;
(4) 若 $X(t), Y(t)$ 不相关, 则 $S_{XY}(\omega) = S_{YX}(\omega) = 2\pi m_X m_Y \delta(\omega)$。

上述性质可结合式(3.3.3)证明, 请读者自行完成, 见习题 3.1。

例 3.5 已知 $X(t), Y(t)$ 为平稳随机过程, 互相关函数为

$$R_{XY}(\tau) = \begin{cases} a\mathrm{e}^{-\beta\tau}, & \tau \geqslant 0 \\ 0, & \tau < 0 \end{cases}$$

其中 $a > 0, \beta > 0$ 均为常数。求 $S_{XY}(\omega), S_{YX}(\omega)$。

解: 根据互谱密度与互相关函数的关系,

$$S_{XY}(\omega) = \int_{-\infty}^{+\infty} R_{XY}(\tau) \mathrm{d}\tau = \int_{-\infty}^{+\infty} a\mathrm{e}^{-\beta\tau} \mathrm{e}^{-\mathrm{j}\omega\tau} \mathrm{d}\tau$$

$$= \int_0^{+\infty} a\mathrm{e}^{-(\beta+\mathrm{j}\omega)\tau} \mathrm{d}\tau = -\frac{a\mathrm{e}^{-(\beta+\mathrm{j}\omega)\tau}}{\beta+\mathrm{j}\omega}\bigg|_0^{\tau+\infty} = \frac{a}{\beta+\mathrm{j}\omega}$$

根据互谱密度的共轭对称性质,

$$S_{YX}(\omega) = S_{XY}^*(\omega) = \frac{a}{\beta - \mathrm{j}\omega}$$

3.4 随机序列的功率谱密度

本节介绍平稳随机序列的功率谱密度。由于平稳随机序列的自相关函数也是离散序列, 因此可以通过离散时间傅里叶变换 (DTFT) 定义功率谱密度。

定义 3.6 设平稳随机序列 $X[n]$ 的自相关函数为 $R_X[m]$, 其功率谱密度定义为

$$S_X(\mathrm{e}^{\mathrm{j}\Omega}) = \sum_m R_X[m]\mathrm{e}^{-\mathrm{j}m\Omega} \tag{3.4.1}$$

其中 $\Omega \in [-\pi, \pi]$ 为归一化角频率 [①]。根据离散时间逆傅里叶变换,

$$R_X[m] = \frac{1}{2\pi} \int_{-\pi}^{\pi} S_X(\mathrm{e}^{\mathrm{j}\Omega})\mathrm{e}^{\mathrm{j}m\Omega}\mathrm{d}\Omega \tag{3.4.2}$$

类似地, 可以定义平稳随机序列在 z 变换域上的功率谱密度。

定义 3.7 设平稳随机序列 $X[n]$ 在 z 变换域上的功率谱密度定义为

$$S_X(z) = \sum_m R_X[m]z^{-n} \tag{3.4.3}$$

根据逆 z 变换,

$$R_X(m) = \frac{1}{2\pi\mathrm{j}} \oint_D S_X(z)z^{m-1}\mathrm{d}z \tag{3.4.4}$$

其中 D 为收敛域内的圆。

对于实平稳随机序列, 其自相关函数满足 $R_X[m] = R_X[-m]$, 因此 $S_X(z) = S_X(z^{-1})$。利用上述关系可知, 如果 $z = z_0$ 是 $S_X(z)$ 的零点或极点, 则 $z = z_0^{-1}$ 同样是零点或极点, 如图 3.5所示。于是得到关于随机序列的谱分解定理。

定理 3.5 (谱分解定理) 设 $S_X(z)$ 具有有理函数的形式, 则 $S_X(z)$ 可分解为如下形式:

$$S_X(z) = S_X^i(z)S_X^o(z) \tag{3.4.5}$$

其中 $S_X^i(z), S_X^o(z)$ 的零、极点分别位于单位圆内和圆外, 且

---

① 这里用大写字母表示, 以区分于真实角频率 ω, 两者关系为 $\Omega = \omega T$, 其中 T 为采样间隔。同时注意这里的大写字母并非随机变量。

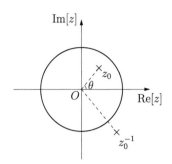

图 3.5　随机序列功率谱密度的零、极点分布示意图

$$S_X^o(z) = S_X^i(z^{-1})$$

例 3.6　已知平稳随机序列的自相关函数为 $R_X(m) = a^{|m|}$, $|a| < 1$, 求 $S_X(z), S_X(e^{j\Omega})$。

解:

$$S_X(z) = \sum_{m=-\infty}^{+\infty} R_X(m)z^{-m} = \sum_{m=-\infty}^{-1} a^{-m}z^{-m} + \sum_{m=0}^{+\infty} a^m z^{-m}$$
$$= \frac{az}{1-az} + \frac{1}{1-az^{-1}}$$
$$= \frac{1-a^2}{(1-az)(1-az^{-1})}, \quad (|a| < |z| < 1/|a|)$$

令 $z = e^{j\Omega}$, 则

$$S_X(e^{j\Omega}) = S_X(z)|_{z=e^{j\Omega}} = \frac{1-a^2}{(1-ae^{j\Omega})(1-ae^{-j\Omega})} = \frac{1-a^2}{1+a^2-2a\cos\Omega}$$

对于两个随机序列, 可以定义两者的互功率谱密度为其互相关函数的离散时间傅里叶变换, 如定义 3.8所示。

定义 3.8　设平稳随机序列 $X[n], Y[n]$ 的互相关函数为 $R_{XY}[m]$, 则两者的互功率谱密度定义为

$$S_{XY}(e^{j\Omega}) = \sum_m R_{XY}[m]e^{-jm\Omega} \tag{3.4.6}$$

3.5　随机信号的采样定理 *

离散时间信号 $x[n]$ 可视为连续时间信号 $x(t)$ 经均匀采样得到的结果, 即 $x[n] = X(t)|_{t=nT}$, 其中 T 为采样间隔。两者的频谱具有如下关系:

$$X(\mathrm{e}^{\mathrm{j}\omega T}) = \frac{1}{T}\sum_k X\left(\omega - k\omega_s\right) \tag{3.5.1}$$

其中 $X(\mathrm{e}^{\mathrm{j}\omega T}) = \sum_n x[n]\mathrm{e}^{-\mathrm{j}n\omega T}$, $X(\omega) = \int_{-\infty}^{+\infty} X(t)\mathrm{e}^{-\mathrm{j}\omega t}\mathrm{d}t$, $\omega_s = 2\pi/T$ 为采样率。

由此可知, 采样信号的频谱是连续信号频谱周期延拓的结果, 并在幅度上有 $1/T$ 的缩小。根据奈奎斯特-香农 (Nyquist-Shannon) 采样定理, 若采样率高于连续信号带宽的两倍, 则可以根据采样信号重建连续信号。一个自然的问题是, 对于随机信号是否有相应的采样定理? 采样信号能否恢复原信号? 下面进行详细讨论。

首先, 随机序列也可视为连续时间随机过程的采样结果。特别是对于平稳序列, 其自相关函数可视为随机过程自相关函数的采样序列, 即

$$R_X[m] = E[X[n]X[n+m]] = E[X(nT)(nT+mT)] = R_X(mT) = R_X(\tau)|_{\tau=mT}$$

因此, 仿照奈奎斯特-香农采样定理, 平稳随机序列的自相关函数有如下采样定理。

定理 3.6 设 $X[n]$ 是平稳过程 $X(t)$ 经均匀采样后得到的随机序列, 则 $R_X[m]$ 是 $R_X(\tau)$ 的采样序列, 即

$$R_X[m] = R_X(\tau)|_{\tau=mT}$$

且功率谱密度满足

$$S_X(\mathrm{e}^{\mathrm{j}\omega T}) = \frac{1}{T}\sum_k S_X\left(\omega - k\omega_s\right) \tag{3.5.2}$$

若 $S_X(\omega)$ 的带宽有限, 即当 $|\omega| > \omega_M$ 时, $S_X(\omega) = 0$。则当采样率满足 $\omega_s > 2\omega_M$ 时, 可由 $R_X[m]$ 重建 $R_X(\tau)$,

$$R_X(\tau) = \sum_m R_X[m]\frac{T\sin(\omega_c(t-mT))}{\pi(t-mT)} \tag{3.5.3}$$

其中 $\omega_M < \omega_c < \omega_s - \omega_M$。特别地, 当 $\omega_c = \omega_s/2 = \pi/T$ 时,

$$R_X(\tau) = \sum_m R_X[m]\frac{\sin(\pi(t-mT)/T)}{\pi(t-mT)/T} = \sum_m R_X[m]\mathrm{sinc}\left(\frac{t-mT}{T}\right) \tag{3.5.4}$$

图 3.6展示了随机过程与其采样序列的功率谱的关系。

下面再来看另一个问题, 即随机信号能否通过其采样信号而恢复。直观来讲, 由于随机信号是大量样本函数的集合, 因而其采样信号不可能精确重建原随机信号 (否则也失去了随机的特性)。但是, 我们可以将讨论限定在统计意义上。下述定理说明, 在满足一定条件下, 随机信号的采样序列可以在均方意义下重建原随机信号。

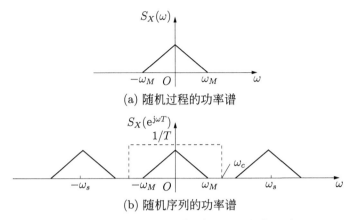

(a) 随机过程的功率谱

(b) 随机序列的功率谱

图 3.6　随机过程与其采样序列的功率谱关系

定理 3.7 (平稳随机过程的采样定理)　已知 $X(t)$ 是平稳随机过程, 其功率谱密度带宽有限, 即当 $|\omega| > \omega_M$ 时, $S_X(\omega) = 0$. 设 $X[n] = X(nT)$ 为 $X(t)$ 经过均匀采样得到的随机序列, 则当采样频率满足 $\omega_s > 2\omega_M$ 时, 有

$$X(t) = \underset{N \to \infty}{\mathrm{l.i.m}} \sum_{n=-N}^{N} X(nT)\mathrm{sinc}\left(\frac{t - nT}{T}\right) \tag{3.5.5}$$

证明:　记

$$X_N(t) = \sum_{n=-N}^{N} X(nT)\mathrm{sinc}\left(\frac{t - nT}{T}\right)$$

若证明式(3.5.5)成立, 等价于证明

$$\lim_{N \to \infty} E[X(t) - X_N(t)]^2 = 0$$

首先证明 $\displaystyle\lim_{N \to \infty} E[(X(t) - X_N(t))X_N(t)] = 0$。根据平稳随机序列功率谱的采样定理,

$$R_X(\tau) = \sum_{n=-\infty}^{+\infty} R_X(nT)\mathrm{sinc}\left(\frac{\tau - nT}{T}\right)$$

故

$$R_X(\tau - mT) = \sum_{n=-\infty}^{+\infty} R_X(nT)\mathrm{sinc}\left(\frac{\tau - mT - nT}{T}\right)$$

$$\xlongequal{k=m+n} \sum_{k=-\infty}^{+\infty} R_X(kT - mT)\mathrm{sinc}\left(\frac{\tau - kT}{T}\right)$$

因此对任意 $X(mT)$,

$$\lim_{N \to \infty} E[(X(t) - X_N(t))X(mT)]$$

$$= \lim_{N \to \infty} E\left[\left(X(t) - \sum_{n=-N}^{N} X(nT)\mathrm{sinc}\left(\frac{t-nT}{T}\right)\right)X(mT)\right]$$

$$= R_X(t - mT) - \lim_{N \to \infty} \sum_{n=-N}^{N} R_X(nT - mT)\mathrm{sinc}\left(\frac{t-nT}{T}\right) = 0$$

这说明当 $N \to \infty$ 时, $X(t) - X_N(t)$ 与 $X(mT)$ 正交。由于 $X_N(t)$ 是 $X(mT)$ 的线性组合, 因此

$$\lim_{N \to \infty} E[(X(t) - X_N(t))X_N(t)] = 0$$

类似地,

$$\lim_{N \to \infty} E[(X(t) - X_N(t))X(t)]$$

$$= \lim_{N \to \infty} E\left[\left(X(t) - \sum_{n=-N}^{N} X(nT)\mathrm{sinc}\left(\frac{t-nT}{T}\right)\right)X(t)\right]$$

$$= R_X(0) - \lim_{N \to \infty} \sum_{n=-N}^{N} R_X(nT - t)\mathrm{sinc}\left(\frac{t-nT}{T}\right) = 0$$

因此 $\lim_{N \to \infty} E[(X(t) - X_N(t))X(t)] = 0$。

综合上述结论,

$$\lim_{N \to \infty} E[(X(t) - X_N(t))]^2 = \lim_{N \to \infty} E[(X(t) - X_N(t))X(t)] -$$

$$\lim_{N \to \infty} E[(X(t) - X_N(t))X_N(t)] = 0$$

定理得证。

3.6 白噪声

噪声一般是指信号中的无用或干扰成分, 通常呈现无规律性。噪声在客观世界中普遍存在, 是随机信号分析的重要研究对象之一。噪声可以依据其来源、产生机理及统计特性分为不同类型。例如, 系统受到大气、外界电磁场以及人为因素等干扰产生的噪声称为外部噪声; 而由系统内部电子器件的物理特性引起的噪声称为内部噪声, 又称为电子噪声 (electronic noise)。特别地, 由电子的热扰动 (即布朗运动) 而产生的起伏不定的电流或电压称为热噪声 (thermal noise)。考虑加在电阻 R 两端的噪声电压

$V(t)$, 理论研究与实验表明, 噪声电压的均值为零, 平均功率可表示为

$$E[V^2(t)] = 4kTR\Delta f$$

其中 k 为玻尔兹曼常数, $k = 1.38 \times 10^{-23}$J/K, T 为热力学温度 (亦绝对温度, 单位为开 (K)), R 为电阻值, Δf 为带宽。因此噪声电压的功率谱密度为

$$S_V(f) = \frac{4kTR\Delta f}{2\Delta f} = 2kTR$$

由此可见, 热噪声的功率谱密度为常数。我们把这种具有平坦功率谱密度的随机信号称为白噪声 (white noise), 其中 "白" 借鉴了光学中的 "白光" 的概念, 因为白光包含所有可见光的频率成分。相应地, 非白噪声统称为色噪声 (color noise)。

由于白噪声的功率谱形式非常简洁, 因此在理论分析和工程应用中均占有重要地位。依据功率谱的带宽范围, 白噪声可划分为理想白噪声和带限白噪声, 两者均属于连续时间随机过程。此外还包括白噪声序列。下面进行详细阐述。

3.6.1 理想白噪声

定义 3.9 如果随机信号 $X(t)$ 的功率谱密度满足

$$S_X(\omega) = \frac{N_0}{2} > 0, \ \omega \in (-\infty, +\infty) \tag{3.6.1}$$

则称 $X(t)$ 为理想白噪声过程, 简称为白噪声。

利用傅里叶变换对的关系, 易知白噪声的自相关函数为

$$R_X(\tau) = \frac{N_0}{2}\delta(\tau) \tag{3.6.2}$$

进一步可以判断, 白噪声的均值一定为零。事实上, 如果均值不为零, 则其自相关函数会出现常数项 m_X^2, 因而功率谱密度会出现冲激 $m_X^2\delta(\omega)$。这与白噪声的定义矛盾。相应地, 白噪声的相关系数为

$$r_X(\tau) = \frac{K_X(\tau)}{K_X(0)} = \frac{R_X(\tau) - 0}{R_X(0) - 0} = \begin{cases} 1, & \tau = 0 \\ 0, & \tau \neq 0 \end{cases} \tag{3.6.3}$$

这意味着白噪声仅在同一时刻相关, 在任意两个不同时刻不相关, 因此时域波形呈现非常剧烈的变化。

注意到理想白噪声的平均功率为无穷大, 不满足宽平稳过程的第三个条件。然而,

由于其自相关函数为冲激函数, 许多关于平稳过程的分析方法依然适用。因此可以将理想白噪声视为一种特殊的"宽平稳"过程。当然, 实际中并不存在平均功率无穷大的信号。因此理想白噪声仅限于理论分析, 是一种理想的信号模型。在实际应用中, 当随机信号通过某一系统, 如果信号的功率谱密度在系统通带范围内近似为常数, 就可以把它视为白噪声。由此引出带限白噪声的概念。

3.6.2　带限白噪声

带限白噪声是指在一定频率范围内功率谱恒定的信号。按照通带范围可分为低通和带通两种类型。低通型带限白噪声的功率谱密度为 [①]

$$S_N(\omega) = \begin{cases} S_0, & |\omega| \leqslant W \\ 0, & |\omega| > W \end{cases} \tag{3.6.4}$$

根据傅里叶变换对的关系, 易知自相关函数为

$$R_N(\tau) = \frac{WS_0}{\pi} \frac{\sin W\tau}{W\tau} \tag{3.6.5}$$

注意到当 $\tau = \dfrac{k\pi}{W}$ 时, $R_N(\tau) = 0$。这意味着仅当时间间隔为 $\dfrac{k\pi}{W}$ 时是不相关的。相比于理想白噪声, 带限白噪声拥有更强的相关性。图 3.7 展示了低通型带限白噪声的功率谱密度与自相关函数。

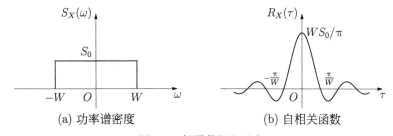

(a) 功率谱密度　　　　　　(b) 自相关函数

图 3.7　低通带限白噪声

带通型带限白噪声的功率谱密度为

$$S_N(\omega) = \begin{cases} S_0, & 0 \leqslant |\omega \pm \omega_0| \leqslant \frac{W}{2} \\ 0, & \text{其他} \end{cases} \tag{3.6.6}$$

---

① 工程上习惯使用 $N_0/2$ 替换 S_0。引入 $1/2$ 是考虑到功率谱的双边带宽为 $2W$, 因此平均功率为 $N_0W/2\pi = N_0B$, B 为真实频率带宽。两种记法实质上并无差别。

自相关函数为

$$R_N(\tau) = \frac{WS_0}{\pi} \frac{\sin(W\tau/2)}{W\tau/2} \cos\omega_0\tau = a(\tau)\cos\omega_0\tau \tag{3.6.7}$$

其中 $a(\tau)$ 称为包络。当 $W \ll \omega_0$ 时, 这类信号称为窄带信号。此时 $a(\tau)$ 要比 $\cos\omega_0\tau$ 变化缓慢许多。因此 $a(\tau)$ 称为慢变化部分, $\cos\omega_0\tau$ 称为快变化部分。图 3.8 展示了带通型带限白噪声的功率谱密度与自相关函数。

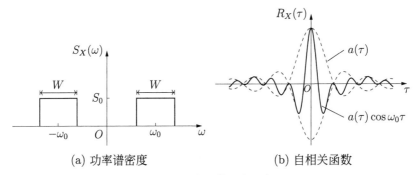

(a) 功率谱密度　　　　　　　(b) 自相关函数

图 3.8　带通带限白噪声

3.6.3　信号的等效噪声带宽

根据带限白噪声的定义, 易知其 (单边) 带宽为 W。然而, 实际中并非所有信号的功率谱都如带限白噪声一般有明确的截止频率。为了描述一般随机信号的带宽, 有如下几种定义方式。

定义 3.10 (3dB 带宽)　设随机信号 $X(t)$ 的功率谱密度为 $S_X(\omega)$, 并假设 $\omega = \omega_0$ 取最大值。定义 3dB 带宽为其功率谱峰值减半时对应的频率点, 即

$$S_X(W_{3\text{dB}}) = S_X(\omega_0)/2 \tag{3.6.8}$$

如果随机信号的平均功率等效于某一带限白噪声, 则可以利用带限白噪声的带宽作为该随机信号的带宽, 即等效噪声带宽。

定义 3.11 (等效噪声带宽)　设随机信号 $X(t)$ 的功率谱密度为 $S_X(\omega)$, 并假设 $\omega = \omega_0$ 取最大值。等效噪声带宽定义为

$$W_e = \frac{1}{2S_X(\omega_0)} \int_{-\infty}^{+\infty} S_X(\omega)\mathrm{d}\omega \tag{3.6.9}$$

例 3.7　已知平稳随机信号 $X(t)$ 的自相关函数为

$$R_X(\tau) = \mathrm{e}^{-\beta|\tau|}$$

求该信号的 3dB 带宽与等效噪声带宽。

解： $X(t)$ 的功率谱密度为

$$S_X(\omega) = \frac{2\beta}{\beta^2 + \omega^2}$$

根据定义 3.10 与定义 3.11, 分别求得

$$W_{3\mathrm{dB}} = \beta,\ W_e = \frac{1}{2S_X(0)} \int_{-\infty}^{+\infty} S_X(\omega)\mathrm{d}\omega = \frac{\pi}{2}\beta$$

两种带宽形式如图 3.9所示。

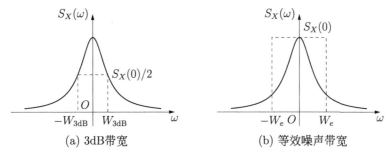

(a) 3dB带宽　　　　　　(b) 等效噪声带宽

图 3.9　两种带宽比较

等效噪声带宽与相关时间具有密切关系。以下假设随机信号具有零均值, 且功率谱在 $\omega = 0$ 点取最大值。根据定义 3.11,

$$W_e = \frac{1}{2S_X(0)} \int_{-\infty}^{+\infty} S_X(\omega)\mathrm{d}\omega = \frac{\pi R_X(0)}{S_X(0)}$$

另一方面, 根据相关时间的定义,

$$\tau_c = \int_0^{+\infty} r_X(\tau)\mathrm{d}\tau = \frac{1}{R_X(0)} \int_0^{+\infty} R(\tau)\mathrm{d}\tau = \frac{1}{2}\frac{S_X(0)}{R_X(0)}$$

因此得到

$$W_e\tau_c = \frac{\pi}{2} \tag{3.6.10}$$

上式说明, 等效噪声带宽与相关时间成反比例关系。W_e 越大, τ_c 越小; W_e 越小, τ_c 越大。结合物理意义来分析, 如果一个随机信号的等效噪声带宽越大, 则其包含的高频成

分越多, 因而时域变化越剧烈, 相关性就越弱; 反之, 如果等效噪声带宽较小, 则信号主要由中低频成分构成, 反映在时域上即变化较平缓, 相关性较强。相关时间与等效噪声带宽分别从时域与频域描述了随机信号的相关性。注意上述分析过程默认信号是低通信号。对于带通信号, 等效噪声带宽与相关时间依然具有反比的关系, 但式(3.6.10)右端常数可能会变化, 需要具体情况具体分析。下面来看一个例子。

例 3.8 设某随机信号的自相关函数为

$$R_N(\tau) = \frac{WS_0}{\pi} \frac{\sin(W\tau/2)}{W\tau/2} \cos \omega_0 \tau$$

其中 $W \ll \omega_0$。求该信号的等效噪声带宽与相关时间。

解: 根据条件易知该信号为带通型带限白噪声, 等效噪声带宽即为其本身单边带宽, 即 $W_e = W$。相关系数为

$$r_N(\tau) = \frac{R_N(\tau)}{R_N(0)} = \frac{\sin(W\tau/2)}{W\tau/2} \cos \omega_0 \tau$$

相关时间计算式为

$$\tau_c = \int_0^{+\infty} r_N(\tau)\mathrm{d}\tau = \int_0^{+\infty} \frac{\sin(W\tau/2)}{W\tau/2} \cos \omega_0 \tau \mathrm{d}\tau$$

显然上述积分式并不容易计算。但结合相关时间的物理概念, 相关时间反映的是信号的相关程度, 主要取决于相关系数的慢变化部分, 即包络。因此, 带通信号的相关时间可以通过对相关系数的包络积分而求得, 即

$$\tau_c = \int_0^{+\infty} \frac{\sin(W\tau/2)}{W\tau/2}\mathrm{d}\tau = \frac{\pi}{W}$$

注意到 $W_e\tau_c = \pi$, 因此等效噪声带宽与相关时间依然具有反比例的关系。

3.6.4 白噪声序列

上文介绍的白噪声信号均为连续时间随机过程。类似地, 也可以定义功率谱恒定的随机序列, 即白噪声序列。

定义 3.12 如果随机序列 $X[n]$ 的功率谱密度恒为常数, 即

$$S_X(\mathrm{e}^{\mathrm{j}\Omega}) = \sigma_X^2, \ \Omega \in [-\pi, \pi] \tag{3.6.11}$$

则称 $X[n]$ 为白噪声序列。

注意到随机序列的功率谱是以 2π 为周期的周期函数, 通常只需考虑主值区间。根据离散时间傅里叶变换对的关系, 易知白噪声序列的自相关函数为

$$R_X(m) = \sigma_X^2 \delta[m] = \begin{cases} \sigma_X^2, & m = 0 \\ 0, & m \neq 0 \end{cases} \tag{3.6.12}$$

从定义形式上来看, 白噪声序列与白噪声过程具有相似之处。一个自然的问题是, 白噪声序列能否经过白噪声过程采样得到? 关于这个问题简要分析如下。根据采样定理, 随机序列的功率谱可视为某潜在的随机过程的功率谱周期延拓的结果, 其中主值区间上的谱由相应的随机过程决定。注意到白噪声序列的功率谱在主值区间上为矩形函数, 因而相应的随机过程为带限白噪声, 而非理想白噪声。事实上, 由于带限白噪声在 $\tau = k\pi/W$ 时相关系数为零, 若以 $T = \pi/W$ 为采样间隔对带限白噪声进行采样, 便得到了白噪声序列, 两者的关系如图 3.10 所示。反之, 白噪声序列也可以重建带限白噪声。另一方面, 白噪声序列无法重建理想白噪声, 这是因为理想白噪声是一种理想的信号模型, 其平均功率无限大, 在实际中并不存在; 而白噪声序列的平均功率有限, 这类信号在实际中是存在的。综合上述分析, 白噪声序列可以视为带限白噪声的采样序列, 但与理想白噪声没有必然联系。

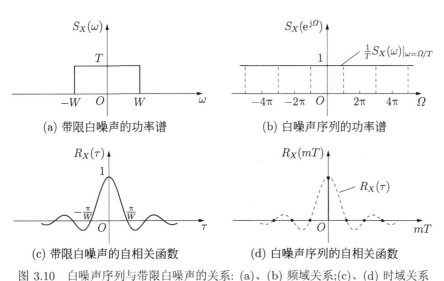

图 3.10 白噪声序列与带限白噪声的关系: (a)、(b) 频域关系;(c)、(d) 时域关系

3.7 研究型学习——色噪声 *

3.6 节详细介绍了白噪声。除此之外, 在实际应用中还有一些典型的噪声模型。类似于可见光中的色彩, 人们根据功率谱密度的形式赋予噪声一个 "色彩" 称谓, 例如

粉红噪声、红噪声、蓝噪声等, 统称为色噪声。下面进行简要介绍。

粉红噪声 (pink noise) 粉红噪声的功率谱密度与频率成反比, 即

$$S(\omega) \propto \frac{1}{\omega} \tag{3.7.1}$$

因而又称 $1/f$ 噪声。粉红噪声的谱密度每倍频程 (octave) 减小 3dB, 而噪声功率相等。粉红噪声的名称源于在可见光谱中这种功率谱颜色呈粉色。

红噪声 (red noise) 红噪声的功率谱密度与频率平方成反比, 即

$$S(\omega) \propto \frac{1}{\omega^2} \tag{3.7.2}$$

因此谱密度每倍频程减小 6dB。红噪声在低频部分具有较高的能量, 类似于红光集中在可见光谱中的低频范围, 因此得名红噪声。

红噪声源自布朗运动, 因而又名布朗噪声 (Brownian noise)。回顾第 2 章内容, 白噪声是维纳过程 (布朗运动) 的导数过程。易知两者的功率谱密度具有如下关系:

$$S_N(\omega) = \omega^2 S_W(\omega) = N_0$$

其中 $S_N(\omega)$ 为白噪声功率谱密度, $S_W(\omega)$ 为维纳过程功率谱密度, 由此可见 $S_W(\omega) \propto 1/\omega^2$。

蓝噪声 (blue noise) 蓝噪声的功率谱密度与频率成正比, 即

$$S(\omega) \propto \omega \tag{3.7.3}$$

因此谱密度每倍频程增加 3dB。蓝噪声是一种以高频为主要成分信号, 常用于数字信号处理中的抖动技术 (dithering), 以避免量化误差引起的失真。经研究发现, 视网膜细胞排列成蓝噪声状, 因而产生良好的视觉分辨率。

紫噪声 (violet noise) 紫噪声的功率谱密度与频率平方成正比, 即

$$S(\omega) \propto \omega^2 \tag{3.7.4}$$

紫噪声可通过对白噪声求导而得到, 因此也称为微分白噪声。紫噪声是一种高频噪声, 同样可用于抖动技术。此外, 因人耳对紫噪声不太敏感, 因此可用于音频或睡眠辅助设备。

作业 通过查阅文献资料, 撰写一份研究型报告, 包括但不限于以下方面:

(1) 利用 MATLAB 仿真生成不同类型的色噪声, 观察其功率谱形式, 并比较时域信号的听觉感知;

(2) 调研色噪声在声学、图像、电子工程等方面的应用。

3.8 MATLAB 仿真实验

随机信号的谱估计

功率谱密度估计 (简称为谱估计), 顾名思义, 是通过随机信号的样本对其功率谱密度进行估计, 从而获得信号频域特性的一种方法, 在实际应用中具有重要作用。谱估计方法最早可追溯到 19 世纪末。英国物理学家舒斯特尔 (A. Schuster) 于 1898 年提出了一种用于检测信号潜在周期的方法, 称为周期图法 (periodogram), 至今仍被广泛使用。随着谱分析理论的发展, 近一个世纪以来产生了诸多方法, 概括来讲可分为非参数法和参数法。非参数法对信号的结构不做任何假设, 周期图法即属于该类方法, 此外还包括一些变体; 而参数法假设信号具有某种潜在的结构, 该结构由一些参数决定, 因此谱估计转化为参数估计的问题。本节实验主要介绍非参数法。以周期图法为例, 下面介绍该方法的基本思路。

设 $\{x_n\}_{n=0}^{N-1}$ 为平稳随机序列 X_n 的样本, 周期图法的估计式为

$$\widehat{S}_X(\omega) = \frac{1}{N}|X(\omega)|^2 \tag{3.8.1}$$

其中 $X(\omega)$ 为 $\{x_n\}_{n=0}^{N-1}$ 的离散时间傅里叶变换,

$$X(\omega) = \sum_{n=0}^{N-1} x_n \mathrm{e}^{-\mathrm{j}n\omega} \tag{3.8.2}$$

注意本节用 ω 表示归一化角频率。实际应用中可使用离散傅里叶变换 (DFT) 或快速傅里叶变换 (FFT) 进行计算。

另一方面, 根据维纳-辛钦定理, 随机序列的功率谱也可以通过自相关函数的傅里叶变换来估计, 即

$$\widehat{S}_X(\omega) = \sum_{m=1-N}^{N-1} \widehat{R}_X[m] \mathrm{e}^{-\mathrm{j}m\omega} \tag{3.8.3}$$

其中

$$\widehat{R}_X[m] = \frac{1}{N} \sum_{n=0}^{N-1-|m|} x_n x_{n+|m|} \tag{3.8.4}$$

上述方法又称为相关图法, 由 Blackman 和 Turkey 于 1958 年提出。可以证明, 式(3.8.1)与式(3.8.3)具有等价关系。事实上, 注意到在相关估计式(3.8.4)中, 求和式实质上是 $x[n]$ 与 $x[-n]$ 的卷积运算, 而在频域上即为 $X(\omega)$ 与 $X(-\omega)$ 的乘积, 即 $|X(\omega)|^2$。

下面分析周期图法的估计性能。首先注意到式(3.8.4)为有偏估计, 即

$$E[\widehat{R}_X[m]] = \frac{N-|m|}{N} R_X[m] = w_N[m] R_X[m] \tag{3.8.5}$$

其中 $w_N[m]$ 为长度为 $2N-1$ 的三角窗函数。

对式(3.8.3)求期望, 得

$$E[\widehat{S}_X(\omega)] = \sum_{m=1-N}^{N-1} w_N[m]R_X[m]\mathrm{e}^{-\mathrm{j}m\omega} = \frac{1}{2\pi}\int_{-\pi}^{\pi} W_N(u)S_X(\omega-u)\mathrm{d}u \qquad (3.8.6)$$

其中 $W_N(\omega)$ 为 $w_N[m]$ 的离散时间傅里叶变换。上式第二个等式利用到了卷积定理。

由此可见, 估计谱的期望可视为真实谱 $S_X(\omega)$ 与三角窗频谱 $W_N(\omega)$ 的卷积, 因而存在分辨率降低、谱泄漏等问题。为解决这类问题, 一些学者提出了改进方法。例如对信号加窗再计算周期图, 这种方法称为改进周期图法 (modified periodogram)。事实上, 非矩形窗 (例如 Hamming 窗) 可有效抑制旁瓣, 从而减少谱泄漏。然而旁瓣减小势必会造成主瓣展宽, 因此分辨率会降低。实际使用中应权衡两者的影响。另一种策略是将信号分段 (允许有重叠区域), 计算每段的周期图 (或改进周期图) 后再取平均结果。这类方法称为平均周期图法 (averaging periodogram), 也称为 Welch 法。平均周期图法能够有效减小估计的方差, 尽管并不能实现一致估计[①]。此外还有一种思路是对相关函数加窗而不是对信号本身加窗, 这种方法称为平滑周期图法 (smoothing periodogram), 也称为 Blackman-Tukey 法 (相关图法即为 BT 法的一个特例)。限于篇幅, 本书不再展开介绍, 感兴趣的读者可参阅文献 [7, 8, 9] 等。

MATLAB 的信号处理工具箱 (signal processing toolbox) 内置的函数 periodogram 可以实现周期图以及改进周期图, 基本句法为

```
periodogram(x)                        % 计算并绘制 x 的周期图
pxx = periodogram(x,window,nfft)      % 计算 x 的周期图, 并返回给 pxx,
 %   其中 window 指定信号窗函数 (可选项), 默认为矩形窗
 %   nfft 指定 FFT 点数 (可选项)
```

表 3.1列出了常用窗函数的 MATLAB 函数。

表 3.1 常用窗函数及对应的 MATLAB 函数 [1]

名　　称	MATLAB 函数	名　　称	MATLAB 函数
矩形窗	rectwin	Blackman 窗	blackman
三角窗	triang	Bartlett 窗 [2]	bartlett
Hamming 窗	hamming	Hanning 窗	hann
Kaiser 窗	kaiser	Chebyshev 窗	chebwin

[1] 需要安装 MATLAB 信号处理工具箱。
[2] Bartlett 窗与三角窗形式非常相似, 但是两种不同的窗函数, 具体参见 MATLAB 帮助文档。

[①] 周期图法不是一致估计 (consistent estimate), 即当样本长度增加时, 估计谱的方差不趋向于零。然而采用平均周期图法能够降低方差, 一般情况可降低至原方差的 $1/L$, 其中 L 为分段数目, 具体结果取决于窗函数和重叠区域的比例。

下面来看一个例子。

实验 3.1 已知信号

$$X(t) = 1.8\cos(100\pi t) + 0.5\cos(400\pi t) + N(t)$$

其中 $N(t)$ 为高斯白噪声, $\sigma^2 = 1$。分别采用矩形窗和 Hamming 窗估计 $X(t)$ 的功率谱密度。

MATLAB 代码如下。

```
fs = 1000;                      % 采样率
f1 = 50;                        % 信号频率 1
f2 = 200;                       % 信号频率 2
t = 0:1/fs:1-1/fs;              % 采样点
% 生成时长 1s 的信号
x = 1.8*cos(2*pi*f1*t)+0.5*cos(2*pi*f2*t) + randn(size(t));


subplot(1,2,1)
periodogram(x,rectwin(length(x))); % 使用矩形窗绘制周期图
title('周期图');
subplot(1,2,2)
periodogram(x,hamming(length(x))); % 使用 Hamming 窗绘制周期图
title('改进周期图');
```

谱估计结果如图 3.11所示。注意, MATLAB 默认情况下周期图以归一化频率为横轴, 对数坐标为纵轴显示。若需要调整坐标显示, 可使用 plot 函数。可以看出, 估计谱在归一化频率 $\omega = 0.1\pi$ 及 $\omega = 0.4\pi$ 处出现极大值, 即对应真实频率 $f = 50\mathrm{Hz}$ 与

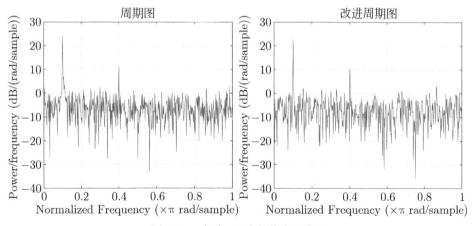

图 3.11 实验 3.1功率谱估计结果

$f = 200\text{Hz}$。同时注意到采用 Hamming 窗能够有效抑制旁瓣, 特别是在 $\omega = 0.1\pi$ 处尤为明显。

MATLAB 实验练习

3.1 根据式(3.8.1)与式(3.8.3), 自行编写周期图函数, 并比较两种方法的差异。

3.2 已知信号

$$X(t) = \sin(\omega_1 t) + 2\cos(\omega_2 t) + N(t)$$

其中 $\omega_1 = 100\pi$, $\omega_2 = 150\pi$, $N(t)$ 为具有单位功率谱的高斯白噪声。

    (1) 选择合适采样率, 仿真生成时长 2s 的信号, 并采用不同窗函数绘制改进周期图, 比较结果差异;

    (2) 试进一步分析采样率、信号长度、FFT 长度对谱估计结果的影响。

3.3 采用平均周期图法重做例 3.1, 并比较与周期图法的差异。

    提示: MATLAB 提供了函数 pwelch 用于计算平均周期图。

习　　题

3.1 证明性质 3.1 与性质 3.2。

3.2 判断下列函数能否作为某随机信号的功率谱密度。

    (1) $\dfrac{\sin^2 \omega}{\omega^2}$ (2) $\dfrac{j\omega^2}{\omega^6 + 3\omega^2 + 2}$ (3) $\dfrac{|\omega|}{\omega^4 + 2\omega^2 + 1}$

    (4) $e^{-(\omega-1)^2}$ (5) $\dfrac{\cos 3\omega}{1 + \omega^2}$ (6) $\dfrac{\omega^2}{\omega^4 - 1}$

3.3 已知 $S_X(\omega)$ 为平稳随机信号 $X(t)$ 的功率谱密度, 判断 $\dfrac{d^2}{d\omega^2} S_X(\omega)$ 能否作为某随机信号的功率谱密度。

3.4 已知随机相位信号 $X(t) = a\cos(\omega_0 t + \Phi)$, 其中 a, ω_0 为常数, $\Phi \sim U(0, \pi/2)$。求 $X(t)$ 的平均功率与功率谱密度。

    提示: 利用广义维纳-辛钦定理。

3.5 已知随机过程 $Y(t) = X(t)\cos(\omega_0 t + \Phi)$, 其中 $X(t)$ 为宽平稳过程, ω_0 为常数。

    (1) 若 $\Phi \sim U(-\pi, \pi)$, 且与 $X(t)$ 相互独立, 求 $Y(t)$ 的功率谱密度;

    (2) 若 Φ 恒为零, 求 $Y(t)$ 的功率谱密度。

3.6　已知随机过程 $Y(t) = X(t) + \cos(\omega_0 t + \Phi)$，其中 $X(t)$ 为宽平稳过程，$\Phi \sim U(-\pi, \pi)$，且与 $X(t)$ 相互独立，ω_0 为常数。求: (1) $Y(t)$ 的功率谱密度; (2) $X(t), Y(t)$ 的互谱密度。

3.7　已知随机过程

$$X(t) = a + b\cos(\omega_0 t + \Phi)$$

其中 a, b, ω_0 均为常数，$\Phi \sim U(0, 2\pi)$。分别用定义法和维纳-辛钦定理计算 $X(t)$ 的功率谱密度，并比较两种计算方法的结果。

　　提示:

$$\lim_{T \to \infty} T \left[\frac{\sin \omega T}{\omega T} \right]^2 = \pi \delta(\omega)$$

3.8　已知随机过程

$$X(t) = \frac{a_0}{2} + \sum_{n=1}^{N} a_n \cos(n\omega_0 t + \Phi) + \sum_{n=1}^{N} b_n \sin(n\omega_0 t + \Phi)$$

其中 ω_0 为常数，a_n, b_n 均为常系数，$\Phi \sim U(0, 2\pi)$。求 $X(t)$ 的功率谱密度。

3.9　已知平稳过程 $X(t)$ 的功率谱密度如下，

$$(1)\ S_X(\omega) = \frac{1}{\omega^4 + (a^2 + b^2)\omega^2 + a^2 b^2} \qquad (2)\ S_X(\omega) = \frac{\omega^2 + c^2}{\omega^4 + (a^2 + b^2)\omega^2 + a^2 b^2}$$

其中 a, b, c 均为大于零的常数。求相应的 $X(t)$ 的平均功率。

3.10　已知 $X(t)$ 为宽平稳过程，功率谱密度为 $S_X(\omega)$。设 $Y(t) = X(t) + X(t - T)$，其中 T 为常数。求 $Y(t)$ 的功率谱密度。

3.11　已知宽平稳过程 $X(t)$ 的自相关函数为

$$R_X(\tau) = 2\mathrm{e}^{-\tau^2}$$

设 $Y(t)$ 为 $X(t)$ 的导数过程。求:

　　(1) $Y(t)$ 的功率谱密度;

　　(2) $X(t), Y(t)$ 的互谱密度。

3.12　已知随机信号 $X(t)$ 的自相关函数为

$$R_X(\tau) = \mathrm{e}^{-\lambda|\tau|} \cos \omega_c \tau$$

其中 $\lambda > 0, \omega_c$ 为常数。求:

(1) $S_X(\omega)$;

(2) $[\omega_c - W, \omega_c + W]$ 内的平均功率, 其中 $W \ll \omega_c$;

(3) $S_X(\omega)$ 谱分解形式。

3.13 已知 $X(t) = a\cos(\Omega t + \Phi)$, 其中 a 为常数, Ω 与 Φ 为相互独立的随机变量, $\Phi \sim U(0, 2\pi)$, Ω 的密度函数 $f_\Omega(\omega), \omega \in \mathbb{R}$ 为偶函数。证明:

$$S_X(\omega) = \pi a^2 f_\Omega(\omega)$$

3.14 已知平稳过程 $X(t)$ 的自相关函数为

$$R_X(\tau) = \max(1 - a|\tau|, 0)$$

求: (1) $S_X(\omega)$; (2) $X(t)$ 的相关时间; (3) $X(t)$ 的等效噪声带宽。

3.15 已知随机过程 $X(t), Y(t)$ 联合平稳, 两者的互谱密度为

$$S_{XY}(\omega) = \begin{cases} a + \mathrm{j}b\omega, & -W < \omega < W \\ 0, & \text{其他} \end{cases}$$

其中 a, b 皆为常数。求互相关函数 $R_{XY}(\tau)$。

3.16 脉冲幅度调制是数字通信中一种常见的调制方式, 其数学模型为

$$X(t) = \sum_n A_n p(t - nT)$$

其中 A_n 为平稳随机序列, 均值为 m_A, 自相关函数为 $R_A[m]$, p 为某脉冲信号, T 为脉冲周期 (又称为时隙)。

实际中, 由于接收端与发送端存在时延, 设接收端信号 $Y(t) = X(t - D)$, 其中 D 服从 $[-T/2, T/2]$ 上的均匀分布, 且与 A_n 相互独立。证明:

(1) $Y(t)$ 的均值为

$$E[Y(t)] = \frac{m_A}{T} P(\omega)|_{\omega=0}$$

其中 $P(\omega)$ 为脉冲信号 $p(t)$ 的频谱。

提示: $E[Y(t)] = E[E[Y(t)|D]]$。

(2) $Y(t)$ 的自相关函数为

$$R_Y(\tau) = \frac{1}{T} \sum_k R_A(k) r_p(\tau - kT)$$

其中 $r_p(\tau)$ 为 $p(t)$ 的自相关函数,

$$r_p(\tau) = \int_{-\infty}^{+\infty} p(t+\tau)p(t)\mathrm{d}t$$

(3) $Y(t)$ 的功率谱密度为

$$S_Y(\omega) = \frac{1}{T}|P(\omega)|^2 S_A(\mathrm{e}^{\mathrm{j}\omega T})$$

3.17 设 $Y(t)$ 如习题 3.16中定义, 且脉冲信号为矩形脉冲, 即

$$p(t) = \begin{cases} 1, & -T/2 < t < T/2 \\ 0, & \text{其他} \end{cases}$$

并设 A_n 为伯努利序列。分别求下列两种情况下 $Y(t)$ 的自相关函数与功率谱密度。

(1) $P(A_n = 0) = P(A_n = 1) = 1/2$;

(2) $P(A_n = 1) = p, P(A_n = -1) = 1 - p = q$。

第4章

随机信号通过线性系统的分析

系统是由一组元件构成的整体, 通常具有输入端与输出端, 如图 4.1所示。相应地, 输入信号与输出信号又分别称为激励 (excitation) 与响应 (response)。从抽象意义上来看, 系统可视为输入信号集 $\mathcal{X}$ 到输出信号集 $\mathcal{Y}$ 的映射, $S : \mathcal{X} \to \mathcal{Y}$。如果输入端和输出端都是连续时间信号, 则称 S 为连续时间系统; 如果输入端和输出端都是离散时间信号, 则称 S 为离散时间系统。

输入信号(激励) $\longrightarrow$ 系统 $\longrightarrow$ 输出信号(响应)

图 4.1 系统示意图

本章介绍在随机信号激励下系统的响应及相关统计特性。我们将讨论范围限定为线性时不变 (linear translation invariant, LTI) 系统, 首先回顾线性时不变系统的基本概念。

4.1 线性时不变系统

本节以连续时间系统 (简称系统) 为例进行介绍, 离散时间系统的相关概念可以类比得到。

定义 4.1 称 $L : \mathcal{X} \to \mathcal{Y}$ 为线性时不变系统, 如果满足如下两个条件:
- 线性: $L[ax_1(t) + bx_2(t)] = aL[x_1(t)] + bL[x_2(t)], \ \forall a, b \in \mathbb{R}$;
- 时不变性: $y(t - \tau) = L[x(t - \tau)], \ \forall \tau \in \mathbb{R}$。

线性系统的描述有多种方式, 主要包括输入输出法、微分 (差分) 方程法及状态变量法等。本书主要考虑前两种方法。系统的响应可分为零输入响应 (zero-input response) 和零状态响应 (zero-state response), 其中零输入响应由系统初始储能决定, 与输入信号无关; 而零状态响应由激励与系统特性决定。特别地, 对于 LTI 系统, 输入输出关系 (零状态响应) 为

$$y(t) = x(t) * h(t) = \int_{-\infty}^{+\infty} x(\tau)h(t - \tau)\mathrm{d}\tau \tag{4.1.1}$$

其中 $h(t)$ 为系统的冲激响应, 其完全刻画了 LTI 系统的特性。式(4.1.1)称为卷积 (convolution) 运算。

注意卷积结果是单变量函数, 因此也记为 $y(t) = (x * h)(t)$。此外对于实信号与实系统[①], 卷积运算满足交换律, 即

$$(x * h)(t) = \int_{-\infty}^{+\infty} x(\tau)h(t - \tau)\mathrm{d}\tau = \int_{-\infty}^{+\infty} h(\tau)x(t - \tau)\mathrm{d}\tau = (h * x)(t) \tag{4.1.2}$$

---

① 如果系统的冲激响应是实的, 则称为实系统; 否则为复系统。

在分析、计算过程中可灵活选取。后文如无特别说明，均假设实信号与实系统。

根据傅里叶变换的性质，输入输出在频域的关系式为

$$Y(\omega) = X(\omega)H(\omega) \tag{4.1.3}$$

其中 $H(\omega)$ 为 $h(t)$ 的傅里叶变换，称为系统的频率响应。

在实际应用中，通常要求系统具备一定的性质，如因果性、稳定性等，这些性质可以通过系统的冲激响应刻画。例如，如果系统具有因果性，则输出信号只取决于当前或之前时刻的输入信号，因此系统的冲激响应满足

$$h(t) = 0, \ t < 0$$

此时系统输入输出关系可写作

$$y(t) = \int_{-\infty}^{t} x(\tau)h(t-\tau)\mathrm{d}\tau = \int_{0}^{+\infty} x(t-\tau)h(\tau)\mathrm{d}\tau \tag{4.1.4}$$

又如系统具有稳定性，则任意有界的输入应产生有界的输出 (bounded input bounded output, BIBO)，因此要求

$$\int_{-\infty}^{+\infty} |h(t)|\mathrm{d}t < \infty$$

另一方面，在引入拉普拉斯变换之后，上述条件亦可转化为系统函数 $H(s)$ 来描述。对于因果、稳定系统而言，$H(s)$ 的所有极点应位于 s 域的左半平面。对于下文即将介绍的随机信号通过 LTI 系统的分析，以上条件依然适用。

4.2 随机信号通过连续时间系统的分析

本节介绍随机信号通过连续时间 LTI 系统的分析方法。我们重点关注随机信号激励下系统的零状态响应及相关的统计特性。类似于确定性信号与系统的分析，对于随机信号也有两种分析方法，即时域分析法与频域分析法。

4.2.1 时域分析法

已知 LTI 系统的冲激响应为 $h(t)$，设输入信号为 $X(t)$，输出信号为 $Y(t)$。由于随机信号是大量样本函数的集合，考虑每个样本函数 $X(t,\zeta)$ 通过系统，则相应输出为

$$Y(t,\zeta) = X(t,\zeta) * h(t) = \int_{-\infty}^{+\infty} X(\tau,\zeta)h(t-\tau)\mathrm{d}\tau = \int_{-\infty}^{+\infty} h(\tau)X(t-\tau,\zeta)\mathrm{d}\tau \tag{4.2.1}$$

由此可见, 输出信号 $Y(t)$ 依然是随机信号。当然, 上述关系是通过每个样本得到的, 实际中由于随机性, 我们不可能逐一去判断每个样本函数。因此可以将条件适当弱化, 仅考虑在统计意义上的关系, 即

$$Y(t) = X(t) * h(t) = \int_{-\infty}^{+\infty} X(\tau)h(t-\tau)\mathrm{d}\tau = \int_{-\infty}^{+\infty} h(\tau)X(t-\tau)\mathrm{d}\tau \tag{4.2.2}$$

其中积分表示均方意义下的积分。由此可见, 输入输出依然满足卷积运算关系[①]。

下面讨论输入输出信号的统计特性, 有如下命题。

命题 4.1 已知 LTI 系统的冲激响应为 $h(t)$, $X(t), Y(t)$ 分别为输入、输出随机信号, 则有如下关系:

(1) $E[Y(t)] = E[X(t)] * h(t)$;

(2) $R_{XY}(t_1, t_2) = R_X(t_1, t_2) * h(t_2)$, $R_{YX}(t_1, t_2) = R_X(t_1, t_2) * h(t_1)$;

(3) $R_Y(t_1, t_2) = R_X(t_1, t_2) * h(t_1) * h(t_2) = R_{XY}(t_1, t_2) * h(t_1) = R_{YX}(t_1, t_2) * h(t_2)$;

(4) $E[Y(t_1)Y(t_2) \cdots Y(t_n)] = E[X(t_1)X(t_2) \cdots X(t_n)] * h(t_1) * h(t_2) * \cdots * h(t_n)$

证明: (1) 对式(4.2.2)求期望, 并利用期望与积分可交换顺序, 得

$$E[Y(t)] = \int_{-\infty}^{+\infty} E[X(\tau)]h(t-\tau)\mathrm{d}\tau = E[X(t)] * h(t)$$

(2) 利用期望与积分可交换顺序,

$$R_{XY}(t_1, t_2) = E[X(t_1)Y(t_2)] = E\left[X(t_1) \int_{-\infty}^{+\infty} h(\tau)X(t_2 - \tau)\mathrm{d}\tau\right]$$

$$= \int_{-\infty}^{+\infty} h(\tau)E[X(t_1)X(t_2 - \tau)]\mathrm{d}\tau = \int_{-\infty}^{+\infty} h(\tau)R_X(t_1, t_2 - \tau)\mathrm{d}\tau$$

$$= R_X(t_1, t_2) * h(t_2)$$

上式说明输入输出的互相关函数等于系统的冲激响应与 $R_X(t_1, t_2)$ 中的第二个变量做卷积运算。

同理可得, $R_{YX}(t_1, t_2) = R_X(t_1, t_2) * h(t_1)$。

(3) 类似地,

[①] 严格来讲应当讨论式(4.2.2)成立的条件, 然而这超出了本书的范围。实际中的信号基本都满足式(4.2.2)。特别地, 如果式(4.2.1)成立, 则式(4.2.2)必然成立。因此在后面讨论中均假设式(4.2.2)成立。

$$R_Y(t_1, t_2) = E[Y(t_1)Y(t_2)] = E\left[\int_{-\infty}^{+\infty} h(u)X(t_1 - u)\mathrm{d}u \int_{-\infty}^{+\infty} h(v)X(t_2 - v)\mathrm{d}v\right]$$

$$= \int_{-\infty}^{+\infty} \int_{-\infty}^{+\infty} h(u)h(v)E[X(t_1 - u)X(t_2 - v)]\mathrm{d}u\mathrm{d}v$$

$$= \int_{-\infty}^{+\infty} \int_{-\infty}^{+\infty} h(u)h(v)R_X(t_1 - u, t_2 - v)\mathrm{d}u\mathrm{d}v$$

$$= R_X(t_1, t_2) * h(t_1) * h(t_2)$$

结合 (2), 并利用卷积的交换律与结合律, 可得 $R_Y(t_1, t_2) = R_{XY}(t_1, t_2) * h(t_1) = R_{YX}(t_1, t_2) * h(t_2)$。

(4) 证明过程与 (3) 类似, 请读者自行完成。

命题 4.1说明, 随机信号通过线性系统, 输入输出信号的统计特性具有确定性关系。为了便于记忆, 相关结论也可以用系统框图的形式表示, 如图 4.2所示。

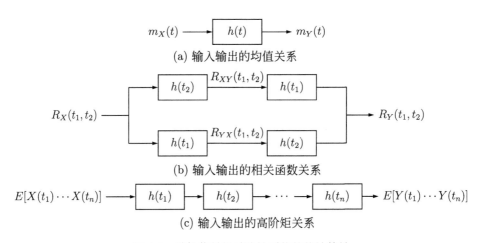

图 4.2　随机信号经过线性系统的统计特性

平稳过程是随机过程中的一类重要对象。一个关键问题是, 平稳过程经过线性系统输出是否依然是平稳过程? 下面分两种情况进行讨论:

① 双侧输入信号, 即信号在 $t = -\infty$ 开始作用于系统, 输入输出关系满足式(4.2.2);

② 单侧输入信号, 假设信号于 $t = 0$ 时刻作用于系统, 此时输入输出关系为

$$Y(t) = X(t) * h(t) = \int_0^{+\infty} X(\tau)h(t - \tau)\mathrm{d}\tau = \int_{-\infty}^t h(\tau)X(t - \tau)\mathrm{d}\tau \qquad (4.2.3)$$

注意, 对于第二种情况, 依然采用了卷积符号表示, 但积分上下限与式(4.2.2)不同。稍后会看到, 这种差异直接导致了不同的结论。

双侧输入信号 在此情况下, 输入输出关系满足式(4.2.2)。特别地, 若系统是稳定的且输入信号是宽平稳过程, 则有如下结论。

命题 4.2 已知 LTI 稳定系统的冲激响应为 $h(t)$, 设输入信号 $X(t)$ 为宽平稳过程, 且于 $t = -\infty$ 作用于该系统, 则输出信号 $Y(t)$ 也是宽平稳过程, 且 $X(t), Y(t)$ 联合平稳。相应的均值、相关函数具有如下关系:

(1) $m_Y = m_X * h(t) = m_X \int_{-\infty}^{+\infty} h(\tau)\mathrm{d}\tau$;

(2) $R_{XY}(\tau) = R_X(\tau) * h(\tau), R_{YX}(\tau) = R_X(\tau) * h(-\tau) = (R_X * \bar{h})(\tau)$;

(3) $R_Y(\tau) = R_X(\tau) * h(\tau) * h(-\tau) = (R_X * h * \bar{h})(\tau)$

其中 $\bar{h}(\tau) = h(-\tau)$。

上述关系可参考命题 4.1证明, 留给读者自行完成, 见习题 4.1。

进一步可以判断, 如果输入信号是严平稳过程或宽遍历过程, 则输出信号依然保持相应的性质。

命题 4.3 对于 LTI 稳定系统, 若输入是严平稳过程, 则输出也是严平稳过程。

证明: 任取时移 τ, 根据 LTI 系统输入输出关系, $Y(t+\tau) = X(t+\tau) * h(t)$。由于 $X(t)$ 是严平稳过程, 故 $X(t+\tau)$ 与 $X(t)$ 具有相同的概率分布, 因此 $Y(t+\tau)$ 与 $Y(t)$ 也具有相同的概率分布。命题得证。

命题 4.4 对于 LTI 稳定系统, 若输入是宽遍历过程, 则输出也是宽遍历过程, 且两者联合宽遍历。

我们将命题 4.4的证明留给读者, 见习题 4.2。

在某些实际应用中, 系统的因果性也十分重要。对于因果稳定系统, 输入输出关系为

$$Y(t) = \int_{-\infty}^{t} X(\tau)h(t-\tau)\mathrm{d}\tau = \int_{0}^{+\infty} h(\tau)X(t-\tau)\mathrm{d}\tau \tag{4.2.4}$$

注意到因果系统的冲激响应是单边 (右边) 函数, 因此上式的积分限有相应的调整。可以验证, 此时命题 4.2~4.4依然成立。

例 4.1 已知 RC 电路如图 4.3所示, 设输入端电压 $X(t)$ 为理想白噪声, $R_X(\tau) = \frac{N_0}{2}\delta(\tau)$。求输出端电压 $Y(t)$ 的均值、自相关函数、平均功率以及输入输出的互相关函数。

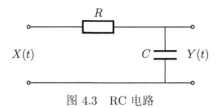

图 4.3　RC 电路

解： 首先求 RC 电路的冲激响应。易知 RC 电路的系统函数为

$$H(s) = \frac{Y(s)}{X(s)} = \frac{1/(Cs)}{R + 1/(Cs)} = \frac{1}{1 + RCs}$$

记 $b = 1/RC$，根据拉普拉斯变换对，得

$$H(s) = \frac{b}{b + s} \overset{\mathscr{L}}{\longleftrightarrow} h(t) = b\mathrm{e}^{-bt}u(t)$$

由于输入端 $X(t)$ 是理想白噪声，其均值为零，故

$$m_Y = m_X \int_{-\infty}^{+\infty} h(\tau)\mathrm{d}\tau = 0$$

下面求输出端 $Y(t)$ 的自相关函数。

$$R_Y(\tau) = R_X(\tau) * h(\tau) * h(-\tau) = \frac{N_0}{2}\delta(\tau) * h(\tau) * h(-\tau) = \frac{N_0}{2} h(\tau) * h(-\tau)$$

当 $\tau > 0$ 时，

$$R_Y(\tau) = \frac{N_0}{2} h(\tau) * h(-\tau) = \frac{N_0}{2} \int_0^{+\infty} b\mathrm{e}^{-bu} \cdot b\mathrm{e}^{-b(\tau+u)}\mathrm{d}u$$

$$= \frac{N_0 b^2}{2}\mathrm{e}^{-b\tau} \int_0^{+\infty} \mathrm{e}^{-2bu}\mathrm{d}u = \frac{N_0 b}{4}\mathrm{e}^{-b\tau}$$

由于自相关函数为偶函数，易知当 $\tau < 0$ 时，

$$R_Y(\tau) = \frac{N_0 b}{4}\mathrm{e}^{b\tau}$$

因此

$$R_Y(\tau) = \frac{N_0 b}{4}\mathrm{e}^{-b|\tau|}, \ \tau \in (-\infty, +\infty)$$

$Y(t)$ 的平均功率为

$$E[Y^2(t)] = R_Y(0) = \frac{N_0 b}{4}$$

输入输出的互相关函数为

$$R_{XY}(\tau) = h(\tau) * R_X(\tau) = h(\tau) * \frac{N_0}{2}\delta(\tau) = \frac{N_0}{2}\,h(\tau) = \frac{N_0 b}{2}\mathrm{e}^{-b\tau}u(\tau)$$

$$R_{YX}(\tau) = R_{XY}(-\tau) = \frac{N_0 b}{2}\mathrm{e}^{b\tau}u(-\tau)$$

注意到 RC 电路的幅率响应为

$$|H(\omega)| = \frac{1}{\sqrt{1 + (RC\omega)^2}}$$

如图 4.4所示。当 $\omega \to \infty$ 时, $|H(\omega)| \to 0$; 当 $\omega \to 0$ 时, $|H(\omega)| \to 1$。因此 RC 电路起到低通滤波的作用。可以求得半功率带宽为

$$\omega_{3\mathrm{dB}} = b = \frac{1}{RC}$$

结合 $Y(t)$ 的平均功率计算式, 说明输出端的平均功率与系统半功率带宽成正比。

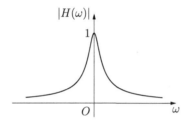

图 4.4　RC 电路的幅频响应

单侧输入信号*　假设单侧输入信号于 $t = 0$ 时刻作用于系统, 相当于输入端存在一个开关 K 在 $t = 0$ 时闭合, 如图 4.5所示。此时输入输出关系满足式(4.2.3)。设输入端 $X(t)$ 为宽平稳过程, 则

$$E[Y(t)] = \int_{-\infty}^{t} h(\tau)E[X(t-\tau)]\mathrm{d}\tau = m_X \int_{-\infty}^{t} h(\tau)\mathrm{d}\tau$$

$$R_Y(t_1, t_2) = \int_{-\infty}^{t_1}\int_{-\infty}^{t_2} h(u)h(v)R_X(t_1 - u, t_2 - v)\mathrm{d}u\mathrm{d}v$$

$$= \int_{-\infty}^{t_1}\int_{-\infty}^{t_2} h(u)h(v)R_X(t_2 - t_1 - v + u)\mathrm{d}u\mathrm{d}v$$

由此可见, 输出端 $Y(t)$ 的均值与时刻 t 有关, 自相关函数也不是时间差 $\tau = t_2 - t_1$ 的函数, 因此不再是宽平稳过程。

从物理意义来看, 当 $t = 0$ 时刻系统受到激励, 通常会产生一个瞬态响应 (transient response)。恰是由于瞬态响应的存在, 造成了输出非平稳。然而如果系统是稳定的, 瞬

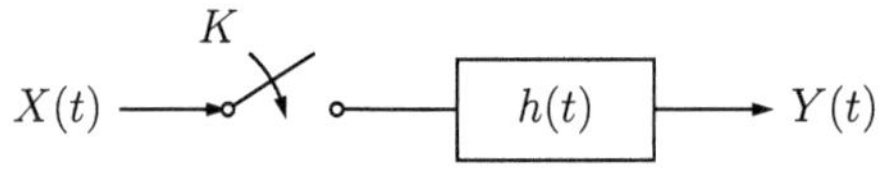

图 4.5 单侧输入信号示意图

态响应会随时间增长逐渐衰减为零, 此时系统进入稳态, 因而输出是渐近平稳的。下面通过一个例子来说明。

例 4.2 已知 RC 电路同例 4.1, 设输入端电压 $X(t)$ 为理想白噪声, $R_X(\tau) = \dfrac{N_0}{2}\delta(\tau)$。现考虑输入端于 $t = 0$ 时刻加入系统, 求输出端 $Y(t)$ 的自相关函数。

解: 由例 4.1可知系统的冲激响应为

$$h(t) = b\mathrm{e}^{-bt}u(t),\ b = \frac{1}{RC}$$

$Y(t)$ 的自相关函数为

$$
\begin{aligned}
R_Y(t_1, t_2) &= \int_{-\infty}^{t_1}\int_{-\infty}^{t_2} h(u)h(v)\delta(\tau - v + u)\mathrm{d}u\mathrm{d}v \\
&= \frac{N_0 b^2}{2}\int_0^{t_1}\int_0^{t_2} \mathrm{e}^{-bu}\mathrm{e}^{-bv}\delta(\tau - v + u)\mathrm{d}u\mathrm{d}v \\
&= \frac{N_0 b^2}{2}\int_0^{t_1} \mathrm{e}^{-bu}\mathrm{d}u\int_0^{t_2} \mathrm{e}^{-bv}\delta(\tau - v + u)\mathrm{d}v \\
&\xlongequal{0<\tau+u<t_2} \frac{N_0 b^2}{2}\int_0^{t_1} \mathrm{e}^{-bu}\mathrm{e}^{-b(\tau+u)}\mathrm{d}u
\end{aligned}
$$

上式最后一个等式利用到了 δ 函数的筛选性质, 因此要求 $0 < \tau + u < t_2$。

当 $\tau \geqslant 0$ 时, $\{u : 0 < u < t_1\} \cap \{u : 0 < \tau + u < t_2\} = \{u : 0 < u < t_1\}$, 因此

$$R_Y(t_1, t_2) = \frac{N_0 b^2}{2}\mathrm{e}^{-b\tau}\int_0^{t_1} \mathrm{e}^{-2bu}\mathrm{d}u = \frac{N_0 b}{4}\mathrm{e}^{-b\tau}(1 - \mathrm{e}^{-2bt_1})$$

当 $\tau < 0$ 时, $\{u : 0 < u < t_1\} \cap \{u : 0 < \tau + u < t_2\} = \{u : -\tau < u < t_1\}$, 因此

$$R_Y(t_1, t_2) = \frac{N_0 b^2}{2}\mathrm{e}^{-b\tau}\int_{-\tau}^{t_1} \mathrm{e}^{-2bu}\mathrm{d}u = \frac{N_0 b}{4}\mathrm{e}^{b\tau}(1 - \mathrm{e}^{-2bt_2})$$

综上,

$$R_Y(t_1, t_2) = \frac{N_0 b}{4}\mathrm{e}^{-b|t_2 - t_1|}(1 - \mathrm{e}^{-2b\min(t_1, t_2)})$$

由此可见, $R_Y(t_1, t_2)$ 不再是关于时间差 τ 的函数。对比例 4.1的结果, 本例中多了一

项 $\mathrm{e}^{-2b\min(t_1,t_2)}$, 这正是由于系统瞬态响应引起的。当 t_1, t_2 充分大时, $\mathrm{e}^{-2b\min(t_1,t_2)}$ 衰减至零, 此时自相关函数接近于平稳情况,

$$R_Y(t_1, t_2) \approx \frac{N_0 b}{4} \mathrm{e}^{-b|t_2 - t_1|}$$

因此是渐近平稳的。

系统的初始储能对输出的平稳性也有影响。下面通过一个例子说明。

例 4.3 已知电路如图 4.6所示, $R = 1\mathrm{M}\Omega$, $C = 1\mu\mathrm{F}$。设输入端电压 $X(t)$ 为理想白噪声, $R_X(\tau) = \delta(\tau)$。当 $t = 0$ 时, 开关闭合。求当 $t \geqslant 0$ 时, 电容两端电压 $Y(t)$ 的平均功率。

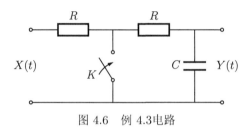

图 4.6 例 4.3电路

解: 当开关闭合前, 系统处于稳态, 此时可求得系统的单位冲激响应为

$$H(s) = \frac{1}{1 + 2RCs} = \frac{1}{1 + 2s} \overset{\mathscr{L}}{\longleftrightarrow} h(t) = \frac{1}{2} \mathrm{e}^{-t/2} u(t)$$

因此

$$R_Y(\tau) = h(\tau) * h(-\tau) * \delta(\tau) = \frac{1}{4} \mathrm{e}^{-|\tau|/2}$$

当开关闭合后, 电容处于放电状态, 建立微分方程

$$RC \frac{\mathrm{d}Y(t)}{\mathrm{d}t} + Y(t) = 0$$

求得零输入响应,

$$Y(t) = Y(0^-)\mathrm{e}^{-t/RC} = Y(0^-)\mathrm{e}^{-t}, \ t \geqslant 0$$

其中 $Y(0^-)$ 为初始状态。

因此当 $t \geqslant 0$ 时, $Y(t)$ 的平均功率为

$$E[Y^2(t)] = E[Y^2(0^-)]\mathrm{e}^{-2t} = R_Y(0)\mathrm{e}^{-2t} = \frac{1}{4}\mathrm{e}^{-2t}, \ t \geqslant 0$$

由此可见, $Y(t)$ 不是平稳过程, 而是渐近平稳的, 其平均功率随时间增长而衰减至零。

通过上述分析可知, 单侧输入信号涉及系统的瞬态响应, 因此输出通常不再是平稳的。由于本书主要讨论平稳过程, 因此在下文中, 除特别说明, 均考虑双侧输入信号。

4.2.2 频域分析法

本节介绍随机信号通过 LTI 系统的频域分析法, 并始终假设输入信号是双侧、平稳的。由于随机信号通常不存在傅里叶变换, 因此频域分析主要考虑随机信号的统计特性在频域上的表征。根据维纳-辛钦定理可知, 平稳过程的自相关函数与功率谱密度构成傅里叶变换对, 这为频域分析法奠定了理论基础。命题 4.5 给出了系统输入输出的统计特性在频域上的关系。

命题 4.5 已知 LTI 稳定系统的频率响应为 $H(\omega)$, 设输入信号 $X(t)$ 为宽平稳过程, 且于 $t = -\infty$ 作用于该系统, 则输入输出具有如下关系:

(1) $m_Y = m_X H(0)$;

(2) $S_{XY}(\omega) = H(\omega)S_X(\omega), S_{YX}(\omega) = H(-\omega)S_X(\omega)$;

(3) $S_Y(\omega) = H(\omega)H(-\omega)S_X(\omega) = |H(\omega)|^2 S_X(\omega)$。

命题 4.5 即为命题 4.2 相关结论在频域的表述, 可以利用维纳-辛钦定理及傅里叶变换中的卷积定理得证, 读者可自行验证。此外, 拉普拉斯变换也是连续系统分析中常用的工具, 很容易将命题 4.5 推广至拉普拉斯变换域。

命题 4.6 已知 LTI 稳定系统的传递函数为 $H(s)$, 设输入信号 $X(t)$ 为宽平稳过程, 且于 $t = -\infty$ 作用于该系统, 则输入输出具有如下关系:

(1) $m_Y = m_X H(0)$;

(2) $S_{XY}(s) = H(s)S_X(s), S_{YX}(s) = H(-s)S_X(s)$;

(3) $S_Y(s) = H(s)H(-s)S_X(s)$。

例 4.4 (奈奎斯特定律) 已知 RC 电路如图 4.7(a) 所示, 其中热噪声电压源 $X(t)$ 的功率谱密度为

$$S_X(\omega) = 2kTR$$

k 为玻尔兹曼常数, T 为热力学温度, R 为电阻。证明 $Y(t)$ 的功率谱密度满足

$$S_Y(\omega) = 2kT\mathrm{Re}[Z(\omega)] \tag{4.2.5}$$

其中 $Z(\omega)$ 为电路的输出阻抗。

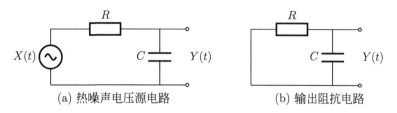

$$\text{(a) 热噪声电压源电路} \qquad \text{(b) 输出阻抗电路}$$

图 4.7 例 4.4 电路

证明： 根据例 4.1 可知系统的频率响应为

$$H(\omega) = \frac{1}{1 + \mathrm{j}\omega RC}$$

$Y(t)$ 的功率谱密度为

$$S_Y(\omega) = S_X(\omega)|H(\omega)|^2 = \frac{2kTR}{1 + \omega^2 R^2 C^2}$$

另一方面, 电路的输出阻抗 (如图 4.7(b) 所示) 为

$$Z(\omega) = \frac{1}{1/R + \mathrm{j}\omega C} = \frac{R}{1 + \mathrm{j}\omega RC}$$

注意到

$$\mathrm{Re}[Z(\omega)] = \frac{R}{1 + \omega^2 R^2 C^2}$$

因此

$$S_Y(\omega) = 2kT\mathrm{Re}[Z(\omega)]$$

式(4.2.5)最早由美国工程师奈奎斯特 (H. Nyquist, 1889—1976) 发现。可以证明, 对于一般的串联 RLC 电路, 式(4.2.5)依然成立, 见习题 4.6。

频域分析法将时域分析法中的卷积运算变为乘积运算, 通常能够简化计算复杂度, 下面通过一个例子来说明。

例 4.5 已知 RC 电路同例 4.1, 设输入端电压 $X(t)$ 为宽平稳过程, 其自相关函数为

$$R_X(\tau) = \frac{N_0\beta}{4}\mathrm{e}^{-\beta|\tau|}, \ \beta \neq \frac{1}{RC}$$

求输出端电压 $Y(t)$ 的自相关函数。

解： 根据例 4.1, 易知 RC 电路的系统函数为

$$H(s) = \frac{b}{b+s}, \; b = \frac{1}{RC}$$

根据双边指数函数的拉普拉斯变换对关系,

$$e^{-\beta|\tau|} \overset{\mathscr{L}}{\longleftrightarrow} \frac{2\beta}{\beta^2 - s^2}$$

故输入端 $X(t)$ 的功率谱为

$$S_X(s) = \frac{N_0 \beta}{4} \frac{2\beta}{\beta^2 - s^2}$$

因此输出端 $Y(t)$ 的功率谱为

$$
\begin{aligned}
S_Y(s) = H(s)H(-s)S_X(s) &= \frac{N_0 \beta}{4} \frac{2\beta}{\beta^2 - s^2} \frac{b^2}{b^2 - s^2} \\
&= \frac{N_0 \beta^2 b^2}{2} \frac{1}{\beta^2 - s^2} \frac{1}{b^2 - s^2} \\
&= \frac{N_0}{2} \frac{b^2 \beta^2}{b^2 - \beta^2} \left(\frac{1}{\beta^2 - s^2} - \frac{1}{b^2 - s^2} \right)
\end{aligned}
$$

再次利用拉普拉斯变换对关系, 得

$$R_Y(\tau) = \frac{N_0}{2} \frac{b^2 \beta^2}{b^2 - \beta^2} \left(\frac{1}{2\beta} e^{-\beta|\tau|} - \frac{1}{2b} e^{-b|\tau|} \right) = \frac{N_0}{4} \frac{b^2 \beta^2}{b^2 - \beta^2} \left(\frac{1}{\beta} e^{-\beta|\tau|} - \frac{1}{b} e^{-b|\tau|} \right)$$

注意到本例中输入端电压的自相关函数与例 4.1 中的输出端电压的自相关函数形式一致。事实上, 本例中的 $X(t)$ 可以视为理想白噪声通过某 RC 电路的输出, 其中 β 为该 RC 电路的 3dB 带宽, 也即 $X(t)$ 的 3dB 带宽。将信号视为理想白噪声激励下某系统的响应是随机信号分析中经常采用的一种分析思路, 在 4.3 节中将继续深入讨论。

另一方面, 注意到

$$R_Y(\tau) = \frac{N_0 b}{4} e^{-b|\tau|} \left[\frac{1}{1 - b^2/\beta^2} \left(1 - \frac{b}{\beta} e^{-(\beta-b)|\tau|} \right) \right]$$

因此

$$\lim_{\beta \to \infty} R_Y(\tau) = \frac{N_0 b}{4} e^{-b|\tau|}$$

上述结果与输入信号 $X(t)$ 为理想白噪声的结果一致。事实上, 当 $\beta \gg b$, 即输入信号 $X(t)$ 的带宽远大于系统带宽时, $X(t)$ 可视为白噪声。由此可见, 通过数学推导与物理意义分析得出的结论是一致的。

4.3 白噪声通过线性系统的分析

本节讨论在理想白噪声激励下系统的响应。设 $X(t)$ 为理想白噪声, 功率谱密度为 $S_X(\omega) = N_0/2$, 则 $X(t)$ 通过某 LTI 系统的输出功率谱密度为

$$S_Y(\omega) = \frac{N_0}{2} |H(\omega)|^2 \tag{4.3.1}$$

由此可见, 输出信号的功率谱密度主要由系统的幅频响应决定。因此任意随机信号均可视为在理想白噪声激励下某系统的输出, 这样就将信号分析与系统分析联系起来。

根据系统的类型, 系统分析大致可分为如下三种情况:

(1) 理想白噪声通过理想低通系统;

(2) 理想白噪声通过理想带通系统;

(3) 理想白噪声通过一般线性系统。

其中, 前两种情况的输出分别对应于低通带限白噪声和带通带限白噪声, 相关性质已在第 3 章中阐述, 在此不再赘述。下面主要讨论第三种情况。

对于一般的线性系统, 注意到输出信号的自相关函数、功率谱密度等均由系统幅频响应决定。当幅频响应比较复杂时, 计算输出的统计特性是比较困难的。为了简化分析的复杂程度, 实际中通常采用等效原则进行分析, 即用一个理想的带限系统替代实际系统。具体来说, 设实际系统的频率响应为 $H(\omega)$, 假设存在一个理想系统 $H_I(\omega)$, 使得:

(1) 在同一白噪声激励下, 理想系统与实际系统输出的平均功率相等;

(2) 理想系统的增益等于实际系统的最大增益, 即 $G = \max |H(\omega)|$。

根据上述等效原则, 可以计算系统的等效带宽。以低通系统为例, 如图 4.8 所示, 设在单位功率谱的白噪声激励下, 实际系统输出的平均功率为

$$E[Y^2(t)] = \frac{1}{2\pi} \int_{-\infty}^{+\infty} S_Y(\omega) \mathrm{d}\omega = \frac{1}{2\pi} \int_{-\infty}^{+\infty} |H(\omega)|^2 \mathrm{d}\omega = \frac{1}{\pi} \int_0^{+\infty} |H(\omega)|^2 \mathrm{d}\omega$$

在同样白噪声激励下, 理想低通系统输出的平均功率为

$$E[Y_I^2(t)] = \frac{1}{2\pi} \int_{-\Delta\omega_e}^{\Delta\omega_e} G^2 \mathrm{d}\omega = \frac{1}{\pi} G^2 \Delta\omega_e$$

根据等效原则, $E[Y^2(t)] = E[Y_I^2(t)]$, 且 $G = \max |H(\omega)| = |H(0)|$, 因此

$$\Delta\omega_e = \frac{1}{|H(0)|^2} \int_0^{+\infty} |H(\omega)|^2 \mathrm{d}\omega$$

称 $\Delta\omega_e$ 为实际系统的等效噪声带宽。对于带通系统, 可以验证上式依然成立, 只需将 $|H(0)|$ 替换为相应的幅频响应最大值。下面给出等效噪声带宽的明确定义。

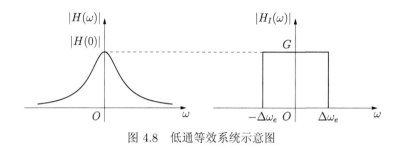

图 4.8　低通等效系统示意图

定义 4.2　已知系统的频率响应为 $H(\omega)$, 系统的等效噪声带宽定义为

$$\Delta\omega_e = \frac{1}{|H(\omega)|_{\max}^2} \int_0^{+\infty} |H(\omega)|^2 \mathrm{d}\omega \tag{4.3.2}$$

注：联系第 3 章内容, 信号的等效噪声带宽定义为

$$W_e = \frac{1}{2 S_X(\omega)_{\max}} \int_{-\infty}^{+\infty} S_X(\omega) \mathrm{d}\omega$$

从形式上来看, 信号的等效噪声带宽与系统的等效噪声带宽两者并无关系。然而, 由于任意信号均可视为理想白噪声经过某系统的输出, 而该系统又可以等效为理想带限系统, 因而信号的等效噪声带宽必然等于系统的等效噪声带宽。两者的关系如图 4.9 所示。

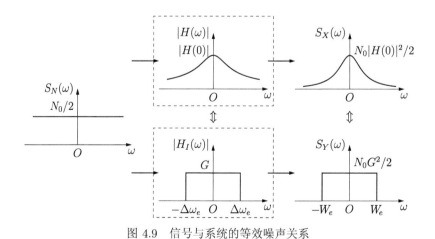

图 4.9　信号与系统的等效噪声关系

除等效噪声带宽之外, 系统带宽还有其他定义方式, 如 3dB 带宽是指系统的幅频平方响应衰减为峰值一半时所对应的频率, 即

$$|H(\omega_{3\mathrm{dB}})|^2 = \frac{1}{2}|H(\omega)|^2_{\max}$$

两者均由系统的幅频响应决定。下面来看一个例子。

例 4.6 求 RC 电路 (见图 4.3) 的等效噪声带宽和 3dB 带宽。

解: RC 电路的频率响应为

$$H(\omega) = \frac{1}{1 + \mathrm{j}\omega RC} = \frac{b}{b + \mathrm{j}\omega}, \ b = \frac{1}{RC}$$

等效噪声带宽为

$$\Delta\omega_e = \frac{1}{|H(\omega)|^2_{\max}} \int_0^{+\infty} |H(\omega)|^2 \mathrm{d}\omega = \int_0^{+\infty} \frac{b^2}{b^2 + \omega^2} \mathrm{d}\omega = \frac{\pi}{2}b$$

3dB 带宽应满足

$$|H(\omega)|^2 = \frac{b^2}{b^2 + \omega^2_{3\mathrm{dB}}} = \frac{1}{2}$$

易知 $\omega_{3\mathrm{dB}} = b$。

注: 注意到等效噪声带宽与 3dB 带宽均为系统的固定参数, 两者在一般情况下并不相等。然而在实际应用中, 两者通常可以交替使用。事实上, 可以证明常见的线性滤波器, 如高斯滤波器、巴特沃斯滤波器、切比雪夫滤波器等, 随着滤波器阶数 (长度) 的增加, 两者逐渐接近。在雷达接收机中, 检波器之前通常包含多级中、高频谐振电路, 因此在计算和测量噪声时, 通常可以用系统的 3dB 带宽替换等效噪声带宽, 这样的近似误差一般在工程可接受范围之内。

利用等效噪声带宽可以方便地计算系统的输出噪声功率, 其优点在于仅需要系统带宽和增益两个参数, 从而回避了相对复杂的系统函数。这种方法在比较系统性能 (如信噪比) 时十分有用。下面试举一例。

例 4.7 已知某通信系统中接收机调谐频率上的电压增益为 10^6, 等效噪声带宽为 10kHz。该接收机输入端噪声具有百兆带宽, 输入噪声的功率谱密度为 2×10^{-20} V^2/Hz。若使接收机输出端的信噪比为 100, 输入电压的有效值应多大?

解: 设输出端电压的有效值为 $\hat{U}$, 输出电压的平均功率为

$$P_S^{\mathrm{out}} = \hat{U}^2|H(\omega_0)|^2$$

其中 $|H(\omega_0)|$ 为电压增益。

注意到输入噪声具有百兆带宽 (10^8 Hz), 远大于系统的等效噪声带宽 ($\Delta f_e = 10^4$ Hz), 因此可视为白噪声。输出端噪声的平均功率为

$$P_N^{\text{out}} = \frac{N_0}{2} \times 2\Delta f_e \times |H(\omega_0)|^2 = N_0 \Delta f_e |H(\omega_0)|^2$$

其中 $N_0/2$ 为输入白噪声的功率谱密度。

若要求输出端的信噪比为 100, 即

$$\text{SNR} = \frac{P_S^{\text{out}}}{P_N^{\text{out}}} = \frac{\hat{U}^2 |H(\omega_0)|^2}{N_0 \Delta f_e |H(\omega_0)|^2} = 100$$

则电压有效值应为

$$\hat{U} = \sqrt{100 N_0 \Delta f_e} = \sqrt{100 \times 4 \times 10^{-20} \times 10^4} = 2 \times 10^{-7} \text{ V}$$

在电子系统中, 经常用到由多级谐振电路组成的放大设备, 其频率特性接近于高斯曲线, 如图 4.10 所示。设系统的频率响应为

$$H(\omega) = \begin{cases} A \exp\left[-\dfrac{(\omega - \omega_0)^2}{2\beta^2}\right], & \omega > 0 \\[3mm] A \exp\left[-\dfrac{(\omega + \omega_0)^2}{2\beta^2}\right], & \omega < 0 \end{cases}$$

其中 A 为最大增益。可以证明, 该系统的等效噪声带宽为

$$\Delta \omega_e = \sqrt{\pi}\beta$$

上式的计算过程留给读者, 见习题 4.11。

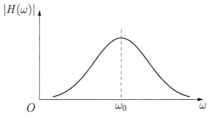

图 4.10 高斯幅频响应曲线

4.4 随机信号通过离散时间系统的分析

本节介绍随机信号通过离散时间系统的分析, 相应的输入输出信号均为随机序列。与连续时间系统类似, 离散时间系统也有时域分析法和频域分析法, 相关的分析推导过程可类比于连续时间系统得到。我们将在 4.4.1 节给出主要结论, 随后在 4.4.2 节介绍三种典型的时间序列模型。

4.4.1 离散时间系统输入输出的统计特性

已知 LTI 离散时间系统的冲激响应为 $h[n]$, 设输入输出信号分别为 $X[n], Y[n]$, 则输入输出在时域上的关系式为

$$Y[n] = X[n] * h[n] = \sum_{m=-\infty}^{+\infty} X[m]h[n-m] \tag{4.4.1}$$

注意上式依然假设在均方意义下成立。

根据输入输出的时域关系, 读者可能会想到利用傅里叶变换得到相应的频域关系。然而正如第 3 章所言, 随机信号 (无论随机过程还是随机序列) 通常不存在傅里叶变换, 因此实际中通常考虑随机序列的统计特性在频域上的表征, 而并非其信号本身。类似于连续时间系统, 有如下命题。

命题 4.7 已知 LTI 系统的冲激响应为 $h[n]$, 设输入信号为 $X[n]$, 输出信号为 $Y[n]$, 则具有如下关系:

(1) $E[Y[n]] = E[X[n]] * h[n]$;

(2) $R_{XY}[n_1, n_2] = R_X[n_1, n_2] * h[n_2], R_{YX}[n_1, n_2] = R_X[n_1, n_2] * h[n_1]$;

(3) $R_Y[n_1, n_2] = R_X[n_1, n_2] * h[n_1] * h[n_2] = R_{XY}[n_1, n_2] * h[n_1] = R_{YX}[n_1, n_2] * h[n_2]$;

(4) $E[Y[n_1]Y[n_2] \cdots Y[n_k]] = E[X[n_1]X[n_2] \cdots X[n_k]] * h[n_1] * h[n_2] * \cdots * h[n_k]$。

进一步, 对于双侧、平稳随机序列, 其通过 LTI 系统的输出依然是平稳的。

命题 4.8 已知 LTI 稳定系统的冲激响应为 $h[n]$, 设输入信号 $X[n]$ 为宽平稳序列, 则输出信号 $Y[n]$ 也是宽平稳序列, 且 $X[n], Y[n]$ 联合平稳。相应的均值、相关函数具有如下关系:

(1) $m_Y = m_X * h[n] = m_X \sum_{k=-\infty}^{+\infty} h[k]$;

(2) $R_{XY}[m] = R_X[m] * h[m], R_{YX}[m] = R_X[m] * h[-m] = (R_X * \bar{h})[m]$;

(3) $R_Y[m] = R_X[m] * h[m] * h[-m] = (R_X * h * \bar{h})[m]$。

其中 $\bar{h}[m] = h[-m]$。

相应地, 频域上的输入输出关系如命题 4.9 所示。

命题 4.9 已知 LTI 稳定系统的频率响应为 $H(\mathrm{e}^{\mathrm{j}\Omega})$, 设输入信号 $X[n]$ 为宽平稳过程, 则输入输出具有如下关系:

(1) $m_Y = m_X H(1)$;

(2) $S_{XY}(\mathrm{e}^{\mathrm{j}\Omega}) = H(\mathrm{e}^{\mathrm{j}\Omega})S_X(\mathrm{e}^{\mathrm{j}\Omega}), S_{YX}(\mathrm{e}^{\mathrm{j}\Omega}) = H(\mathrm{e}^{-\mathrm{j}\Omega})S_X(\mathrm{e}^{\mathrm{j}\Omega})$;

(3) $S_Y(\mathrm{e}^{\mathrm{j}\Omega}) = H(\mathrm{e}^{\mathrm{j}\Omega})H(\mathrm{e}^{-\mathrm{j}\Omega})S_X(\mathrm{e}^{\mathrm{j}\Omega}) = |H(\mathrm{e}^{\mathrm{j}\Omega})|^2 S_X(\mathrm{e}^{\mathrm{j}\Omega})$。

如果令 $z = \mathrm{e}^{\mathrm{j}\Omega}$, 则根据命题 4.9 可得到 z 变换域上的关系式, 不再赘述。

例 4.8 已知 LTI 离散时间系统的单位冲激响应为

$$h[k] = r^k u[k], 0 < |r| < 1$$

其中 $u[k]$ 为单位阶跃序列。设输入端 $X[n]$ 为白噪声序列, 其自相关函数为 $R_X[m] = \sigma^2 \delta[m]$。求输出端 $Y[n]$ 的自相关函数、功率密度谱和平均功率。

解: 当 $m \geqslant 0$ 时,

$$R_Y[m] = h[-m] * h[m] * R_X[m]$$
$$= \sigma^2 h[-m] * h[m] = \sigma^2 \sum_{i=0}^{+\infty} h[i]h[i+m] = \frac{\sigma^2 r^m}{1 - r^2}$$

根据自相关函数的偶函数性质, 当 $m < 0$ 时,

$$R_Y[m] = R_Y[-m] = \frac{\sigma^2 r^{-m}}{1 - r^2}$$

故

$$R_Y[m] = \frac{\sigma^2 r^{|m|}}{1 - r^2}$$

平均功率为 $E[Y^2(t)] = R_Y(0) = \dfrac{\sigma^2}{1 - r^2}$。

采用频域法求功率谱密度。首先利用 z 变换易知

$$H(z) = \sum_{k=0}^{+\infty} h[k]z^{-k} = \sum_{k=0}^{+\infty} r^k z^{-k} = \frac{1}{1 - rz^{-1}}, \ |z| > |r|$$

因此

$$S_Y(z) = H(z)H(z^{-1})S_X(z) = \frac{\sigma^2}{(1 - rz^{-1})(1 - rz)}, \ |r| < |z| < |r|^{-1}$$

频域表达式为

$$S_Y(\mathrm{e}^{\mathrm{j}\Omega}) = \frac{\sigma^2}{1 + r^2 - 2r\cos\Omega}$$

4.4.2 时间序列模型

离散时间系统可以由常系数差分方程来描述, 其一般形式 [①] 为

$$Y[n] - \sum_{k=1}^{N} a_k Y[n-k] = \sum_{l=0}^{M} b_l X[n-l] \tag{4.4.2}$$

其中 $X[n], Y[n]$ 分别为系统的输入和输出序列, N 为差分方程的阶数, $a = \{a_k\}_{k=1}^{N}$, $b = \{b_l\}_{l=0}^{M}$ 为差分方程系数。

注意到上述系统是因果系统。对于时间序列分析而言, 因果性是十分重要的, 因为当前时刻的输出不可能由未来时刻的输入决定。因此式(4.4.2)也可视为一个 (前向) 预测过程, 写作

$$Y[n] = \sum_{l=0}^{M} b_l X[n-l] + \sum_{k=1}^{N} a_k Y[n-k] \tag{4.4.3}$$

称式(4.4.3)为时间序列模型。

利用 z 变换, 容易求得系统的传递函数 [②]

$$H(z) = \frac{Y(z)}{X(z)} = \frac{\displaystyle\sum_{l=0}^{M} b_l z^{-l}}{1 - \displaystyle\sum_{k=1}^{N} a_k z^{-k}} = \frac{B(z)}{1 - A(z)} \tag{4.4.4}$$

由此可见, 差分方程的系数决定了系统特性。

按照输入输出关系, 时间序列模型可分为三种, 即滑动平均模型、自回归模型与自回归-滑动平均模型。下面逐一进行介绍。

[①] 注意差分方程用来描述确定性系统的关系, 这里用大写字母表示仅为说明输入和输出都是随机信号 (序列)。

[②] 系统函数也可以写作 $H(z) = \dfrac{B(z)}{A(z)}$, 其中 $A(z) = \displaystyle\sum_{k=0}^{N} a_k z^{-k}$, $B(z)$ 与式(4.4.4)中一致。两种记法本质上并无差异。由于 $A(z)$ 的常数项为 1, 为方便讨论, 本书采用如式(4.4.4)的记法。

滑动平均模型　滑动平均模型 (moving average, MA) 的形式为

$$Y[n] = \sum_{l=0}^{M} b_l X[n-l] \tag{4.4.5}$$

简记为 MA(M)，其中 M 为模型阶数。相应地，系统函数为

$$H(z) = \sum_{l=0}^{M} b_l z^{-l} = B(z) \tag{4.4.6}$$

由此可见，滑动平均模型的系统函数是有限冲激响应 (FIR) 因果滤波器，系统框图如图 4.11所示。该模型利用当前时刻与之前 M 个时刻的输入信号来对当前输出信号进行预测。一种最简单的系统参数为 $b_0 = b_1 = \cdots = b_M = 1/(M+1)$，此时输出是输入的算术平均，因此能够滤去输入的微小波动，起到信号平滑的作用。较算术平均更一般的形式是加权平均，即

$$0 < b_i < 1, \ \text{且} \ \sum_{i=0}^{M} b_i = 1$$

当然，系统参数不一定限定为加权平均，通过适当的选取也可以起到高通滤波的作用，见例 4.9。

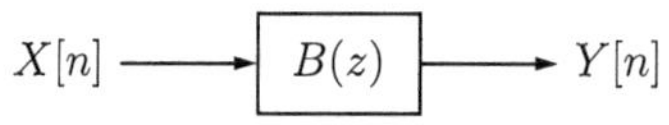

$$X[n] \longrightarrow \boxed{B(z)} \longrightarrow Y[n]$$

图 4.11　滑动平均模型

现考虑输入信号为白噪声序列，$R_X[m] = \sigma_X^2 \delta[m]$，则输入信号的功率谱密度为

$$S_Y(z) = \sigma_X^2 H(z) H(z^{-1}) = \sigma_X^2 B(z) B(z^{-1})$$

相应地，可以计算输出信号的自相关函数为

$$R_Y[m] = \sigma_X^2 \sum_{i=0}^{M-|m|} b_i b_{i+|m|} \tag{4.4.7}$$

由此可见，在白噪声激励下，输出信号的统计特性完全由模型参数决定。

例 4.9　已知滑动平均模型如式(4.4.5)，系统参数如下所示，求在单位功率白噪声 ($\sigma_X^2 = 1$) 激励下输出的自相关函数。

(1) $b = [b_0, b_1, b_2, b_3, b_4] = [1, 1, 1, 1, 1]/5$；

(2) $b = [b_0, b_1, b_2, b_3, b_4] = [1, -1.5, 1, -1.5, 1]$。

解: 图 4.12画出了两种情况下的自相关函数。

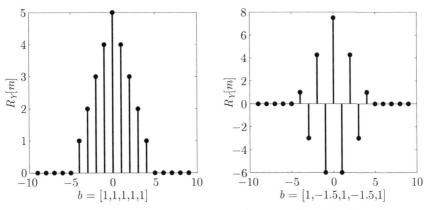

图 4.12 白噪声激励下滑动平均模型输出的自相关函数

对于第一种情况, 注意到系统参数为 $b = [1,1,1,1,1]/5$, 即输出等于相邻输入的算术平均, 因而系统具有低通滤波 (平滑) 的作用。对于第二种情况, $b = [1,-1.5,1,-1.5,1]$, 由于系数代数和为零, 因而具有高通滤波的作用。事实上, 结合物理意义来分析, 由于输出等于相邻输入间的差, 因此能够滤除信号的直流分量, 提取信号的变化成分 (即高频成分)。同时注意到该情况下输出的自相关函数在正负值间交替, 这也是作差结果的体现。

此外, 注意到两种情况下自相关函数均在 $m = 0$ 均取最大值, 即同一个时刻相关性最大。随着时间间隔的增大, 相关性逐渐减小。这是符合物理意义的。当 $m \geqslant 5$ 时, $R_Y[m] = 0$, 这是由于滤波器 b 的长度为 5, 当前的输出只与当前以及前 4 个输入有关, 而输入是白噪声, 因此任意时滞大于等于 5 的输出彼此是不相关的 (零均值条件下正交与不相关等价)。

本章实验部分将展示两种滤波器的作用。

自回归模型 自回归 (auto-regression, AR) 模型的形式为

$$Y[n] - \sum_{k=1}^{N} a_k Y[n-k] = X[n]$$

简记为 AR(N), 其中 N 为模型阶数。相应地, 系统函数为

$$H(z) = \frac{1}{1 - \sum_{k=1}^{N} a_k z^{-k}} = \frac{1}{1 - A(z)}$$

自回归模型的系统函数是无限冲激响应 (IIR) 因果滤波器。该模型利用当前时刻的输入信号与之前 N 个时刻的输出信号来对当前时刻的输出信号进行预测, 因而具有递归

结构, 如图 4.13所示。

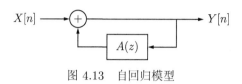

图 4.13 自回归模型

例 4.10 已知 1 阶自回归模型:

$$Y[n] = aY[n-1] + X[n], \ |a| < 1$$

设输入信号为白噪声序列, $R_X[m] = \sigma_X^2 \delta[m]$。求输出信号的功率谱密度与自相关函数。

解: 首先, 易知 1 阶 AR 模型的系统函数为

$$H(z) = \frac{1}{1 - az^{-1}}, \ |z| > |a|$$

在白噪声激励下, 输出的功率谱密度为

$$\begin{aligned}
S_Y(z) &= \sigma_X^2 H(z)H(z^{-1}) = \frac{\sigma_X^2}{(1 - az^{-1})(1 - az)} \\
&= \frac{\sigma_X^2}{1 - a^2}\left(\frac{1}{1 - az^{-1}} + \frac{az}{1 - az}\right), \ |a| < |z| < 1/|a|
\end{aligned}$$

注意到

$$a^m u[m] \overset{\mathscr{Z}}{\longleftrightarrow} \frac{1}{1 - az^{-1}}, \ |z| > |a|, \ a^{-m}u[-m-1] \overset{\mathscr{Z}}{\longleftrightarrow} \frac{az}{1 - az}, \ |z| < 1/|a|$$

因此自相关函数为

$$R_Y[m] = \frac{\sigma_X^2}{1 - a^2}(a^m u[m] + a^{-m}u[-m-1]) = \frac{\sigma_X^2}{1 - a^2}a^{|m|}$$

图 4.14给出了 a 取不同数值下的自相关函数。注意到当 $a > 0$ 时, 任意时间间隔的输出是正相关, 且 a 越大, 自相关函数衰减得越慢, 这是因为当前输出与上一个输出有关, 而 a 决定了上一个输出在当前输出中的比重。显然, a 越大, 相邻两个输出值越接近。另一方面, 当 $a < 0$ 时, 相邻两个输出是负相关的, 即相邻的输出符号发生变化, 这也可以根据 1 阶模型判断出来。

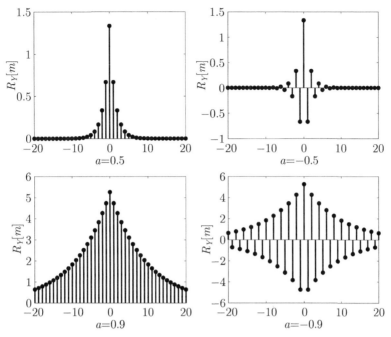

图 4.14 白噪声激励下 1 阶自回归模型输出的自相关函数

对于 N 阶自回归模型, 可以验证在白噪声激励下输出的自相关系数满足如下关系 (见习题 4.17):

$$R_Y[m] = \begin{cases} \displaystyle\sum_{k=1}^{N} a_k R_Y[m-k], & m > 0 \\ \displaystyle\sum_{k=1}^{N} a_k R_Y[m-k] + \sigma_X^2, & m = 0 \\ R_Y[-m], & m < 0 \end{cases} \tag{4.4.8}$$

其中 σ_X^2 是白噪声的平均功率。注意到式(4.4.8)是递归形式, 可以转化为如下方程描述:

$$\begin{bmatrix} R_X[0] & R_X[-1] & R_X[-2] & \cdots & R_X[-N] \\ R_X[1] & R_X[0] & R_X[-1] & \cdots & R_X[1-N] \\ R_X[2] & R_X[1] & R_X[0] & \cdots & R_X[2-N] \\ \vdots & \vdots & \vdots & \ddots & \vdots \\ R_X[N] & R_X[N-1] & R_X[N-2] & \cdots & R_X[0] \end{bmatrix} \begin{bmatrix} 1 \\ -a_1 \\ -a_2 \\ \vdots \\ -a_N \end{bmatrix} = \begin{bmatrix} \sigma_X^2 \\ 0 \\ 0 \\ \vdots \\ 0 \end{bmatrix} \tag{4.4.9}$$

式(4.4.9)称为尤尔-沃克 (Yule-Walker) 方程, 其中系数矩阵为托普利茨 (Toeplitz) 阵。如果知道信号自相关函数, 则可以根据式(4.4.9)求解系统参数。实际中, 由于矩阵维度较高, 通常采用数值方法求解, 具体可参阅文献 [7, 10]。

自回归-滑动平均模型 顾名思义, 自回归-滑动平均 (auto-regressive moving average, ARMA) 模型是自回归与滑动平均两类模型的组合, 如图 4.15所示。该模型具有差分方程的一般形式:

$$Y[n] = \sum_{k=1}^{N} a_k Y[n-k] + \sum_{l=0}^{M} b_l X[n-l]$$

简记为 ARMA(N, M), 其中模型阶数由 N, M 共同决定。系统函数为

$$H(z) = \frac{\displaystyle\sum_{l=0}^{M} b_l z^{-l}}{1 - \displaystyle\sum_{k=1}^{N} a_k z^{-k}} = \frac{B(z)}{1 - A(z)}$$

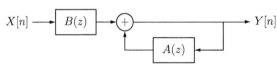

图 4.15　自回归-滑动平均模型

在白噪声激励下, 可以验证 (见习题 4.17) 自回归-滑动平均模型输出的自相关函数满足

$$R_Y[m] = \begin{cases} \displaystyle\sum_{k=1}^{N} a_k R_Y[m-k], & m > M \\ \displaystyle\sum_{k=1}^{N} a_k R_Y[m-k] + \sigma_X^2 \sum_{l=m}^{M} b_l h[l-m], & 0 \leqslant m \leqslant M \\ R_Y[-m], & m < 0 \end{cases} \tag{4.4.10}$$

显然, 式(4.4.7)与式(4.4.8)均为上式的特例。

自回归-滑动平均模型综合了自回归与滑动平均两类模型的特点, 图 4.16展示了输入为高斯白噪声情况下三类模型的输出。为了使输出的幅度增益恒定, 滤波器系数做了归一化处理。可以看出, 三类模型均起到了平滑的作用, 使得输出的随机性减弱, 相关性有所增强。其中, 自回归-滑动平均模型的结果最具有规则性, 自回归模型次之, 滑动平均模型最弱。这是由于自回归-滑动平均模型综合利用输入输出进行预测, 因此最能够体现信号本身的内在结构。当然, 自回归-滑动平均模型结构也最为复杂, 同时需要考虑系统的稳定性; 而滑动平均模型是 FIR 滤波器, 因而是稳定的, 且能够实现线性相位。实际应用中应结合具体情况灵活选择不同的模型。

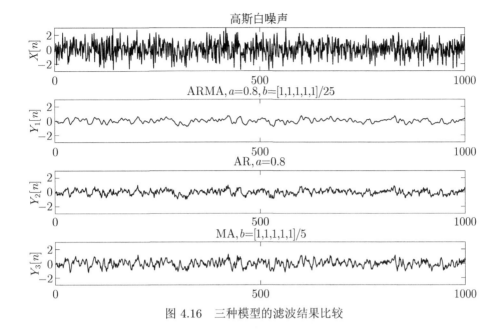

图 4.16   三种模型的滤波结果比较

时间序列模型不仅可以实现线性滤波,同时可用于对系统进行建模,实现系统辨识 (system identification)。即根据输入输出信号的统计特性对系统参数进行估计。此外,由于白噪声激励下输出信号的功率谱主要由系统函数决定,因此也可采用时间序列模型进行功率谱估计,这类方法称为参数法。4.7节将简要介绍系统辨识与参数法谱估计的内容。

4.5   线性系统设计

在实际应用中,经常会遇到以下两类典型的问题:

①如何设计一个线性系统,使得在白噪声激励下,输出信号具有指定的功率谱密度?

②如何设计一个线性系统,使得在某已知信号的激励下,输出信号为白噪声?

我们知道,非白噪声均称为色噪声。因此第一类问题可简述为如何在白噪声激励下产生色噪声,而第二类问题恰是第一类问题的逆过程,因此两类问题分析具有相似之处。另一方面,系统可分为连续时间系统和离散时间系统,但分析思路是一致的。下面以连续时间系统为例进行介绍。

首先来看第一类问题。根据式(4.3.1),白噪声激励下系统的输出主要由系统的幅频响应决定。为了便于讨论,下面以 s 域上的功率谱密度进行表示。不妨设输入信号为具有单位功率谱的理想白噪声 $S_X(s) = 1$,希望输出信号的功率谱密度为 $S_Y(s)$,则根据命题 4.6,

$$S_Y(s) = H(s)H(-s) \tag{4.5.1}$$

通常要求所设计的系统是因果、稳定的。根据线性系统知识可知, 系统的极点应分布于 s 域的左半平面。此外, 如果系统零点同样位于左半平面 (包含虚轴), 则系统具有最小相位。

结合第 3 章介绍的谱分解定理 (见定理 3.3), 有理函数的功率谱可以分解为

$$S_Y(s) = S_Y^-(s)S_Y^+(s) \tag{4.5.2}$$

其中 $S_Y^-(s)S_Y^+(s)$ 的零、极点分别位于 s 域的左、右半平面, 且呈对称分布, 即 $S_Y^+(s) = S_Y^-(-s)$。

综合式(4.5.1)与式(4.5.2), 有

$$S_Y(s) = H(s)H(-s) = S_Y^-(s)S_Y^+(s) \tag{4.5.3}$$

令 $H(s) = S_Y^-(s)$, 于是便得到了具有因果、稳定的系统函数。以上即为产生色噪声的系统设计思路。下面来看一个例子。

例 4.11 试设计一个因果稳定的线性系统, 使得在白噪声激励下输出信号的功率谱密度为

$$S_Y(\omega) = \frac{\omega^2 + 4}{\omega^4 + 10\omega^2 + 9}$$

解: 指定输出信号在 s 域上的功率谱密度为

$$S_X(s) = S_X(\omega)|_{\omega=-\mathrm{j}s} = \frac{-s^2 + 4}{s^4 - 10s^2 + 9} = \frac{(2+s)(2-s)}{(1+s)(1-s)(3+s)(3-s)}$$

注意到极点为 $s = \pm 1, \pm 3$, 零点为 $s = \pm 2$。相应地, 选择零、极点均位于左半平面的部分, 令

$$H(s) = \frac{(2+s)}{(1+s)(3+s)}$$

于是得到满足要求的系统。进一步, 可以求得系统的冲激响应为

$$h(t) = \frac{1}{2}\left(\mathrm{e}^{-t} + \mathrm{e}^{-3t}\right),\ t > 0$$

第二类问题可视为第一类问题的逆过程, 即已知某输入色噪声的功率谱为 $S_X(s)$, 要求输出功率谱为

$$S_Y(s) = H(s)H(-s)S_X(s) = 1 \tag{4.5.4}$$

该过程意味着将色噪声变成白噪声, 即所谓白化 (whitening)。相应地, $H(z)$ 称为白化滤波器。

设 $S_X(s)$ 具有有理函数的形式, 且可以分解为

$$S_X(s) = S_X^-(s)S_X^+(s) \tag{4.5.5}$$

为使系统具有因果、稳定性, 可令 $H(s) = \dfrac{1}{S_X^-(s)}$, 则

$$S_Y(s) = H(s)H(-s)S_X^-(s)S_X^+(s) = 1 \tag{4.5.6}$$

此时输出即为白噪声。注意到由于 $H(s)$ 的极点为 $S_X(s)$ 的零点, 为了保证系统具有稳定性, 通常要求虚轴上没有 $S_X(s)$ 的零点 (否则 $H(s)$ 的极点位于虚轴)。

关于离散时间系统的分析与设计与连续时间系统有相似之处, 其中需要利用随机序列的谱分解定理 (见定理 3.5), 相关过程留给读者自行推导, 见习题 4.14。在本章实验部分, 我们将介绍利用白噪声产生色噪声的仿真实验。

4.6 线性系统输出端的概率分布

在前面几节中, 我们详细分析了随机信号通过 LTI 系统的输入输出关系及统计特性, 其中统计特性主要是围绕相关函数 (二阶矩) 展开的。在许多实际问题中, 通常希望获得信号的概率分布。例如在信号检测中, 如果系统输出端信号和噪声的低阶统计特性相仿, 为了避免虚警和漏检现象, 需要知道输出端信号的概率分布。然而, 确定输出端信号的概率分布并非易事, 目前尚未有一般解决方法。但有两种特殊情况可以进行判断:

① 对于 LTI 系统, 若输入为高斯过程, 则输出也为高斯过程。

② 对于 LTI 系统, 若输入信号带宽远大于系统带宽, 则输出近似为高斯过程。

下面进行详细论述。

4.6.1 高斯过程通过 LTI 系统

假设 LTI 系统是因果稳定的, 设输出端 $X(t)$ 为高斯过程, 则输出端 $Y(t)$ 为

$$Y(t) = \int_{-\infty}^{+\infty} X(\tau)h(t-\tau)\mathrm{d}\tau = \int_{-\infty}^{t} X(\tau)h(t-\tau)\mathrm{d}\tau \tag{4.6.1}$$

注意到上式右端等式利用了系统因果性, 因此积分限为 $(-\infty, t)$。

根据积分定义, 将式(4.6.1)写为

$$Y(t) = \underset{u \to -\infty}{\mathrm{l.i.m}} \int_u^t X(\tau)h(t-\tau)\mathrm{d}\tau = \underset{u \to -\infty}{\mathrm{l.i.m}} \underset{\max \Delta \tau_i \to 0}{\mathrm{l.i.m}} \sum_{i=1}^m X(\tau_i)h(t-\tau_i)\Delta \tau_i \quad (4.6.2)$$

其中 $u = \tau_0 < \tau_1 < \cdots < \tau_m = t$ 为区间 $[u,t]$ 上的划分, $\Delta \tau_i = \tau_i - \tau_{i-1}$。

若证明 $Y(t)$ 是高斯过程, 需要证明任取时刻 $t_1, t_2, \cdots, t_n$, $[Y(t_1), Y(t_2), \cdots, Y(t_n)]^{\mathrm{T}}$ 服从 n 维联合高斯分布。对于每个时刻 t_j, $Y(t_j)$ 均可以表示为式(4.6.2)的形式, 记 $T_j = \{\tau_i^j : u = \tau_0^j < \tau_1^j < \cdots < \tau_{m_j}^j = t_j\}$ 为 $[u, t_j]$ 上的划分, 其中 m_j 为划分的数目。对于不同的区间, 划分往往是不同的, 但是由于积分 (极限) 存在及划分的任意性, 不妨设 $t_1 < t_2 < \cdots < t_n$, 并假设所有区间 $[u, t_j]$ 的交集具有相同的划分, 即如果 T_j 是 $[u, t_j]$ 的划分, 则 T_j 也属于 $[u, t_{j+1}]$ 划分的一部分, 如图 4.17所示。于是所有 $Y(t_j)$ 共享同一个划分:

$$T = \{\tau_i : u = \tau_0 < \tau_1 < \cdots < \tau_m = t_n\}$$

因此随机向量 $[Y(t_1), Y(t_2), \cdots, Y(t_n)]^{\mathrm{T}}$ 可视为 $[X(\tau_1), X(\tau_2), \cdots, X(\tau_m)]^{\mathrm{T}}$ 的线性变换后取极限。因为 $X(t)$ 是高斯过程, $[X(\tau_1), X(\tau_2), \cdots, X(\tau_m)]^{\mathrm{T}}$ 服从 m 维联合高斯分布。根据第 2 章内容, 高斯随机变量的线性变换与极限依然是高斯的。因此 $[Y(t_1), Y(t_2), \cdots, Y(t_n)]^{\mathrm{T}}$ 服从 n 维联合高斯分布, 故 $Y(t)$ 为高斯过程。

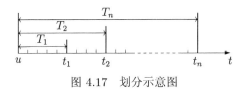

图 4.17 划分示意图

4.6.2 宽带信号通过窄带 LTI 系统

如果输入为非高斯过程, 上述分析方法不再适用。但借助中心极限定理, 并在适当假设条件下, 依然可以断定输出为高斯过程。假设 LTI 系统是因果稳定的, 并考虑在系统建立时间内的作用结果, 此时输入输出关系可近似表示为

$$Y(t) = \int_{t-t_s}^t X(\tau)h(t-\tau)\mathrm{d}\tau \approx \sum_{i=1}^n X(\tau_i)h(t-\tau_i)\Delta \tau$$

其中 τ_i 为 $[t - t_s, t]$ 上的采样点 (划分), $\Delta \tau = \tau_i - \tau_{i-1}$ 为采样间隔 (这里考虑等间隔采样), t_s 为系统的建立时间, 即

$$t_s = \frac{s(\infty)}{h(0)} = \lim_{t \to \infty} \frac{1}{h(0)} \int_{-\infty}^t h(\tau)\mathrm{d}\tau$$

因此 $Y(t)$ 可近似认为是 $X(t)$ 在一段时间内的采样值的线性组合。根据中心极限定理,大量统计独立的随机变量之和服从高斯分布。若 $Y(t)$ 服从一维高斯分布,则需要满足两个条件: ① $X(\tau_i)$ 相互独立; ② n 足够大。

对于第一个条件,一般而言,$X(\tau_i)$ 之间是存在相关性的。当采样间隔远大于相关时间时,即 $\Delta\tau \gg \tau_c$,则可认为各采样值之间是不相关的,进而近似认为是统计独立的。对于第二个条件,注意到 $n = t_s/\Delta\tau$,n 足够大意味着 $t_s \gg \Delta\tau$。综合上述分析,得到 $Y(t)$ 服从一维高斯分布的条件为 $\tau_c \ll \Delta\tau \ll t_s$,或化简为

$$\tau_c \ll t_s \tag{4.6.3}$$

下面来分析式(4.6.3)是否具有物理意义。根据第 3 章内容,信号的相关时间与信号的等效噪声带宽成反比,即 $\tau_c \propto 1/W_e$,而系统的建立时间与系统带宽也成反比,即 $t_s \propto 1/\Delta\omega_e$,因此 $\tau_c \ll t_s$ 等价于 $W_e \gg \Delta\omega_e$。这说明,如果输入信号的带宽远大于系统带宽时,式(4.6.3)成立,故 $Y(t)$ 服从一维高斯分布。进一步假设多个时刻 $Y(t_1),\cdots,Y(t_n)$ 相互独立,则可以推得其服从联合高斯分布,因此 $Y(t)$ 为高斯过程。

注意到上述分析虽然不是严格的数学证明,但结论在实际中得到了较好的验证。例如在雷达接收机受到噪声干扰时,若干扰噪声带宽大于接收机带宽的若干倍,则接收机输出端就可以近似为窄带高斯噪声。有关窄带信号的分析将在第 5 章详细介绍。

4.7　研究型学习——系统辨识与参数法谱估计 *

系统辨识是指根据观测的输入输出的统计特性对系统参数进行估计,从而确定系统特性。系统辨识是工程中一类重要的问题,本节仅限于讨论线性系统。

考虑连续时间系统,在理想白噪声激励下,系统输入输出的互相关函数与系统的冲激响应仅差一个倍数,即

$$R_{XY}(\tau) = R_X(\tau) * h(\tau) = \frac{N_0}{2}h(\tau) \tag{4.7.1}$$

其中 $N_0/2$ 为理想白噪声的功率谱密度。

上述关系即给出了测量系统冲激响应的一种方法。该过程可以结合图 4.18来介绍。设 $X(t)$ 为具有平稳遍历性的理想白噪声,分别经过被测系统和理想延时滤波器得到 $Y(t)$ 与 $X(t-\tau)$。两者经过乘法器得到 $Z_\tau(t)$,此时 $Z_\tau(t)$ 也具有平稳遍历性。假设低通滤波器的通带充分小,那么 $Z_\tau(t)$ 的直流分量可近似认为等于统计平均,即

$$\overline{Z_\tau(t)} \approx E[Z_\tau(t)] = E[X(t-\tau)Y(t)] = R_{XY}(\tau) = \frac{N_0}{2}h(\tau)$$

因此, 通过选取不同的延时因子 $\tau > 0$, 就能够完整地测量出系统的冲激响应,

$$h(\tau) = \frac{2}{N_0}\overline{Z_\tau(t)},\ \tau > 0$$

在实际中, 理想白噪声并不存在。但如果输入信号的功率谱在系统通带范围内近似恒定, 就可近似认为带限白噪声, 此时便能得到较好的估计结果。这种测量方法已成功应用于实际工程中, 例如自动控制系统、航天器飞行监测、核反应堆控制等。

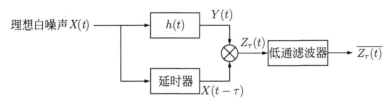

图 4.18　系统冲激响应测量方法示意图

系统辨识也可以通过频域关系进行描述。根据系统的输入输出关系, 系统函数可以通过输入输出的互功率谱与输入的功率谱之比得到, 即

$$H(\omega) = \frac{S_{XY}(\omega)}{S_X(\omega)} \tag{4.7.2}$$

上式同时得到了系统的幅频特性和相频特性。注意到

$$\frac{S_{XY}(\omega)}{S_{YX}(\omega)} = \frac{H(\omega)}{H(-\omega)} = \mathrm{e}^{2\mathrm{j}\angle H(\omega)}$$

因此

$$\angle H(\omega) = \frac{1}{2\mathrm{j}}\ln\left[\frac{S_{XY}(\omega)}{S_{YX}(\omega)}\right] = \angle S_{XY}(\omega)$$

对于离散时间系统, 通常可假定系统具有 ARMA、AR 或 MA 结构。因而系统辨识即转化为模型参数的估计。这里有两个关键问题, 一是模型的选择; 二是参数估计方法。对于第一个问题, 根据 Wold 分解定理[5, 10] 可知, 任何 AR 或 ARMA 模型可以用无限阶次的 MA 模型唯一表示; 反之, 任何 MA 或 ARMA 模型也可用无限阶次的 AR 模型唯一表示。因此模型选择的基本原则是参数尽可能少且容易计算。实际中使用最多的是 AR 模型。对于第二个问题, 诸多学者提出了不同的参数估计方法, 代表性方法包括尤尔-沃克 (Yule-Walker) 法、伯格 (Burg) 法、最小二乘法等, 详细内容可参阅文献 [7]。

系统参数估计也是参数法谱估计的关键①。在第 3 章, 我们介绍了非参数谱估计方

---

① 系统辨识问题通常假设输入输出均是可测的, 与之不同的是, 谱估计问题通常假设输入是白噪声且不可测。

法, 其中核心工具是傅里叶变换。然而, 非参数法的弊端之一在于谱泄漏, 尽管许多学者在窗函数上做了大量改进工作, 但加窗所引起的频率分辨率降低是无法克服的。事实上, 非参数法的局限在于有限长的数据导致自相关函数的支撑区间也是有限的 (即时滞 $m > N$ 时为零, N 为信号长度), 因而影响到估计谱的分辨率。此外, 傅里叶变换以周期信号为假设条件, 显然实际中绝大多数信号并非具有周期性。

参数法突破了非参数法的局限性, 这类方法的基本思想是假设信号是由白噪声经过某系统得到的输出, 因而功率谱由系统参数完全决定, 即

$$S(z) = \sigma^2 |H(z)|^2 = \sigma^2 \frac{B(z)B(z^{-1})}{(1+A(z))(1+A(z^{-1}))}$$

实际中通常选择 AR 模型, 因此 $B(z) = 1$。参数可通过尤尔-沃克方程 (见式(4.4.9)) 进行估计。只要得到了估计参数, 依据上式便可以计算估计谱。参数法本质上是将自相关函数外推 (extrapolation), 即利用有限长的数据 (如长度 N) 估计时滞 $m > N$ 的取值, 从而扩展了自相关函数的支撑区间, 有效提高了估计谱的分辨率。谱估计是信号处理领域的重要研究课题, 特别是以参数法为代表的现代谱估计理论具有丰富的内涵。限于篇幅, 本书不再展开介绍, 更多内容读者可参阅文献 [7, 9, 11] 等。

作业 从以下主题选择其中之一, 调研相关文献资料, 撰写一份研究型报告。

(1) 系统辨识的原理、方法和应用;

(2) 参数法谱估计的原理、算法和仿真分析。

4.8 MATLAB 仿真实验

4.8.1 随机信号的线性滤波

线性滤波是信号处理的基本运算之一, 通常用于去除或提取信号的指定频率成分。实现滤波的器件称为滤波器, 其可以视为一个线性系统, 具有如下一般形式[①]:

$$H(z) = \frac{B(z)}{A(z)} = \frac{\sum_{l=0}^{M} b_l z^{-l}}{\sum_{k=0}^{N} a_k z^{-k}} \tag{4.8.1}$$

常见的滤波器可分为有限冲激响应 (FIR) 滤波器 ($H(z)$ 无极点, 即 $A(z) = 1$) 和无限冲激响应 (IIR) 滤波器 ($H(z)$ 为有理函数, 即 $A(z)$ 阶数大于零)。MATLAB 提供函数 `filter` 可用于实现一维信号的滤波处理, 句法为

[①] 注意, 这里采用 MATLAB 表示习惯, 因此与式(4.4.4)有所差别。

```
y = filter(b,a,x);          % a,b 分别为滤波器的分母和分子多项式系数
```

实验 4.1 已知含噪正弦信号

$$X(t) = \sin(10\pi t) + N(t)$$

其中 $N(t)$ 为高斯白噪声, $\sigma^2 = 0.1$。仿真生成时长 2s 的信号, 并利用例 4.9所给出的滑动平均模型参数, 对信号进行滤波并绘制结果。

```
T = 2;                       % 信号时长
Fs = 1000;                   % 采样率
t = 0:1/Fs:T-1/Fs;           % 采样点
sigma = sqrt(0.1);           % 噪声标准差
x = sin(10*pi*t)+sigma*randn(size(t)); % 生成含噪正弦波

b1 = ones(1,5)/5;            % 滤波器参数 1
b2 = [1 -1.5 1 -1.5 1];      % 滤波器参数 2
a = 1;
y1 = filter(b1,a,x);         % 滤波结果 1
y2 = filter(b2,a,x);         % 滤波结果 2

% 绘图
subplot(3,1,1)
plot(x,'k','linewidth',1)
ylim([-2.5,2.5]);
xticks([0 1000 2000]);
xticklabels({'0','1','2s'});
yticks([-2 0 2]);
title('正弦波叠加高斯白噪声');

subplot(3,1,2)
plot(y1,'k','linewidth',1)
ylim([-2.5,2.5]);
xticks([0 1000 2000]);
xticklabels({'0','1','2s'});
yticks([-2 0 2]);
```

```
title('滤波结果 1, b=[1,1,1,1,1]/5');

subplot(3,1,3)
plot(y2,'k','linewidth',1)
ylim([-3.5,3.5]);
xticks([0 1000 2000]);
xticklabels({'0','1','2s'});
yticks([-3 0 3]);
title('滤波结果 2, b=[1,-1.5,1,-1.5,1]');
```

仿真结果如图 4.19所示。可以看出, 采用第一种滤波器的输出信号相比于原输入信号更加平滑; 而采用第二种滤波器的输出信号结构与原输入信号明显不同, 取值在零附近上下波动, 这是作差结果的体现。

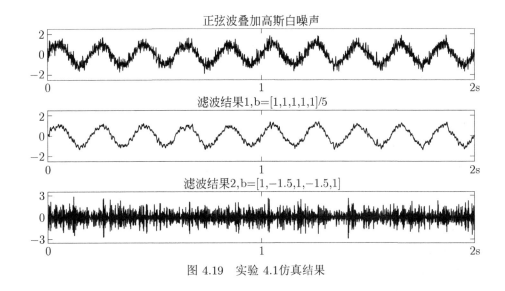

图 4.19 实验 4.1仿真结果

在实际应用中, 经常需要设计特定的滤波器, MATLAB 信号处理工具箱提供了丰富的函数可实现不同类型的 FIR/IIR 滤波器, 具体使用方法可查阅 MATLAB 帮助文档。

4.8.2 色噪声的生成

根据 4.5节内容, 若要生成具有某种特定功率谱 (或自相关函数) 的随机信号, 可以利用谱分解定理构造相应的系统函数, 并将白噪声作为系统激励。

实验 4.2　仿真生成随机信号使得其自相关函数具有如下形式:

$$R_X[m] = \alpha^{|m|}, \, 0 < \alpha < 1$$

根据例 4.8, 该随机信号可视为 1 阶自回归模型在白噪声激励下的输出, 其中滤波器为

$$H(z) = \frac{1}{1 - \alpha z^{-1}}$$

为保证自相关函数满足题目要求, 白噪声的平均功率应为

$$\sigma^2 = 1 - \alpha^2$$

实验中设 $\alpha = 0.7$, MATLAB 代码如下。

```
N = 1000;                        % 序列长度
alpha = 0.7;                     % 自相关函数参数
sigma = sqrt(1-alpha^2);         % 噪声标准差
n = sigma*randn(1,N);            % 生成高斯白噪声
b = 1;                           % 1 阶 AR 模型分子系数
a = [1 -alpha];                  % 1 阶 AR 模型分母系数
x = filter(b,a,n);               % 生成指定色噪声
r = xcorr(x,'biased');           % 计算 x 的自相关

m = 30;                          % 截取自相关函数部分点用于绘图
t = -m:m;
rt = r(t+N);
subplot(1,2,1)
plot(x,'linewidth',1);           % 绘制信号波形
title('随机信号样本');
subplot(1,2,2)
plot(t,rt,'linewidth',1);        % 绘制自相关函数估计值
hold on
plot(t,alpha.^abs(t),'--','linewidth',1);% 绘制自相关函数理论值
title('自相关函数');
legend('估计值','理论值');
```

图 4.20画出了信号自相关函数的理论值与估计值, 可以看出两者基本吻合。

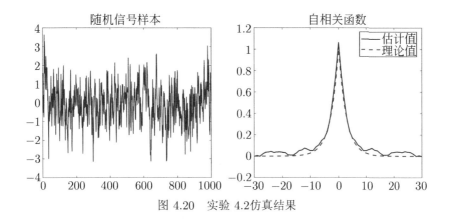

图 4.20　实验 4.2仿真结果

MATLAB 实验练习

4.1　已知 $N(t)$ 为高斯白噪声, $\sigma_N^2 = 1$。分别利用 MA、AR、ARMA 模型对该信号进行滤波处理并比较结果, 参数设置如下:

　　(1) MA: $b = [1, 1, 1, 1, 1]/5$;

　　(2) AR: $a = [1, -0.8]$;

　　(3) ARMA: $b = [1, 1, 1, 1, 1]/5$, $a = [1, -0.8]$。

4.2　按如下模型产生一组随机序列:

$$X[n] = 0.8X[n-1] + 0.2X[n-2] + N[n]$$

其中 $N[n]$ 为高斯白噪声, $\sigma_N^2 = 4$。估计 $X[n]$ 的自相关函数和功率谱密度。

4.3　仿真生成具有如下自相关函数的随机信号:

$$R_X(\tau) = 5\mathrm{e}^{-2|\tau|}$$

　　提示: 利用 1 阶 AR 模型。

4.4　已知正弦波叠加高斯白噪声:

$$X(t) = \cos(2\pi f_0 t) + N(t)$$

其中 $f_0 = 10\mathrm{Hz}$, 噪声功率为 $\sigma^2 = 0.01$。设计一个数字低通滤波器, 其中采样率为 $F_s = 1000\mathrm{Hz}$, 通带截止频率为 50Hz。并对信号进行滤波处理。绘制滤波前后的信号波形及功率谱密度。

　　提示: 可利用 MATLAB 函数 `yulewalk` 设计低通滤波器。

习　　题

4.1 证明命题 4.2。

4.2 证明命题 4.4, 即宽遍历过程经过线性系统依然是宽遍历过程。

4.3 已知 LTI 系统的冲激响应为 $h(t)$, 设输入信号为

$$X(t) = X_1(t) + X_2(t)$$

其中 $X_1(t), X_2(t)$ 为联合平稳过程, 输出信号为 $Y(t)$。求:
　　(1) $Y(t)$ 的自相关函数与 $X_1(t), X_2(t)$ 的 (互) 相关函数的关系;
　　(2) $Y(t)$ 的功率谱密度与 $X_1(t), X_2(t)$ 的 (互) 功率谱密度的关系。

4.4 已知 RC 电路、RL 电路分别如图 4.21(a)、(b) 所示, 设输入端电压 $X(t)$ 为理想白噪声, $R_X(\tau) = \dfrac{N_0}{2}\delta(\tau)$。求:
　　(1) $Y(t)$ 的均值、自相关函数和功率谱密度;
　　(2) $X(t), Y(t)$ 的互相关函数和互功率谱密度。

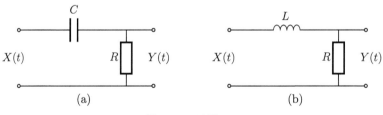

图 4.21　习题 4.4

4.5 采用时域分析法计算例 4.5, 并与频域分析法结果进行比较。

4.6 已知 RLC 电路如图 4.22所示, 设热噪声电压源 $N(t)$ 的功率谱密度为

$$S_N(\omega) = 2kTR$$

其中 k 为玻尔兹曼常数, T 为热力学温度, R 为电阻。证明输出端电压 $Y(t)$ 的功率谱密度满足

$$S_Y(\omega) = 2kT\mathrm{Re}[Z(\omega)]$$

其中 $Z(\omega)$ 为电路的输出阻抗。

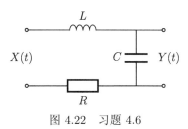

图 4.22　习题 4.6

4.7　已知 RC 电路如图 4.23所示,

(1) 若输入端为高斯白噪声, $S_X(\omega) = N_0/2$, 求输出端 $Y(t)$ 的一维概率分布;

(2) 若输入端为随机相位信号 $X(t) = a\cos(\omega_0 t + \Phi)$, 其中 $\Phi \sim U[-\pi, \pi]$。求输出端 $Y(t)$ 的自相关函数、功率谱密度与平均功率;

(3) 若输入端为随机相位信号与白噪声的叠加, 即

$$X(t) = S(t) + N(t) = a\cos(\omega_0 t + \Phi) + N(t)$$

其中 $\Phi \sim U[-\pi, \pi]$, $S_N(\omega) = N_0/2$, 且 $X(t), N(t)$ 相互独立。分别求输入端和输出端的信噪比。

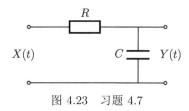

图 4.23　习题 4.7

4.8　已知电路如图 4.24所示, 设输入端 $X(t)$ 为随机电报信号, 自相关函数为

$$R_X(\tau) = \mathrm{e}^{-\alpha|\tau|}, \ \alpha > 0$$

分别求加载电阻 R_1, R_2 两端的电压 $U_1(t), U_2(t)$ 的功率谱密度。

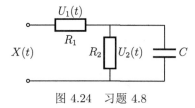

图 4.24　习题 4.8

4.9　已知某线性系统如图 4.25所示, 求:

(1) 系统的传递函数 $H(\omega)$;

(2) 若输入 $X(t)$ 为白噪声, $S_X(\omega) = 1$, 求输出 $Z(t)$ 的平均功率。

提示:

$$\int_0^{+\infty} \frac{\sin^2 ax}{x^2}\mathrm{d}x = |a|\frac{\pi}{2}$$

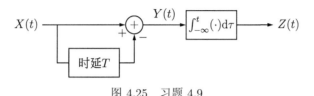

图 4.25　习题 4.9

4.10　已知某积分系统的输入输出关系满足

$$Y(t) = \int_{t-T}^t X(\tau)\mathrm{d}\tau$$

设输入为平稳过程, 功率谱密度为 $S_X(\omega)$, 求输出信号的功率谱密度。

4.11　验证对于带通系统, 等效噪声带宽依然满足式(4.3.2)。

4.12　已知某低通系统具有高斯频率特性, 系统的频率响应为

$$H(\omega) = \alpha \exp\left(-\frac{\omega^2}{2\beta^2}\right)$$

其中 $\alpha > 0, \beta > 0$。

(1) 假设具有单位功率谱的白噪声通过该系统, 求输出端 $Y(t)$ 的自相关函数、相关时间、平均功率以及系统的等效噪声带宽;

提示:

$$\frac{1}{\sqrt{2\pi}}\mathrm{e}^{-t^2/2} \xleftrightarrow{\mathscr{F}} \mathrm{e}^{-\omega^2/2}$$

(2) 若系统改为带通系统, 即

$$H(\omega) = \begin{cases} \alpha \exp\left[-\dfrac{(\omega - \omega_0)^2}{2\beta^2}\right], & \omega > 0 \\[3mm] \alpha \exp\left[-\dfrac{(\omega + \omega_0)^2}{2\beta^2}\right], & \omega < 0 \end{cases}$$

重做 (1), 并比较两者的结果。

4.13 已知某因果稳定的线性系统 $H(\omega)$, 在单位功率谱的白噪声激励下, 输出信号的功率谱为

$$S_Y(\omega) = \frac{\omega^2 + a^2}{\omega^2 + b^2}$$

其中 $b > a > 0$。求系统的冲激响应。

4.14 设计一个因果稳定的白化滤波器, 使得输入功率谱为

$$S_X(\mathrm{e}^{\mathrm{j}\Omega}) = \frac{1.04 + 0.4\cos\Omega}{1.25 + \cos\Omega}, \ \Omega \in [-\pi, \pi]$$

的色噪声变为白噪声。

提示: 仿照连续时间系统的设计思路, 并利用随机序列的谱分解定理。

4.15 LTI 系统满足如下差分方程:

$$Y[k] = X[k] + \frac{1}{2}X[k-1] + \frac{1}{4}Y[k-1]$$

若输入为白噪声序列, $R_X[m] = 2\delta[m]$。求输出的功率谱密度。

4.16 已知平稳序列 $X_1[n], X_2[n]$ 分别经过两个 LTI 系统 H_1, H_2, 相应输出为 $Y_1[n], Y_2[n]$。
    (1) 求 $S_{X_1 X_2}(z)$ 与 $S_{Y_1 Y_2}(z)$ 的关系式;
    (2) 判断 $Y_1[n], Y_2[n]$ 是否正交。

4.17 证明自回归-滑动平均模型 ARMA(N, M) 在白噪声激励下输出的自相关系数满足式(4.4.10)。并验证式(4.4.7)、式(4.4.8)均为式(4.4.10)的特例。

第5章

窄带随机信号

在雷达、通信等系统中, 信号通常都是带限信号 (band-limited signal), 即功率谱 (对于确定性信号可考虑频谱) 分布于某一段频率范围之内。结合第 4 章内容, 带限信号可视为在理想白噪声激励下某带限系统的输出。按照通带的范围, 可以分为低通信号 (lowpass signal) 与带通信号 (bandpass signal)。

低通信号 (亦称低频带限信号) 的功率谱密度分布于零频附近, 即

$$S_X(\omega) = \begin{cases} S_X(\omega), & |\omega| \leqslant \omega_M \\ 0, & |\omega| > \omega_M \end{cases}$$

其中 ω_M 为信号的最高频率。对于实随机过程, 因其功率谱为偶函数, 故关于 $\omega = 0$ 对称分布。

带通信号的功率谱密度分布于某个中心频率为 ω_0 的频带范围之内。若信号是实的, 则其功率谱是双边对称的, 即

$$S_X(\omega) = \begin{cases} S_X(\omega), & |\omega \pm \omega_0| \leqslant \omega_M \\ 0, & 其他 \end{cases}$$

如果中心频率远大于信号带宽, 即 $\omega_0 \gg 2\omega_M$, 则称为**高频窄带随机信号 (过程)**, 简称为窄带信号。

本章介绍窄带随机信号的表示方法及相关统计特性。首先回顾确定性信号中的相关概念与结论, 包括解析信号、希尔伯特变换、高频窄带信号的表示方法等。随后将这些概念与结论推广至随机信号。稍后会看到, 两者的分析过程是相仿的。对于熟悉确定性信号相关内容的读者, 亦可跳过 5.1 节, 直接从 5.2 节开始阅读。

5.1 解析信号

5.1.1 解析信号的概念

设 $x(t)$ 为一实确定性信号[①], 频谱为 $X(\omega)$。根据傅里叶变换的性质, $X(-\omega) = X^*(\omega)$, 即频谱中正、负频率部分互为复共轭。此外, 由于 $X(\omega) = |X(\omega)|e^{j\angle X(\omega)}$, 易知幅度谱是关于 ω 的偶函数, 相位谱是关于 ω 的奇函数, 即

$$|X(-\omega)| = |X(\omega)|, \quad \angle X(-\omega) = -\angle X(\omega)$$

---

① 本节 "信号" 均指确定性信号。

由此可见, 实信号的频谱信息是冗余的, 如果知道正、负频率任意一边的频谱, 则另一边的频谱就确定了。下面只考虑正频率部分的频谱, 由此引入单边频谱:

$$X_a(\omega) = X(\omega)(1 + \operatorname{sgn} \omega) \tag{5.1.1}$$

其中

$$\operatorname{sgn} \omega = \begin{cases} 1, & \omega > 0 \\ -1, & \omega < 0 \end{cases}$$

利用逆傅里叶变换,

$$x_a(t) = \mathscr{F}^{-1}[X_a(\omega)] = x(t) * \left[\delta(t) + \mathrm{j}\frac{1}{\pi t}\right] = x(t) + \mathrm{j}x(t) * \frac{1}{\pi t} = x(t) + \mathrm{j}\hat{x}(t) \tag{5.1.2}$$

其中

$$\hat{x}(t) = x(t) * \frac{1}{\pi t} = \frac{1}{\pi} \int_{-\infty}^{+\infty} \frac{x(\tau)}{t - \tau} \mathrm{d}\tau \tag{5.1.3}$$

称 $\hat{x}(t)$ 为 $x(t)$ 的希尔伯特变换, 记作 $\hat{x}(t) = \mathscr{H}[x(t)]$。

根据上述分析, 单边频谱对应的时域信号是一个复信号, 其虚部是实部的希尔伯特变换, 这样的信号被称为解析信号 (analytic signal)。图 5.1展示了实信号与其对应的解析信号的频谱关系。

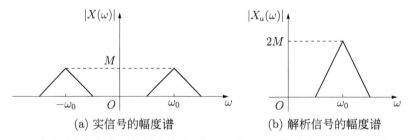

(a) 实信号的幅度谱　　　　　　(b) 解析信号的幅度谱

图 5.1　实信号与解析信号的频谱关系 (为直观说明两者的关系, 这里仅画出幅度谱)

5.1.2　希尔伯特变换

希尔伯特变换是一个积分变换。若把该变换视为一个线性时不变系统, 易知系统的冲激响应与频率响应分别为

$$h(t) = \frac{1}{\pi t} \overset{\mathscr{F}}{\longleftrightarrow} H(\omega) = -\mathrm{j}\operatorname{sgn}\omega = \begin{cases} -\mathrm{j}, & \omega > 0 \\ \mathrm{j}, & \omega < 0 \end{cases}$$

相应地, 希尔伯特变换的幅频响应与相频响应分别为

$$|H(\omega)| = 1, \ \angle H(\omega) = \begin{cases} -\pi/2, & \omega > 0 \\ \pi/2, & \omega < 0 \end{cases}$$

由此可见, 希尔伯特变换仅仅改变信号的相位, 即正频率部分相位减小 $\pi/2$, 负频率部分相位增加 $\pi/2$。因此, 希尔伯特变换也称作 90° 相移滤波器, 其在频域上表示为

$$\widehat{X}(\omega) = X(\omega)H(\omega) = \begin{cases} -\mathrm{j}X(\omega), & \omega > 0 \\ \mathrm{j}X(\omega), & \omega < 0 \end{cases}$$

根据希尔伯特变换的频域表达式, 对任意信号作两次希尔伯特变换, 得

$$\check{X}(\omega) = \widehat{X}(\omega)H(\omega) = \begin{cases} -\mathrm{j}(-\mathrm{j}X(\omega)), & \omega > 0 \\ \mathrm{j}(\mathrm{j}X(\omega)), & \omega < 0 \end{cases} = -X(\omega)$$

因此, 连续两次希尔伯特变换仅仅改变原信号的符号。事实上, 从物理意义上来分析, 连续两次希尔伯特变换, 正负频率的相位各发生了 $\mp\pi$ 的移动, 因而 $\mathrm{e}^{\mp\mathrm{j}\pi} = -1$。据此也可以得出希尔伯特的逆变换为 $\mathscr{H}^{-1} = -\mathscr{H}$。

例 5.1 求实信号 $x(t) = a(t)\cos\omega_0 t$ 的希尔伯特变换, 其中 $a(t)$ 为包络, 其为低频带限信号, 带宽远小于载频 ω_0。

解: 信号 $x(t)$ 可视为调幅信号, 其中 $a(t)$ 是振幅, $\cos\omega_0 t$ 是载波, 其频谱为

$$X(\omega) = \frac{1}{2}[A(\omega + \omega_0) + A(\omega - \omega_0)] = \begin{cases} A(\omega - \omega_0)/2, & \omega > 0 \\ A(\omega + \omega_0)/2, & \omega < 0 \end{cases}$$

其中 $A(\omega)$ 是 $a(t)$ 的频谱。由于 ω_0 远大于包络带宽, 因此 $X(\omega)$ 可视为单边谱 $A(\omega - \omega_0)/2$ 与 $A(\omega + \omega_0)/2$ 的叠加, 如上式右端所示。

$x(t)$ 的希尔伯特变换在频域表示为

$$\widehat{X}(\omega) = -\mathrm{j}\,\mathrm{sgn}\,\omega X(\omega) = \begin{cases} -\mathrm{j}A(\omega - \omega_0)/2, & \omega > 0 \\ \mathrm{j}A(\omega + \omega_0)/2, & \omega < 0 \end{cases}$$
$$= \frac{\mathrm{j}}{2}[A(\omega + \omega_0) - A(\omega - \omega_0)]$$

注意到上式依然利用了 $A(\omega - \omega_0)$ 与 $A(\omega + \omega_0)$ 均为单边谱的假设。易知该频谱对应的时域信号是

$$\hat{x}(t) = a(t)\sin\omega_0 t$$

根据例 5.1我们得到一个重要结论, 即高频调幅信号的希尔伯特变换包络不变, 载波相位改变 $\pi/2$。此外注意到

$$\mathscr{F}[a(t)\mathrm{e}^{\mathrm{j}\omega_0 t}] = \mathscr{F}[a(t)\cos\omega_0 t + \mathrm{j}a(t)\sin\omega_0 t]$$

$$= X(\omega) + \mathrm{j}\widehat{X}(\omega) = \begin{cases} A(\omega - \omega_0), & \omega > 0 \\ 0, & \omega < 0 \end{cases}$$

因此 $a(t)\mathrm{e}^{\mathrm{j}\omega_0 t}$ 为解析信号。

进一步, 若令 $a(t) = 1$, 则有

$$\mathscr{H}[\cos\omega_0 t] = \sin\omega_0 t, \quad \mathscr{H}[\sin\omega_0 t] = -\cos\omega_0 t$$

上述关系亦可通过希尔伯特变换的移相性质而得到, 读者可自行验证。

5.1.3 高频窄带信号的复表示方法

高频窄带信号是雷达、通信等系统中的一种常见信号, 该信号模型可表示为

$$x(t) = a(t)\cos[\omega_0 t + \theta(t)] \tag{5.1.4}$$

其中 $a(t), \theta(t)$ 分别是信号的振幅和相位, 两者都是低频带限信号, 带宽远小于载频 ω_0。称式(5.1.4)为准正弦振荡表达式。

式(5.1.4)也可以写作

$$x(t) = a(t)\cos\theta(t)\cos\omega_0 t - a(t)\sin\theta(t)\sin\omega_0 t = x_I(t)\cos\omega_0 t - x_Q(t)\sin\omega_0 t \tag{5.1.5}$$

其中 $x_I(t), x_Q(t)$ 分别称为同相 (in-phase) 与正交 (quadrature) 分量, 两者都是低频带限信号。称式(5.1.5)为莱斯 (Stephen O. Rice, 1907—1986) 表达式。据此, 高频窄带信号可视为 I/Q 两路已调信号的叠加, 如图 5.2(a) 所示。反之, 通过解调很容易从 $x(t)$ 中提取 $x_I(t)$ 和 $x_Q(t)$, 如图 5.2(b) 所示。

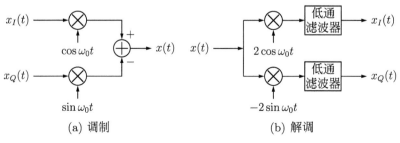

图 5.2 窄带信号与 I/Q 分量

准正弦振荡表达式(5.1.4)与莱斯表达式(5.1.5)具有等价关系。事实上，从数学形式上来看两者是恒等关系。然而只有当载频远大于振幅带宽时，此时振幅相比于载波变化要缓慢得多，因而才能称为"包络"，如图 5.3所示。高频窄带信号即为这种情况。

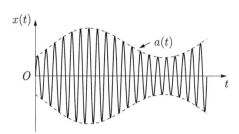

图 5.3　高频窄带信号波形

注意到上述讨论的信号模型是实的，因而其频谱是双边的。在实际应用中，单边谱分析更为简便。下面讨论高频窄带信号的复表示方法。

方法一：解析表示法　最直接的方法是利用希尔伯特变换求得高频窄带信号对应的解析信号，即

$$x_a(t) = x(t) + \mathrm{j}\hat{x}(t) \tag{5.1.6}$$

其中 $\hat{x}(t)$ 为 $x(t)$ 的希尔伯特变换。此时复信号 $x_a(t)$ 的频谱必然是单边的，即

$$X_a(\omega) = X(\omega)(1 + \mathrm{sgn}\,\omega)$$

然而，通过式(5.1.3)计算 $x(t)$ 的希尔伯特变换并不容易。稍后会看到，通过窄带信号的物理意义可以回避烦琐的积分运算，从而得到 $\hat{x}(t)$ 的正确表示。

方法二：复指数表示法　另一种方法是将高频窄带信号扩展为复指数形式，即

$$x_e(t) = a(t)\mathrm{e}^{\mathrm{j}[\omega_0 t + \theta(t)]} = a(t)\mathrm{e}^{\mathrm{j}\theta(t)}\mathrm{e}^{\mathrm{j}\omega_0 t} = \tilde{a}(t)\mathrm{e}^{\mathrm{j}\omega_0 t} \tag{5.1.7}$$

称 $\tilde{a}(t) = a(t)\mathrm{e}^{\mathrm{j}\theta(t)}$ 为复包络，$\mathrm{e}^{\mathrm{j}\omega_0 t}$ 为复载波。

注意到 $\mathrm{Re}[x_e(t)] = a(t)\cos[\omega_0 t + \theta(t)] = x(t)$，而 $\mathrm{Im}[x_e(t)] = a(t)\sin[\omega_0 t + \theta(t)]$。因此，如果虚部是实部的希尔伯特变换，即

$$a(t)\sin[\omega_0 t + \theta(t)] = \mathscr{H}[a(t)\cos[\omega_0 t + \theta(t)]] \tag{5.1.8}$$

则 $x_e(t) = x_a(t)$，其频谱必然是单边的。

当然，式(5.1.8)是否成立还需要论证。一种方法是直接通过希尔伯特变换的定义计算求证，事实上即转化为第一种方法，显然这是比较困难的。下面通过物理意义进行论证。

首先, 根据式(5.1.7)可知复指数信号的频谱与复包络的频谱具有如下关系:

$$X_e(\omega) = \widetilde{A}(\omega - \omega_0) \tag{5.1.9}$$

由于复包络是低频带限信号, 而中心频率 ω_0 远大于包络带宽, 因此可以认为 $\widetilde{A}(\omega-\omega_0)$ 是单边的, 如图 5.4(a) 所示。事实上, 如果 $\widetilde{A}(\omega - \omega_0)$ 不是单边的, 则当 $\omega < 0$ 时, $\widetilde{A}(\omega - \omega_0) \neq 0$, 或等价地, 当 $\omega < -\omega_0$ 时, $\widetilde{A}(\omega) \neq 0$。这与复包络为低频带限信号矛盾。

下面判断 $X_e(\omega)$ 与 $X(\omega)$ 的关系。注意到

$$x(t) = \frac{1}{2}[x_e(t) + x_e^*(t)] \overset{\mathscr{F}}{\longleftrightarrow} X(\omega) = \frac{1}{2}[X_e(\omega) + X_e^*(-\omega)]$$

结合式(5.1.9), 可得

$$\begin{aligned}
X(\omega) &= \frac{1}{2}[X_e(\omega) + X_e^*(-\omega)] = \frac{1}{2}[\widetilde{A}(\omega - \omega_0) + \widetilde{A}^*(-\omega - \omega_0)] \\
&= \begin{cases} \widetilde{A}(\omega - \omega_0)/2, & \omega > 0 \\ \widetilde{A}^*(-\omega - \omega_0)/2, & \omega < 0 \end{cases}
\end{aligned} \tag{5.1.10}$$

式(5.1.10)最后等式利用了 ω_0 远大于复包络的带宽这一假设条件, 因此在正、负频率部分可分别视为 $\widetilde{A}(\omega - \omega_0), \widetilde{A}^*(-\omega - \omega_0)$ 两个单边谱[1], 如图 5.4(b) 所示。

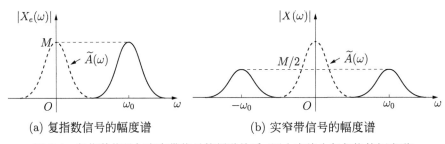

(a) 复指数信号的幅度谱　　　　　(b) 实窄带信号的幅度谱

图 5.4　复指数信号与实窄带信号的频谱关系 (图中虚线为复包络的幅度谱)

综合式(5.1.9)与式(5.1.10), 得

$$\begin{aligned}
X_e(\omega) &= \begin{cases} 2X(\omega), & \omega > 0 \\ 0, & \omega < 0 \end{cases} \\
&= X(\omega)(1 + \operatorname{sgn}\omega) = X_a(\omega)
\end{aligned} \tag{5.1.11}$$

由此可见, 复指数表示法与解析表示法是等价的, 式(5.1.8)成立。

---

[1] 由于 $|\widetilde{A}(\omega)| = |\widetilde{A}^*(\omega)|$, 因此若 $\widetilde{A}(\omega - \omega_0)$ 是单边的, $\widetilde{A}^*(-\omega - \omega_0)$ 也是单边的。

根据式(5.1.11)可得, 两种表示的时域关系为 $x_e(t) = x_a(t)$。进一步,

$$\hat{x}(t) = a(t) \sin[\omega_0 t + \theta(t)]$$
$$= a(t) \cos\theta(t) \sin\omega_0 t + a(t) \sin\theta(t) \cos\omega_0 t = x_I(t) \sin\omega_0 t + x_Q(t) \cos\omega_0 t \tag{5.1.12}$$

式(5.1.12)同样为莱斯表达式的形式。结合式(5.1.5), 可将两式写为矩阵形式:

$$\begin{bmatrix} x(t) \\ \hat{x}(t) \end{bmatrix} = \begin{bmatrix} \cos\omega_0 t & -\sin\omega_0 t \\ \sin\omega_0 t & \cos\omega_0 t \end{bmatrix} \begin{bmatrix} x_I(t) \\ x_Q(t) \end{bmatrix} \tag{5.1.13}$$

我们将上述分析过程总结为如下命题。

命题 5.1 设高频窄带信号

$$x(t) = a(t) \cos[\omega_0 t + \theta(t)] = x_I(t) \cos\omega_0 t - x_Q(t) \sin\omega_0 t$$

其中 $x_I(t) = a(t) \cos\theta(t), x_Q(t) = a(t) \sin\theta(t)$ 均为低频带限信号, ω_0 远大于包络带宽。记解析表达法与复指数表达法分别为

$$x_a(t) = x(t) + \mathrm{j}\hat{x}(t), \ x_e(t) = \tilde{a}(t)\mathrm{e}^{\mathrm{j}\omega_0 t}$$

则 $x_a(t) = x_e(t)$, 且式(5.1.13)成立。

5.2 解析过程

本节将 5.1 节讨论的内容推广至随机信号。首先给出解析过程的概念。

定义 5.1 已知实随机过程 $X(t)$。称 $\widetilde{X}(t) = X(t) + \mathrm{j}\widehat{X}(t)$ 为解析过程, 其中 $\widehat{X}(t)$ 为 $X(t)$ 的希尔伯特变换, 即

$$\widehat{X}(t) = X(t) * \frac{1}{\pi t} = \frac{1}{\pi} \int_{-\infty}^{+\infty} \frac{X(\tau)}{t - \tau} \mathrm{d}\tau \tag{5.2.1}$$

平稳过程的希尔伯特变换依然是平稳过程, 且两者联合平稳。事实上, 若将希尔伯特变换视为线性系统, 根据第 4 章介绍的线性系统输入输出的平稳性关系, 很容易得到该结论。此外, 平稳过程与其希尔伯特变换还有如下一些性质。

性质 5.1 设 $X(t)$ 是实宽平稳过程, $\widehat{X}(t)$ 为其希尔伯特变换, 则有如下性质。
(1) $E[\widehat{X}(t)] = E[X(t)] * \frac{1}{\pi t}$;
(2) $R_{\widehat{X}}(\tau) = R_X(\tau)$, $S_{\widehat{X}}(\omega) = S_X(\omega)$;
(3) $R_{X\widehat{X}}(\tau) = \widehat{R}_X(\tau) = -R_{\widehat{X}X}(\tau)$, 其中 $\widehat{R}_X(\tau) = \mathscr{H}[R_X(\tau)]$;
(4) $R_{X\widehat{X}}(\tau), R_{\widehat{X}X}(\tau)$ 均为奇函数, 且 $R_{X\widehat{X}}(0) = R_{\widehat{X}X}(0) = 0$;

(5) $S_{X\widehat{X}}(\omega) = -\mathrm{jsgn}\,\omega S_X(\omega)$, $S_{\widehat{X}X}(\omega) = \mathrm{jsgn}\,\omega S_X(\omega)$。

证明: 上述性质均可以通过系统的观点证明。设 $\widehat{X}(t)$ 为 $X(t)$ 经过移相滤波器的输出,

$$\widehat{X}(t) = \mathscr{H}[X(t)] = X(t) * h(t) = X(t) * \frac{1}{\pi t}$$

(1) 对上式取均值, 得证。

(2) 根据功率谱密度的输入输出关系,

$$S_{\widehat{X}}(\omega) = |-\mathrm{jsgn}\,\omega|^2 S_X(\omega) = S_X(\omega)$$

作逆傅里叶变换有 $R_{\widehat{X}}(\tau) = R_X(\tau)$。

(3) 输入输出的互相关函数为

$$R_{X\widehat{X}}(\tau) = R_X(\tau) * h(\tau) = R_X(\tau) * \frac{1}{\pi\tau}$$

上式可视为对 $R_X(\tau)$ 作希尔伯特变换, 因此 $R_{X\widehat{X}}(\tau) = \mathscr{H}[R_X(\tau)] = \widehat{R}_X(\tau)$。

同理, $R_{\widehat{X}X}(\tau) = R_X(\tau) * h(-\tau) = -R_X(\tau) * h(\tau) = -\widehat{R}_X(\tau)$。

(4) 由于 $R_{\widehat{X}X}(\tau) = R_{X\widehat{X}}(-\tau) = -R_{X\widehat{X}}(\tau)$, 因此 $R_{X\widehat{X}}(\tau)$ 是奇函数。同理可证, $R_{\widehat{X}X}(\tau)$ 也是奇函数, 且 $R_{X\widehat{X}}(0) = R_{\widehat{X}X}(0) = 0$。

(5) 根据输入输出的互功率谱关系,

$$S_{X\widehat{X}}(\omega) = H(\omega)S_X(\omega) = -\mathrm{jsgn}\,\omega S_X(\omega)$$

$$S_{\widehat{X}X}(\omega) = H(-\omega)S_X(\omega) = \mathrm{jsgn}\,\omega S_X(\omega)$$

根据性质 5.1(3), $X(t)$ 与 $\widehat{X}(t)$ 在同一时刻是正交的。注意这并非意味着 $X(t)$ 与 $\widehat{X}(t)$ 是正交过程, 因为正交过程要求两个过程在任意两个时刻正交。

下面介绍解析过程的统计特性。首先注意到解析过程是复过程, 因此其自相关函数定义为

$$R_{\widetilde{X}}(t_1, t_2) = E[\widetilde{X}^*(t_1)\widetilde{X}(t_2)] \tag{5.2.2}$$

其中上标 $*$ 表示取复共轭。下文涉及复过程的相关函数计算均需采用式(5.2.2)。

性质 5.2 设 $X(t)$ 是实宽平稳过程, $\widehat{X}(t)$ 为其希尔伯特变换, 则解析过程 $\widetilde{X}(t) = X(t) + \mathrm{j}\widehat{X}(t)$ 也是平稳过程, 其自相关函数与功率谱密度为

$$R_{\widetilde{X}}(\tau) = 2[R_X(\tau) + \mathrm{j}R_{X\widehat{X}}(\tau)] = 2[R_X(\tau) + \mathrm{j}\widehat{R}_X(\tau)]$$

$$S_{\widetilde{X}}(\omega) = \begin{cases} 4S_X(\omega), & \omega > 0 \\ 0, & \omega < 0 \end{cases}$$

证明： 由于 $X(t), \widehat{X}(t)$ 均为宽平稳过程, 故 $\widetilde{X}(t)$ 的均值为常数,

$$E[\widetilde{X}(t)] = E[X(t) + \mathrm{j}\widehat{X}(t)] = m_X + \mathrm{j}m_{\widehat{X}}$$

下面计算解析过程的自相关函数,

$$\begin{aligned}
R_{\widetilde{X}}(t, t+\tau) &= E[\widetilde{X}^*(t)\widetilde{X}(t+\tau)] = E[[X(t) + \mathrm{j}\widehat{X}(t)]^*[X(t+\tau) + \mathrm{j}\widehat{X}(t+\tau)]] \\
&= R_X(\tau) + R_{\widehat{X}}(\tau) + \mathrm{j}R_{X\widehat{X}}(\tau) - \mathrm{j}R_{\widehat{X}X}(\tau) \\
&= 2[R_X(\tau) + \mathrm{j}R_{X\widehat{X}}(\tau)] = 2[R_X(\tau) + \mathrm{j}\widehat{R}_X(\tau)]
\end{aligned}$$

因此 $\widetilde{X}(t)$ 为宽平稳过程。

根据上式可知, 解析过程的自相关函数也是一个解析信号。因此对上式作傅里叶变换可得

$$S_{\widetilde{X}}(\omega) = 2(1 + \mathrm{sgn}\,\omega)S_X(\omega) = \begin{cases} 4S_X(\omega), & \omega > 0 \\ 0, & \omega < 0 \end{cases}$$

其中 $S_X(\omega)$ 是 $X(t)$ 的功率谱。

根据性质 5.2, 解析过程的功率谱是单边的, 其幅度是原实过程功率谱的 4 倍。图 5.5 给出了实过程与其对应的解析过程的功率谱关系。

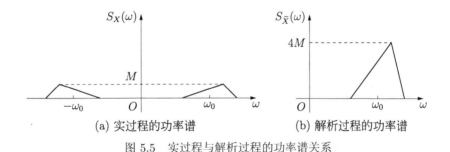

(a) 实过程的功率谱　　　　(b) 解析过程的功率谱

图 5.5　实过程与解析过程的功率谱关系

5.3　高频窄带随机信号的复表示方法

本节介绍高频窄带随机信号的复表示方法。与确定性信号类似, 高频窄带实随机信号的准正弦振荡表示为

$$X(t) = A(t)\cos[\omega_0 t + \Phi(t)] \tag{5.3.1}$$

其中 ω_0 为载频, $A(t), \Phi(t)$ 分别是信号的包络和相位, 两者都是低通过程, 也是慢变化过程。所谓 "慢变化" 是指 $A(t), \Phi(t)$ 相比于 $\cos\omega_0 t$ 变化要慢许多。

莱斯表达式为

$$X(t) = X_I(t)\cos\omega_0 t - X_Q(t)\sin\omega_0 t \tag{5.3.2}$$

其中 $X_I(t) = A(t)\cos\Phi(t), X_Q(t) = A(t)\sin\Phi(t)$, 两者都是低通过程。

高频窄带随机信号也有两种复表示方法。

方法一: 解析表示法

$$\widetilde{X}_a(t) = X(t) + \mathrm{j}\widehat{X}(t) \tag{5.3.3}$$

根据解析过程的性质, 易知 $\widetilde{X}_a(t)$ 的功率谱是单边的。

方法二: 复指数表示法

$$\widetilde{X}_e(t) = A(t)\mathrm{e}^{\mathrm{j}(\omega_0 t + \Phi(t))} = B(t)\mathrm{e}^{\mathrm{j}\omega_0 t} \tag{5.3.4}$$

其中 $B(t) = A(t)\mathrm{e}^{\mathrm{j}\Phi(t)}$ 为复包络。

类似于命题 5.1, 对于高频窄带信号而言, 两种表示方法是等价的。

命题 5.2 高频窄带随机信号的解析表示法与复指数表示法是等价的, 且

$$\begin{bmatrix} X(t) \\ \widehat{X}(t) \end{bmatrix} = \begin{bmatrix} \cos\omega_0 t & -\sin\omega_0 t \\ \sin\omega_0 t & \cos\omega_0 t \end{bmatrix} \begin{bmatrix} X_I(t) \\ X_Q(t) \end{bmatrix} \tag{5.3.5}$$

以下假设窄带随机信号为平稳过程, 简称为窄带平稳过程。根据命题 5.2, $\widetilde{X}_a(t) = \widetilde{X}_e(t) = B(t)\mathrm{e}^{\mathrm{j}\omega_0 t}$。为方便起见, 下面省略 $\widetilde{X}(t)$ 中的下标。可以推得 $R_{\widetilde{X}}(\tau) = R_B(\tau)\mathrm{e}^{\mathrm{j}\omega_0\tau}$, 且 $S_{\widetilde{X}}(\omega) = S_B(\omega - \omega_0)$, 或等价地, $S_B(\omega) = S_{\widetilde{X}}(\omega + \omega_0)$。由此得出复包络的功率谱即为解析过程单边功率谱向左频移 ω_0, 其中心频率位于零, 因而复包络是低通过程。两者的关系如图 5.6 所示。另一方面, 注意到 $B(t) = A(t)\mathrm{e}^{\mathrm{j}\Phi(t)} = X_I(t) + \mathrm{j}X_Q(t)$, 这说明复包络是承载信息的复基带信号。

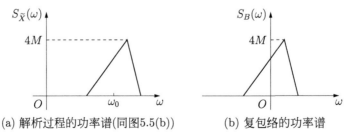

(a) 解析过程的功率谱(同图5.5(b))　　(b) 复包络的功率谱

图 5.6　解析过程与复包络的功率谱关系

I/Q 分量是窄带随机信号的重要组成部分。根据命题 5.2, I/Q 分量由随机信号与其希尔伯特变换决定, 即

$$\begin{bmatrix} X_I(t) \\ X_Q(t) \end{bmatrix} = \begin{bmatrix} \cos\omega_0 t & \sin\omega_0 t \\ -\sin\omega_0 t & \cos\omega_0 t \end{bmatrix} \begin{bmatrix} X(t) \\ \widehat{X}(t) \end{bmatrix} \tag{5.3.6}$$

下面讨论 I/Q 分量的性质。

性质 5.3 已知窄带平稳过程 $X(t)$, 并假设其均值为零, $\widehat{X}(t)$ 为其希尔伯特变换, 则 I/Q 分量具有如下性质。

(1) $X_I(t), X_Q(t)$ 都是实随机过程, 且

$$E[X_I(t)] = E[X_Q(t)] = 0,$$
$$E[X_I^2(t)] = E[X_Q^2(t)] = E[X^2(t)]$$

(2) $X_I(t), X_Q(t)$ 都是宽平稳过程, 且两者联合平稳,

$$R_{X_I}(\tau) = R_{X_Q}(\tau) = R_X(\tau)\cos\omega_0\tau + R_{X\widehat{X}}(\tau)\sin\omega_0\tau \tag{5.3.7}$$

$$R_{X_I X_Q}(\tau) = -R_X(\tau)\sin\omega_0\tau + R_{X\widehat{X}}(\tau)\cos\omega_0\tau \tag{5.3.8}$$

(3) $R_{X_I X_Q}(\tau), R_{X_Q X_I}(\tau)$ 均为奇函数, 且 $R_{X_I X_Q}(0) = R_{X_Q X_I}(0) = 0$。

(4) $X_I(t), X_Q(t)$ 均为低通过程, 功率谱密度为

$$S_{X_I}(\omega) = S_{X_Q}(\omega) = \mathrm{LPF}\left[S_X(\omega - \omega_0) + S_X(\omega + \omega_0)\right] \tag{5.3.9}$$

其中 $\mathrm{LPF}[\cdot]$ 表示理想低通滤波器, 通带范围为 $|\omega| \leqslant \omega_0$。

(5) $X_I(t), X_Q(t)$ 的互功率谱为

$$S_{X_I X_Q}(\omega) = \mathrm{j}\,\mathrm{LPF}\left[S_X(\omega - \omega_0) - S_X(\omega + \omega_0)\right] \tag{5.3.10}$$

其中 $\mathrm{LPF}[\cdot]$ 与 (4) 中定义相同。特别地, 如果 $S_X(\omega)$ 关于中心频率对称, 即

$$S_X(\omega + \omega_0) = S_X(\omega - \omega_0), \ |\omega| \leqslant \omega_0$$

则 $X_I(t), X_Q(t)$ 为正交过程。

证明: (1) 根据式(5.3.6), $X_I(t), X_Q(t)$ 可视为 $X(t), \widehat{X}(t)$ 的线性组合, $X(t), \widehat{X}(t)$ 是实的, 因而 $X_I(t), X_Q(t)$ 也是实的。由于 $E[X(t)] = E[\widehat{X}(t)] = 0$, 因此 $E[X_I(t)] = E[X_Q(t)] = 0$。

为证明二阶矩关系成立, 首先证明性质 (2)。

(2) 根据式(5.3.6),

$$
\begin{aligned}
E[X_I(t_1)X_I(t_2)] &= E[[X(t_1)\cos\omega_0 t_1 + \widehat{X}(t_1)\sin\omega_0 t_1][X(t_2)\cos\omega_0 t_2 + \widehat{X}(t_2)\sin\omega_0 t_2]] \\
&= E[X(t_1)X(t_2)]\cos\omega_0 t_1\cos\omega_0 t_2 + E[\widehat{X}(t_1)\widehat{X}(t_2)]\sin\omega_0 t_1\sin\omega_0 t_2 \\
&\quad + E[X(t_1)\widehat{X}(t_2)]\cos\omega_0 t_1\sin\omega_0 t_2 + E[\widehat{X}(t_1)X(t_2)]\sin\omega_0 t_1\cos\omega_0 t_2 \\
&= R_X(\tau)\cos\omega_0\tau + R_{X\widehat{X}}(\tau)\sin\omega_0\tau
\end{aligned}
$$

其中 $\tau = t_2 - t_1$。上式最后一步利用到了 $R_X(\tau) = R_{\widehat{X}}(\tau)$, $R_{X\widehat{X}}(\tau) = -R_{\widehat{X}X}(\tau)$。

结合 $E[X_I(t)] = 0$ 证得 $X_I(t)$ 是宽平稳过程。同理可证 $X_Q(t)$ 也是宽平稳过程, 且两者联合平稳,

$$
R_{X_Q}(\tau) = R_X(\tau)\cos\omega_0\tau + R_{X\widehat{X}}(\tau)\sin\omega_0\tau = R_{X_I}(\tau)
$$

$$
R_{X_I X_Q}(\tau) = -R_X(\tau)\sin\omega_0\tau + R_{X\widehat{X}}(\tau)\cos\omega_0\tau
$$

进一步, 令 $\tau = 0$, 可得

$$
R_{X_I}(0) = R_{X_Q}(0) = R_X(0)
$$

因而 (1) 中二阶矩关系成立。

(3) 根据性质 (2) 中互相关函数表达式, 注意到 $R_X(\tau)$ 是偶函数, $R_{X\widehat{X}}(\tau)$ 是奇函数, 因此, $R_{X_I X_Q}(\tau)$ 是奇函数。同理可证 $R_{X_Q X_I}(\tau)$ 也是奇函数, 且 $R_{X_I X_Q}(0) = R_{X_Q X_I}(0) = 0$。

(4) 由于 $R_{X_I}(\tau) = R_{X_Q}(\tau)$, 因此 $S_{X_I}(\omega) = S_{X_Q}(\omega)$, 只需证明其中一个即可。根据性质 (3),

$$
R_{X_I}(\tau) = R_X(\tau)\cos\omega_0\tau + R_{X\widehat{X}}(\tau)\sin\omega_0\tau
$$

对上式作傅里叶变换, 有

$$
\begin{aligned}
S_{X_I}(\omega) &= \frac{1}{2\pi}S_X(\omega)*\pi[\delta(\omega-\omega_0)+\delta(\omega+\omega_0)] + \frac{1}{2\pi}S_{X\widehat{X}}(\omega)*\frac{\pi}{j}[\delta(\omega-\omega_0)-\delta(\omega+\omega_0)] \\
&= \frac{1}{2}[S_X(\omega-\omega_0)+S_X(\omega+\omega_0)] + \frac{1}{2\pi}(-j\mathrm{sgn}\,\omega)S_X(\omega)*\frac{\pi}{j}[\delta(\omega-\omega_0)-\delta(\omega+\omega_0)] \\
&= \frac{1}{2}[S_X(\omega-\omega_0)+S_X(\omega+\omega_0)] + \frac{1}{2}[-\mathrm{sgn}(\omega-\omega_0)S(\omega-\omega_0)+\mathrm{sgn}(\omega+\omega_0)S(\omega+\omega_0)]
\end{aligned}
$$

上式由四项叠加组成, 其中前两项由 $S_X(\omega)$ 分别频移 $\pm\omega_0$ 而得到, 后两项由 $\mathrm{sgn}\,\omega S_X(\omega)$ 分别频移 $\pm\omega_0$ 而得到。为了使结果更为直观, 我们以图形化的方式展示, 如图 5.7所示。注意到最终位于 $\pm 2\omega_0$ 的高频成分相互抵消, 只留下位于零频附近的

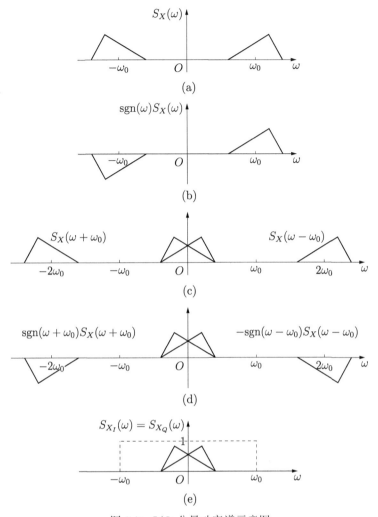

$$\text{图 5.7 I/Q 分量功率谱示意图}$$

低频成分, 因此可通过低通滤波进行提取, 如图 5.7(e) 所示。相应地, 结果可以表示为

$$S_{X_I}(\omega) = \begin{cases} S_X(\omega - \omega_0) + S_X(\omega + \omega_0), & |\omega| \leqslant \omega_0 \\ 0, & |\omega| > \omega_0 \end{cases}$$

$$= \text{LPF}[S_X(\omega - \omega_0) + S_X(\omega + \omega_0)]$$

其中 $\text{LPF}[\cdot]$ 表示低通滤波器, 通带范围为 $|\omega| \leqslant \omega_0$。由此也证明了 $X_I(t)$ 为低通过程。同理可证, $X_Q(t)$ 为低通过程。

类似地,

$$R_{X_I X_Q}(\tau) = -R_X(\tau) \sin \omega_0 \tau + R_{X \hat{X}}(\tau) \cos \omega_0 \tau$$

对上式作傅里叶变换，

$$S_{X_I X_Q}(\omega) = -\frac{1}{2\pi} S_X(\omega) * \frac{\pi}{j}[\delta(\omega-\omega_0)-\delta(\omega+\omega_0)] + \frac{1}{2\pi} S_{X\widehat{X}}(\omega) * \pi[\delta(\omega-\omega_0)+\delta(\omega+\omega_0)]$$

$$= \frac{j}{2}[S_X(\omega-\omega_0)-S_X(\omega+\omega_0)] + \frac{1}{2\pi}(-j\,\mathrm{sgn}\,\omega)S_X(\omega) * \pi[\delta(\omega-\omega_0)+\delta(\omega+\omega_0)]$$

$$= \frac{j}{2}[S_X(\omega-\omega_0)-S_X(\omega+\omega_0)] - \frac{j}{2}[\mathrm{sgn}(\omega-\omega_0)S(\omega-\omega_0)+\mathrm{sgn}(\omega+\omega_0)S(\omega+\omega_0)]$$

相应的图形化结果如图 5.8 所示。因此

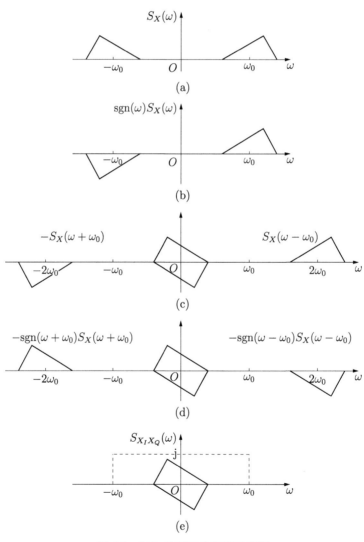

图 5.8　I/Q 分量互功率谱示意图

$$S_{X_I X_Q}(\omega) = \mathrm{j} \times \begin{cases} S_X(\omega - \omega_0) - S_X(\omega + \omega_0), & |\omega| \leqslant \omega_0 \\ 0, & |\omega| > \omega_0 \end{cases}$$

$$= \mathrm{j}\,\mathrm{LPF}[S_X(\omega - \omega_0) - S_X(\omega + \omega_0)]$$

其中 $\mathrm{LPF}[\cdot]$ 表示低通滤波器, 通带范围为 $|\omega| \leqslant \omega_0$。

特别地, 注意到如果在 $|\omega| \leqslant \omega_0$ 范围之内, $S_X(\omega + \omega_0) = S_X(\omega - \omega_0)$, 则 $S_{X_I X_Q}(\omega) \equiv 0$。结合图 5.8, 上述关系式说明如果 $S_X(\omega)$ 关于载频 $\pm\omega_0$ 对称, 则互功率谱为零, 此时 $X_I(t), X_Q(t)$ 为正交过程。

例 5.2 已知窄带平稳过程 $X(t)$ 的功率谱密度如图 5.9所示, 其中心频率为 $\omega_a < \omega_0 < \omega_b$。求:

(1) $X_I(t), X_Q(t)$ 的功率谱密度与互功率谱密度;

(2) $X_I(t), X_Q(t)$ 的自相关函数与互相关函数。

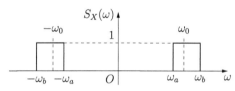

图 5.9 例 5.2中 $X(t)$ 的功率谱

解: 注意到中心频率 $\omega_a < \omega_0 < \omega_b$, 记 $\omega_1 = \omega_0 - \omega_a$, $\omega_2 = \omega_b - \omega_0$, 则当 $\omega_a < \omega_0 \leqslant (\omega_a + \omega_b)/2$ 时, $\omega_1 \leqslant \omega_2$; 反之当 $(\omega_a + \omega_b)/2 < \omega_0 < \omega_b$ 时, $\omega_2 < \omega_1$。下面分情况讨论。

① 当 $\omega_a < \omega_0 \leqslant (\omega_a + \omega_b)/2$ 时, 根据式(5.3.9)与式(5.3.10), 易知 $X_I(t), X_Q(t)$ 的功率谱和互功率谱分别如图 5.10(a)、(b) 所示。

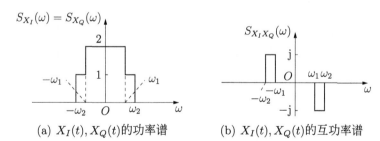

(a) $X_I(t), X_Q(t)$的功率谱   (b) $X_I(t), X_Q(t)$的互功率谱

图 5.10 例 5.2中 $X_I(t), X_Q(t)$ 的功率谱与互功率谱

注意到 $X_I(t), X_Q(t)$ 的功率谱由两个矩形函数叠加组成, 根据傅里叶变换对

$$f(t) = \frac{\sin Wt}{\pi t} \stackrel{\mathscr{F}}{\longleftrightarrow} F(\omega) = \begin{cases} 1, & |\omega| < W \\ 0, & \text{其他} \end{cases}$$

可知 $X_I(t), X_Q(t)$ 的自相关函数为

$$R_{X_I}(\tau) = R_{X_Q}(\tau) = \mathscr{F}^{-1}[S_{X_I}(\omega)] = \frac{\sin\omega_1\tau}{\pi\tau} + \frac{\sin\omega_2\tau}{\pi\tau}$$

$$= \frac{2}{\pi\tau}\sin\left(\frac{\omega_1+\omega_2}{2}\right)\tau\cos\left(\frac{\omega_1-\omega_2}{2}\right)\tau$$

根据傅里叶变换性质,

$$f(t)\sin\omega_c t \overset{\mathscr{F}}{\longleftrightarrow} \frac{\mathrm{j}}{2}[F(\omega+\omega_c) - F(\omega-\omega_c)]$$

因此 $X_I(t), X_Q(t)$ 的互功率谱可视为一个基带信号 $R_B(\tau)$ 与 $\sin\omega_c\tau$ 调制的结果, 其中载频 $\omega_c = (\omega_1+\omega_2)/2$,

$$R_B(\tau) = \frac{1}{\pi\tau}\sin\left(\frac{\omega_2-\omega_1}{2}\right)\tau \overset{\mathscr{F}}{\longleftrightarrow} S_B(\omega) = \begin{cases} 1, & |\omega| < \dfrac{\omega_2-\omega_1}{2} \\ 0, & \text{其他} \end{cases}$$

因此

$$R_{X_I X_Q}(\tau) = 2R_B(\tau)\sin\omega_c\tau = \frac{2}{\pi\tau}\sin\left(\frac{\omega_1+\omega_2}{2}\right)\tau\sin\left(\frac{\omega_2-\omega_1}{2}\right)\tau$$

② 当 $(\omega_a+\omega_b)/2 < \omega_0 < \omega_b$ 时, 依然可以延续上面思路进行计算, 差别在于此时 $\omega_2 < \omega_1$。我们将计算留给读者自行完成, 见习题 5.1。

根据性质 5.3, I/Q 分量的统计特性与 $X(t)$ 及其希尔伯特变换具有密切关系。为了便于记忆, 式(5.3.7)与式(5.3.8)也可写作矩阵形式:

$$\begin{bmatrix} R_{X_I}(\tau) \\ R_{X_I X_Q}(\tau) \end{bmatrix} = \begin{bmatrix} \cos\omega_0\tau & \sin\omega_0\tau \\ -\sin\omega_0\tau & \cos\omega_0\tau \end{bmatrix} \begin{bmatrix} R_X(\tau) \\ \widehat{R}_X(\tau) \end{bmatrix} \tag{5.3.11}$$

其中 $\widehat{R}_X(\tau) = R_{X\widehat{X}}(\tau)$。

反之,

$$\begin{bmatrix} R_X(\tau) \\ \widehat{R}_X(\tau) \end{bmatrix} = \begin{bmatrix} \cos\omega_0\tau & -\sin\omega_0\tau \\ \sin\omega_0\tau & \cos\omega_0\tau \end{bmatrix} \begin{bmatrix} R_{X_I}(\tau) \\ R_{X_I X_Q}(\tau) \end{bmatrix} \tag{5.3.12}$$

注意到式 (5.3.12) 与莱斯表达式(5.3.5)在形式上非常相似。事实上, 如果将相关函数视为确定性信号, 则上述关系亦可以通过调制与解调过程来描述, 见图 5.11。我们把相应的数学表达留给读者, 见习题 5.2。

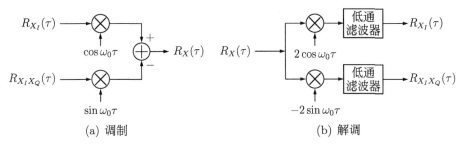

图 5.11　窄带信号与 I/Q 分量的相关函数关系

(a) 调制　　　　　　　　　(b) 解调

根据性质 5.3, 由于 I/Q 分量都是低通过程, 结合莱斯表达式, 并利用希尔伯特变换的线性性质可得

$$\widehat{X}(t) = \mathscr{H}[X(t)] = \mathscr{H}[X_I(t)\cos\omega_0 t - X_Q(t)\sin\omega_0 t]$$
$$= \mathscr{H}[X_I(t)\cos\omega_0 t] - \mathscr{H}[X_Q(t)\sin\omega_0 t]$$
$$= X_I(t)\sin\omega_0 t + X_Q(t)\cos\omega_0 t$$

上述结果进一步验证了式(5.3.5)成立。因此对于高频窄带信号, 式(5.3.5)是符合物理意义的。

本节最后, 我们对上述介绍的各种表示及相互之间的关系作一番总结, 如图 5.12 所示。

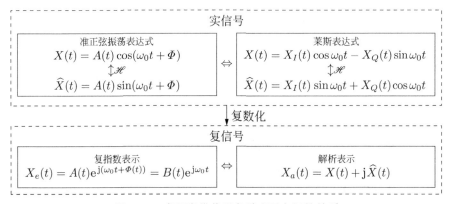

图 5.12　高频窄带信号各种表示之间的关系

5.4　窄带高斯随机信号的包络与相位的概率分布

在雷达、通信等系统中, 检波 (即解调) 是从高频信号提取中信息的重要技术手段, 主要包括包络检波和相位检波, 如图 5.13所示。包络与相位的统计特性对信号分析十分重要。然而, 由于包络、相位与信号之间并非简单的线性关系, 因而得到其完整的概

率分布往往比较困难。本书仅限于讨论包络与相位的一维概率分布，并考虑两种情况：① 窄带高斯随机信号；② 随机相位信号叠加窄带高斯噪声。

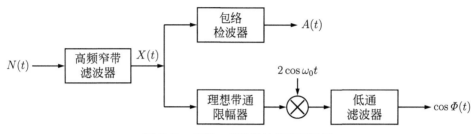

图 5.13　包络、相位检波流程示意图

5.4.1　窄带高斯信号的包络与相位的一维概率分布

在实际应用中，经常需要用一个宽带信号激励一个窄带系统。根据第 4 章内容可知，当输入信号带宽远大于系统带宽时，输出信号可近似认为是高斯过程。设 $X(t)$ 是平稳窄带高斯随机信号，且均值为零，方差为 σ^2，其表达式为

$$X(t) = A(t)\cos[\omega_0 t + \varPhi(t)] = X_I(t)\cos\omega_0 t - X_Q(t)\sin\omega_0 t$$

其中 ω_0 为载频，$A(t), \varPhi(t)$ 分别是信号的包络和相位，$X_I(t), X_Q(t)$ 分别是信号的 I/Q 分量，它们都是低频带限信号。

包络、相位与 I/Q 分量具有如下关系：

$$\begin{cases} A(t) = \sqrt{X_I^2(t) + X_Q^2(t)} \\ \varPhi(t) = \arctan[X_Q(t)/X_I(t)] \end{cases} \leftrightarrow \begin{cases} X_I(t) = A(t)\cos\varPhi(t) \\ X_Q(t) = A(t)\sin\varPhi(t) \end{cases} \tag{5.4.1}$$

任取某时刻 $t = t_0$，此时包络、相位以及 I/Q 分量均为随机变量。为方便起见，记 $A = A(t_0), \varPhi = \varPhi(t_0), X_I = X_I(t_0), X_Q = X_Q(t_0)$。若已知 X_I, X_Q 的联合分布，则根据关系式 (5.4.1)，可以求得 $A, \varPhi$ 的联合分布，进而求得 $A, \varPhi$ 各自的边缘分布。下面首先讨论 X_I, X_Q 的联合密度函数。

根据 5.3 节内容，窄带信号的 I/Q 分量由信号与其希尔伯特变换决定。这里重写式 (5.3.6) 如下：

$$\begin{bmatrix} X_I(t) \\ X_Q(t) \end{bmatrix} = \begin{bmatrix} \cos\omega_0 t & \sin\omega_0 t \\ -\sin\omega_0 t & \cos\omega_0 t \end{bmatrix} \begin{bmatrix} X(t) \\ \widehat{X}(t) \end{bmatrix}$$

注意到 $X(t)$ 是高斯过程，根据高斯过程的性质，$\widehat{X}(t)$ 可视为 $X(t)$ 经过 LTI 系统

的输出, 因而也是高斯过程, 且与 $X(t)$ 是联合高斯的①。因此对任意时刻 t_0, $X(t_0)$ 与 $\widehat{X}(t_0)$ 服从二维联合高斯分布。进一步, 由于 X_I, X_Q 是经 $X, \widehat{X}$ 的线性变换得到的, 故 X_I, X_Q 也服从二维联合高斯分布。同时注意到 X_I, X_Q 正交且均值为零 ($E[X_I(t)] = E[X_Q(t)] = E[X(t)] = 0$), 因此两者不相关, 亦等价于相互独立 (联合高斯条件下), 因此 X_I, X_Q 联合密度函数为

$$f_{X_I X_Q}(x_I, x_Q) = f_I(x_I) f_Q(x_Q) = \frac{1}{2\pi\sigma^2} \exp\left[-\frac{x_I^2 + x_Q^2}{2\sigma^2}\right] \tag{5.4.2}$$

其中 $\sigma^2 = E[X_I^2(t)] = E[X_Q^2(t)] = E[X^2(t)]$。

根据随机变量函数的密度函数关系, 结合式(5.4.1), A, Φ 的联合密度函数为

$$f_{A\Phi}(a, \varphi) = |J| f_{X_I X_Q}(x_I = a\cos\varphi, x_Q = a\sin\varphi) = \frac{a}{2\pi\sigma^2} \exp\left(-\frac{a^2}{2\sigma^2}\right), \ a \geqslant 0 \tag{5.4.3}$$

其中

$$J = \left| \frac{\partial(x_I, x_Q)}{\partial(a, \varphi)} \right| = \begin{vmatrix} \cos\varphi & -a\sin\varphi \\ \sin\varphi & a\cos\varphi \end{vmatrix} = a$$

下面求 A, Φ 各自的边缘分布。

$$f_A(a) = \int_0^{2\pi} f_{A\Phi}(a, \varphi) \mathrm{d}\varphi = \int_0^{2\pi} \frac{a}{2\pi\sigma^2} \exp\left(-\frac{a^2}{2\sigma^2}\right) \mathrm{d}\varphi = \frac{a}{\sigma^2} \exp\left(-\frac{a^2}{2\sigma^2}\right), \ a \geqslant 0 \tag{5.4.4}$$

$$f_\Phi(\varphi) = \int_0^{+\infty} f_{A\Phi}(a, \varphi) \mathrm{d}a = \int_0^{+\infty} \frac{a}{2\pi\sigma^2} \exp\left(-\frac{a^2}{2\sigma^2}\right) \mathrm{d}a = \frac{1}{2\pi}, \ \varphi \in [0, 2\pi] \tag{5.4.5}$$

由此可见, A 服从瑞利分布, Φ 服从 $[0, 2\pi]$ 上的均匀分布。同时注意到

$$f_{A\Phi}(a, \varphi) = f_A(a) f_\Phi(\varphi)$$

因此 A, Φ 相互独立。

瑞利分布由单一参数 $\sigma > 0$ 决定, 注意 σ 并非瑞利分布的标准差。事实上, 通过计算可知服从瑞利分布的随机变量标准差为 $\sqrt{2 - \frac{\pi}{2}}\sigma$(见习题 1.6)。图 5.14展示了不同参数下的瑞利密度函数。

除了包络检波与相位检波, 工程中还经常用到平方律检波器, 如图 5.15所示。可以

---

① 可以通过高斯分布的线性变换性质和极限性质 (见 1.5.2节) 得证。

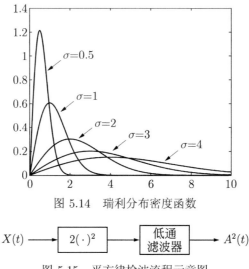

图 5.14　瑞利分布密度函数

$$X(t) \longrightarrow \boxed{2(\,\cdot\,)^2} \longrightarrow \boxed{\begin{array}{c}\text{低通}\\\text{滤波器}\end{array}} \longrightarrow A^2(t)$$

图 5.15　平方律检波流程示意图

证明 (见习题 5.6), 平稳窄带高斯信号的包络平方 $S = A^2$ 服从指数分布, 即

$$f_S(s) = \frac{1}{2\sigma^2} \exp\left(-\frac{s}{2\sigma^2}\right), \ s \geqslant 0 \tag{5.4.6}$$

5.4.2　随机相位信号叠加窄带高斯噪声的包络与相位的一维概率分布 *

设 $X(t)$ 由随机相位信号与窄带高斯噪声叠加组成,

$$X(t) = b\cos(\omega_0 t + \Theta) + N(t) = S(t) + N(t) \tag{5.4.7}$$

其中 Θ 服从 $[0, 2\pi]$ 上的均匀分布, $N(t)$ 是窄带高斯噪声,

$$N(t) = N_I(t)\cos\omega_0 t - N_Q(t)\sin\omega_0 t$$

并假设其均值为零, 方差为 σ^2, 且与 Θ 相互独立。

于是 $X(t)$ 可进一步表示为

$$X(t) = [b\cos\Theta + N_I(t)]\cos\omega_0 t - [b\sin\Theta + N_Q(t)]\sin\omega_0 t = U(t)\cos\omega_0 t - V(t)\sin\omega_0 t$$

$$\tag{5.4.8}$$

其中 $U(t) = b\cos\Theta + N_I(t), V(t) = b\sin\Theta + N_Q(t)$。

下面考虑当 $\Theta = \theta$ 时, $X(t)$ 包络与相位的一维概率分布。任取 $t = t_0$, 注意到此时

$$\begin{cases} U|\theta = U(t_0)|\theta = b\cos\theta + N_I(t_0) \\ V|\theta = V(t_0)|\theta = b\sin\theta + N_Q(t_0) \end{cases}$$

因为 N_I, N_Q 是相互独立的高斯随机变量, 因此 U, V 也是相互独立的高斯随机变量, 且 $E[U|\theta] = b\cos\theta$, $E[V|\theta] = b\sin\theta$, $D[U|\theta] = D[V|\theta] = \sigma^2$。因此 U, V 的二维联合密度函数为

$$f_{U,V|\theta}(u,v|\theta) = \frac{1}{2\pi\sigma^2}\exp\left[-\frac{(u-b\cos\theta)^2 + (v-b\sin\theta)^2}{2\sigma^2}\right] \tag{5.4.9}$$

与 5.4.1 节分析过程类似, 利用包络、相位与 U, V 分量的关系,

$$\begin{cases} A(t) = \sqrt{U^2(t) + V^2(t)} \\ \Phi(t) = \arctan V(t)/U(t) \end{cases} \leftrightarrow \begin{cases} U(t) = A(t)\cos\Phi(t) \\ V(t) = A(t)\sin\Phi(t) \end{cases}$$

可以求得 A, Φ 的二维联合密度函数为

$$f_{A,\Phi|\theta}(a,\varphi|\theta) = |J|f_{U,V|\theta}(a\cos\varphi, a\sin\varphi) \tag{5.4.10}$$

$$= \frac{a}{2\pi\sigma^2}\exp\left[-\frac{(a\cos\varphi - b\cos\theta)^2 + (a\sin\varphi - b\sin\theta)^2}{2\sigma^2}\right] \tag{5.4.11}$$

$$= \frac{a}{2\pi\sigma^2}\exp\left[-\frac{a^2 + b^2 - 2ab\cos(\varphi - \theta)}{2\sigma^2}\right], \ a \geqslant 0 \tag{5.4.12}$$

其中

$$J = \left|\frac{\partial(u,v)}{\partial(a,\varphi)}\right| = \begin{vmatrix} \cos\varphi & -a\sin\varphi \\ \sin\varphi & a\cos\varphi \end{vmatrix} = a$$

包络的一维概率分布 下面求包络的一维概率分布。

$$\begin{aligned} f_{A|\theta}(a|\theta) &= \int_0^{2\pi} f_{A,\Phi|\theta}(a,\varphi|\theta)\mathrm{d}\varphi \\ &= \frac{a}{\sigma^2}\exp\left(-\frac{a^2 + b^2}{2\sigma^2}\right)\left(\frac{1}{2\pi}\int_0^{2\pi}\exp\left[\frac{ab}{\sigma^2}\cos(\varphi - \theta)\right]\mathrm{d}\varphi\right) \\ &= \frac{a}{\sigma^2}\exp\left(-\frac{a^2 + b^2}{2\sigma^2}\right)I_0\left(\frac{ab}{\sigma^2}\right), \ a \geqslant 0 \end{aligned} \tag{5.4.13}$$

其中 $I(\cdot)$ 为零阶第一类修正贝塞尔函数 [①]:

$$I_0(x) = \frac{1}{\pi}\int_0^{\pi}\exp(x\cos\varphi)\mathrm{d}\varphi$$

---

① 可以证明 $\int_0^{2\pi}\exp(x\cos\varphi)\mathrm{d}\varphi = 2\int_0^{\pi}\exp(x\cos\varphi)\mathrm{d}\varphi$。

称满足式(5.4.13)的分布为莱斯分布, 简记为 $A \sim \mathrm{Rice}(b, \sigma)$, 其中 $b \geqslant 0$ 为非中心化参数, $\sigma > 0$ 为尺度参数。图 5.16 展示了不同参数下的莱斯密度函数。注意到当 $b = 0$ 时, 莱斯分布退化为瑞利分布。

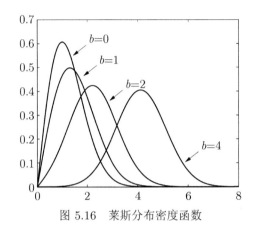

图 5.16　莱斯分布密度函数

由于莱斯分布涉及贝塞尔函数, 形式和计算均较为复杂, 但是在特定情况下, 莱斯分布可以用其他分布近似。下面讨论莱斯分布的极限性质。

首先零阶第一类修正贝塞尔函数可以用级数表示。特别是, 当 x 接近于零或 x 较大时, 有两种近似方法:

$$I_0(x) = \sum_{n=0}^{+\infty} \frac{x^{2n}}{2^{2n}(n!)^2} \approx \begin{cases} 1, & x \approx 0 \\ \dfrac{1}{\sqrt{2\pi x}} \mathrm{e}^x, & x \to +\infty \end{cases}$$

定义信噪比 $K = \rho^2 = \dfrac{b^2}{2\sigma^2}$, 当信噪比较低时, 即 $K \approx 0$,

$$I_0 \left(\frac{ab}{\sigma^2} \right) = I_0 \left(K \frac{2a}{b} \right) \approx 1$$

此时莱斯分布可近似为

$$f_{A|\theta}(a|\theta) = \frac{a}{\sigma^2} \exp\left(-\frac{a^2 + b^2}{2\sigma^2} \right) I_0 \left(\frac{ab}{\sigma^2} \right) \approx \frac{a}{\sigma^2} \exp\left(-\frac{a^2}{2\sigma^2} \right), \ a \geqslant 0 \qquad (5.4.14)$$

由此可见, 莱斯分布退化为瑞利分布。

当信噪比较高时,

$$I_0 \left(\frac{ab}{\sigma^2} \right) = I_0 \left(K \frac{2a}{b} \right) \approx \frac{1}{\sqrt{2\pi}} \frac{\sigma}{\sqrt{ab}} \exp\left(\frac{ab}{\sigma^2} \right)$$

代入莱斯分布表达式(5.4.13), 得

$$f_{A|\theta}(a|\theta) \approx \sqrt{\frac{a}{b}} \frac{1}{\sqrt{2\pi}\sigma} \exp\left(-\frac{(a-b)^2}{2\sigma^2}\right), \ a \geqslant 0 \tag{5.4.15}$$

上式说明当 $a \approx b$ 时, 分布近似于高斯分布; 当 a 远离 b 时, 即使 a/b 比值较大, 但由于高斯函数的作用密度函数很快衰减, 因此整体可近似为高斯分布。图 5.17 展示了当 $\sigma = 1$, b 取不同值时的莱斯分布与高斯分布的密度曲线, 可以看到当 $b \geqslant 4$ 时, 两者已经非常接近。

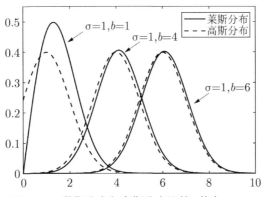

图 5.17　莱斯分布与高斯分布比较, 其中 $\sigma = 1$

结合物理意义来分析, 当信噪比较低时, 此时信号 $X(t)$ 接近于窄带高斯噪声, 因此其包络近似服从瑞利分布; 相反, 当信噪比较高时, 此时随机相位信号占主导作用, 因此包络应在 b 附近浮动, 即近似服从均值为 b、方差为 σ^2 的高斯分布。综合上述分析, 两种近似结果是符合物理意义的。

相位的一维概率分布　下面讨论相位的一维概率分布。首先, 通过计算 (见习题 5.7) 可得

$$\begin{aligned}
f_{\Phi|\theta}(\varphi|\theta) &= \int_0^{+\infty} f_{A,\Phi|\theta}(a,\varphi|\theta)\mathrm{d}a \\
&= \frac{1}{2\pi}\exp\left(-\rho^2\right) + \frac{\rho\cos(\varphi-\theta)}{2\sqrt{\pi}}\mathrm{erfc}\left(-\rho\cos(\varphi-\theta)\right)\exp\left(-\rho^2\sin^2(\varphi-\theta)\right)
\end{aligned} \tag{5.4.16}$$

其中 $\rho = \sqrt{\dfrac{b^2}{2\sigma^2}}$, $\mathrm{erfc}(\cdot)$ 为高斯误差补函数:

$$\mathrm{erfc}(x) = \frac{2}{\sqrt{\pi}}\int_x^{+\infty} \mathrm{e}^{-t^2}\mathrm{d}t$$

下面讨论不同信噪比情况下的近似结果。当信噪比较低时, 如 $K = \rho^2 \approx 0$, 式(5.4.16)近似为

$$f_{\Phi|\theta}(\varphi|\theta) \approx \frac{1}{2\pi}, \ \varphi \in [0, 2\pi]$$

此时 Φ 近似服从 $[0, 2\pi]$ 上的均匀分布。这是可以预见的, 因为信噪比较低时, 信号接近于窄带高斯噪声, 因此相位近似服从均匀分布。

当信噪比较高时, 并假设 $\varphi - \theta \approx 0$, 此时式(5.4.16)中 $\cos(\varphi - \theta) \approx 1$, $\sin(\varphi - \theta) \approx \varphi - \theta$, $\exp(-\rho^2) \approx 0$, $\mathrm{erfc}(-\rho) \approx 2$, 因此

$$f_{\Phi|\theta}(\varphi|\theta) \approx \frac{\rho}{\sqrt{\pi}} \exp\left(-\rho^2(\varphi - \theta)^2\right)$$

这说明 Φ 近似服从均值为 θ、方差为 $1/2\rho^2$ 的高斯分布。

图 5.18给出了当 $\theta = 0$, ρ 取不同值时的相位分布曲线。可以看出, 当 $\rho = 0$ 时, 分布为水平直线, 即均匀分布; 而随着 ρ 的增大, 分布曲线逐渐趋向于冲激函数。结合物理意义来看, 当信噪比较高时, 随机相位信号占主导作用, 此时相位主要由 θ 决定。特别是当信噪比极高时, $\rho^2 \to \infty$, 此时高斯分布趋向于 $\delta(\varphi - \theta)$, 这意味着 $\varphi = \theta$。

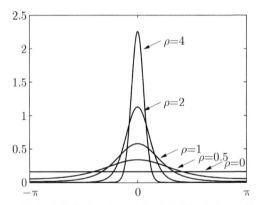

图 5.18 随机相位信号叠加窄带高斯噪声的相位分布, 其中 $\theta = 0$

5.5 研究型学习——通信系统信噪比分析 *

调制是通信系统中普遍采用的一种技术, 其目的是将含有信息的信号转换至与信道匹配的波段范围, 使得信息得以顺利传输。在接收端再通过解调 (或检波) 将信息恢复。通信系统中的信号基本都是高频窄带信号。由于信道通常含有噪声, 因此对接收机的抗噪性能分析是十分重要的。本节以幅度调制为例, 简要介绍解调过程中的信噪比分析思路。

全载波幅度调制　全载波幅度调制的数学模型为

$$s(t) = a(t)c(t) = a_c[1 + km(t)]\cos\omega_c t \tag{5.5.1}$$

其中 $m(t)$ 为信息信号, $c(t) = a_c\cos\omega_c t$ 为载波, ω_c 为载频, 其远大于信号带宽, k 为调制系数。

解调可通过包络检波完成, 检波器的电路结构及波形示意图如图 5.19所示。

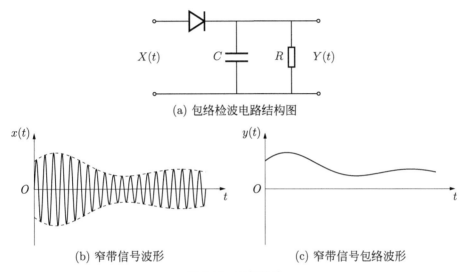

(a) 包络检波电路结构图

(b) 窄带信号波形　　　　　　　　(c) 窄带信号包络波形

图 5.19　包络检波

现考虑信号叠加窄带高斯白噪声,

$$X(t) = s(t) + N(t) = a_c[1 + km(t)]\cos\omega_c t + N_I(t)\cos\omega_c t - N_Q(t)\sin\omega_c t$$
$$= A(t)\cos(\omega_c t + \Phi(t))$$

其中

$$A(t) = \sqrt{[a_c(1 + km(t)) + N_I(t)]^2 + N_Q^2(t)}$$
$$\Phi(t) = \arctan\left(\frac{N_Q(t)}{a_c(1 + km(t)) + N_I(t)}\right)$$

N_I, N_Q 为低通高斯白噪声, 平均功率为 σ_N^2。

当输入信噪比较高时, $A(t)$ 可近似为

$$A(t) = \sqrt{[a_c(1 + km(t)) + N_I(t)]^2 + N_Q^2(t)} \approx a_c(1 + km(t)) + N_I(t) \tag{5.5.2}$$

注意到上式含有直流分量 a_c, 不包含任何信息, 通常可利用隔直滤波器去掉, 此时包络变为

$$A(t) \approx a_c k m(t) + N_I(t) \tag{5.5.3}$$

因此包络检波器输出的信噪比为

$$\text{SNR}_{\text{out}} = \frac{a_c^2 k^2 P_m}{\sigma_N^2}$$

其中 P_m 为信号 $m(t)$ 的平均功率, 即

$$P_m = \overline{m^2(t)} = \lim_{T \to \infty} \frac{1}{2T} \int_{-T}^{T} m^2(t)\mathrm{d}t$$

而包络检波器输入的信噪比为

$$\text{SNR}_{\text{in}} = \frac{\overline{s^2(t)}}{\sigma_N^2} = \frac{a_c^2(1 + k^2 P_m)}{2\sigma_N^2}$$

检波增益为

$$\frac{\text{SNR}_{\text{out}}}{\text{SNR}_{\text{in}}} = \frac{2k^2 P_m}{1 + k^2 P_m}$$

当输入信噪比较低时, 此时噪声幅度远大于信号幅度, 因此

$$
\begin{aligned}
A(t) &= \sqrt{[a_c(1 + km(t)) + N_I(t)]^2 + N_Q^2(t)} \\
&= \sqrt{N_I^2(t) + N_Q^2(t) + 2a_c(1 + km(t))N_I(t) + a_c^2(1 + km(t))^2} \\
&\approx \sqrt{N_I^2(t) + N_Q^2(t)} \sqrt{1 + \frac{2a_c(1 + km(t))N_I(t)}{N_I^2(t) + N_Q^2(t)}} \\
&\approx \sqrt{N_I^2(t) + N_Q^2(t)} \left(1 + \frac{a_c(1 + km(t))N_I(t)}{N_I^2(t) + N_Q^2(t)}\right) \\
&= A_N(t) + a_c(1 + km(t))\cos\Phi_N(t)
\end{aligned}
$$

其中 $A_N(t) = \sqrt{N_I^2(t) + N_Q^2(t)}$, $\Phi_N(t) = \arctan X_Q(t)/X_I(t)$。由此可见, 包络主要由噪声成分组成, 检波器无法将信号 $m(t)$ 与噪声分开。此时输出信噪比急剧下降, 这是由包络检波器的非线性解调特性引起的。通常把这种现象称为 "门限效应"。因此包络检波器只适用于输入信噪比较高的情况, 当输入信噪比很小时, 通常需要用相干解调。

双边带抑制载波调制 双边带抑制载波调制 (DSB-SC) 的数学模型为

$$s(t) = m(t)c(t) = a_c m(t) \cos \omega_c t \tag{5.5.4}$$

其中 $m(t)$ 为信息信号, $c(t) = a_c \cos \omega_c t$ 为载波, ω_c 为载频, 其远大于信号带宽。

解调过程为

$$y_d(t) = \mathrm{LPF}[2s(t)\cos(\omega_c t + \phi)] = a_c' m(t) \tag{5.5.5}$$

其中 $a_c' = a_c \cos \phi$, ϕ 为常数, LPF 为低通滤波器。当 $\phi = 0$ 时即为相干解调 (或同步检波)。结构如图 5.20所示。

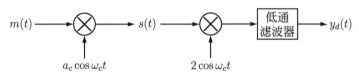

图 5.20 相干解调示意图

下面考虑信号叠加窄带高斯白噪声,

$$X(t) = s(t) + N(t) = a_c m(t) \cos \omega_c t + N_I(t) \cos \omega_c t - N_Q(t) \sin \omega_c t$$

N_I, N_Q 为低通高斯白噪声, 平均功率为 σ_N^2。记经乘法器之后的信号为

$$Y(t) = 2X(t) \cos \omega_c t$$
$$= a_c m(t) + a_c m(t) \cos 2\omega_c t + N_I(t) + N_I \cos 2\omega_c t - N_Q(t) \sin 2\omega_c t$$

经过低通滤波后, 得

$$Y_d(t) = a_c m(t) + N_I(t)$$

输入端信噪比为

$$\mathrm{SNR}_{\mathrm{in}} = \frac{a_c^2 P_m}{2\sigma_N^2}$$

其中

$$P_m = \overline{m^2(t)} = \lim_{T \to \infty} \frac{1}{2T} \int_{-T}^{T} m^2(t) \mathrm{d}t$$

而输出端信噪比为

$$\mathrm{SNR}_{\mathrm{out}} = \frac{a_c^2 P_m}{\sigma_N^2}$$

因此检波增益为

$$\frac{\mathrm{SNR}_{\mathrm{out}}}{\mathrm{SNR}_{\mathrm{in}}} = 2$$

这说明解调器有 3dB 的增益改善, 这是因为利用了输入信号与参考信号相位相干的特性。

作业　根据上述思路, 分析其他类型调制技术的信噪比, 如单边带载波抑制调制 (SSB-SC)、正交幅度调制 (QAM)、包络平方检波等, 撰写一份研究型报告。

5.6　MATLAB 仿真实验

5.6.1　解析信号的生成

MATLAB 提供函数 `hilbert` 可用于计算实信号对应的解析信号, 示例如下。

实验 5.1　已知实信号:

$$x(t) = 3\cos(240\pi t) + \sin(600\pi t)$$

求相应的解析信号, 并估计两者的功率谱密度。

```
Fs = 1000;                              % 采样率
f1 = 120;                               % 信号频率 1
f2 = 300;                               % 信号频率 2
t = 0:1/Fs:1-1/Fs;                      % 采样点
x = 3*cos(2*pi*f1*t) + sin(2*pi*f2*t);  % 生成信号 x
z = hilbert(x);                         % 计算 x 对应的解析信号

% 绘制信号的功率谱
periodogram([x;z].','centered');
title('功率谱密度');
legend('实信号','解析信号','location','southeast');
```

实验结果如图 5.21所示。显然, 实信号的功率谱是双边的, 而解析信号的功率谱是单边的, 且两者同在 $\omega = 0.24\pi$ 和 $\omega = 0.6\pi$ 处出现极大值。此外, 注意到解析信号的谱在幅度上略高于实信号的谱, 这是因为纵轴以对数坐标显示。事实上根据理论推导可知, 前者的幅度是后者的 4 倍。

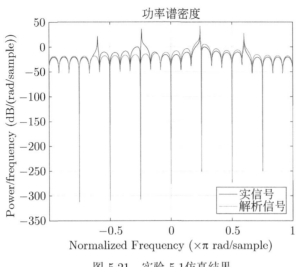

图 5.21　实验 5.1仿真结果

5.6.2　窄带随机信号的生成

本节介绍仿真生成具有指定功率谱的窄带随机信号的方法。设实窄带信号的莱斯表达式具有如下形式:

$$X(t) = X_I(t) \cos \omega_0 t - X_Q(t) \sin \omega_0 t \tag{5.6.1}$$

其中 X_I, X_Q 均为低频带限信号, ω_0 为中心频率, 且远大于信号带宽。注意到 I/Q 分量具有相同的功率谱密度和自相关函数, 且与 $X(t)$ 具有密切关系, 即

$$S_{X_I}(\omega) = \begin{cases} S_X(\omega - \omega_0) + S_X(\omega + \omega_0), & |\omega| \leqslant \omega_0 \\ 0, & |\omega| > \omega_0 \end{cases} \tag{5.6.2}$$

因此若要生成指定功率谱密度 (或自相关函数) 的窄带信号, 可以先生成 I/Q 分量信号, 再利用莱斯表达式合成窄带信号。下面通过一个例子说明。

实验 5.2　仿真生成窄带信号, 使得其功率谱具有如下形式:

$$S_X(\omega) = \frac{40}{(\omega + \omega_0)^2 + 100} + \frac{40}{(\omega - \omega_0)^2 + 100}$$

其中 $\omega_0 = 500\pi$。

根据题目条件, 不妨设功率谱的一般形式为

$$S_X(\omega) = \frac{\sigma^2\beta}{(\omega+\omega_0)^2+\beta^2} + \frac{\sigma^2\beta}{(\omega-\omega_0)^2+\beta^2}$$

根据式(5.6.2)推出 I/Q 分量的功率谱为

$$S_{X_I}(\omega) = S_{X_Q}(\omega) = \frac{2\sigma^2\beta}{\omega^2+\beta^2}$$

相应的自相关函数为

$$R_{X_I}(\tau) = R_{X_Q}(\tau) = \sigma^2\mathrm{e}^{-\beta|\tau|}$$

下面讨论生成 I/Q 分量的方法。不妨假设 I/Q 分量相互独立, 注意到两者的自相关函数为双边指数的形式, 因此可以利用一阶 AR 模型来模拟。回顾一阶 AR 模型在白噪声激励下, 输出的自相关函数为

$$R[m] = \frac{\sigma_N^2}{1-\alpha^2}\alpha^{|m|}$$

其中 σ_N^2 为白噪声的平均功率, α 为模型参数。本例中, 可令 $\alpha = \mathrm{e}^{-\beta T_s}$, $\sigma_N = \sigma\sqrt{1-\alpha^2}$, 其中 T_s 为采样间隔, $\beta = 10$, $\sigma = 2$。具体 MATLAB 代码如下。

```
beta = 10;                      % 功率谱参数
sigma = 2;                      % 功率谱参数
w0 = 500*pi;                    % 中心频率
Fs = 1000;                      % 信号采样率
T = 1;                          % 信号时长
t = 0:1/Fs:T-1/Fs;             % 采样点
alpha = exp(-beta/Fs);          % 一阶 AR 模型参数
s = sigma*sqrt(1-alpha^2);      % 激励白噪声标准差

n1 = s*randn(size(t));          % 高斯白噪声激励 1
n2 = s*randn(size(t));          % 高斯白噪声激励 2
xi = filter(1,[1 -alpha],n1);  % I 分量
xq = filter(1,[1 -alpha],n2);  % Q 分量
x = xi.*cos(w0.*t) - xq.*sin(w0.*t); % 合成窄带信号
periodogram(x,hamming(length(x)),'centered') % 估计并绘制功率谱
title('窄带信号功率谱')
```

仿真结果如图 5.22所示。可以看出, 生成的窄带信号功率谱呈现以 $\pm\omega = 0.5\pi$ 为中心向两端衰减的趋势, 与题目条件吻合。

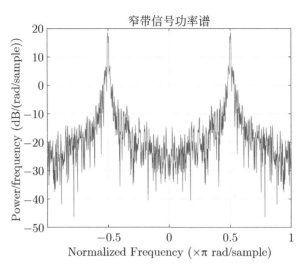

图 5.22　实验 5.2仿真结果

MATLAB 实验练习

5.1 已知实信号

$$x(t) = 3\cos(10\pi t)\cos(200\pi t + \pi/3)$$

仿真计算相应的解析信号和复包络信号, 绘制功率谱密度并分析三者的关系。

5.2 已知带通系统的通带范围为 200～300Hz, 设具有单位功率谱密度的高斯白噪声通过该系统, 估计输出的功率谱密度。

提示: 先利用 `yulewalk` 设计系统参数, 采样率 $F_s = 1000$Hz。

5.3 仿真生成具有如下功率谱的窄带信号:

$$S_X(\omega) = \frac{20}{(\omega + \omega_0)^2 + 64} + \frac{20}{(\omega - \omega_0)^2 + 64}$$

其中 $\omega_0 = 200\pi$。估计该信号的功率谱密度。

习　题

5.1 计算例 5.2中第二种情况 (即 $(\omega_a + \omega_b)/2 < \omega_0 < \omega_b$) 的相应结果。

5.2 证明窄带平稳过程的 I/Q 分量满足

$$R_{X_I}(\tau) = R_{X_Q}(\tau) = \text{LPF}[2R_X(\tau)\cos\omega_0\tau]$$

$$R_{X_I X_Q}(\tau) = \text{LPF}[-2R_X(\tau)\sin\omega_0\tau]$$

其中 LPF[·] 表示理想低通滤波器。

5.3 已知窄带平稳过程

$$X(t) = X_I(t)\cos\omega_0 t - X_Q(t)\sin\omega_0 t$$

的功率谱密度具有如图 5.23所示形式,

    (1) 求 $X(t)$ 的平均功率;

    (2) 画出 $X_I(t), X_Q(t)$ 的功率谱密度;

    (3) 画出 $X_I(t), X_Q(t)$ 的互功率谱密度。

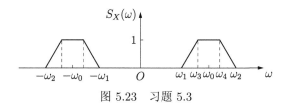

图 5.23   习题 5.3

5.4 已知窄带高斯平稳过程

$$X(t) = X_I(t)\cos\omega_0 t - X_Q(t)\sin\omega_0 t$$

并假设其零均值, 功率谱密度为

$$S_X(\omega) = \begin{cases} a\cos\left[\pi(\omega - \omega_0)/\Delta\omega\right], & -\Delta\omega/2 \leqslant \omega - \omega_0 \leqslant \Delta\omega/2 \\ a\cos\left[\pi(\omega + \omega_0)/\Delta\omega\right], & -\Delta\omega/2 \leqslant \omega + \omega_0 \leqslant \Delta\omega/2 \\ 0, & \text{其他} \end{cases}$$

其中 $\omega_0 \gg \omega$。求:

    (1) $X(t)$ 的一维概率密度函数;

    (2) $X_I(t), X_Q(t)$ 的功率谱密度;

    (3) 判断 $X_I(t), X_Q(t)$ 是否为正交过程。

5.5 已知窄带平稳信号的功率谱密度如图 5.24所示, 设中心频率为 ω_0, 分别画出下列条件下的 I/Q 分量的功率谱密度和互谱密度:

    (1) $\omega_0 = \omega_1$; (2) $\omega_0 = \omega_2$; (3) $\omega_0 = (\omega_1 + \omega_2)/2$。

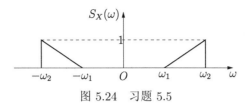

图 5.24　习题 5.5

5.6 (平方律检波)　已知平方律检波器如图 5.15所示, 分别求下列两种情况下的包络平方的一维概率分布。

(1) 输入信号为平稳窄带高斯信号:

$$X(t) = A(t)\cos(\omega_0 t + \Phi(t))$$

并假设 $X(t)$ 均值为零, 方差为 σ^2;

(2) 输入信号为正弦波叠加窄带高斯噪声, 即

$$X(t) = \cos(\omega_0 t + \theta) + N(t)$$

其中 $N(t) = N_I(t)\cos\omega_0 t - N_Q(t)\sin\omega_0 t$, 并假设其均值为零, 方差为 σ^2。

5.7　计算验证式(5.4.16)成立。

提示:

$$f_{A,\Phi|\theta}(a, \varphi|\theta) = \frac{a}{2\pi\sigma^2} \exp\left[-\frac{b^2\sin^2(\varphi - \theta)}{2\sigma^2}\right] \exp\left[-\frac{(a - b\cos(\varphi - \theta))^2}{2\sigma^2}\right]$$

令 $a = \sqrt{2}\sigma t + b\cos(\varphi - \theta)$。

5.8　已知同步检波器如图 5.25所示, 设输入 $X(t)$ 为窄带平稳噪声, 自相关函数为

$$R_X(\tau) = \sigma_X^2 e^{-\beta|\tau|}\cos\omega_0\tau, \ \beta \ll \omega_0$$

$Y(t)$ 为随机相位信号, 即 $Y(t) = a\cos(\omega_0 t + \Phi)$, 其中 a 为常数, $\Phi \sim U(0, 2\pi)$, 且 $X(t), Y(t)$ 相互独立。求检波器输出 $Z(t)$ 的自相关函数与平均功率。

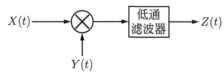

图 5.25　同步检波示意图

5.9 (非相参积累) 非相参积累是雷达信号处理中的一种实用技术, 可以有效改善回波信噪比。其结构如图 5.26所示。设输入信号为窄带高斯随机信号, $X(t) = A(t)\cos(\omega_0 t + \Phi(t))$。经 n 次独立采样之后,

$$Y = \sum_{i=1}^{n} A_i^2/\sigma^2 = \sum_{i=1}^{n} [X_I^2(t_i) + X_Q^2(t_i)]/\sigma^2$$

假设 $X_I(t_i), X_Q(t_i)$ 独立同分布于 $N(0, \sigma^2)$, 试证明 Y 服从自由度为 $2n$ 的 χ^2 分布:

$$f_Y(y) = \frac{1}{2^n \Gamma(n)} y^{n-1} \mathrm{e}^{-y/2}, \ y \geqslant 0$$

其中 $\Gamma(\cdot)$ 为 Γ 函数:

$$\Gamma(\alpha) = \int_0^{+\infty} t^{\alpha-1} \mathrm{e}^{-t} \mathrm{d}t$$

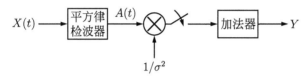

图 5.26 非相参积累过程示意图

第 6 章

信号检测理论

信号是信息的载体, 其蕴含了我们感兴趣的各种信息。在雷达、通信、声呐等电子信息系统中, 信号从产生、传输到接收过程中通常受到各种噪声和干扰的影响, 为此需要采用一定的信号处理手段才能提取其中的有用信息。信号的检测和估计, 这也是统计信号处理的基础研究内容, 主要利用概率论和数理统计的思想方法来检测有用信号是否存在以及估计携带信息的信号参量。信号检测和信号估计将分两章进行介绍, 本章将在前面随机信号分析的基础上, 利用统计判决 (statistical decision) 和假设检验 (hypothesis testing) 相关知识讨论信号检测的主要理论和方法。首先回顾经典的统计检测准则, 包括贝叶斯准则、极大极小准则和纽曼-皮尔逊准则, 并简要给出多元统计检测准则; 然后介绍高斯白噪声中确知信号以及随机参量信号的最优检测方法, 使读者对信号检测有一定的了解和认识。

6.1　基本概念

信号检测 (signal detection) 是指在噪声和干扰环境下, 根据具有随机特性的观测数据来判决信号有无或识别信号类别。例如在通信中, 发送方分别将 0 和 1 用不同的波形 $s_0(t) = \sin \omega_0 t$ 和 $s_1(t) = \sin \omega_1 t$ 进行发送, 信号在传输过程中受到噪声的干扰, 接收方收到的信号为

$$r(t) = s_i(t) + n(t) = \sin \omega_i t + n(t), \ i = 0, 1$$

其中 $n(t)$ 为噪声[①]。接收方需要根据一定时间内的观测信号, 采用某种规则来判断发送的信号是 $s_0(t)$ 还是 $s_1(t)$, 该判断规则一般应使得判决错误的概率达到最小。设计这种判决处理器就是信号检测研究的内容。

在检测问题中, 涉及三种信号: 源信号 $s(t)$、观测信号 $r(t)$ 以及噪声 $n(t)$, 其中噪声是未知的, 它也是产生判决错误的主要根源。判决的难易程度与拥有的信号和噪声的统计知识有关。因此, 需要根据接收信号在不同情况下的特性来设计最佳的判决器。根据对源信号的了解程度, 常见的信号检测问题可以分为如下三种情况。

(1) 噪声中确知信号的检测: 待检测信号的波形是确定的, 其形式和所有参量完全已知 (例如上文的通信例子), 该类检测问题是最简单的情况。

(2) 噪声中具有未知参数信号的检测: 待检测信号波形是确定性的并且已知, 但包含未知参数。比如每个信号都有相应的相移 θ, 即 $s_i(t) = \sin(\omega_i t + \theta_i), i = 0, 1$, 相移在观测时间 $[0, T]$ 内不变, 但事先不知道, 这时的检测要考虑信号未知量的情况, 比上述 (1) 的情形要复杂一些。

(3) 噪声中随机信号的检测: 此时信号本身的形式是不确定性的, 只是随机过程的一个样本函数。这种情况最复杂, 需要利用不同随机过程统计特性的差异进行判决。

---

① 为方便标记, 本章均采用小写字母表示信号, 具体是确定性信号还是随机信号由上下文决定。

此外, 噪声按照统计特性可以分为高斯噪声和非高斯噪声, 按照功率谱又可分为白噪声和色噪声。本章后续将主要讨论高斯白噪声中确知信号和含有未知参数信号的检测问题, 而关于随机信号的检测问题可参考文献 [12]。

6.2 经典检测准则

本节首先考虑最简单的二元检测 (binary detection) 问题, 即信源有两种假设可能。例如在雷达中, 发射机发射电磁脉冲后, 接收机将收到有噪的观测信号。若没有目标, 观测信号就是噪声; 若有目标存在, 观测信号就是目标回波和噪声。一般可以对观测信号进行采样, 这时得到的观测数据可由向量表示。接收机需根据观测数据来对这两种假设可能作出判断, 即

$$H_0 : \boldsymbol{r} = \boldsymbol{n}, \quad H_1 : \boldsymbol{r} = \boldsymbol{s} + \boldsymbol{n}$$

其中 H_0 称为零假设, H_1 称为备选假设, $\boldsymbol{r}$ 为观测数据, $\boldsymbol{s}$ 是感兴趣的信号, $\boldsymbol{n}$ 是噪声[1]。

在二元假设检验模型中, 设信源的两种假设 $H_i, i = 0, 1$ 发生的概率分别为 $P(H_i) = P_i, i = 0, 1$, 该概率通常由人们的前期经验知识所得, 称之为先验概率 (prior probability)。观测数据 $\boldsymbol{r}$ 的取值范围称为观测空间 (observation space)。观测数据和信源的关系可以用 $p(\boldsymbol{r}|H_i)$ 来描述, 该概率密度函数也称为似然函数 (likelihood function)。检测问题的目标就是制定判决规则, 然后根据观测数据的取值和该规则作出相应的决定。也就是说, 判决规则本质上是对观测空间作一个划分, 分成两个判定区域 Z_0 和 Z_1, 当观测数据 $\boldsymbol{r}$ 落在区域 Z_0 作 H_0 判决, 反之作 H_1 判决, 如图 6.1所示。

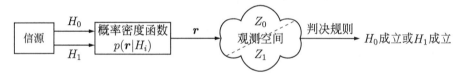

图 6.1 二元假设检验

制定好判决规则后, 在检测过程中, 每次判决得到的结论并不都是正确的, 存在错误的可能。根据真实的情况和实际的判决, 可以得到如下 4 种概率:

$$P(\text{判决为}H_1|H_0\text{为真}) = P(H_1|H_0) = \int_{Z_1} p(\boldsymbol{r}|H_0)\mathrm{d}\boldsymbol{r}$$

$$P(\text{判决为}H_0|H_0\text{为真}) = P(H_0|H_0) = 1 - P(H_1|H_0)$$

$$P(\text{判决为}H_1|H_1\text{为真}) = P(H_1|H_1) = \int_{Z_1} p(\boldsymbol{r}|H_1)\mathrm{d}\boldsymbol{r}$$

$$P(\text{判决为}H_0|H_1\text{为真}) = P(H_0|H_1) = 1 - P(H_1|H_1)$$

---

[1] 类似地, 本章也采用小写粗体字母表示向量, 而确定或随机取决于上下文。

其中 $P(H_1|H_0)$ 称为第一类错误概率, 又称为虚警概率 (false alarm probability), 记为 P_F; $P(H_0|H_1)$ 称为第二类错误概率, 又称为漏警概率 (missing probability), 记为 P_M; 而 $P(H_0|H_0) = 1 - P_F$, $P(H_1|H_1) = 1 - P_M = P_D$ 称为检测概率 (detection probability)[1]。这些判决概率与判决区域和似然函数有关。实际中通常考虑虚警概率 P_F 和检测概率 P_D 的计算。

在制定判决规则的时候, 应充分考虑实际应用的需求, 尽可能使所做判决达到某种优化目标, 即基于某种准则, 实现该准则下的最优判断。常用的判决准则主要有贝叶斯准则、极大极小准则以及纽曼-皮尔逊准则。在通信和模式识别系统中通常采用贝叶斯准则, 其特例有最小错误概率准则 (等价于最大后验概率准则), 雷达和声呐系统通常采用纽曼-皮尔逊准则。下面将详细介绍这些经典的二元检测准则及方法, 并简要介绍常用的多元检测方法。

6.2.1 贝叶斯准则

在贝叶斯准则 (Bayesian criterion) 中, 假定两个假设的先验概率 P_0 和 P_1 已知, C_{ij} 表示 H_j 为真而判决为 H_i 所付出的代价 (cost)。一般来说, $C_{10} \geqslant C_{00}$, $C_{01} \geqslant C_{11}$。贝叶斯准则希望所做判决带来的平均代价达到最小[2]。

给定先验概率以及代价因子, 可以计算平均代价 (平均风险) 为

$$\mathcal{R} = C_{00}P_0P(H_0|H_0) + C_{10}P_0P(H_1|H_0) + C_{11}P_1P(H_1|H_1) + C_{01}P_1P(H_0|H_1) \tag{6.2.1}$$

利用关系 $P(H_1|H_i) = 1 - P(H_0|H_i)$, 得到

$$\mathcal{R} = P_0C_{10} + P_1C_{11} + P_1(C_{01} - C_{11})P(H_0|H_1) - P_0(C_{10} - C_{00})P(H_0|H_0)$$
$$= P_0C_{10} + P_1C_{11} + \int_{Z_0}[P_1(C_{01} - C_{11})p(\boldsymbol{r}|H_1) - P_0(C_{10} - C_{00})p(\boldsymbol{r}|H_0)]\mathrm{d}\boldsymbol{r}$$

贝叶斯判决的任务是: 选择划分区域 Z_0 和 Z_1 使平均风险最小。想让上述平均风险越小, 希望使被积项为负的观测值都加入区域 Z_0, 而其他观测值则加入区域 Z_1, 从而得到最优的贝叶斯判决为[3]

$$P_1(C_{01} - C_{11})p(\boldsymbol{r}|H_1) \underset{H_0}{\overset{H_1}{\gtrless}} P_0(C_{10} - C_{00})p(\boldsymbol{r}|H_0)$$

进一步改写为[4]

---

[1] P_F, P_M, P_D 的名称来源于雷达信号检测。

[2] 代价也称为风险 (risk), 因此贝叶斯准则也称为最小风险准则。

[3] 符号 "$\underset{H_0}{\overset{H_1}{\gtrless}}$" 表示当 $>$ 成立作 H_1 判决; 反之作 H_0 判决。

[4] 符号 "$\triangleq$" 表示 "定义为" 或 "记为"。

$$\Lambda(\boldsymbol{r}) \triangleq \frac{p(\boldsymbol{r}|H_1)}{p(\boldsymbol{r}|H_0)} \underset{H_0}{\overset{H_1}{\gtrless}} \frac{P_0(C_{10} - C_{00})}{P_1(C_{01} - C_{11})} \triangleq \eta \tag{6.2.2}$$

上式左边是两个似然函数之比, 称为似然比函数 (likelihood ratio function), 而右边是一个非负常数, 称为判决门限。可以看到, 贝叶斯判决规则是: 若在 H_1 下得到观测数据的可能性较大时, 便作 H_1 判决; 反之, 则作 H_0 判决。这也符合人们的直觉。由于对数函数的单调性, 贝叶斯判决可以等价为

$$\ln \Lambda(\boldsymbol{r}) \underset{H_0}{\overset{H_1}{\gtrless}} \ln \eta \tag{6.2.3}$$

当代价因子 C_{ij} 取特殊的值或者满足某种约束条件时, 将得到派生的贝叶斯准则。

(1) 最小错误概率准则

在贝叶斯准则中, 若非负的代价因子 C_{ij} 设置为 $C_{01} = C_{10} = 1, C_{00} = C_{11} = 0$, 平均风险将变成总的错误概率, 即

$$\mathcal{R} = P_e = P_0 P(H_1|H_0) + P_1 P(H_0|H_1) \tag{6.2.4}$$

上式第一项中的条件概率为虚警概率 P_F, 第二项中的条件概率为漏警概率 P_M。因此最小错误概率 (minimum error probability, MEP) 准则是贝叶斯准则的特例。通信系统常采用最小错误概率准则。由式(6.2.2)可知, 基于最小错误概率准则的判决规则为

$$\Lambda(\boldsymbol{r}) \triangleq \frac{p(\boldsymbol{r}|H_1)}{p(\boldsymbol{r}|H_0)} \underset{H_0}{\overset{H_1}{\gtrless}} \frac{P_0}{P_1} \triangleq \eta \tag{6.2.5}$$

(2) 最大后验概率准则

若代价因子 C_{ij} 满足 $C_{10} - C_{00} = C_{01} - C_{11}$, 则判决规则仍如式(6.2.5)所示, 可改写为

$$p(\boldsymbol{r}|H_1)P_1 \underset{H_0}{\overset{H_1}{\gtrless}} p(\boldsymbol{r}|H_0)P_0$$

利用贝叶斯公式, 不等式两边同时除以 $p(\boldsymbol{r})$, 可知判决规则等价于

$$P(H_1|\boldsymbol{r}) \underset{H_0}{\overset{H_1}{\gtrless}} P(H_0|\boldsymbol{r}) \tag{6.2.6}$$

上式说明在给定 $\boldsymbol{r}$ 的条件下, 若 H_1 发生概率大于 H_0 发生概率就作判决 H_1, 反之亦然。因此称之为最大后验概率 (maximum a posteriori probability, MAP) 准则。可见最小错误概率准则等价于最大后验概率准则, 两者可看成是对同一判决规则的不同理解。也就是说, 采用最大后验概率准则可以使得判决错误概率达到最小。

(3) 最大似然准则

若代价因子 C_{ij} 满足 $C_{10} - C_{00} = C_{01} - C_{11}$, 且 $P_0 = P_1$, 则判决规则为

$$p(\boldsymbol{r}|H_1) \underset{H_0}{\overset{H_1}{\gtrless}} p(\boldsymbol{r}|H_0) \tag{6.2.7}$$

也就是说, 在假设 H_1 下 $\boldsymbol{r}$ 发生可能性大于假设 H_0 下 $\boldsymbol{r}$ 发生可能性, 就作判决 H_1, 反之亦然, 可称为最大似然 (maximum likelihood, ML) 准则。可见在先验概率相等的情况下, 最大后验概率准则退化为最大似然准则。

6.2.2 极大极小准则

在前述的判决准则中, 需要已知两个假设发生的先验概率。实际中先验概率可能未知或不准确, 这时可以采用极大极小准则 (minimax criterion, 也称为极小化极大准则), 其核心思想是使可能出现的最大平均风险达到最小。

首先讨论采用贝叶斯准则所得的最小平均风险 $\mathcal{R}$ 与先验概率 P_1 的关系。由贝叶斯判决可知, 其判决门限 η 与先验概率有关, 因此其判决概率也与先验概率有关, 可看成是先验概率的函数。利用等式 $P_1 = 1 - P_0, P_D = 1 - P_M, P(H_0|H_0) = 1 - P_F$, 可以得到

$$\begin{aligned}
\mathcal{R}(P_1) = {} & C_{00}(1 - P_1)[1 - P_F(P_1)] + C_{10}(1 - P_1)P_F(P_1) + C_{11}P_1[1 - P_M(P_1)] + \\
& C_{01}P_1 P_M(P_1) \\
= {} & C_{00}(1 - P_1) + C_{11}P_1 + [C_{10} - C_{00}]P_F(P_1)(1 - P_1) + [C_{01} - C_{11}]P_M(P_1)P_1
\end{aligned}$$

也就是说, 对于贝叶斯判决, 先验概率不同, 判决门限 η 不同, 相应的最小平均风险也就不同。另外, 由式(6.2.2)可知, 当 $P_1 \to 0$ 时, $P_F \to 0$ 以及当 $P_1 \to 1$ 时, $P_M \to 0$, 因此

$$\mathcal{R}(0) = C_{00} + (C_{10} - C_{00})P_F(0) \to C_{00}$$

$$\mathcal{R}(1) = C_{11} + (C_{01} - C_{11})P_M(1) \to C_{11}$$

基于上述分析, 一般来说, 最小平均风险与先验概率 P_1 的关系如图 6.2所示, 该函数曲线是上凸的, 存在一个先验概率使得最小平均风险达到最大值。

当先验概率 P_1 未知时, 按照推测的先验概率 P_1^* 来设置贝叶斯判决中的门限, 这时门限 $\eta^* = \frac{P_0^*(C_{10} - C_{00})}{P_1^*(C_{01} - C_{11})}$ 成为固定门限, 判决概率与 P_1^* 有关, 此时所得的平均风险为

$$\begin{aligned}
\mathcal{R}(P_1^*, P_1) = {} & C_{00}(1 - P_1)[1 - P_F(P_1^*)] + C_{10}(1 - P_1)P_F(P_1^*) + \\
& C_{11}P_1[1 - P_M(P_1^*)] + C_{01}P_1 P_M(P_1^*)
\end{aligned}$$

整理可得

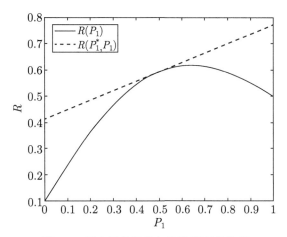

图 6.2　最小平均风险与先验概率的关系

$$\mathcal{R}(P_1^*, P_1) = P_1 \left[(C_{11} - C_{00}) + (C_{01} - C_{11})P_M(P_1^*) - (C_{10} - C_{00})P_F(P_1^*) \right] + C_{00} + (C_{10} - C_{00})P_F(P_1^*)$$

由上式可见, 在似然函数给定情况下, 根据推测的先验概率 P_1^* 来固定门限后, 相应的 P_F 和 P_M 为确定值, 这时的平均风险与 P_1 呈线性关系, 即平均风险函数为直线, 且在最小平均风险曲线的上方. 显然, 当推测的先验概率 P_1^* 与真实的先验概率 P_1 相等时, 对应的直线与先验概率已知下的最小平均风险曲线应该在 P_1^* 处相切, 如图 6.2 所示 (图中的 $P_1^* = 0.5$). 当这两个概率不等的时候, 二者的偏差越大, 实际的平均风险将比概率已知情况下的最小平均风险高出很多. 这是我们不愿接受的情况, 我们更希望不管实际的概率是多大, 所做的判决导致的最大可能的平均风险尽可能小, 而且在可以承受范围之内. 因此可以令 P_1 的系数为零, 这时实际的平均风险就是常数, 避免了错误估计先验概率带来的过大平均风险, 即要求 P_1^* 满足如下极大极小方程:

$$(C_{11} - C_{00}) + (C_{01} - C_{11})P_M(P_1^*) - (C_{10} - C_{00})P_F(P_1^*) = 0 \tag{6.2.8}$$

此时平均风险为 $\mathcal{R} = C_{00} + (C_{10} - C_{00})P_F(P_1^*)$. 同时可知, P_1^* 对应的平均风险也是最小平均风险曲线的最大值, 因此 P_1^* 也称为最不利的先验概率. 换句话说, 在选择 P_1^* 时, 考虑最大的最小平均风险这种最差的情况, 按照这个情况来设置似然比检测的门限.

　　实际中如何找到 P_1^* 呢? 就是使得用 P_1^* 确定的门限所得到的判决规则对应的虚警概率和漏警概率满足式 (6.2.8) 所示的极大极小方程. 该检测规则使得最大可能的平均风险最小化或者达到最小平均风险的最大值, 因此称之为极大极小检测, 其判决规则如下:

$$\Lambda(\boldsymbol{r}) \triangleq \frac{p(\boldsymbol{r}|H_1)}{p(\boldsymbol{r}|H_0)} \underset{H_0}{\overset{H_1}{\gtrless}} \frac{P_0^*(C_{10} - C_{00})}{P_1^*(C_{01} - C_{11})} \tag{6.2.9}$$

其中 P_1^* 满足极大极小方程。特别地，当 $C_{01} = C_{10} = 1, C_{00} = C_{11} = 0$ 时，该判决规则变为

$$\Lambda(\boldsymbol{r}) \triangleq \frac{p(\boldsymbol{r}|H_1)}{p(\boldsymbol{r}|H_0)} \underset{H_0}{\overset{H_1}{\gtrless}} \frac{P_0^*}{P_1^*} \tag{6.2.10}$$

其中 P_1^* 满足 $P_M(P_1^*) = P_F(P_1^*)$，此时平均风险为 $P_e = P_F(P_1^*)$。

6.2.3　纽曼-皮尔逊准则

实际应用中，除了先验概率未知，代价也经常很难确定，因此面临的情况是先验概率和代价都未知，此时使用的判决准则是纽曼-皮尔逊准则 (Neyman-Pearson criterion)，简称 N-P 准则，这在雷达系统中经常采用。

一般来说，我们希望漏警概率和虚警概率都能尽量小，但这两种错误概率难以同时达到最小，因此希望在固定虚警概率 $P_F = \alpha$ 时 [①]，尽量让漏警概率 P_M 最小，也就是检测概率 P_D 尽可能最大。这可看成是一个有约束情况下的极值问题，可采用拉格朗日乘子法，构造如下目标函数：

$$\begin{aligned} J = P_M + \lambda(P_F - \alpha) &= \int_{Z_0} p(\boldsymbol{r}|H_1) \mathrm{d}\boldsymbol{r} + \lambda \left[\int_{Z_1} p(\boldsymbol{r}|H_0)\mathrm{d}\boldsymbol{r} - \alpha \right] \\ &= \lambda(1 - \alpha) + \int_{Z_0} [p(\boldsymbol{r}|H_1) - \lambda p(\boldsymbol{r}|H_0)] \mathrm{d}\boldsymbol{r} \end{aligned} \tag{6.2.11}$$

类似地，如果希望上述目标函数尽可能达到最小，应使被积项为负的观测 $\boldsymbol{r}$ 都加入判决区域 Z_0，从而得到如下检测规则：

$$\Lambda(\boldsymbol{r}) \triangleq \frac{p(\boldsymbol{r}|H_1)}{p(\boldsymbol{r}|H_0)} \underset{H_0}{\overset{H_1}{\gtrless}} \lambda \tag{6.2.12}$$

其中门限 λ 由虚警概率来确定，即满足如下约束条件：

$$P_F = \int_{\{\boldsymbol{r}:\Lambda(\boldsymbol{r})>\lambda\}} p(\boldsymbol{r}|H_0)\mathrm{d}\boldsymbol{r} = \int_\pi^{+\infty} p(\Lambda|H_0)\mathrm{d}\Lambda = \alpha \tag{6.2.13}$$

此时检测概率为

$$P_D = \int_{\{\boldsymbol{r}:\Lambda(\boldsymbol{r})>\lambda\}} p(\boldsymbol{r}|H_1)\mathrm{d}\boldsymbol{r} = \int_\pi^{+\infty} p(\Lambda|H_1)\mathrm{d}\Lambda \tag{6.2.14}$$

6.2.4　二元检测性能分析

由前述的判决规则可以看出，这些准则下的最优检测均为似然比检验 (likelihood

---

① 虚警概率水平通常设置得很小，比如 $\alpha = 10^{-8}$，这是因为判定为有目标带来的代价太大。

ratio test, LRT), 区别只是门限不同 (不同门限对应的目标是不同的), 即

$$\Lambda(\boldsymbol{r}) \triangleq \frac{p(\boldsymbol{r}|H_1)}{p(\boldsymbol{r}|H_0)} \underset{H_0}{\overset{H_1}{\gtrless}} \eta \tag{6.2.15}$$

表 6.1总结了这些判决规则的门限和适用场合, 其中极大极小准则和 N-P 准则的判决门限均需要满足一定的约束条件。

表 6.1 二元判决规则

判决准则	判决门限	适用场合
贝叶斯	$\dfrac{P_0(C_{10} - C_{00})}{P_1(C_{01} - C_{11})}$	P_i, C_{ij} 均已知, $i,j \in \{0,1\}$
MEP/MAP	$\dfrac{P_0}{P_1}$	P_i 已知, $C_{10} - C_{00} = C_{01} - C_{11}$
极大极小	$\dfrac{P_0^*(C_{10} - C_{00})}{P_1^*(C_{01} - C_{11})}$ [1]	P_i 未知, C_{ij} 已知, $i,j \in \{0,1\}$
N-P	λ [2]	P_i, C_{ij} 均未知, $i,j \in \{0,1\}$

[1] P_1^* 应满足极大极小方程。
[2] λ 应满足虚警概率水平。

由式(6.2.15)可知, 似然比 $\Lambda(\boldsymbol{r})$ 是观测向量 $\boldsymbol{r}$ 的非负标量函数。由于 $\boldsymbol{r}$ 是随机的, 因此 $\Lambda(\boldsymbol{r})$ 是随机变量, 具有一维的分布函数 (即使 $\boldsymbol{r}$ 具有多维分布)。需要注意的是, 实际中并不是直接计算似然比, 然后与门限进行比较进行判断, 而是将似然比检验进行化简, 得到等价的判断规则。在该规则中, 新的检测统计量 (也是观测向量的函数) 与相应的新门限进行比较, 从而进行判断。可将实现判断规则的系统称为检测系统[①]。

对于似然比检验, 当给定门限时, 可计算出相应的虚警概率 P_F 和检测概率 P_D。雷达中将 P_D 随 P_F 的变化曲线称为接收机的工作特性 (receiver operating characteristic, ROC) 曲线。似然比检验对应的 ROC 曲线如图 6.3所示, 曲线越上凸, 说明在同样的虚警概率下, 检测概率越大, 检测系统的性能越好。

由式(6.2.15)可知, 当 $\eta = 0$ 时, $P_F = 1, P_D = 1$; 当 $\eta = \infty$ 时, $P_F = 0, P_D = 0$。又因为

$$P_F = \int_{Z_1} p(\boldsymbol{r}|H_0)\mathrm{d}\boldsymbol{r} = \int_{\eta}^{\infty} p(\Lambda|H_0)\mathrm{d}\Lambda$$

$$P_D = \int_{Z_1} p(\boldsymbol{r}|H_1)\mathrm{d}\boldsymbol{r} = \int_{Z_1} \frac{p(\boldsymbol{r}|H_1)}{p(\boldsymbol{r}|H_0)} p(\boldsymbol{r}|H_0)\mathrm{d}\boldsymbol{r} = \int_{\eta}^{+\infty} \Lambda p(\Lambda|H_0)\mathrm{d}\Lambda$$

---

① 在本章中也称为检测器或者接收机。

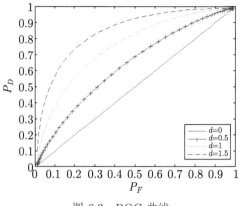

图 6.3   ROC 曲线

利用 $\left(\displaystyle\int_{\phi(x)}^{\psi(x)} f(t)\mathrm{d}t\right)' = f(\psi(x))\psi'(x) - f(\phi(x))\phi'(x)$, 进而得到

$$\frac{\mathrm{d}P_D(\eta)}{\mathrm{d}\eta} = -\eta p(\eta|H_0), \ \frac{\mathrm{d}P_F(\eta)}{\mathrm{d}\eta} = -p(\eta|H_0) \Rightarrow \frac{\mathrm{d}P_D}{\mathrm{d}P_F} = \eta$$

也就是说, 似然比检验的 ROC 曲线的斜率是似然比检验对应的门限.

总之, 信号检测主要研究两方面内容: ① 根据实际需求寻求某种准则下的最优检测规则, 并确定检测系统的结构; ② 分析该信号检测系统的性能. 下面给出关于确定性信号的二元检测例子.

例 6.1   给定如下二元假设:

$$H_0 : r_i = n_i, \ i = 1, 2, \cdots, N$$
$$H_1 : r_i = m + n_i, \ i = 1, 2, \cdots, N$$

其中 m 为已知的常数, 噪声样本 n_i 是独立同分布的高斯随机变量, $n_i \sim N(0, \sigma^2)$. 试给出最优的检测规则, 并分析其检测性能.

解: 首先给出两个假设下观测数据的似然函数. 由于 n_i 统计独立, 所以 r_i 的联合概率密度为

$$p(\boldsymbol{r}|H_1) = \prod_{i=1}^{N} p(r_i|H_1) = \prod_{i=1}^{N} p_{n_i}(r_i - m) = \prod_{i=1}^{N} \frac{1}{\sqrt{2\pi}\sigma} \exp\left[-\frac{(r_i - m)^2}{2\sigma^2}\right]$$

$$p(\boldsymbol{r}|H_0) = \prod_{i=1}^{N} p(r_i|H_0) = \prod_{i=1}^{N} p_{n_i}(r_i) = \prod_{i=1}^{N} \frac{1}{\sqrt{2\pi}\sigma} \exp\left[-\frac{r_i^2}{2\sigma^2}\right]$$

则似然比检验为

$$\Lambda(\boldsymbol{r}) = \frac{\displaystyle\prod_{i=1}^{N} \frac{1}{\sqrt{2\pi}\sigma} \exp\left[-\frac{(r_i - m)^2}{2\sigma^2}\right]}{\displaystyle\prod_{i=1}^{N} \frac{1}{\sqrt{2\pi}\sigma} \exp\left[-\frac{r_i^2}{2\sigma^2}\right]} \underset{H_0}{\overset{H_1}{\gtrless}} \eta$$

其中 η 是由具体判决准则确定的门限值。

对上式求对数并化简得到如下检验规则:

$$\ln \Lambda(\boldsymbol{r}) = \frac{m}{\sigma^2} \sum_{i=1}^{N} r_i - \frac{Nm^2}{2\sigma^2} \underset{H_0}{\overset{H_1}{\gtrless}} \ln \eta$$

进一步化简为

$$\sum_{i=1}^{N} r_i \underset{H_0}{\overset{H_1}{\gtrless}} \frac{\sigma^2}{m} \ln \eta + \frac{Nm}{2} \triangleq \gamma \tag{6.2.16}$$

由上式可见, 检测器将收到的观测值简单相加, 然后与门限相比, 超过门限则判决有信号存在, 这与人们的直觉也是相符的。

下面分析该检测器的性能, 计算其虚警概率和检测概率, 并分析影响二者的因素。此时需要求得检测统计量在不同假设下的概率分布, 显然为高斯分布, 希望其方差为 1, 得到如下等价的检测统计量及判决规则:

$$L = \frac{1}{\sqrt{N}\sigma} \sum_{i=1}^{N} r_i \underset{H_0}{\overset{H_1}{\gtrless}} \frac{\sigma}{\sqrt{N}m} \ln \eta + \frac{\sqrt{N}m}{2\sigma}$$

则检测统计量 L 在假设 H_0 和假设 H_1 下的概率分布为 $N(0,1)$ 和 $N\left(\frac{\sqrt{N}m}{\sigma}, 1\right)$。定义 $d = \frac{\sqrt{N}m}{\sigma}$, 其为检测统计量 L 在两个假设下的均值之差。显然, 由图 6.4 可见, d 越大检测性能越好, 即检测统计量在不同假设下的概率密度分开的越远, 区分度越大, 检测性能更好。

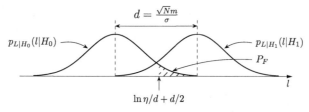

图 6.4 检测统计量在不同假设下的概率密度

令标准正态分布的 (累积) 分布函数为

$$\Phi(x) = \int_{-\infty}^{x} \frac{1}{\sqrt{2\pi}} \exp\left(-\frac{x^2}{2}\right) \mathrm{d}x \tag{6.2.17}$$

互补累积分布函数或者右尾概率定义为

$$\Phi_c(x) = 1 - \Phi(x) = \int_{x}^{+\infty} \frac{1}{\sqrt{2\pi}} \exp\left(-\frac{x^2}{2}\right) \mathrm{d}x \tag{6.2.18}$$

由此得到虚警概率和检测概率分别为

$$P_F = \Phi_c(\ln \eta/d + d/2), \ P_D = \Phi_c(\ln \eta/d - d/2)$$

令 $\lambda = \ln \eta/d + d/2$, 则

$$P_F = \Phi_c(\lambda), \ P_D = \Phi_c(\lambda - d)$$

因此, 当虚警概率固定时, 检测概率随 d 的增大而增大, 如图 6.3所示, 这里 $d^2 = \frac{Nm^2}{\sigma^2}$ 称为信号能量噪声比, 即检测性能随着信噪比增加或数据长度的增加而改善。

6.2.5 多元检测准则 *

在通信和模式识别等系统中, 经常需要做多种判决, 即判决结果共有 $M(M > 2)$ 种, 称为多元检测。与二元检测类似, 这时需把观测空间划分为 M 个互不重叠的判决子空间, 每个子空间对应相应的判决。通常可以采用贝叶斯准则、最大后验概率准则以及最大似然准则。

1) 贝叶斯准则

给定代价因子 C_{ij}, 贝叶斯准则希望平均代价最小。定义平均代价为

$$\mathcal{R} = \sum_{j=0}^{M-1} \sum_{i=0}^{M-1} C_{ij} P_j \int_{Z_i} p(\boldsymbol{r}|H_j) \mathrm{d}\boldsymbol{r} = \sum_{i=0}^{M-1} \int_{Z_i} \sum_{j=0}^{M-1} C_{ij} P_j p(\boldsymbol{r}|H_j) \mathrm{d}\boldsymbol{r} \tag{6.2.19}$$

其中观测空间被划分为 M 个判决区域, 其中 Z_i 是作判决 H_i 的区域。该平均代价可以看成是 M 个积分项的求和, 若每个积分项都尽量取最小, 则总和就最小。

定义

$$\lambda_i(\boldsymbol{r}) = \sum_{j=0}^{M-1} C_{ij} P_j p(\boldsymbol{r}|H_j), \ i = 0, 1, \cdots, M - 1 \tag{6.2.20}$$

易知, 要使平均代价最小, 观测 $\boldsymbol{r}$ 应放在 $\lambda_i(\boldsymbol{r}), i = 0, 1, \cdots, M-1$ 最小所对应的判决区域, 即判决规则为

$$D(\boldsymbol{r}) = H_k, \; 若 k = \arg\min_i \lambda_i(\boldsymbol{r}) \tag{6.2.21}$$

换句话说, 对于观测 $\boldsymbol{r}$, 计算 $\lambda_i(\boldsymbol{r}), i = 0, 1, \cdots, M-1$, 若 $\lambda_k(\boldsymbol{r})$ 最小, 判决 H_k 成立.

对于观测 $\boldsymbol{r}$, 作出判决 H_i 成立所带来的条件代价为

$$C_i(\boldsymbol{r}) = \sum_{j=0}^{M-1} C_{ij} P(H_j|\boldsymbol{r}) = \sum_{j=0}^{M-1} C_{ij} P_j p(\boldsymbol{r}|H_j)/p(\boldsymbol{r}) = \lambda_i(\boldsymbol{r})/p(\boldsymbol{r})$$

因此, 贝叶斯判决规则可以理解为: 给定观测 $\boldsymbol{r}$, 当它作某个判决 H_k 所导致的平均风险是最小的, 则作判决 H_k.

2) 最大后验概率准则

假定 $C_{ii} = 0, C_{ij} = 1, i \neq j$, 平均代价变成总错误概率, 平均代价最小准则也就是最小总错误概率准则, 此时

$$C_i(\boldsymbol{r}) = \sum_{j=0, j \neq i}^{M-1} P(H_j|\boldsymbol{r}) = 1 - P(H_i|\boldsymbol{r})$$

则判决规则为

$$D(\boldsymbol{r}) = H_k, \; 若 k = \arg\max_i P(H_i|\boldsymbol{r}) \tag{6.2.22}$$

换句话说, 给定观测 $\boldsymbol{r}$, 假设 H_k 发生的概率最大, 则作判决 H_k. 因此最小错误概率准则等效为最大后验概率准则.

3) 最大似然准则

当先验概率未知时, 无法使用最大后验概率准则. 这时可假定各假设的先验概率相等 (一般在没有任何先验知识时, 对各个假设都没有偏好), 即 $P_i = 1/M, i = 0, 1, \cdots, M-1$. 此时后验概率为 $P(H_i|\boldsymbol{r}) = p(\boldsymbol{r}|H_i)P_i/p(\boldsymbol{r})$, 于是判决规则(6.2.22)变为最大似然 (maximum likelihood, ML) 准则下的判决规则:

$$D(\boldsymbol{r}) = H_k, \; 若 k = \arg\max_i p(\boldsymbol{r}|H_i) \tag{6.2.23}$$

即在假设 H_k 下 $\boldsymbol{r}$ 发生的可能性最大, 就判决为 H_k.

例 6.2 给定如下三元假设:

$$H_0: x = n, \quad H_1: x = 1+n, \quad H_2: x = 2+n$$

其中噪声 n 的概率密度为

$$f(n) = \begin{cases} 1 - |n|, & -1 \leqslant n \leqslant 1 \\ 0, & \text{其他} \end{cases}$$

试给出最大似然准则下的最优检测器，并计算其错误概率。

解： 由题目条件得到，观测 x 在各假设下的概率密度函数为

$$p(x|H_0) = f(x), \quad -1 \leqslant x \leqslant 1$$
$$p(x|H_1) = f(x - 1), \quad 0 \leqslant x \leqslant 2$$
$$p(x|H_2) = f(x - 2), \quad 1 \leqslant x \leqslant 3$$

可计算得到三个似然比依次为

$$\frac{p(x|H_0)}{p(x|H_1)} = \begin{cases} \infty, & -1 < x \leqslant 0 \\ \dfrac{1-x}{1+x-1} = \dfrac{1-x}{x}, & 0 < x \leqslant 1 \\ 0, & 1 < x < 2 \end{cases}$$

$$\frac{p(x|H_1)}{p(x|H_2)} = \begin{cases} \infty, & 0 < x \leqslant 1 \\ \dfrac{1-x+1}{1+x-2} = \dfrac{2-x}{x-1}, & 1 < x \leqslant 2 \\ 0, & 2 < x < 3 \end{cases}$$

$$\frac{p(x|H_0)}{p(x|H_2)} = \begin{cases} \infty, & -1 < x < 1 \\ 0, & 1 < x < 3 \end{cases}$$

根据最大似然准则可知，当 $p(x|H_0) > p(x|H_1), p(x|H_0) > p(x|H_2)$，判决假设 H_0 成立，即

$$\frac{p(x|H_0)}{p(x|H_1)} > 1 \Rightarrow -1 < x < 0.5, \quad \frac{p(x|H_0)}{p(x|H_2)} > 1 \Rightarrow -1 < x < 1$$

由此得到假设 H_0 成立的判决区域为 $-1 < x < 0.5$。

类似地，当 $p(x|H_1) > p(x|H_0), p(x|H_1) > p(x|H_2)$，判决假设 H_1 成立，即

$$\frac{p(x|H_1)}{p(x|H_0)} > 1 \Rightarrow 0.5 < x < 2, \quad \frac{p(x|H_1)}{p(x|H_2)} > 1 \Rightarrow 0 < x < 1.5$$

由此得到假设 H_1 成立的判决区域为 $0.5 < x < 1.5$。

当 $p(x|H_2) > p(x|H_1), p(x|H_2) > p(x|H_0)$，判决假设 H_2 成立，即

$$\frac{p(x|H_2)}{p(x|H_1)} > 1 \Rightarrow 1.5 < x < 3, \quad \frac{p(x|H_2)}{p(x|H_0)} > 1 \Rightarrow 1 < x < 3$$

因此假设 H_2 成立的判决区域为 $1.5 < x < 3$。

接着计算如下各种错误的概率，其中 $P(H_2|H_0) = P(H_0|H_2) = 0$。

$$P(H_1|H_0) = \int_{Z_1} p(x|H_0)\mathrm{d}x = \int_{0.5}^{1} (1-x)\mathrm{d}x = 0.125$$

$$P(H_0|H_1) = \int_{Z_0} p(x|H_1)\mathrm{d}x = \int_{0}^{0.5} x\mathrm{d}x = 0.125$$

$$P(H_2|H_1) = \int_{Z_2} p(x|H_1)\mathrm{d}x = \int_{1.5}^{2} (2-x)\mathrm{d}x = 0.125$$

$$P(H_1|H_2) = \int_{Z_1} p(x|H_2)\mathrm{d}x = \int_{1}^{1.5} (x-1)\mathrm{d}x = 0.125$$

最后得到总的错误概率为

$$P_e = P_0 P(H_1|H_0) + P_0 P(H_2|H_0) + P_1 P(H_0|H_1) + P_1 P(H_2|H_1) +$$
$$P_2 P(H_0|H_2) + P_2 P(H_1|H_2)$$
$$= 1/3 \times 0.125 + 1/3 \times (0.125 + 0.125) + 1/3 \times 0.125 = 1/6$$

6.3 确知信号的检测

确知信号是指其波形和全部参量完全已知的确定性信号，其不携带任何不确定的因素。本节首先讨论高斯白噪声中确知信号的最优检测方法，随后介绍白噪声情况下的最佳线性检测器 (即匹配滤波器) 以及色噪声下的广义匹配滤波器。

6.3.1 高斯白噪声中二元确知信号的检测

假设待检测信号波形为 $s_i(t), i = 0, 1$，噪声 $n(t)$ 为零均值高斯白噪声，其功率谱密度为 $S_N(\omega) = N_0/2$，观测信号为 $r(t)$，观测时间为 $[0, T]$。二元检测如下：

$$H_i : r(t) = s_i(t) + n(t), \ t \in [0, T], \ i = 0, 1$$

首先给出观测信号 $r(t)$ 在不同假设下的似然函数。在观测时间内取 M 个样本：

$$r_k = s_{ik} + n_k, \ k = 1, 2, \cdots, M, \ i = 0, 1$$

当 $M \to \infty$ 时,便成为连续时间观测的情况。由于噪声为高斯噪声,故观测 r_k 在不同假设下均为高斯分布,即

$$p(r_k|H_i) = \frac{1}{\sqrt{2\pi}\sigma} \exp\left[-\frac{(r_k - s_{ik})^2}{2\sigma^2}\right], \; i = 0, 1$$

由于理想白噪声在实际中不存在,下面假设噪声为低通带限白噪声,其功率谱和相关函数如图 6.5 所示。由此可知,若按间隔 $\Delta t = \dfrac{\pi}{W}$ 进行采样,则样本间是不相关的,又因为服从高斯分布,所以样本间是相互独立的。这时观测时间 $[0, T]$ 内的样本个数为 $M = \dfrac{T}{\Delta t} = \dfrac{TW}{\pi}$,噪声的方差为 $\sigma^2 = R_N(0) = \dfrac{N_0 W}{2\pi} = \dfrac{N_0}{2\Delta t}$。在假设 H_i 下,似然函数为

$$p(\boldsymbol{r}|H_i) = \prod_{k=1}^{M} \frac{1}{\sqrt{2\pi}\sigma} \exp\left[-\frac{(r_k - s_{ik})^2}{N_0}\Delta t\right], \; i = 0, 1$$

当带宽 $W = \dfrac{\pi}{\Delta t} \to \infty$ 时,带限白噪声变为理想白噪声,此时 $\Delta t \to 0$, $M \to \infty$,于是得到连续观测信号在不同假设下的似然函数为

$$p(r(t)|H_i) = \lim_{\Delta t \to 0} \prod_{k=1}^{M} \frac{1}{\sqrt{2\pi}\sigma} \exp\left[-\frac{(r_k - s_{ik})^2}{N_0}\Delta t\right]$$

$$= F \cdot \exp\left[-\frac{1}{N_0}\int_0^T [r(t) - s_i(t)]^2 \mathrm{d}t\right], \; i = 0, 1 \tag{6.3.1}$$

其中常数 $F = \lim\limits_{\Delta t \to 0} \dfrac{1}{(\sqrt{2\pi}\sigma)^M}$。

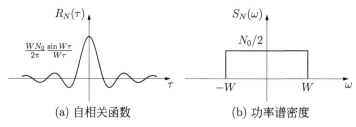

(a) 自相关函数   (b) 功率谱密度

图 6.5   低通带限白噪声

因此似然比为

$$\Lambda[r(t)] = \frac{p(r(t)|H_1)}{p(r(t)|H_0)} = \exp\left[-\frac{1}{N_0}\int_0^T [r(t) - s_1(t)]^2 \mathrm{d}t + \frac{1}{N_0}\int_0^T [r(t) - s_0(t)]^2 \mathrm{d}t\right]$$

而对数似然比为

$$\ln \Lambda[r(t)] = \frac{2}{N_0} \int_0^T r(t)[s_1(t) - s_0(t)]\mathrm{d}t + \frac{1}{N_0} \int_0^T [s_0^2(t) - s_1^2(t)]\mathrm{d}t$$

最后化简得到似然比判决规则为

$$\int_0^T r(t)[s_1(t) - s_0(t)]\mathrm{d}t \underset{H_0}{\overset{H_1}{\gtrless}} \frac{N_0}{2}\ln \eta + \frac{1}{2} \int_0^T [s_1^2(t) - s_0^2(t)]\mathrm{d}t \triangleq \eta' \tag{6.3.2}$$

其中门限 η 取决于采用的判决准则, 可以使用贝叶斯准则或者 N-P 准则。

特别地, 当假设 H_0 下没有信号只有噪声时, 即 $s_0(t) = 0, s_1(t) = s(t)$, 检测规则为

$$\int_0^T r(t)s(t)\mathrm{d}t \underset{H_0}{\overset{H_1}{\gtrless}} \frac{N_0}{2}\ln \eta + \frac{1}{2} \int_0^T s^2(t)\mathrm{d}t \triangleq \eta' \tag{6.3.3}$$

根据上述分析, 检测系统如图 6.6所示, 即将观测波形 $r(t)$ 与 $s_1(t) - s_0(t)$ 作相关, 然后将相关结果与门限相比较作出判断, 因此称为相关接收机。

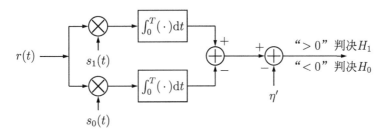

图 6.6　相关接收机

相关接收机需要本地相干信号, 并要求与接收信号严格同步, 实际中较难实现。一种代替方法是用如下卷积运算实现相关运算, 即

$$\int_0^T r(t)s(t)\mathrm{d}t = \int_0^T r(t)h(T - t)\mathrm{d}t$$

其中 $h(t) = s(T - t)$。由于卷积运算所用的滤波器是原信号的翻转加时移, 因此称为匹配滤波器 (matched filter), 匹配滤波器在时刻 T 的输出值就是相关运算的结果。这种方法不需要本地相干信号, 结构简单, 如图 6.7所示。

至此得到, 高斯白噪声下确知信号的最佳检测方法是相关接收机。下面分析相关接收机的检测性能。令检测统计量为

$$L = \int_0^T r(t)[s_1(t) - s_0(t)]\mathrm{d}t$$

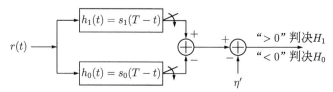

图 6.7　基于匹配滤波器的接收机结构

由高斯过程的性质可知, L 服从高斯分布, 只需求出其在不同假设下的均值和方差. 定义两个信号各自的能量以及二者的时间互相关为

$$E_0 = \int_0^T s_0^2(t)\mathrm{d}t,\ E_1 = \int_0^T s_1^2(t)\mathrm{d}t,\ \rho = \int_0^T s_1(t)s_0(t)\mathrm{d}t$$

可计算检测统计量 L 在假设 H_0 下的均值为

$$E[L|H_0] = \int_0^T s_1(t)s_0(t)\mathrm{d}t - \int_0^T s_0^2(t)\mathrm{d}t = \rho - E_0 = m_0$$

方差为

$$\begin{aligned}
\mathrm{Var}[L|H_0] &= E\left[(L - E[L|H_0])^2|H_0\right] = E\left[\int_0^T [s_1(t) - s_0(t)]n(t)\mathrm{d}t\right]^2 \\
&= \frac{N_0}{2}\int_0^T [s_1(t) - s_0(t)]^2\mathrm{d}t = \frac{N_0}{2}(E_1 + E_0 - 2\rho) = \sigma_L^2
\end{aligned}$$

类似地, L 在假设 H_1 下的均值为

$$E[L|H_1] = \int_0^T s_1^2(t)\mathrm{d}t - \int_0^T s_1(t)s_0(t)\mathrm{d}t = E_1 - \rho = m_1$$

方差为

$$\mathrm{Var}[L|H_1] = E\left[(L - E[L|H_1])^2|H_1\right] = E\left[\int_0^T [s_1(t) - s_0(t)]n(t)\mathrm{d}t\right]^2 = \sigma_L^2$$

即检测统计量 L 在假设 H_0 和假设 H_1 下的概率分布为 $N(m_0, \sigma_L^2)$ 和 $N(m_1, \sigma_L^2)$.

定义两信号的平均能量以及二者的时间相关系数为

$$E = \frac{E_0 + E_1}{2},\ \bar{\rho} = \frac{\rho}{E}$$

此时不同假设下均值的距离为

$$d = E[L|H_1] - E[L|H_0] = (E_1 - 2\rho + E_0) = 2(E - \rho) = 2E(1 - \bar{\rho}) \tag{6.3.4}$$

进一步, 相关接收机的虚警概率为

$$P_F = \int_{\eta'}^{+\infty} \frac{1}{\sqrt{2\pi}\sigma_L} \exp\left[-\frac{(l-m_0)^2}{2\sigma_L^2}\right] \mathrm{d}l = \Phi_c\left(\frac{\eta'-m_0}{\sigma_L}\right) = \Phi_c\left(\frac{\frac{N_0}{2}\ln\eta + E(1-\bar{\rho})}{\sqrt{N_0 E(1-\bar{\rho})}}\right)$$

$$(6.3.5)$$

令 $\lambda = \dfrac{\dfrac{N_0}{2}\ln\eta + E(1-\bar{\rho})}{\sqrt{N_0 E(1-\bar{\rho})}}$, 则检测概率为

$$P_D = \int_{\eta'}^{+\infty} \frac{1}{\sqrt{2\pi}\sigma_L} \exp\left[-\frac{(l-m_1)^2}{2\sigma_L^2}\right] \mathrm{d}l = \Phi_c\left(\frac{\eta'-m_1}{\sigma_L}\right) = \Phi_c\left(\frac{\frac{N_0}{2}\ln\eta - E(1-\bar{\rho})}{\sqrt{N_0 E(1-\bar{\rho})}}\right)$$

$$= \Phi_c\left(\lambda - \frac{2E(1-\bar{\rho})}{\sqrt{N_0 E(1-\bar{\rho})}}\right) = \Phi_c\left(\lambda - 2\sqrt{\frac{E(1-\bar{\rho})}{N_0}}\right) \qquad (6.3.6)$$

因此对于相关接收机, 其检测性能与信号能量、相关系数、噪声强度有关, 与信号波形无关。

利用柯西-施瓦茨不等式,

$$\left(\int_0^T s_1(t)s_0(t)\mathrm{d}t\right)^2 \leqslant \int_0^T s_1^2(t)\mathrm{d}t \int_0^T s_0^2(t)\mathrm{d}t$$

得到

$$\rho^2 \leqslant E_1 E_0 \leqslant \left(\frac{E_1+E_0}{2}\right)^2 = E^2$$

进一步有

$$\bar{\rho}^2 = \frac{\rho^2}{E^2} \leqslant 1$$

当信噪比固定时, 由式(6.3.6)和式(6.3.4)可知, 当 $\bar{\rho} = -1$ 时, 检测概率达到最大, 此时 d 也最大, 检测统计量在两个假设下的概率密度相距最远。因此当源信号的两个波形反号时, 即 $s_0(t) = -s_1(t)$, 检测器的性能达到最佳。

例 **6.3** 考虑高斯白噪声中如下信号的检测:

$$s_0(t) = 0, \; s_1(t) = A\sin(\omega_c t + \phi), \; 0 \leqslant t \leqslant T$$

其中 A, ω_c, ϕ 均为确定参量。试给出判决规则, 并分析其检测性能。

解: 这时 $E = E_1/2, \bar{\rho} = 0$, 则判决规则为

$$\int_0^T r(t)s(t)\mathrm{d}t \underset{H_0}{\overset{H_1}{\gtrless}} \frac{N_0}{2}\ln\eta + \frac{E_1}{2}$$

虚警概率为

$$P_F = \Phi_c\left(\frac{\dfrac{N_0}{2}\ln\eta + E(1-\bar{\rho})}{\sqrt{N_0 E(1-\bar{\rho})}}\right) = \Phi_c\left(\frac{\dfrac{N_0}{2}\ln\eta + E}{\sqrt{N_0 E}}\right) = \Phi_c(\beta)$$

检测概率为

$$P_D = \Phi_c\left(\frac{\dfrac{N_0}{2}\ln\eta - E}{\sqrt{N_0 E}}\right) = \Phi_c\left(\beta - 2\sqrt{\frac{E}{N_0}}\right)$$

说明在虚警概率一定的情况下, 检测概率与信号的能量和噪声谱密度之比有关, 与信号的波形无关, 即信噪比越大时, 检测性能越好。

对于式(6.3.2)所示的判决规则, 若考虑最小错误概率准则, 并假设两个先验概率相等, 这时成为最大似然判决, 其判决规则为

$$\int_0^T r(t)\left[s_1(t) - s_0(t)\right]\mathrm{d}t \underset{H_0}{\overset{H_1}{\gtrless}} \frac{1}{2}\int_0^T \left[s_1^2(t) - s_0^2(t)\right]\mathrm{d}t = \frac{E_1 - E_0}{2} \tag{6.3.7}$$

相应的最小错误概率为

$$P_e = 1/2 P_F + 1/2 P_M = 1/2(P_F + 1 - P_D) = P_F = \Phi_c\left(\sqrt{\frac{E(1-\bar{\rho})}{N_0}}\right) \tag{6.3.8}$$

可知, 给定信号能量和噪声强度, 当 $\bar{\rho} = -1$, 即 $s_0(t) = -s_1(t)$, 错误概率最小。这时称为理想二元通信系统。下面根据具体的信号形式, 讨论三种常用系统的性能。

1) 相干相移键控系统 (coherent phase shift keying, CPSK)

两种假设下的源信号为

$$s_0(t) = A\sin\omega_0 t, \; s_1(t) = -A\sin\omega_0 t, \; 0 \leqslant t \leqslant T$$

这时 $E_1 = E_0 = E, \bar{\rho} = -1$。判决规则为

$$\int_0^T r(t)s_1(t)\mathrm{d}t \underset{H_0}{\overset{H_1}{\gtrless}} 0$$

最小错误概率为

$$P_e = \Phi_c\left(\sqrt{\frac{E(1-\bar{\rho})}{N_0}}\right) = \Phi_c\left(\sqrt{\frac{2E}{N_0}}\right) = \Phi_c\left(\sqrt{\frac{2E_1}{N_0}}\right)$$

2) 相干频移键控系统 (coherent frequency shift keying, CFSK)

两种假设下的源信号为

$$s_0(t) = A\sin\omega_0 t, \; s_1(t) = A\sin\omega_1 t, \; 0 \leqslant t \leqslant T$$

其中 $\omega_1 = k\pi/T, \omega_0 = n\pi/T$, 这时 $E_1 = E_0 = \frac{A^2 T}{2} = E, \bar{\rho} = 0$。可知判决规则为

$$\int_0^T r(t)s_1(t)\mathrm{d}t - \int_0^T r(t)s_0(t)\mathrm{d}t \underset{H_0}{\overset{H_1}{\gtrless}} 0$$

最小错误概率为

$$P_e = \Phi_c\left(\sqrt{\frac{E(1-\bar{\rho})}{N_0}}\right) = \Phi_c\left(\sqrt{\frac{E}{N_0}}\right) = \Phi_c\left(\sqrt{\frac{E_1}{N_0}}\right)$$

3) 相干启闭键控系统 (coherent on off keying, COOK)

两种假设下的源信号为

$$s_0(t) = 0, \; s_1(t) = A\sin\omega_1 t, \; 0 \leqslant t \leqslant T$$

这时 $E = E_1/2, \bar{\rho} = 0$, 判决规则为

$$\int_0^T r(t)s_1(t)\mathrm{d}t \underset{H_0}{\overset{H_1}{\gtrless}} \frac{E_1}{2}$$

最小错误概率为

$$P_e = \Phi_c\left(\sqrt{\frac{E(1-\bar{\rho})}{N_0}}\right) = \Phi_c\left(\sqrt{\frac{E_1}{2N_0}}\right)$$

图 6.8给出了上述三种系统的误码率随信噪比 $\frac{E_1}{N_0}$ 变化的性能曲线。比较这三个系统可以发现, 它们能达到的最小错误概率在依次增加, 性能在逐步下降, 说明了信号在不同假设下的波形以及能量的差异性对检测器性能的影响。

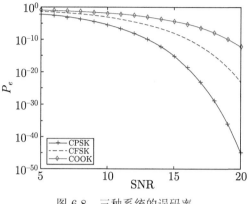

图 6.8　三种系统的误码率

6.3.2　高斯白噪声中多元确知信号的检测 *

考虑高斯白噪声下的 M 元检测, 即

$$H_i : r(t) = s_i(t) + n(t),\ t \in [0, T],\ i = 0, 1, \cdots, M - 1$$

采用最大后验概率准则, 当各假设的先验概率相等时, 成为最大似然准则, 即判决 H_i 为真, 当

$$p(r(t)|H_i) > p(r(t)|H_j),\ j = 0, 1, \cdots, i - 1, i + 1, \cdots, M - 1$$

由于 $p(r(t)|H_i) = F \cdot \exp\left(\dfrac{1}{N_0} \int_0^T [r(t) \quad s_i(t)]^2 \mathrm{d}t \right)$, 则判决 H_i 为真, 当

$$\int_0^T [r(t) - s_i(t)]^2 \mathrm{d}t < \int_0^T [r(t) - s_j(t)]^2 \mathrm{d}t,\ j = 0, 1, \cdots, i - 1, i + 1, \cdots, M - 1$$

又因为

$$\int_0^T [r(t) - s_i(t)]^2 \mathrm{d}t = \int_0^T r^2(t) \mathrm{d}t + \int_0^T s_i^2(t) \mathrm{d}t - 2 \int_0^T r(t) s_i(t) \mathrm{d}t$$

若不同源信号的能量相等, $E_i = E_j, i \neq j$, 则判决规则等价于

$$D(r(t)) = H_k,\ 若 k = \arg \max_i G_i,\ G_i = \int_0^T r(t) s_i(t) \mathrm{d}t \tag{6.3.9}$$

即将接收信号与源信号做相关运算, 将相关性最大的源信号作为检测结果。

6.3.3　匹配滤波器

一般来说, 信噪比 (signal-to-noise ratio, SNR) 越大, 系统的检测性能越好, 因此可以用信噪比最大作为最佳接收机的设计准则。在白噪声下, 基于最大信噪比准则 (maximum SNR criterion) 的最佳线性检测器是匹配滤波器。匹配滤波器是 D. D. North 于 1943 年首先提出的, 其主要思想是设计一个线性时不变系统 $h(t)$, 输入是带噪信号, 使输出端在某一时刻达到最大 SNR。

令输入信号为 $r(t) = s(t) + n(t)$, 其中 $s(t)$ 是确知信号, $n(t)$ 为白噪声, 其功率谱密度为 $N_0/2$, 其相关函数为 $R_N(\tau) = (N_0/2)\delta(\tau)$, 滤波器的冲激响应为 $h(t)$, 滤波器输出信号为 $s_o(t)$, 输出噪声为 $n_o(t)$, 如图 6.9所示。

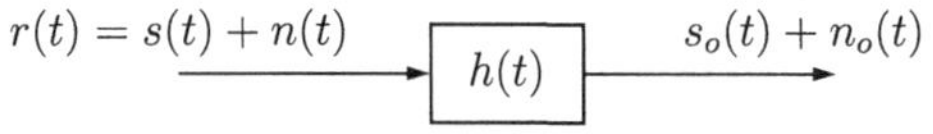

$$r(t) = s(t) + n(t) \longrightarrow \boxed{h(t)} \longrightarrow s_o(t) + n_o(t)$$

图 6.9 匹配滤波器

该滤波器在时刻 t 的输出信噪比为

$$\mathrm{SNR} = \frac{s_o^2(t)}{E[n_o^2(t)]} = \frac{\left[\int_{-\infty}^{+\infty} h(\tau)s(t-\tau)\mathrm{d}\tau\right]^2}{E\left[\iint_{-\infty}^{+\infty} h(\tau)h(u)n(t-\tau)n(t-u)\mathrm{d}\tau\mathrm{d}u\right]}$$

$$= \frac{\left[\int_{-\infty}^{+\infty} h(\tau)s(t-\tau)\mathrm{d}\tau\right]^2}{\frac{N_0}{2}\int_{-\infty}^{+\infty} h^2(\tau)\mathrm{d}\tau} \leqslant \frac{\int_{-\infty}^{+\infty} h^2(\tau)\mathrm{d}\tau \int_{-\infty}^{+\infty} s^2(t-\tau)\mathrm{d}\tau}{\frac{N_0}{2}\int_{-\infty}^{+\infty} h^2(\tau)\mathrm{d}\tau}$$

$$= 2E/N_0$$

其中 $E = \int_{-\infty}^{+\infty} s^2(\tau)\mathrm{d}\tau$。上述不等式由柯西-施瓦茨不等式得到, 且当 $h(\tau) = c\cdot s(t-\tau)$ 时 (其中 c 为常数, 可以取 1), 等式成立, 输出信噪比达到最大。此时的最优滤波器即称为匹配滤波器。

下面讨论匹配滤波器的性质。

性质 6.1 延时 t 应选在全部信号结束后, 此时滤波器是物理可实现的, 信噪比在信号结束时刻 $t = T$ 时达最大, 即

$$(\mathrm{SNR})_{\max} = 2E/N_0$$

且输出的最大信噪比与输入信号波形无关。若延时 t 小于信号的持续期, 且要求物理可实现, 这时滤波器为 $h(\tau) = s(t-\tau)U(\tau)$。在时刻 t 的输出信噪比为

$$\mathrm{SNR}_t = \frac{2}{N_0}\int_0^t s^2(\tau)\mathrm{d}\tau$$

性质 6.2 匹配滤波器的冲激响应为信号波形的时间翻转加平移 T:

$$h_{\mathrm{MF}}(t) = s(T - t)$$

其频率特性为信号频谱的复共轭 (加相位补偿项), 即

$$H_{\mathrm{MF}}(\omega) = S^*(\omega)\mathrm{e}^{-\mathrm{j}\omega T}$$

性质 6.3 匹配滤波器的输出信号的频谱为

$$S_o(\omega) = H(\omega)S(\omega) = S^*(\omega)\mathrm{e}^{-\mathrm{j}\omega T}S(\omega) = \mathrm{e}^{-\mathrm{j}\omega T}|S(\omega)|^2$$

且输出信号在 $t = T$ 时刻瞬时功率最大, 其值为信号 $s(t)$ 的能量, 即

$$s_o(t)|_{t=T} = \frac{1}{2\pi}\int_{-\infty}^{+\infty}\mathrm{e}^{-\mathrm{j}\omega T}|S(\omega)|^2\mathrm{e}^{\mathrm{j}\omega t}\mathrm{d}\omega\bigg|_{t=T} = \frac{1}{2\pi}\int_{-\infty}^{+\infty}|S(\omega)|^2\mathrm{d}\omega = E$$

性质 6.4 匹配滤波器对信号的幅度和时延具有适应性。这是因为匹配滤波器具有时不变特性, 因此与 $s(t)$ 匹配的滤波器对信号 $As(t - \tau)$ 也是匹配的, 只是输出信噪比达到最大的时刻延迟了相应的时延 τ。

由本节和 6.3.1 节可知, 在高斯白噪声下, 相关接收与匹配滤波在数学上是等效的, 均为检测确知信号的最佳接收机, 选用哪种结构取决于实现的难易。当噪声为非高斯的白噪声时, 似然比检验一般是非线性检测器, 而匹配滤波器为最佳的线性检测器。

例 6.4 设待检测信号为矩形脉冲信号:

$$s(t) = \begin{cases} a, & 0 \leqslant t \leqslant T \\ 0, & \text{其他} \end{cases}$$

试设计该矩形脉冲对应的匹配滤波器, 并求输出信号及相应的最大信噪比。

解: 显然匹配滤波器为 $h(t) = s(t)$, 其频率响应为

$$H(\omega) = \int_0^T h(t)\mathrm{e}^{-\mathrm{j}\omega t}\mathrm{d}t = a\frac{1 - \mathrm{e}^{-\mathrm{j}\omega T}}{\mathrm{j}\omega}$$

输出信号为

$$s_o(t) = \int_0^T s(t - \tau)h(\tau)\mathrm{d}\tau = \int_0^T s(t - \tau)s(\tau)\mathrm{d}\tau = \begin{cases} a^2 t, & 0 \leqslant t \leqslant T \\ a^2(2T - t), & T \leqslant t \leqslant 2T \end{cases}$$

输出的最大信噪比为

$$(\mathrm{SNR})_{\max} = 2E/N_0 = \frac{2a^2T}{N_0}$$

例 6.5 设待检测信号 $g(t)$ 为如下的矩形脉冲串：

$$g(t) = \sum_{k=0}^{M-1} s(t - kT_0)$$

其中 $s(t)$ 为例 6.4所示的信号，$T_0 > T$。$g(t)$ 的频谱为

$$G(\omega) = \sum_{k=0}^{M-1} S(\omega)\mathrm{e}^{-\mathrm{j}k\omega T_0}$$

试给出该矩形脉冲串对应的匹配滤波器以及所能达到的最大信噪比。

解： 信号 $g(t)$ 的持续时间为 $t_0 = (M-1)T_0 + T$，对应的匹配滤波器的频率响应为

$$H(\omega) = G^*(\omega)\mathrm{e}^{-\mathrm{j}\omega t_0} = \sum_{k=0}^{M-1} S^*(\omega)\mathrm{e}^{\mathrm{j}(k\omega T_0 - \omega t_0)} = S^*(\omega)\mathrm{e}^{-\mathrm{j}\omega T}\sum_{k=0}^{M-1}\mathrm{e}^{-\mathrm{j}\omega(M-1-k)T_0}$$

可见，相对于单脉冲的匹配滤波器而言，该滤波器增加了一项 $\sum_{k=0}^{M-1}\mathrm{e}^{-\mathrm{j}\omega(M-1-k)T_0}$，该项称为相参积累器。

该匹配滤波器能达到的最大信噪比为

$$(\mathrm{SNR})_{\max} = 2E/N_0 = M\frac{2a^2T}{N_0}$$

上式说明信噪比相对于单个脉冲提高了 M 倍，该信噪比的提高得益于相参积累器，此结论可推广到任意的脉冲串信号。

6.3.4 广义匹配滤波器 *

对于色噪声情况，可以采用预白化的方式，使色噪声变成白噪声后，再串接匹配滤波器，由此得到广义匹配滤波器，如图 6.10所示。

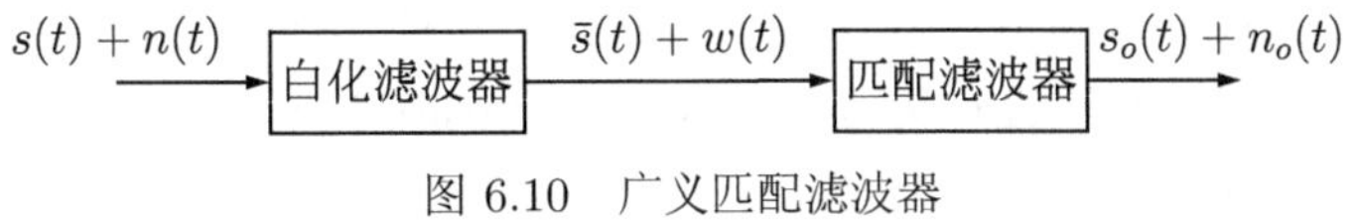

图 6.10 广义匹配滤波器

假设噪声 $n(t)$ 具有有理谱的形式, 根据谱分解定理, 其功率谱可分解为

$$S_N(\omega) = S_N^-(\omega)S_N^+(\omega) = S_N^-(\omega)S_N^-(-\omega)$$

其中 $S_N^-(\omega)$ 的零极点均位于复频率域上的左半平面。

若要求白化滤波器 $h_W(t)$ 是物理可实现的, 则其频率响应为

$$H_W(\omega) = 1/S_N^-(\omega)$$

相应地, 经白化滤波器的输出信号 $\bar{s}(t)$ 的频谱为

$$\bar{S}(\omega) = S(\omega)H_W(\omega)$$

而匹配滤波器 $h_{MF}(t)$ 的频率响应为

$$H_{MF}(\omega) = \bar{S}^*(\omega)e^{-j\omega t_0} = S^*(\omega)H_W^*(\omega)e^{-j\omega t_0}$$

因此广义匹配滤波器的频率响应为

$$H(\omega) = H_W(\omega)H_{MF}(\omega) = H_W(\omega)H_W^*(\omega)S^*(\omega)e^{-j\omega t_0}$$
$$= |H_W(\omega)|^2 S^*(\omega)e^{-j\omega t_0} = \frac{S^*(\omega)e^{-j\omega t_0}}{S_N(\omega)} \qquad (6.3.10)$$

由此可见, 最佳滤波器的幅频特性为 $|H(\omega)| = \frac{|S(\omega)|}{|S_N(\omega)|}$, 即对输入信号的频谱进行加权, 信号的幅度越大, 加权系数越大; 反之噪声越大, 加权越小, 从而起到抑制噪声的作用。 显然, 当噪声为白噪声时, 广义滤波器变成匹配滤波器。

6.4　未知参量信号的检测

在实际中, 尽管发送信号是确知的, 但由于外界的干扰或畸变, 使得接收信号的某些参量是未知的, 该未知参量可视为随机的或者确定性的参量。比如, 雷达回波在不同情况下的接收信号为

$$H_0 : r(t) = n(t)$$
$$H_1 : r(t) = A\sin[(\omega_c + \omega_d)(t - \tau) + \theta] + n(t)$$

其中在假设 H_1 下, 信号的幅度 A、频移 ω_d、时延 τ 以及相位 θ 都是未知的, 这时接收信号的随机性由噪声和未知参量信号共同决定。接收信号在某种假设下的概率密度含有未知的参量, 相应的假设称为复合假设 (composite hypothesis), 而不含参量的假设称为简单假设 (simple hypothesis)。

本节将介绍复合假设检验, 包括贝叶斯检验、纽曼-皮尔逊检验以及广义似然比检验, 进一步讨论高斯白噪声中随机相位信号的最优检测方法 (即正交接收机), 并给出其他常见的未知参量 (幅度、频率、时延) 信号的检测方法。

6.4.1 复合假设检验

在复合假设检验中, 待检测信号的未知参数可以是随机或非随机的参数, 涉及的常用准则有贝叶斯准则、纽曼-皮尔逊准则、广义似然比检验, 下面逐一介绍。

1. 贝叶斯准则

两种假设下的接收信号如下所示, 其中 α, β 为不同假设下的未知参数。

$$H_0 : \boldsymbol{r} = \boldsymbol{s}_0(\alpha) + \boldsymbol{n}$$
$$H_1 : \boldsymbol{r} = \boldsymbol{s}_1(\beta) + \boldsymbol{n}$$

若未知参数 α, β 是随机参数, 其概率密度分别为 $p(\alpha|H_0)$ 和 $p(\beta|H_1)$。代价因子也与未知参数有关, 且满足 $C_{10}(\alpha) \geqslant C_{00}(\alpha)$, $C_{01}(\beta) \geqslant C_{11}(\beta)$。给定先验概率 P_0, P_1, 平均代价为

$$
\mathcal{R} = P_0 \int_\alpha P(H_0|\alpha, H_0) C_{00}(\alpha) p(\alpha|H_0) \mathrm{d}\alpha + P_0 \int_\alpha P(H_1|\alpha, H_0) C_{10}(\alpha) p(\alpha|H_0) \mathrm{d}\alpha + \\
P_1 \int_\beta P(H_1|\beta, H_1) C_{11}(\beta) p(\beta|H_1) \mathrm{d}\beta + P_1 \int_\beta P(H_0|\beta, H_1) C_{01}(\beta) p(\beta|H_1) \mathrm{d}\beta
$$

$$(6.4.1)$$

与 6.2.1 节类似, 利用关系 $P(H_1|\alpha, H_0) = 1 - P(H_0|\alpha, H_0)$, $P(H_1|\beta, H_1) = 1 - P(H_0|\beta, H_1)$, 得到

$$
\begin{aligned}
\mathcal{R} = {} & P_0 \int_\alpha C_{10}(\alpha) p(\alpha|H_0) \mathrm{d}\alpha + P_1 \int_\beta C_{11}(\beta) p(\beta|H_1) \mathrm{d}\beta + \\
& P_1 \int_\beta \left[C_{01}(\beta) - C_{11}(\beta) \right] P(H_0|\beta, H_1) p(\beta|H_1) \mathrm{d}\beta - \\
& P_0 \int_\alpha \left[C_{10}(\alpha) - C_{00}(\alpha) \right] P(H_0|\alpha, H_0) p(\alpha|H_0) \mathrm{d}\alpha \\
= {} & P_0 \int_\alpha C_{10}(\alpha) p(\alpha|H_0) \mathrm{d}\alpha + P_1 \int_\beta C_{11}(\beta) p(\beta|H_1) \mathrm{d}\beta + \\
& \int_{Z_0} \left[\int_\beta P_1 \left[C_{01}(\beta) - C_{11}(\beta) \right] p(\boldsymbol{r}|\beta, H_1) p(\beta|H_1) \mathrm{d}\beta - \right. \\
& \left. \int_\alpha P_0 \left[C_{10}(\alpha) - C_{00}(\alpha) \right] p(\boldsymbol{r}|\alpha, H_0) p(\alpha|H_0) \mathrm{d}\alpha \right] \mathrm{d}\boldsymbol{r}
\end{aligned}
$$

式中的 $p(\boldsymbol{r}|\beta, H_1)$ 和 $p(\boldsymbol{r}|\alpha, H_0)$ 称为条件似然函数。

希望上述平均代价最小, 应使被积项为负的观测都加入区域 Z_0, 因此得到贝叶斯判决为

$$P_1 \int_{\beta} [C_{01}(\beta) - C_{11}(\beta)]\, p(\boldsymbol{r}|\beta, H_1)p(\beta|H_1)\mathrm{d}\beta$$

$$\underset{H_0}{\overset{H_1}{\gtrless}} P_0 \int_{\alpha} [C_{10}(\alpha) - C_{00}(\alpha)]\, p(\boldsymbol{r}|\alpha, H_0)p(\alpha|H_0)\mathrm{d}\alpha$$

进一步改写为

$$\frac{\int_{\beta} [C_{01}(\beta) - C_{11}(\beta)]\, p(\boldsymbol{r}|\beta, H_1)p(\beta|H_1)\mathrm{d}\beta}{\int_{\alpha} [C_{10}(\alpha) - C_{00}(\alpha)]\, p(\boldsymbol{r}|\alpha, H_0)p(\alpha|H_0)\mathrm{d}\alpha} \underset{H_0}{\overset{H_1}{\gtrless}} \frac{P_0}{P_1} \triangleq \eta \tag{6.4.2}$$

当代价因子与未知参数无关时, 式 (6.4.2) 可简化得到贝叶斯判决为

$$\Lambda(\boldsymbol{r}) \triangleq \frac{p(\boldsymbol{r}|H_1)}{p(\boldsymbol{r}|H_0)} = \frac{\int_{\beta} p(\boldsymbol{r}|\beta, H_1)p(\beta|H_1)\mathrm{d}\beta}{\int_{\alpha} p(\boldsymbol{r}|\alpha, H_0)p(\alpha|H_0)\mathrm{d}\alpha} \underset{H_0}{\overset{H_1}{\gtrless}} \frac{P_0(C_{10} - C_{00})}{P_1(C_{01} - C_{11})} \triangleq \eta \tag{6.4.3}$$

式(6.4.3)中的左边是两种假设下的似然函数之比, 相对于简单假设下的贝叶斯判决, 该似然函数是由条件似然函数关于未知参数的概率加权平均得到。此时虚警概率和检测概率为

$$P_F = \int_{\alpha} \int_{\{\boldsymbol{r}:\, \Lambda(\boldsymbol{r}) > \eta\}} p(\boldsymbol{r}|\alpha, H_0)\mathrm{d}\boldsymbol{r}\, p(\alpha|H_0)\mathrm{d}\alpha \tag{6.4.4}$$

$$P_D = \int_{\beta} \int_{\{\boldsymbol{r}:\, \Lambda(\boldsymbol{r}) > \eta\}} p(\boldsymbol{r}|\beta, H_1)\mathrm{d}\boldsymbol{r}\, p(\beta|H_1)\mathrm{d}\beta \tag{6.4.5}$$

2. 纽曼-皮尔逊准则

当先验概率和代价因子未知, 且 H_0 为简单假设, H_1 为复合假设, 这时可以用 N-P 准则, 即限定 P_F 为常数的条件下, 使得 P_D 最大。类似地, 可以得到 N-P 准则下的判决规则为

$$\Lambda(\boldsymbol{r}) \triangleq \frac{\int_{\beta} p(\boldsymbol{r}|\beta, H_1)p(\beta|H_1)\mathrm{d}\beta}{p(\boldsymbol{r}|H_0)} \underset{H_0}{\overset{H_1}{\gtrless}} \lambda \tag{6.4.6}$$

其中门限 λ 满足设定的虚警概率水平 $P_F = \gamma$。该规则需要知道未知参数 β 的概率分布 $p(\beta|H_1)$。

当 β 的先验概率分布未知或者 β 为未知的非随机参数, 可以考虑 β 给定的情况, 这时似然比检验为

$$\Lambda\left(\boldsymbol{r}, \beta\right) \triangleq \frac{p(\boldsymbol{r}, \beta | H_1)}{p(\boldsymbol{r} | H_0)} \underset{H_0}{\overset{H_1}{\gtrless}} \lambda \tag{6.4.7}$$

这时检测规则可能与 β 的取值有关, β 取不同的值对应不同的检测规则。由于 β 未知, 这时检测一般是无法实现的。如果该检测规则与 β 无关, 那么这个检验对于一切 β 值都是最佳的, 都在限定 $P_F = \gamma$ 的情况下, 使 P_D 达到最大, 这时称该检测为一致最大势 (uniform maximum potential, UMP) 检验。

3. 广义似然比检验

当未知参数为非随机参数, 且不存在 UMP 检验时, 可采用广义似然比检验 (generalized likelihood ratio test, GLRT), 即先对未知参数 α, β 求最大似然估计值 (使两个似然函数达到最大所对应的 α, β 值, 见第 7 章的 7.2.3 节), 然后将其当作真值来进行似然比检验。这时广义似然比检验为

$$\Lambda_g(\boldsymbol{r}) = \frac{p(\boldsymbol{r} | \hat{\beta}, H_1)}{p(\boldsymbol{r} | \hat{\alpha}, H_0)} = \frac{\max_\beta p(\boldsymbol{r} | \beta, H_1)}{\max_\alpha p(\boldsymbol{r} | \alpha, H_0)} \underset{H_0}{\overset{H_1}{\gtrless}} \eta \tag{6.4.8}$$

由于未知参数的估计值可能与真实值不一样, 因此该检测器不一定是最佳检测器。但一般来说, 其检测性能接近最佳。另外, 相比贝叶斯检测, 广义似然比不用计算积分, 计算简单且应用广泛。

例 6.6 考虑如下二元检测问题:

$$H_0 : x \sim N(0, \sigma^2), \quad H_1 : x \sim N(m, \sigma^2)$$

其中未知参数 m 在某区间内任意取值, 故 H_0 是简单假设, H_1 是复合假设。试根据不同准则给出相应的检测方法。

解: 1) 贝叶斯准则

假设未知参数 m 为随机变量, 服从高斯分布, 即 $p(m) = \frac{1}{\sqrt{2\pi}\sigma_m} \exp\left(-\frac{m^2}{2\sigma_m^2}\right)$, 则似然比为

$$\Lambda(x) = \frac{\int_{-\infty}^{+\infty} p(x | H_1, m) p(m) \mathrm{d}m}{p(x | H_0)} = \frac{\int_{-\infty}^{+\infty} \frac{1}{\sqrt{2\pi}\sigma} \exp\left[-\frac{(x-m)^2}{2\sigma^2}\right] \frac{1}{\sqrt{2\pi}\sigma_m} \exp\left(-\frac{m^2}{2\sigma_m^2}\right) \mathrm{d}m}{\frac{1}{\sqrt{2\pi}\sigma} \exp\left(-\frac{x^2}{2\sigma^2}\right)}$$

计算上述积分, 并取对数, 得到判决规则为

$$x^2 \underset{H_0}{\overset{H_1}{\gtrless}} \frac{2\sigma^2(\sigma^2 + \sigma_m^2)}{\sigma_m^2}\left[\ln\eta + \frac{1}{2}\ln\left(1 + \frac{\sigma_m^2}{\sigma^2}\right)\right]$$

其中门限 η 取决于选用的判决准则。

2) 纽曼-皮尔逊准则

假定未知参数 m 为确定性参数, 在固定取某值的情况下, 使用纽曼-皮尔逊准则, 似然比为

$$\Lambda(x) = \exp\left[\frac{x^2}{2\sigma^2} - \frac{(x-m)^2}{2\sigma^2}\right] = \exp\left(\frac{mx - m^2/2}{\sigma^2}\right)$$

进而得到判决规则为

$$\frac{mx - m^2/2}{\sigma^2} \underset{H_0}{\overset{H_1}{\gtrless}} \ln\lambda$$

若 $m > 0$, 判决规则为

$$x \underset{H_0}{\overset{H_1}{\gtrless}} \sigma^2 \frac{\ln\lambda}{m} + \frac{m}{2} = \lambda^+$$

其中门限 λ^+ 满足 $\displaystyle\int_{\lambda^+}^{+\infty} \frac{1}{\sqrt{2\pi}\sigma}\exp\left(-\frac{x^2}{2\sigma^2}\right)\mathrm{d}x = \alpha$

若 $m < 0$, 判决规则为

$$x \underset{H_1}{\overset{H_0}{\gtrless}} \sigma^2 \frac{\ln\lambda}{m} + \frac{m}{2} = \lambda^-$$

其中门限 λ^- 满足 $\displaystyle\int_{-\infty}^{\lambda^-} \frac{1}{\sqrt{2\pi}\sigma}\exp\left(-\frac{x^2}{2\sigma^2}\right)\mathrm{d}x = \alpha$, 易知 $\lambda^- = -\lambda^+$。

根据上述情况可以得出:

(1) 若 m 仅取正值 ($m > 0$) 或者负值 ($m < 0$), 这时判决规则与 m 的具体取值无关, 该检验为一致最大势检验, 其检验性能与已知参量的检验一样, 但检测概率与参数的取值有关, 给定 m 取值下的检测概率为

$$P_D(m) = \Phi_c\left(\frac{\lambda^+ - |m|}{\sigma}\right)$$

(2) 若 m 取值可正可负, 则一致最大势检验不存在。如果强行采用某个检验规则, 当该检测假定的 m 符号与实际 m 符号相反, 将导致检测概率很小, 这时检测概率为

$$P_D(m) = \Phi_c\left(\frac{\lambda^+ + |m|}{\sigma}\right)$$

(3) 当一致最大势检验不存在时, 可采用双边检验, 将虚警水平 α 分配在两边, 即判决门限满足 $\varPhi_c(\gamma) = \alpha/2$, 判决规则为

$$|x| \underset{H_0}{\overset{H_1}{\gtrless}} \gamma$$

虽然双边检验比均值 m 假定正确时的单边检验差, 但是比均值 m 符号假定错误时的单边检验好得多。其检测概率为

$$P_D(m) = \varPhi_c\left(\frac{\gamma + m}{\sigma}\right) + \varPhi_c\left(\frac{\gamma - m}{\sigma}\right)$$

3) 广义似然比检验

当一致最大势检验不存在时, 可采用广义似然比检验。从似然函数 $p(x|H_1, m)$ 可看出, 最大似然估计 $\hat{m} = x$, 代入广义似然比中, 得到判决规则为

$$\varLambda(x) = \exp\left(\frac{x^2}{2\sigma^2}\right) \underset{H_0}{\overset{H_1}{\gtrless}} \eta$$

上式化简后也变成双边检验的形式。

从上面的分析可以看出, 在高斯噪声下, 这些不同准则得到的检测方法是一致的。

6.4.2 随机相位信号的检测

当待检测信号中未知参量为随机变量时, 称这种信号为随机参量信号 (random parameter signal)。随机相位信号是雷达和通信中常见的随机参量信号。本节将考虑高斯白噪声中随机相位信号的检测。在两种假设下观测信号为

$$H_0 : r(t) = n(t),\ 0 \leqslant t \leqslant T$$
$$H_1 : r(t) = A\sin(\omega_c t + \theta) + n(t),\ 0 \leqslant t \leqslant T$$

其中幅度 A 和频率 ω_c 已知, 相位 θ 服从 $[0, 2\pi]$ 上的均匀分布。由式(6.3.1)可知, 观测信号 $r(t)$ 在假设 H_0 下的概率密度为

$$p(r(t)|H_0) = F \cdot \exp\left[-\frac{1}{N_0}\int_0^T r^2(t)\mathrm{d}t\right]$$

一般取 $T = k\pi/\omega_c$, 有

$$\int_0^T \sin^2(\omega_c t + \theta)\mathrm{d}t = T/2$$

进一步得到假设 H_1 下的概率密度为

$$p(r(t)|H_1) = \int_0^{2\pi} p(r(t)|H_1, \theta) p(\theta) \mathrm{d}\theta$$

$$= \int_0^{2\pi} F \cdot \exp\left[-\frac{1}{N_0} \int_0^T [r(t) - A\sin(\omega_c t + \theta)]^2 \mathrm{d}t\right] \frac{1}{2\pi} \mathrm{d}\theta$$

$$= \frac{F}{2\pi} \exp\left[-\frac{1}{N_0} \int_0^T r^2(t)\mathrm{d}t - \frac{A^2 T}{2N_0}\right] \int_0^{2\pi} \exp\left[\frac{2A}{N_0} \int_0^T r(t)\sin(\omega_c t + \theta)\mathrm{d}t\right] \mathrm{d}\theta$$

因此, 接收信号的似然比为

$$\Lambda[r(t)] = \frac{1}{2\pi} \exp\left(-\frac{A^2 T}{2N_0}\right) \int_0^{2\pi} \exp\left[\frac{2A}{N_0} \int_0^T r(t)\sin(\omega_c t + \theta)\mathrm{d}t\right] \mathrm{d}\theta$$

因为 $\sin(\omega_c t + \theta) = \sin\omega_c t \cos\theta + \cos\omega_c t \sin\theta$, 定义

$$L_s \triangleq \int_0^T r(t)\cos\omega_c t\mathrm{d}t, \quad L_c \triangleq \int_0^T r(t)\sin\omega_c t\mathrm{d}t$$

似然比可简化为

$$\Lambda[r(t)] = \frac{1}{2\pi} \exp\left(-\frac{A^2 T}{2N_0}\right) \int_0^{2\pi} \exp\left[\frac{2A}{N_0}(L_c\cos\theta + L_s\sin\theta)\right] \mathrm{d}\theta$$

$$= \frac{1}{2\pi} \exp\left(-\frac{A^2 T}{2N_0}\right) \int_0^{2\pi} \exp\left[\frac{2A}{N_0} M\cos(\theta - \gamma)\right] \mathrm{d}\theta$$

$$= \exp\left(-\frac{A^2 T}{2N_0}\right) I_0\left(\frac{2AM}{N_0}\right) \tag{6.4.9}$$

其中 $\cos\gamma = L_c/M, \sin\gamma = L_s/M, M = \sqrt{L_c^2 + L_s^2}$, $I_0(x)$ 为零阶修正贝塞尔函数, 定义如下:

$$I_0(x) = \frac{1}{2\pi} \int_0^{2\pi} \exp\left[x\cos(\theta - \gamma)\right] \mathrm{d}\theta$$

因为 $\ln I_0(x)$ 为单调函数, 因此判决规则为

$$M = \sqrt{\left(\int_0^T r(t)\cos\omega_c t\mathrm{d}t\right)^2 + \left(\int_0^T r(t)\sin\omega_c t\mathrm{d}t\right)^2} \underset{H_0}{\overset{H_1}{\gtrless}} \beta \tag{6.4.10}$$

相应的检测系统称为正交接收机, 其结构如图 6.11所示。

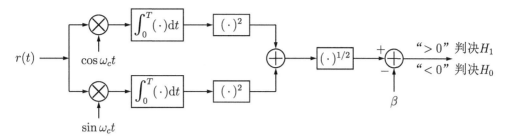

图 6.11　正交接收机结构

上述检测系统还可采用另一种方式实现。令滤波器的冲激响应为 $h(t) = \sin[\omega_c(T-t)], 0 \leqslant t \leqslant T$, 有

$$
\begin{aligned}
y(t) &= \int_0^t r(\tau)h(t-\tau)\mathrm{d}\tau = \int_0^t r(\tau)\sin[\omega_c(T-t+\tau)]\mathrm{d}\tau \\
&= \int_0^t r(\tau)(\sin[\omega_c(T-t)]\cos\omega_c\tau + \cos[\omega_c(T-t)]\sin\omega_c\tau)\mathrm{d}\tau \\
&= \sin[\omega_c(T-t)]\int_0^t r(\tau)\cos\omega_c\tau\mathrm{d}\tau + \cos[\omega_c(T-t)]\int_0^t r(\tau)\sin\omega_c\tau\mathrm{d}\tau \\
&= M_t\cos[\vartheta - \omega_c(T-t)]
\end{aligned}
$$

其中 $\vartheta = \arctan\left(\dfrac{\displaystyle\int_0^t r(\tau)\cos\omega_c\tau\mathrm{d}\tau}{\displaystyle\int_0^t r(\tau)\sin\omega_c\tau\mathrm{d}\tau}\right)$, M_t 为滤波器输出信号 $y(t)$ 在时刻 t 时的包络:

$$
M_t = \sqrt{\left(\int_0^t r(\tau)\cos\omega_c\tau\mathrm{d}\tau\right)^2 + \left(\int_0^t r(\tau)\sin\omega_c\tau\mathrm{d}\tau\right)^2}
$$

可见, 在 $t = T$ 时输出信号的包络为式(6.4.10)左边的检测统计量 M。因此, 正交接收机的系统也可采用如图 6.12所示的检测系统 (称为非相干匹配滤波器) 来实现。

图 6.12　非相干匹配滤波器结构

下面分析正交接收机的检测性能。需求出检测统计量 M 在不同假设下的条件概率密度, 一般先求出 L_c 和 L_s 的联合概率密度, 然后通过它们之间的关系求出 M 的条件概率密度。显然, L_c 和 L_s 服从联合高斯分布, 需计算它们的统计特征, 得到二者在

假设 H_1 下 θ 给定时的条件均值为

$$E[L_c|H_1,\theta] = E\left[\int_0^T [A\sin(\omega_c t + \theta) + n(t)]\sin\omega_c t \mathrm{d}t\right] = \frac{AT}{2}\cos\theta$$

$$E[L_s|H_1,\theta] = E\left[\int_0^T [A\sin(\omega_c t + \theta) + n(t)]\cos\omega_c t \mathrm{d}t\right] = \frac{AT}{2}\sin\theta$$

在假设 H_1 下的条件方差为

$$\mathrm{Var}[L_c|H_1,\theta] = E\left[(L_c - E[L_c|H_1,\theta])^2|H_1,\theta\right]$$

$$= E\left[\int_0^T \sin\omega_c t \cdot n(t)\mathrm{d}t\right]^2 = \frac{N_0}{2}\int_0^T \sin^2\omega_c t \mathrm{d}t = \frac{N_0 T}{4}$$

类似可得

$$\mathrm{Var}[L_s|H_1,\theta] = \frac{N_0 T}{4} = \sigma_T^2$$

L_s 和 L_c 在假设 H_1 下的条件协方差为

$$E[(L_c - E[L_c|H_1,\theta])(L_s - E[L_s|H_1,\theta])|H_1,\theta] = E\left[\int_0^T\int_0^T n(t)n(\tau)\cos\omega_c\tau\sin\omega_c t \mathrm{d}\tau\mathrm{d}t\right]$$

$$= \frac{N_0}{2}\int_0^T \cos\omega_c t\sin\omega_c t \mathrm{d}t = 0$$

因此, L_s 和 L_c 在假设 H_1 下的联合概率密度为

$$p(l_c,l_s|H_1,\theta) = \frac{1}{2\pi\sigma_T^2}\exp\left[-\frac{(l_c - AT\cos\theta/2)^2 + (l_s - AT\sin\theta/2)^2}{2\sigma_T^2}\right]$$

因为 $M = \sqrt{L_s^2 + L_c^2}$, 根据第 5 章 5.3 节可知, 检测统计量 M 在假设 H_1 下服从莱斯分布, 其概率密度为

$$p(m|H_1,\theta) = \frac{m}{\sigma_T^2}\exp\left(-\frac{m^2 + (AT/2)^2}{2\sigma_T^2}\right)I_0\left(\frac{mAT}{2\sigma_T^2}\right) = p(m|H_1) \qquad (6.4.11)$$

当 $A = 0$, $I_0(0) = 1$, 可得 M 在假设 H_0 下服从瑞利分布, 概率密度为

$$p(m|H_0) = \frac{m}{\sigma_T^2}\exp\left(-\frac{m^2}{2\sigma_T^2}\right) \qquad (6.4.12)$$

给定门限 β, 可得虚警概率为

$$P_F = \int_\beta^\infty \frac{m}{\sigma_T^2}\exp\left(-\frac{m^2}{2\sigma_T^2}\right)\mathrm{d}m = \mathrm{e}^{\frac{-\beta^2}{2\sigma_T^2}} \qquad (6.4.13)$$

相应的检测概率为

$$P_D = \int_\beta^\infty \frac{m}{\sigma_T^2} \exp\left(-\frac{m^2 + (AT/2)^2}{2\sigma_T^2}\right) I_0\left(\frac{mAT}{2\sigma_T^2}\right) \mathrm{d}m$$

$$= \int_{\beta/\sigma_T}^\infty z \exp\left(-\frac{z^2 + d}{2}\right) I_0(\sqrt{d}z)\mathrm{d}z = Q(\sqrt{d}, \beta/\sigma_T) \tag{6.4.14}$$

其中 $E = A^2 T/2, d = 2E/N_0 = A^2 T^2/4\sigma_T^2$, $Q(\alpha, \gamma) = \int_\gamma^\infty z \exp\left(-\frac{z^2 + \alpha^2}{2}\right) I_0(\alpha z)\mathrm{d}z$, $\alpha \geqslant 0, \gamma \geqslant 0$ 称为马库姆 (Marcum)Q 函数 [①]。与例 6.3 的确知信号检测系统的性能相比, 由于不知道具体的相位信息, 随机相位信号的检测系统的性能略差于前者。

6.4.3 其他随机参量信号的检测 *

1. 随机相位和振幅信号的检测

实际中经常会遇到随机相位和振幅信号, 比如雷达中的目标回波信号以及通信中的多径信号。下面讨论高斯白噪声情况下随机相位和振幅信号的检测。两种假设下的观测信号为

$$H_0 : r(t) = n(t), \ 0 \leqslant t \leqslant T$$
$$H_1 : r(t) = A\sin(\omega_c t + \theta) + n(t), \ 0 \leqslant t \leqslant T$$

其中频率 ω_c 已知, θ 服从 $[0, 2\pi]$ 上的均匀分布, A 服从参数为 a_0 的瑞利分布, θ 和 A 相互独立。似然比为

$$\Lambda[r(t)] = \frac{\int_a \int_\theta p(r(t)|H_1, \theta, a)p(\theta)p(a)\mathrm{d}a\mathrm{d}\theta}{p(r(t)|H_0)} = \int_a \Lambda[r(t)|a]p(a)\mathrm{d}a$$

由式(6.4.9)可知

$$\Lambda[r(t)|a] = \exp\left(-\frac{a^2 T}{2N_0}\right) I_0\left(\frac{2aM}{N_0}\right)$$

因此得到似然比为

$$\Lambda[r(t)] = \int_0^{+\infty} \Lambda[r(t)|a] \frac{a}{a_0^2} \exp\left(-\frac{a^2}{2a_0^2}\right) \mathrm{d}a = \frac{N_0}{N_0 + Ta_0^2} \exp\left(\frac{2a_0^2 M^2}{N_0^2 + Ta_0^2 N_0}\right) \tag{6.4.15}$$

[①] 该函数目前只能采取数值积分的方式进行计算。

其中利用了积分公式 $\int_0^{+\infty} x\exp(-ax^2)I_0(x)\mathrm{d}x = \dfrac{1}{2a}\exp\left(\dfrac{1}{4a}\right)$。因此判决规则为

$$M \underset{H_0}{\overset{H_1}{\gtrless}} \sqrt{\frac{N_0^2 + Ta_0^2 N_0}{2a_0^2} \ln\left[\frac{\eta(N_0 + Ta_0^2)}{N_0}\right]} = \beta \tag{6.4.16}$$

其中 η 为似然比检验对应的门限。

由上可知，其检测系统与随机相位信号的检测系统一致，只是判决门限不同。下面分析检测器的性能。因为 M 在 H_0 假设下的概率分布为瑞利分布，其虚警概率计算与式(6.4.13)相同。给定 P_F 下的检测门限为 $\beta = \sigma_T \sqrt{-2\ln P_F}$。给定振幅 $A = a$ 下的检测概率为

$$P_D(a) = P(H_1|H_1, a) = \int_\beta^\infty \frac{m}{\sigma_T^2} \exp\left(-\frac{m^2 + (aT/2)^2}{2\sigma_T^2}\right) I_0\left(\frac{maT}{2\sigma_T^2}\right)\mathrm{d}m$$

因此平均检测概率为

$$P_D = \int_a P_D(a)p(a)\mathrm{d}a = \exp\left[-\frac{2\beta^2}{T(N_0 + Ta_0^2)}\right]$$

进一步得到检测概率和虚警概率的关系为 $P_D = P_F^{\frac{N_0}{N_0 + Ta_0^2}}$。

2. 随机相位和频率信号的检测

随机频率信号是雷达中的常见信号，比如目标回波信号的多普勒频率通常是未知的。考虑高斯白噪声中随机相位和频率信号的检测。两种假设下的观测信号为

$$H_0: r(t) = n(t),\ 0 \leqslant t \leqslant T$$
$$H_1: r(t) = A\sin(\omega t + \theta) + n(t),\ 0 \leqslant t \leqslant T$$

其中 A 已知，θ 服从 $[0, 2\pi]$ 上的均匀分布，ω 的取值范围为 $\omega_l \leqslant \omega \leqslant \omega_h$。似然比为

$$\Lambda[r(t)] = \frac{\displaystyle\int_\theta\int_\omega p(r(t)|H_1, \theta, \omega)p(\theta)p(\omega)\mathrm{d}\theta\mathrm{d}\omega}{p(r(t)|H_0)}$$

对频率进行离散化处理，令 $\omega_i = \omega_l + (i-1)\Delta\omega, i = 1, 2, \cdots, n, \Delta\omega = (\omega_h - \omega_l)/(n-1)$，将给定 ω 下的条件似然比关于 ω 取统计平均，得到似然比为

$$\Lambda[r(t)] = \sum_{i=1}^n \Lambda[r(t)|\omega_i]p(\omega_i) = \exp\left(-\frac{E}{N_0}\right)\sum_{i=1}^n p(\omega_i)I_0\left(\frac{2AM_i}{N_0}\right)$$

其中

$$E = \int_0^T A^2 \sin^2(\omega_c t + \theta)\mathrm{d}t = \frac{A^2 T}{2}$$

$$M_i = \sqrt{\left(\int_0^T r(t)\cos\omega_i t\mathrm{d}t\right)^2 + \left(\int_0^T r(t)\sin\omega_i t\mathrm{d}t\right)^2}$$

可知检测统计量为 $\sum\limits_{i=1}^{n} p(\omega_i) I_0\left(\dfrac{2AM_i}{N_0}\right)$，相应的检测系统结构如图 6.13所示。

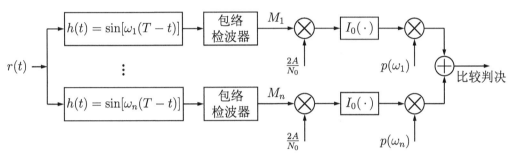

图 6.13　频率未知的随机相位信号的最佳接收机结构

对于小信噪比, 零阶修正贝塞尔函数近似为 $I_0\left(\dfrac{2AM_i}{N_0}\right) \approx 1 + \left(\dfrac{AM_i}{N_0}\right)^2$, 并假设 $p(\omega_i) = 1/n$, 此时似然比为

$$\begin{aligned}
\Lambda[r(t)] &= \exp\left(-\frac{E}{N_0}\right) \sum_{i=1}^{n} p(\omega_i) I_0\left(\frac{2AM_i}{N_0}\right) \\
&= \exp\left(-\frac{E}{N_0}\right) + \frac{1}{n}\left(\frac{A}{N_0}\right)^2 \exp\left(-\frac{E}{N_0}\right) \sum_{i=1}^{n} M_i^2
\end{aligned}$$

则检测统计量为 $\sum\limits_{i=1}^{n} M_i^2$, 因此在小信噪比下, 对于频率和相位均匀分布的随机参量信号, 最佳接收机的结构如图 6.14所示。

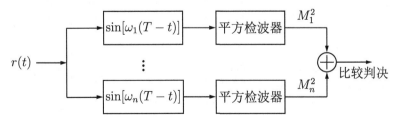

图 6.14　小信噪比下频率未知的随机相位信号的最佳接收机结构

3. 随机相位和时延信号的检测

考虑高斯白噪声中随机相位和时延信号的检测, 两种假设下的观测信号为

$$H_0 : r(t) = n(t), \ 0 \leqslant t \leqslant T + \tau_0$$

$$H_1 : r(t) = A\sin[\omega_c(t-\tau) + \theta] + n(t), \ 0 \leqslant t \leqslant T + \tau_0$$

其中 A, ω_c 已知, θ 服从 $[0, 2\pi]$ 上的均匀分布, 时延 τ 的取值范围为 $0 \leqslant \tau \leqslant \tau_0$。似然比为

$$\Lambda[r(t)] = \frac{\int_\theta \int_\tau p(r(t)|H_1, \theta, \tau)p(\theta)p(\tau)\mathrm{d}\theta\mathrm{d}\tau}{p(r(t)|H_0)}$$

给定 τ 下的条件似然比为

$$\Lambda[r(t)|\tau] = \exp\left(-\frac{A^2T}{2N_0}\right) I_0\left[\frac{2A}{N_0}M(\tau+T)\right]$$

其中

$$M(\tau+T) = \sqrt{\left(\int_\tau^{\tau+T} r(t)\cos[\omega_c(t-\tau)]\mathrm{d}t\right)^2 + \left(\int_\tau^{\tau+T} r(t)\sin[\omega_c(t-\tau)]\mathrm{d}t\right)^2}$$

类似地, 令 $\tau_i = (i-1)\Delta\tau, i = 1, 2, \cdots, m, \Delta\tau = \tau_0/(m-1)$, 将给定 τ 下的条件似然比关于 τ 取统计平均, 得到似然比为

$$\Lambda[r(t)] = \sum_{i=1}^m \Lambda[r(t)|\tau_i]p(\tau_i) = \frac{1}{m}\exp\left(-\frac{E}{N_0}\right)\sum_{i=1}^m I_0\left[\frac{2A}{N_0}M(\tau_i+T)\right]$$

因此检测统计量为 $\sum_{i=1}^m I_0\left[\frac{2A}{N_0}M(\tau_i+T)\right]$, 相应的检测系统如图 6.15所示。

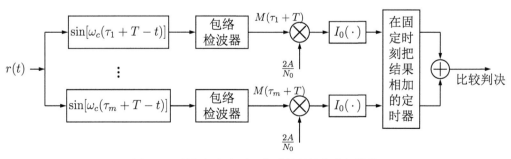

图 6.15　随机相位和时延信号的最佳接收机结构

另外也可采用多元检测来确定信号是否存在, 并估计出到达时间, 此时多元假设为

$$H_0 : r(t) = n(t), \ 0 \leqslant t \leqslant T + \tau_0$$

$$H_i : r(t) = A \sin[\omega_c(t - \tau_i) + \theta] + n(t), \ 0 \leqslant t \leqslant T + \tau_0, \ i = 1, 2, \cdots, m$$

计算这些 $M(\tau_i + T)$ 的最大值, 然后与门限比较, 小于门限则判断 H_0 假设为真, 否则判决最大 $M(\tau_i + T)$ 对应的假设 H_i 为真, 此时检测系统如图 6.16 所示。考虑到匹配滤波器对时延信号具有适应性, 因此上述多路检测系统可用如图 6.17 所示的单路系统实现, 该系统常用于雷达系统测量目标回波的到达时间。

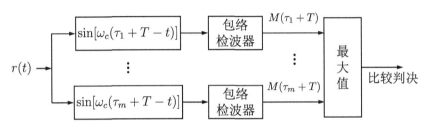

图 6.16 检测信号并估计时延的最佳接收机结构

图 6.17 检测信号并估计时延的最佳接收机的简化结构

4. 随机相位、频率和时延信号的检测

考虑高斯白噪声中随机相位、频率和时延信号的检测, 这时不同假设下的观测信号为

$$H_0 : r(t) = n(t), \ 0 \leqslant t \leqslant T + \tau_0$$

$$H_1 : r(t) = A \sin[\omega(t - \tau) + \theta] + n(t), \ 0 \leqslant t \leqslant T + \tau_0$$

其中 A 已知, θ 服从 $[0, 2\pi]$ 上的均匀分布, $\omega_l \leqslant \omega \leqslant \omega_h$, $0 \leqslant \tau \leqslant \tau_0$。类似地, 采用多元检测, 分别对时延和频率进行离散化, 这时共有 $m \times n$ 种备选假设, H_{ij}, $i = 1, 2, \cdots, m$, $j = 1, 2, \cdots, n$ 对应的条件似然比为

$$\Lambda[r(t)|\tau_i, \omega_j] = \exp\left(-\frac{E}{N_0}\right) I_0\left[\frac{2AM_j(\tau_i + T)}{N_0}\right]$$

其中

$$M_j(\tau_i + T) = \sqrt{\left(\int_{\tau_i}^{\tau_i+T} r(t)\cos[\omega_j(t-\tau_i)]\mathrm{d}t\right)^2 + \left(\int_{\tau_i}^{\tau_i+T} r(t)\sin[\omega_j(t-\tau_i)]\mathrm{d}t\right)^2}$$

接收机结构如图 6.18所示。计算这些 $M_j(\tau_i + T)$ 的最大值, 与门限比较, 小于门限则判断 H_0 假设为真, 否则选择最大 $M_j(\tau_i + T)$ 值对应的假设为真, 这时不仅可以判断信号是否存在, 同时估计出频率和时延。

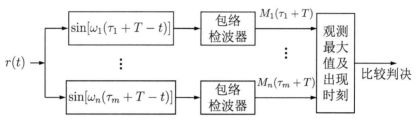

图 6.18 随机相位、频率和时延信号的最佳接收机结构

6.5 研究型学习——恒虚警检测 *

恒虚警 (constant false alarm, CFAR) 检测技术是雷达目标检测的重要研究内容之一, 主要用于杂波环境下的目标自动检测。通常情况下, 雷达检测的目标周围存在各种背景, 这些背景产生的回波称为杂波[①]。这时使用固定门限的检测器将导致虚警率极大增加, 影响对目标信号的判断。因此, 需要采用一定算法根据杂波环境变化来自适应改变判别门限, 以保证恒定的虚警率以及检测概率的最大化。

恒虚警检测器的结构如图 6.19所示, 其中的自适应门限 TZ 通常与背景噪声和杂波区域有关, T 是门限因子, Z 是根据参考单元的测量值得到的一个对未知的总体噪声

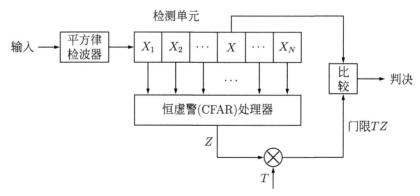

图 6.19 恒虚警检测器的结构

---

① 杂波可分为静止杂波和动杂波。静止杂波主要由自然环境中的山石、树木和建筑等产生, 动杂波由雨雪、海浪、人工施放的干扰箔条等产生。

背景功率的估计。被测单元的采样与这个自适应的门限相比较, 从而判决是否存在目标。

一般假定雷达接收机噪声和杂波服从高斯分布, 检测单元中的目标为服从 Swerling I 模型的慢起伏目标。在这种情况下, 经过平方律检波后采样值服从指数分布, 其概率密度函数如下所示:

$$f(x) = \frac{1}{\lambda} \exp\left(-\frac{x}{\lambda}\right), \ x \geqslant 0$$

当假设 H_0 成立时, 检测单元无目标, λ 为总的背景杂波加噪声的平均功率 σ。在假设 H_1 成立时, 检测单元有目标存在, λ 为总的背景杂波加噪声加目标信号的平均功率 $\sigma(1+S)$, 其中 S 为目标信号的平均功率和杂波噪声平均功率的比值。这时检测单元采样 X 在不同假设下的概率密度函数为

$$p(x|H_i) = \begin{cases} \dfrac{1}{\sigma(1+S)} \exp\left(\dfrac{x}{\sigma(1+S)}\right), & i = 1 \\ \dfrac{1}{\sigma} \exp\left(\dfrac{x}{\sigma}\right), & i = 0 \end{cases}$$

当总的背景杂波加噪声的平均功率 σ 已知时, 可采用固定门限 T_0, 进行目标有无的判决, 此时 $T_0 = -\sigma \ln P_F$, 相应的检测概率为 $P_D = \exp\left(-\dfrac{T_0}{\sigma(1+S)}\right)$。实际中, 总的背景杂波加噪声的平均功率 σ 是未知的, 这时需要利用参考单元的采样进行估计。在均匀背景下, 假定参考单元的抽样值是独立同分布的, 有

$$p(\boldsymbol{x}) = \prod_{i=1}^{N} p(x_i) = \prod_{i=1}^{N} \frac{1}{\sigma} \exp\left(-\frac{x_i}{\sigma}\right)$$

使上面的似然函数达到最大可以得到 σ 的最大似然估计为 $\dfrac{1}{N}\sum\limits_{i=1}^{N} x_i$, 即将检测单元周围的参考单元的采样值的平均值作为对杂波加噪声功率的估计, 其中 N 为参考单元的个数。令 $Z = \sum\limits_{i=1}^{N} x_i$, 因为 Z 是独立的服从同一指数分布的随机变量之和, 可知 Z 服从厄朗分布, 其概率密度为

$$p(z) = \frac{(z/\sigma)^{N-1}}{(N-1)!\sigma} \exp\left(-\frac{z}{\sigma}\right)$$

设检测门限为 TZ, 其中 T 为门限因子, 根据图 6.19所示的检测器的判决逻辑以及背景噪声与目标信号的概率分布, 可以得到检测器在给定 $Z = z$ 下的虚警概率和检测概率为

$$P(X > Tz | z, H_0) = \int_{Tz}^{+\infty} p(x|H_0)\mathrm{d}x = \exp\left(-\frac{Tz}{\sigma}\right)$$

$$P(X > Tz | z, H_1) = \int_{Tz}^{+\infty} p(x|H_1)\mathrm{d}x = \exp\left[-\frac{Tz}{\sigma(1+S)}\right]$$

因此, 虚警概率为

$$P_F = P(X > TZ | H_0) = \int_{-\infty}^{+\infty} P(X > Tz | z, H_0) p(z|H_0)\mathrm{d}z$$

$$= \int_{-\infty}^{+\infty} \exp\left(-\frac{Tz}{\sigma}\right) p(z|H_0)\mathrm{d}z$$

$$= \int_{-\infty}^{+\infty} \exp\left(-\frac{Tz}{\sigma}\right) \frac{(z/\sigma)^{N-1}}{(N-1)!\sigma} \exp\left(-\frac{z}{\sigma}\right)\mathrm{d}z = (1+T)^{-N}$$

检测概率为

$$P_D = P(X > TZ | H_1) = \int_{-\infty}^{+\infty} P(X > Tz | z, H_1) p(z|H_1)\mathrm{d}z$$

$$= \int_{-\infty}^{+\infty} \exp\left[-\frac{Tz}{\sigma(1+S)}\right] p(z|H_1)\mathrm{d}z = \left(1 + \frac{T}{1+S}\right)^{-N}$$

由上可以看到, 虚警概率只和单元平均的样本数 N 以及门限因子 T 有关, 与实际的干扰噪声功率的大小无关, 因此该方法保持恒定的虚警率, 称其为单元平均恒虚警 (cell averaging-CFAR, CA-CFAR) 检测器。给定虚警概率 P_F, 对应的门限因子为 $T = (P_F)^{-1/N} - 1$。可以证明, 在均匀杂波环境下, 单元平均恒虚警处理器为最优的恒虚警检测器, 即在相同的虚警概率下, 它的检测概率是最大的。当背景杂波为非均匀或者多目标的情况, 这时单元平均恒虚警处理器的性能下降, 研究者们提出了其他一系列恒虚警检测方法, 比如有序统计量恒虚警 (order statistics-CFAR, OS-CFAR)、自动删除平均恒虚警 (censored CA-CFAR, CCA-CFAR) 等。

作业 调研相关文献资料, 了解自适应恒虚警算法发展现状和主要原理, 研究至少一种自适应恒虚警算法, 给出具体的仿真实例, 并撰写研究报告。

6.6 MATLAB 仿真实验

6.6.1 二元确定信号的检测

由于实验中经常会考虑高斯噪声模型, 通常会涉及关于高斯分布的一些计算, 表 6.2 列出了与高斯分布有关的一些 MATLAB 函数。

表 6.2 与高斯分布有关的常用函数

函 数	MATLAB 函数
误差函数 $\mathrm{erf}(x) = \dfrac{2}{\sqrt{\pi}} \displaystyle\int_0^x \mathrm{e}^{-t^2}\,\mathrm{d}t$	`erf(x)`
误差补函数 $\mathrm{erfc}(x) = 1 - \mathrm{erf}(x)$	`erfc(x)`
逆误差函数 $\mathrm{erf}^{-1}(x)$	`erfinv(x)`
逆误差补函数 $\mathrm{erfc}^{-1}(x)$	`erfcinv(x)`

此外, 误差补函数与高斯分布的互补累积分布函数的关系为

$$\Phi_c(x) = 1 - \Phi(x) = \frac{1}{2}\mathrm{erfc}\left(\frac{x}{\sqrt{2}}\right)$$

实验 6.1 考虑例 6.1所示的二元确定性信号检测, 其判决规则为

$$\sum_{i=1}^{N} r_i \underset{H_0}{\overset{H_1}{\gtrless}} \frac{\sigma^2}{m}\ln\eta + \frac{Nm}{2} \triangleq \gamma$$

该检测器的虚警概率和检测概率如下:

$$P_F = \Phi_c(\ln\eta/d + d/2), \quad P_D = \Phi_c(\ln\eta/d - d/2)$$

其中 $d = \dfrac{\sqrt{N}m}{\sigma}$, η 为似然比对应的检测门限, 由具体的判决准则确定。① 绘出上述检测器在不同 d 下的 ROC 曲线; ② 假设 $C_{00} = 0.1, C_{01} = 1.5, C_{11} = 0.5, C_{10} = 1, d = 1$, 先验概率未知, 试采用极大极小准则给出最不利分布, 并绘制出其对应的平均风险以及先验概率已知情况下的最小平均风险曲线。

(1) 根据虚警概率和检测概率的表示式, 令 $d = 0, 0.5, 1, 1.5, 2$, 可绘出该检测器的 ROC 曲线, 如图 6.3所示。可知当虚警概率固定时, 检测概率随 d 的增大而增大。MATLAB 代码如下。

```
clear
Th=-10:0.1:10;
PF=1/2*erfc(Th/sqrt(2));
d=0:0.5:2;
for i=1:length(d)
    PD(i,:)=1/2*erfc((Th-d(i))/sqrt(2));
end
plot(PF,PD)
xlabel('P_F')
ylabel('P_D')
```

(2) 当采用极大极小准则时, 检测门限为

$$\eta = \frac{P_0^* \left(C_{10} - C_{00} \right)}{P_1^* \left(C_{01} - C_{11} \right)}$$

其中, 最不利分布 P_1^* 满足

$$\left(C_{11} - C_{00} \right) + \left(C_{01} - C_{11} \right) P_M(P_1^*) - \left(C_{10} - C_{00} \right) P_F(P_1^*) = 0$$

根据 $C_{00} = 0.1, C_{01} = 1.5, C_{11} = 0.5, C_{10} = 1$, 由上式可知, P_1^* 应满足 $P_D(P_1^*) + 0.9 P_F(P_1^*) = 1.4$, 但较难得到 P_1^* 的解析解。下面利用 MATLAB 绘制出先验概率已知下的最小平均风险曲线, 然后根据最大值所在位置求出最不利分布, 然后画出其对应的平均风险。

MATLAB 代码如下。

```
C00=0.1; C01=1.5; C11=0.5; C10=1; % 代价因子
d=1;
p1=0:0.01:1; %先验概率
% 先验概率已知对应的自适应门限
eta=((1-p1)*(C10-C00))./(p1*(C01-C11));
lamda=log(eta)/d+d/2;
Pf=1/2*erfc(lamda/sqrt(2));
Pd=1/2*erfc((lamda-d)/sqrt(2));
Pm=1-Pd;
% 最小平均风险曲线
R=C00*(1-p1)+C11*p1+(C10-C00)*(1-p1).*Pf+(C01-C11)*p1.*Pm;
[MaxR,k]=max(R);
pp=p1(k);   %最不利分布
% 最不利分布对应的门限
Eta=((1-pp)*(C10-C00))/(pp*(C01-C11));
Lamda=log(Eta)/d+d/2;
PF=1/2*erfc(Lamda/sqrt(2));
PD=1/2*erfc((Lamda-d)/sqrt(2));
PM=1-PD;
% 最不利分布对应的平均风险
RR=C00*(1-p1)+C11*p1+(C10-C00)*(1-p1)*PF+(C01-C11)*p1*PM;
figure(1);
plot(p1,R);
```

```
hold on
plot(p1,RR);
xlabel('P_1');
ylabel('R');
legend('R(P_1)','R(P_1^*,P_1)');
```

实验结果如图 6.20所示。可知, 最不利先验分布为 $P_1 = 0.64, P_0 = 0.36$, 由其确定的判决规则在任何先验概率下得到的平均风险均为 $R = 0.61730$。

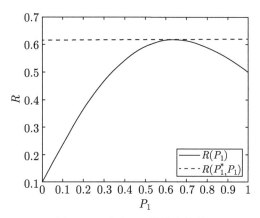

图 6.20　实验 6.1的仿真结果

实验 6.2　给定如下二元假设:

$$H_0 : r[i] = n[i], \ i = 1, 2, \cdots, N$$
$$H_1 : r[i] = s[i] + n[i], \ i = 1, 2, \cdots, N$$

其中 $s[i] = 2\sin(10i\Delta t)$ 为已知信号的采样值, 采样间隔 $\Delta t = 0.1$, 噪声样本 $n[i]$ 是独立的, 且均为零均值、方差为 σ_n^2 的高斯随机变量。试给出最优的检测器, 并估计其检测概率, 绘出虚警概率 $P_F = 10^{-8}$ 的情况下, 检测概率随噪声标准差 σ_n 变化的曲线, 并与理论值进行比较。

类似例 6.1的分析, 可知似然比检验为

$$\sum_{i=1}^{N} r[i]s[i] \underset{H_0}{\overset{H_1}{\gtrless}} \sigma^2 \ln \eta + \frac{1}{2} \sum_{i=1}^{N} s[i]^2 = \gamma$$

其中 η 是由具体判决准则确定的门限值。令 $E = \sum_{i=1}^{N} s[i]^2$, 虚警概率和检测概率分别为

$$P_F = \Phi_c \left(\frac{\sigma \ln \eta}{\sqrt{E}} + \frac{\sqrt{E}}{2\sigma} \right) = \Phi_c(\beta), \quad P_D = \Phi_c \left(\frac{\sigma \ln \eta}{\sqrt{E}} - \frac{\sqrt{E}}{2\sigma} \right) = \Phi_c \left(\beta - \frac{\sqrt{E}}{\sigma} \right)$$

MATLAB 代码如下。

```
M=500;                              % 仿真次数
A=2;
omega=10;
T=0.1;
t=0:T:10;                           % 采样时间
s=A*sin(omega*t);                   % 信号的采样
E=sum(s.^2);                        % 信号能量
N=length(s);
sigma_n=0:0.1:4;                    % 噪声标准差
PF=10^-8;                           % 虚警概率
beta=sqrt(2)*erfcinv(2*PF);
PD=1/2*erfc((beta-sqrt(E)./sigma_n)/sqrt(2));% 理论的检测概率
for j=1:length(sigma_n)
    gamma=beta*sigma_n(j)*sqrt(E);  % 检测门限
    p(j)=0;
    for i=1:M
        n=sigma_n(j)*randn(1,N);    % 高斯白噪声
        z=s+n;                      % 观测信号
        test=sum(z.*s);             % 相关运算
        if test > gamma
            p(j)=p(j)+1;
        end
    end
    pd(j)=p(j)/M;                   % 实际检测概率
end
figure(1);
axis([0 4 0 1]);
plot(sigma_n,PD,'-+');
hold on
plot(sigma_n,pd,'-');
xlabel('\sigma_n');
ylabel('P_D');
```

仿真结果如图 6.21所示, 可以看出检测概率随噪声方差增大而下降, 且估计的检测概率与理论值基本一致。

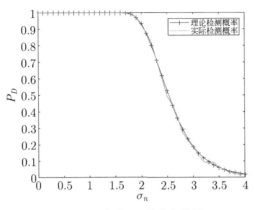

图 6.21 实验 6.2的仿真结果

6.6.2 匹配滤波

本节给出匹配滤波的仿真实例。

实验 6.3 考虑例 6.5所示的信号, 其中信号参数为 $a = 1, T = 5, M = 2, T_0 = 10$, 试采用与单脉冲信号 $s(t)$ 匹配的滤波器 $h_1(t)$ 以及与多脉冲信号 $g(t)$ 匹配的滤波器 $h_2(t)$, 在无噪声和有噪声 (白噪声方差 $\sigma^2 = 0.25$) 两种情况下, 给出这两个线性滤波器 $h_1(t)$ 和 $h_2(t)$ 的输出结果。

MATLAB 代码如下。

```
a=1;
T=5;
s(1:T)=a*ones(1,T);              % 单脉冲信号
T0=10;
M=2;
t0=(M-1)*T0+T;
for i=1:M
  g((i-1)*T0+1:(i-1)*T0+T)=s;    % 多脉冲信号
end
sigma=0.5;
n=sigma*randn(1,t0);
z=g+n;                           % 有噪的观测信号
h1=fliplr(s);                    % 单脉冲匹配滤波器
h2=fliplr(g);                    % 多脉冲匹配滤波器
```

```
% 无噪声时两种匹配滤波器输出结果
so1 = conv(g,h1);
so2 = conv(g,h2);
% 有噪声时两种匹配滤波器输出结果
zo1 = conv(z,h1);
zo2 = conv(z,h2);
```

无噪声的仿真结果如图 6.22(a) 所示。可以看出, 采用与单脉冲信号 $s(t)$ 匹配的滤波器, 滤波器输出信号将在每个脉冲信号的截止时间处出现最大值, 其值为单脉冲信号的能量, 同时说明了匹配滤波器对时延信号的适应性。而采用与多脉冲信号 $g(t)$ 匹配的滤波器, 滤波器输出信号在原始信号的截止时间处达到最大, 其值为多脉冲信号的能量。有噪声的仿真结果如图 6.22(b) 所示, 可以看出, 匹配滤波器使输出信噪比达到最大, 在噪声较大时仍可检测出信号的存在, 尤其是与多脉冲匹配的滤波器, 其积累了全部的信号能量, 适用于强噪声的情况。

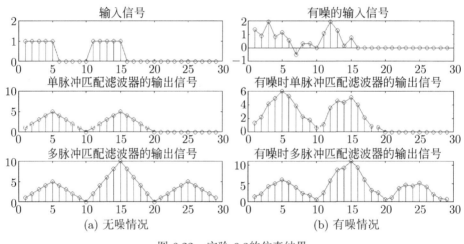

图 6.22　实验 6.3的仿真结果

MATLAB 实验练习

6.1　在高斯白噪声中检测确定性信号 $s[n] = r^n$, $n = 0, 1, \cdots, N-1$, 其中噪声方差 $\sigma^2 = 1$, 试设计 N-P 检测器并画出其在 $0 < r < 1$, $r = 1$ 和 $r > 1$ 三种情况下的 ROC 曲线, 分析 $N \to \infty$ 时的检测性能。

6.2　以雷达中常用的线性调频信号为例, 其复数形式为

$$s(t) = \exp[-\mathrm{j}(\omega_0 t + \alpha t^2/2)], \ 0 < t < T$$

其中 ω_0 为初始角频率，$\alpha = 2\pi B/T$ 为线性调频率，B 为调频信号带宽，T 为信号持续时间。编程实现线性调频信号通过匹配滤波器的输出并验证匹配滤波器的基本原理和特性。进一步分析高斯白噪声情况下的匹配滤波器的输出。

6.3 设接收到的含噪雷达信号为

$$x[k] = A\cos(2\pi f_0 k) + n[k], \ k = 0, 1, \cdots, N-1$$

其中 $f_0 = 0.25, N = 25$，噪声为高斯白噪声，方差 $\sigma^2 = 1$，试设计 $P_F = 10^{-8}$ 的最优检测器，并画出检测概率与 A 的关系曲线。

6.4 考虑加性高斯白噪声下随机振幅和相位信号 $s(t) = A\cos(\omega_0 t + \phi)$ 的检测，其中振幅 A 服从参数为 2 的瑞利分布，相位 ϕ 服从 $[0, 2\pi]$ 的均匀分布，$\omega_0 = 10$，噪声方差为 $\sigma^2 = 1$，试编写程序画出最优检测器的 ROC 曲线，并与理论结果相比较。

习　题

6.1 简述贝叶斯准则、最小错误概率准则、最大后验概率准则、极大极小准则和 N-P 准则的异同点。

6.2 设观测数据 x 在两种假设下的分布如图 6.23 所示，求贝叶斯判决公式。

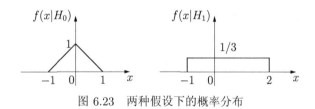

图 6.23　两种假设下的概率分布

6.3 设观测数据 x 在两个假设下的概率密度函数为

$$p(x|H_0) = \frac{1}{2}\exp(-|x|)$$
$$p(x|H_1) = \frac{1}{\sqrt{2\pi}\sigma}\exp\left(-\frac{x^2}{2\sigma^2}\right)$$

试给出似然比检验的判决表达式。

6.4 设观测 z 在两个假设下的概率密度均为正态分布，即

$$p(z|H_i) = \frac{1}{\sqrt{2\pi}\sigma}\exp\left[-\frac{(z-i)^2}{2\sigma^2}\right], \ i = 0, 1$$

将该观测 z 经过平方检波器, 输出为 $y = az^2(a > 0)$, 两个假设的先验概率为 $P(H_0) = P(H_1) = 0.5$, 试根据数据 y 给出最小错误概率下的判决规则。

6.5 根据观测 r, 用极大极小准则对如下两个假设做出判断,

$$H_1 : r = 1 + n, \quad H_0 : r = n$$

其中 n 服从零均值、方差为 σ^2 的高斯分布, 且 $C_{01} = C_{10} = 1, C_{00} = C_{11} = 0$, 试求判决门限 η 以及相应的最不利先验概率。

6.6 设观测 z 在两个假设下的概率密度分别为

$$p(z|H_0) = \exp(-z), \ z \geqslant 0$$
$$p(z|H_1) = 2\exp(-2z), \ z \geqslant 0$$

令 $P_F = 0.01$, 采用纽曼-皮尔逊准则进行检验, 试求判决规则和相应的检测概率。

6.7 设两个假设下的观测样本分别为

$$H_0 : r_i = n_i, \ i = 1, 2, \cdots, M$$
$$H_1 : r_i = 2 + n_i, \ i = 1, 2, \cdots, M$$

其中 n_i 是均值为零、方差为 2 的高斯白噪声。根据 M 个独立样本, 用纽曼-皮尔逊准则进行检验, 令 $P_F = 0.05$, 试求判决门限 η 和相应的检测概率。

6.8 针对高斯白噪声中信号 $s[k]$ 的检测问题, 已知观测数据为

$$x[k] = s[k] + n[k], k = 0, 1, \cdots, 2N - 1$$

信号 $s[k]$ 在 H_0 条件下为

$$s[k] = \begin{cases} A, & k = 0, 1, \cdots, N - 1 \\ 0, & k = N, N + 1, \cdots, 2N - 1 \end{cases}$$

在 H_1 条件下为

$$s[k] = \begin{cases} A, & k = 0, 1, \cdots, N - 1 \\ 2A, & k = N, N + 1, \cdots, 2N - 1 \end{cases}$$

假定 $A > 0$, 噪声方差为 σ^2, 求 N-P 检测器及其检测性能, 并解释检测器的工作过程。

6.9 考虑如下二元假设:

$$H_0 : r(t) = A\cos(\omega_1 t + \phi) + n(t)$$
$$H_1 : r(t) = B\cos(\omega_2 t) + A\cos(\omega_1 t + \phi) + n(t)$$

其中参数 A, B, ω_1, ω_2 为已知的常数, $n(t)$ 是功率谱密度为 $N_0/2$ 的高斯白噪声, ϕ 服从 $[0, 2\pi]$ 的均匀分布。试求似然比接收机的形式。

6.10 考虑四元信号通信系统, 其信号为

$$s_j(t) = \sqrt{\frac{2E_s}{T}} \sin\left(\omega_0 t + j\frac{\pi}{2}\right), \quad 0 \leqslant t \leqslant T, \quad j = 0, 1, 2, 3$$

已知 $\omega = 2n\pi/T$, n 为整数, 假设信号在传输过程中叠加了功率谱密度为 $N_0/2$ 的高斯白噪声 $n(t)$, 各信号出现的先验概率相等, 试设计基于最小错误概率准则的检测系统, 并分析其性能。

6.11 设矩形包络的单个中频脉冲信号为

$$s(t) = A\text{rect}\left(\frac{t}{\tau}\right)\cos(\omega_0 t)$$

其中 $\text{rect}(\cdot)$ 为矩形函数, 求信号的匹配滤波器的冲激响应、传输函数; 进一步, 当匹配滤波器输入噪声是均值为零、功率谱密度为 $N_0/2$ 的白噪声, 给出匹配滤波器的输出峰值信噪比。

6.12 在二元通信系统中, 在每种假设下传送的信号为

$$H_0 : r(t) = A\sin\omega_0 t + n(t), 0 \leqslant t \leqslant T$$
$$H_1 : r(t) = -A\sin(2\omega_0 t) + n(t), 0 \leqslant t \leqslant T$$

假设两种信号是等概发送, $n(t)$ 是均值为 0、功率谱密度为 $N_0/2$ 的白噪声。试用最小错误概率的准则确定最佳接收机形式, 并计算平均错误概率。

6.13 简述简单假设和复合假设的区别以及应用场合。

6.14 考虑在高斯白噪声 $n[k]$ 中检测如下衰减指数信号, 即

$$x[k] = s[k] + n[k] = Ar^k + n[k], k = 0, 1, \cdots, 2N-1$$

其中 A 是未知的, r 是已知的 $(0 < r < 1)$, 噪声方差为 σ^2。试根据数据 $x[k]$ 给出广义似然比检验的判决规则。

6.15 在数字调幅通信系统中, 信源是二元的, 且等概率产生 0 和 1, 两种假设下对应的接收信号为

$$H_0 : r(t) = n(t), \quad H_1 : r(t) = Ay(t) + n(t), \, 0 \leqslant t \leqslant T$$

其中 $y(t)$ 是确定信号, 衰减系数 $A \sim N(0, \sigma^2)$, $n(t)$ 是均值为 0、功率谱密度为 $N_0/2$ 的加性白噪声。试用最小错误概率准则确定最佳接收机。

第 **7** 章

信号估计理论

在雷达、通信等信息系统中, 信息通常蕴含在信号的某些参量上, 比如幅度、频率、相位、时延等, 由于信号不可避免地受到噪声和干扰的影响, 因此需要通过一定的处理手段来估计含噪信号的参量, 从而获取感兴趣的信息。另外, 实际中也常常需要从含噪信号中估计出所期望的信号。本章将针对这些问题介绍基于统计推断的信号估计理论。首先介绍经典的估计方法以及衡量估计量性能的指标, 然后给出高斯白噪声中信号参量的估计以及适用于平稳信号估计的维纳滤波方法, 使读者对信号估计有大致的认识和理解, 为后期学习自适应信号处理奠定基础。

7.1 基本概念

信号估计 (signal estimation) 是指在噪声和干扰环境下, 根据观测的数据来测量出信号的未知参数。比如设雷达发射信号为 $s(t) = A \sin \omega_c t$, 接收到信号为

$$r(t) = A_r \sin[(\omega_c - \omega_d)(t - \tau) + \theta_r] + n(t)$$

其中 $n(t)$ 为噪声。此时接收信号的形式已知, 但幅度 A_r、频移 ω_d、时延 τ、相位 θ_r 等诸多参数未知, 接收器需要根据一段时间的观测信号来尽可能准确地估计这些未知参数, 即所谓的参数估计 (parameter estimation) 问题。

在估计问题中, 待估计量可以是源信号中的一个或者多个未知参数, 也可以是其概率分布的未知参数。当待估计量是随时间变化的未知参数时, 这种估计又称为波形估计 (waveform estimation), 比如设接收信号为

$$r(t) = s(t) + n(t)$$

其中 $s(t)$ 为发射信号, $n(t)$ 为噪声。根据 $r(t)$ 来估计 $s(t)$ 就是一种波形估计问题。无论参数估计还是波形估计均可采用统计估计理论来实现。

参数估计的统计模型如图 7.1所示。一般来说, 待估计的未知参数 [①]θ 可以是确定的 (即非随机变量) 或随机的, 其取值空间称为参数空间。待估参数 θ 与观测数据 r 之间的关系可以用概率密度 $p(r;\theta)$ 或 $p(r|\theta)$ 来描述 [②]; 或者通过某种观测方程 $r = f(\theta) + n$ 来刻画, 该观测方程可以是线性的或非线性的。参数估计方法与掌握的信息 (包括观测模型、统计特性等) 有关, 所采用的估计量 $\hat{\theta}$ 是观测数据的函数, 记为 $\hat{\theta} = g(r)$, 其中 g 可以是线性的或非线性的。实际上, 可以采用多种方法来对未知参数进行估计, 而人们总希望找到最精确的估计。因此, 信号参数估计问题就是在某种评价准则下寻求最优的估计, 使得估计值尽可能接近参数的真实值。

[①] 如果未知参数是多个, 也可用向量 $\boldsymbol{\theta}$ 表示。为了方便描述, 本章除特别声明外不区分标量参数和向量参数, 具体含义可视上下文而定。

[②] 当 θ 为确定参数时, 记为 $p(r;\theta)$; 当 θ 为随机参数时, 记为 $p(r|\theta)$。

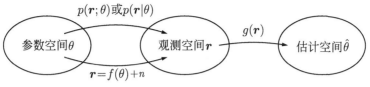

图 7.1 参数估计的统计模型

7.2 经典估计准则

本节介绍常用的估计方法, 主要包括贝叶斯估计、线性最小均方误差估计、最大似然估计和最小二乘参数估计。对于随机参数的估计, 通常采用前两种方法; 而如果没有待估参数的先验统计信息或者是非随机参数的估计, 则采用后两种方法。

7.2.1 贝叶斯估计

由于噪声的存在, 所得的估计量可能和未知参数的真实值不一样, 因此存在估计误差, 从而带来某种代价 (或称为损失)。贝叶斯估计的基本思想就是基于某种代价寻找使该代价最小的最优估计。

令 θ 为待估计的未知参数, $\boldsymbol{r}$ 为观测数据, 由观测数据得到的估计记为 $\hat{\theta}(\boldsymbol{r})$, 估计误差定义为 $\varepsilon_\theta(\boldsymbol{r}) \triangleq \theta - \hat{\theta}(\boldsymbol{r})$。由估计误差所产生的代价为 $C(\varepsilon_\theta(\boldsymbol{r}))$, 则平均代价为

$$\mathcal{R} \triangleq E[C(\varepsilon_\theta(\boldsymbol{r}))] = \int_{-\infty}^{+\infty} \int_{-\infty}^{+\infty} C[\theta - \hat{\theta}(\boldsymbol{r})]p(\theta, \boldsymbol{r})\mathrm{d}\theta\mathrm{d}\boldsymbol{r} \tag{7.2.1}$$

图 7.2给出了一些常见的代价函数形式。下面讨论相应的贝叶斯估计。

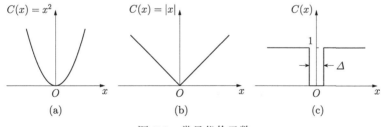

图 7.2 常见代价函数

1) 平方误差代价 (如图 7.2(a) 所示)

令代价为 $C(\varepsilon_\theta(\boldsymbol{r})) = [\theta - \hat{\theta}(\boldsymbol{r})]^2$, 则平均代价为均方误差 (mean square error, MSE), 即

$$\mathcal{R}_{\mathrm{MS}} = E[\theta - \hat{\theta}(\boldsymbol{r})]^2 = \int_{-\infty}^{+\infty} \mathrm{d}\boldsymbol{r} \int_{-\infty}^{+\infty} [\theta - \hat{\theta}(\boldsymbol{r})]^2 p(\theta, \boldsymbol{r})\mathrm{d}\theta$$

$$= \int_{-\infty}^{+\infty} p(\boldsymbol{r}) \mathrm{d}\boldsymbol{r} \int_{-\infty}^{+\infty} [\theta - \hat{\theta}(\boldsymbol{r})]^2 p(\theta|\boldsymbol{r}) \mathrm{d}\theta \qquad (7.2.2)$$

上式的第二个积分可以看成是给定观测 $\boldsymbol{r}$ 下估计量 $\hat{\theta}(\boldsymbol{r})$ 所带来的条件代价。若对每个 $\boldsymbol{r}$ 能使该条件代价达到最小, 则总平均代价将达到最小。因此可求该积分关于 $\hat{\theta}(\boldsymbol{r})$ 的导数:

$$\frac{\mathrm{d}}{\mathrm{d}\hat{\theta}(\boldsymbol{r})} \int_{-\infty}^{+\infty} [\theta - \hat{\theta}(\boldsymbol{r})]^2 p(\theta|\boldsymbol{r}) \mathrm{d}\theta = -2 \int_{-\infty}^{+\infty} \theta p(\theta|\boldsymbol{r}) \mathrm{d}\theta + 2\hat{\theta}(\boldsymbol{r}) \int_{-\infty}^{+\infty} p(\theta|\boldsymbol{r}) \mathrm{d}\theta$$

令导数等于零, 并注意到 $\int_{-\infty}^{+\infty} p(\theta|\boldsymbol{r}) \mathrm{d}\theta = 1$, 因而得到使平方误差达到最小的贝叶斯估计为

$$\hat{\theta}_{\mathrm{MS}}(\boldsymbol{r}) = \int_{-\infty}^{+\infty} \theta p(\theta|\boldsymbol{r}) \mathrm{d}\theta = E[\theta|\boldsymbol{r}] \qquad (7.2.3)$$

即平方误差代价下的最优估计是后验均值, 该估计也称为最小均方误差 (minimum mean square error, MMSE) 估计。显然该估计为无偏估计 (即 $E[E[\theta|\boldsymbol{r}]] = E[\theta]$), 此时最小均方误差为

$$\mathcal{R}_{\mathrm{MS}}^* = \int_{-\infty}^{+\infty} p(\boldsymbol{r}) \mathrm{d}\boldsymbol{r} \int_{-\infty}^{+\infty} (\theta - E[\theta|\boldsymbol{r}])^2 p(\theta|\boldsymbol{r}) \mathrm{d}\theta = \int_{-\infty}^{+\infty} \mathrm{Var}[\theta|\boldsymbol{r}] p(\boldsymbol{r}) \mathrm{d}\boldsymbol{r} \qquad (7.2.4)$$

2) 绝对误差代价 (如图 7.2(b) 所示)

令代价为 $C(\varepsilon_\theta(\boldsymbol{r})) = |\theta - \hat{\theta}(\boldsymbol{r})|$, 则平均代价为

$$\mathcal{R}_{\mathrm{abs}} = \int_{-\infty}^{+\infty} p(\boldsymbol{r}) \mathrm{d}\boldsymbol{r} \int_{-\infty}^{+\infty} |\theta - \hat{\theta}(\boldsymbol{r})| p(\theta|\boldsymbol{r}) \mathrm{d}\theta \qquad (7.2.5)$$

类似地, 第二项积分为给定观测 $\boldsymbol{r}$ 下估计量 $\hat{\theta}(\boldsymbol{r})$ 带来的条件代价, 去掉绝对值可写为

$$\int_{-\infty}^{\hat{\theta}(\boldsymbol{r})} [\hat{\theta}(\boldsymbol{r}) - \theta] p(\theta|\boldsymbol{r}) \mathrm{d}\theta + \int_{\hat{\theta}(\boldsymbol{r})}^{+\infty} [\theta - \hat{\theta}(\boldsymbol{r})] p(\theta|\boldsymbol{r}) \mathrm{d}\theta$$

利用求导公式

$$\frac{\mathrm{d}}{\mathrm{d}x} \int_{a(x)}^{b(x)} F(x,\xi) \mathrm{d}\xi = \int_{a(x)}^{b(x)} \frac{\partial F(x,\xi)}{\partial x} \mathrm{d}\xi + F[x, b(x)] \frac{\partial b(x)}{\partial x} - F[x, a(x)] \frac{\partial a(x)}{\partial x}$$

求上述条件代价关于 $\hat{\theta}(\boldsymbol{r})$ 的导数并令其等于零, 可得

$$\int_{-\infty}^{\hat{\theta}_{\text{abs}}(\boldsymbol{r})} p(\theta|\boldsymbol{r})\mathrm{d}\theta = \int_{\hat{\theta}_{\text{abs}}(\boldsymbol{r})}^{+\infty} p(\theta|\boldsymbol{r})\mathrm{d}\theta \tag{7.2.6}$$

由此可见, 绝对误差代价下的最优估计 $\hat{\theta}_{\text{abs}}$ 是后验中值。

3) 均匀代价 (如图 7.2(c) 所示)

令代价为 $C(\varepsilon_\theta(\boldsymbol{r})) = \begin{cases} 1, & |\theta - \hat{\theta}(\boldsymbol{r})| > \Delta/2 \\ 0, & |\theta - \hat{\theta}(\boldsymbol{r})| < \Delta/2 \end{cases}$, 则平均代价为

$$\mathcal{R}_{\text{unif}} = \int_{-\infty}^{+\infty} p(\boldsymbol{r})\mathrm{d}\boldsymbol{r} \left[1 - \int_{\hat{\theta}(\boldsymbol{r})-\Delta/2}^{\hat{\theta}(\boldsymbol{r})+\Delta/2} p(\theta|\boldsymbol{r})\mathrm{d}\theta \right]$$

可以看出, 使平均代价最小等价于让上式方括号内的积分达到最大。由图 7.3可知, 最优估计应使得后验概率密度 $p(\theta|\boldsymbol{r})$ 达到最大, 即

$$\hat{\theta}_{\text{unif}}(\boldsymbol{r}) = \arg\max_\theta p(\theta|\boldsymbol{r})$$

$\hat{\theta}_{\text{unif}}(\boldsymbol{r})$ 可通过最大后验方程求解, 即满足

$$\left. \frac{\partial \ln p(\theta|\boldsymbol{r})}{\partial \theta} \right|_{\theta=\hat{\theta}_{\text{unif}}(\boldsymbol{r})} = 0 \tag{7.2.7}$$

因此, 均匀代价下的最优估计 $\hat{\theta}_{\text{unif}}(\boldsymbol{r})$ 是最大后验 (MAP) 估计 [1]。

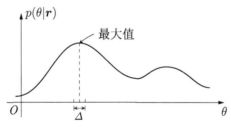

图 7.3　最大后验估计

从上面的分析可知, 贝叶斯估计需要知道后验分布 [2], 采用不同的代价函数, 则分别得到后验均值、后验中值和最大后验估计。一般来说, 三种估计的形式不同, 并且后

---

[1] 注意对于向量参数的最大后验估计, 可以通过两种方式得到: ① 通过对联合后验密度进行边缘积分, 得到某个标量参数的后验密度, 然后得到该参数的最大后验估计; ② 对联合后验密度求最大值, 同时得到整个向量参数的最大后验估计。这两种方式得到的估计可能不同。

[2] 如果先验分布是似然函数的共轭先验时, 这时后验分布与先验分布属于同类分布, 可以直接给出后验分布的数学形式, 否则计算后验分布比较困难。

验均值涉及积分, 在多维非高斯情况下计算困难, 而最大后验估计只涉及极值计算, 相对简单。

例 7.1 已知观测模型:

$$r_i = a + n_i, \; i = 1, 2, \cdots, N$$

其中 N 为观测次数, 待估参数 a 服从高斯分布 $N(\mu_a, \sigma_a^2)$, 不同时刻的噪声 n_i 独立同分布于高斯分布 $N(0, \sigma_n^2)$。试根据观测 $r_i, i = 1, 2, \cdots, N$, 采用贝叶斯方法来估计 a。

解: 根据已知信息, 有

$$p(a) = \frac{1}{\sqrt{2\pi}\sigma_a} \exp\left[-\frac{(a - \mu_a)^2}{2\sigma_a^2}\right]$$

$$p(\boldsymbol{r}|a) = \prod_{i=1}^{N} \frac{1}{\sqrt{2\pi}\sigma_n} \exp\left[-\frac{(r_i - a)^2}{2\sigma_n^2}\right]$$

根据贝叶斯公式, 得到后验概率密度为

$$p(a|\boldsymbol{r}) = \frac{p(\boldsymbol{r}|a)p(a)}{p(\boldsymbol{r})} = \frac{\left(\prod_{i=1}^{N} \frac{1}{\sqrt{2\pi}\sigma_n}\right) \frac{1}{\sqrt{2\pi}\sigma_a}}{p(\boldsymbol{r})} \exp\left\{-\frac{1}{2}\left[\frac{\sum_{i=1}^{N}(r_i - a)^2}{\sigma_n^2} + \frac{(a - \mu_a)^2}{\sigma_a^2}\right]\right\}$$

整理上式得到

$$p(a|\boldsymbol{r}) = k(\boldsymbol{r}) \exp\left\{-\frac{1}{2\sigma_p^2}\left[a - \frac{\sigma_a^2}{\sigma_a^2 + \sigma_n^2/N}\left(\frac{1}{N}\sum_{i=1}^{N} r_i\right) - \frac{\sigma_n^2/N}{\sigma_a^2 + \sigma_n^2/N}\mu_a\right]^2\right\}$$

其中 $k(\boldsymbol{r})$ 为仅与 $\boldsymbol{r}$ 有关的项, $\sigma_p^2 \triangleq \left(\frac{1}{\sigma_a^2} + \frac{N}{\sigma_n^2}\right)^{-1} = \frac{\sigma_a^2\sigma_n^2}{N\sigma_a^2 + \sigma_n^2}$。因为 $\int_{-\infty}^{+\infty} p(a|\boldsymbol{r})\mathrm{d}a = 1$, 因此后验分布为高斯分布, 后验均值为

$$\hat{a}_{\mathrm{MS}}(\boldsymbol{r}) = \frac{\sigma_a^2}{\sigma_a^2 + \sigma_n^2/N}\left(\frac{1}{N}\sum_{i=1}^{N} r_i\right) + \frac{\sigma_n^2/N}{\sigma_a^2 + \sigma_n^2/N}\mu_a \tag{7.2.8}$$

相应的均方误差为

$$\mathcal{R}_{\mathrm{MS}} = \int_{-\infty}^{+\infty} \mathrm{Var}[a|\boldsymbol{r}]p(\boldsymbol{r})\mathrm{d}\boldsymbol{r} = \sigma_p^2 = \frac{\sigma_a^2\sigma_n^2}{N\sigma_a^2 + \sigma_n^2}$$

由于后验分布是高斯分布, 因此基于其他两种代价的贝叶斯估计都是一样的。该

估计同时也是观测值的线性形式, 即在高斯情况下, 最小均方误差估计是线性估计.

由式(7.2.8)可知, 当 $\sigma_a^2 \gg \sigma_n^2$ 时, 噪声小, 参数不确定性大, 测量值相对于先验信息更可信, 随着观测量的增加, 逐步去除先验信息的影响. 当 $\sigma_a^2 \ll \sigma_n^2$ 时, 参数比较确定, 噪声很大, 倾向于使用先验信息, 测量值用处不大.

当待估参数的先验分布是非高斯时, 后验分布可能不易计算, 相应的贝叶斯估计也通常是非线性估计, 下面给出这种情况下最大后验估计的一个例子.

例 7.2 已知测量数据为

$$r_i = a + n_i, \; i = 1, 2, \cdots, N$$

其中参数 a 服从均匀分布 $U(-a_0, a_0)$, 不同时刻的噪声 n_i 独立同分布于高斯分布 $N(0, \sigma_n^2)$。试计算参数 a 的最大后验估计.

解: 由题目条件可得, 先验概率密度为

$$p(a) = \frac{1}{2a_0}, \; -a_0 \leqslant a \leqslant a_0$$

以及条件概率密度为

$$p(\boldsymbol{r}|a) = \prod_{i=1}^{N} \frac{1}{\sqrt{2\pi}\sigma_n} \exp\left[-\frac{(r_i - a)^2}{2\sigma_n^2}\right] = c(\boldsymbol{r}) \exp\left\{-\frac{N}{2\sigma_n^2}\left[a - \left(\frac{1}{N}\sum_{i=1}^{N} r_i\right)\right]^2\right\}$$

其中 $c(\boldsymbol{r})$ 为仅与 $\boldsymbol{r}$ 有关的项. 将上述两个概率密度代入贝叶斯公式中, 得到后验分布为 $p(a|\boldsymbol{r}) = p(\boldsymbol{r}|a)p(a)/p(\boldsymbol{r})$。

令 $\bar{r} = \sum_{i=1}^{N} r_i/N$, 根据观测值 $\bar{r}$ 可能落入的范围, 得到最大后验估计为

$$\hat{a}_{\mathrm{MAP}} = \begin{cases} a_0, & \bar{r} > a_0 \\ \bar{r}, & -a_0 \leqslant \bar{r} \leqslant a_0 \\ -a_0, & \bar{r} < -a_0 \end{cases}$$

7.2.2 线性最小均方误差估计

一般来说, 基于后验分布的贝叶斯估计需要先验分布和似然函数, 并且有时较难求出贝叶斯估计的解析表达式. 当没有关于概率分布的信息时, 可考虑更简单可行的估计方法. 对于观测数据 $\boldsymbol{r} = [r_1, r_2, \cdots, r_N]^{\mathrm{T}}$, 令估计量为观测数据的线性组合形式, 即

$$\hat{\theta} = a + \sum_{i=1}^{N} m_i r_i = a + \boldsymbol{m}^{\mathrm{T}} \boldsymbol{r}$$

其中 $\boldsymbol{m} = [m_1, m_2, \cdots, m_N]^{\mathrm{T}}$。$a$ 和 $\boldsymbol{m}$ 为线性估计的系数。

令 $\varepsilon = \theta - a - \boldsymbol{m}^{\mathrm{T}} \boldsymbol{r}$, 定义均方误差为

$$R_\varepsilon = E[\varepsilon^2] = E[(\theta - a - \boldsymbol{m}^{\mathrm{T}} \boldsymbol{r})^2]$$

现寻找使得均方误差最小的估计。首先求 R_ε 关于 a 和 $\boldsymbol{m}$ 的导数, 并令导数为零, 可得

$$\frac{\partial R_\varepsilon}{\partial a} = -2E[\theta - a - \boldsymbol{m}^{\mathrm{T}} \boldsymbol{r}] = 0 \tag{7.2.9}$$

$$\frac{\partial R_\varepsilon}{\partial \boldsymbol{m}^{\mathrm{T}}} = -2E[(\theta - a - \boldsymbol{m}^{\mathrm{T}} \boldsymbol{r}) \boldsymbol{r}^{\mathrm{T}}] = \boldsymbol{0}^{\mathrm{T}} \tag{7.2.10}$$

其中 $\boldsymbol{0}$ 为 N 维零向量。上述两式联立求解, 得到

$$a = E[\theta] - \mathrm{Cov}^{\mathrm{T}}(\theta, \boldsymbol{r}) \mathrm{Cov}^{-1}(\boldsymbol{r}, \boldsymbol{r}) E[\boldsymbol{r}]$$

$$\boldsymbol{m}^{\mathrm{T}} = \mathrm{Cov}^{\mathrm{T}}(\theta, \boldsymbol{r}) \mathrm{Cov}^{-1}(\boldsymbol{r}, \boldsymbol{r})$$

因此, 线性最小均方误差 (linear minimum mean square error, LMMSE) 估计为

$$\hat{\theta}_{\mathrm{LMMSE}} = a + \boldsymbol{m}^{\mathrm{T}} \boldsymbol{r} = E[\theta] + \mathrm{Cov}^{\mathrm{T}}(\theta, \boldsymbol{r}) \mathrm{Cov}^{-1}(\boldsymbol{r}, \boldsymbol{r})(\boldsymbol{r} - E[\boldsymbol{r}]) \tag{7.2.11}$$

可以验证, 该估计是随机参数 θ 的无偏估计, 即 $E[\hat{\theta}_{\mathrm{LMMSE}}] = E[\theta]$。由式 (7.2.10) 可知, 采用线性估计时, 为使均方误差最小, 误差 ε 应与观测数据 $\boldsymbol{r}$ 正交, 也即误差正交于观测空间 (由观测数据的线性组合形成的空间), 该性质称为正交原理。此时估计量 $\hat{\theta}$ 为待估参数 θ 在观测空间中的投影, 如图 7.4所示。

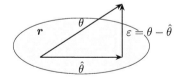

图 7.4 正交原理示意图

利用正交原理可得 LMMSE 估计的均方误差为

$$E[(\theta - \hat{\theta}_{\mathrm{LMMSE}})^2] = E[\theta(\theta - \hat{\theta}_{\mathrm{LMMSE}})] = \mathrm{Var}[\theta] - \mathrm{Cov}^{\mathrm{T}}(\theta, \boldsymbol{r}) \mathrm{Cov}^{-1}(\boldsymbol{r}, \boldsymbol{r}) \mathrm{Cov}(\boldsymbol{r}, \theta) \tag{7.2.12}$$

因此该估计仅需要待估计量和观测数据的一、二阶矩信息。

当待估参数和观测值的均值均为零时, LMMSE 估计可写为

$$\hat{\theta}_{\mathrm{LMMSE}} = E[\theta \boldsymbol{r}^{\mathrm{T}}]E^{-1}[\boldsymbol{r}\boldsymbol{r}^{\mathrm{T}}]\boldsymbol{r} \tag{7.2.13}$$

相应的均方误差为

$$E[(\theta - \hat{\theta}_{\mathrm{LMMSE}})^2] = E[\theta^2] - E[\theta \boldsymbol{r}^{\mathrm{T}}]E^{-1}[\boldsymbol{r}\boldsymbol{r}^{\mathrm{T}}]E[\boldsymbol{r}\theta] \tag{7.2.14}$$

与式(7.2.3)的估计相比, 注意虽然都是基于最小均方误差准则, 但一般来说, 线性最小均方误差估计不等于后验均值估计。可以证明当 θ 和 $\boldsymbol{r}$ 为联合高斯分布时, 二者相等, 即在高斯条件下, 线性最小均方误差估计就是最佳的, 不可能找到更好的非线性估计。

7.2.3 最大似然估计

当待估参数 θ 的先验分布 $p(\theta)$ 及其一、二阶矩信息未知, 或者 θ 为非随机参数时, 这时不能使用上述贝叶斯方法。但可以对贝叶斯方法进行修正。考虑最大后验概率估计, 对后验概率密度取对数得到

$$\ln p(\theta|\boldsymbol{r}) = \ln p(\boldsymbol{r}|\theta) + \ln p(\theta) - \ln p(\boldsymbol{r})$$

由于没有先验概率可利用, 不妨假设先验概率密度是均匀的, 因此与 θ 有关的只有第一项。当 θ 为非随机参数时, $p(\boldsymbol{r}|\theta)$ 改为似然函数 $p(\boldsymbol{r};\theta)$。让上式达到最大, 也就是使似然函数达到最大, 从而得到最大似然估计 [①]:

$$\hat{\theta}_{\mathrm{ML}}(\boldsymbol{r}) = \arg\max_{\theta} \ln p(\boldsymbol{r};\theta)$$

即

$$\left.\frac{\partial \ln p(\boldsymbol{r};\theta)}{\partial \theta}\right|_{\theta = \hat{\theta}_{\mathrm{ML}}(\boldsymbol{r})} = 0 \tag{7.2.15}$$

上式称为最大似然 (maximum likelihood, ML) 方程, 所得估计 $\hat{\theta}_{\mathrm{ML}}(\boldsymbol{r})$ 使观测 $\boldsymbol{r}$ 出现的可能性最大。换句话说, 所得的观测值 $\boldsymbol{r}$ 最大可能是由 $\hat{\theta}_{\mathrm{ML}}(\boldsymbol{r})$ 引起的。

与式(7.2.7)对比可知, 当没有先验概率可利用时, MAP 估计退化成 ML 估计。即 ML 估计相当于先验知识趋于 0 时的 MAP 估计。因此, ML 估计既可用于非随机参数的估计, 也可用于先验分布未知或者待估参数服从均匀分布情况下随机参数的估计。

---

① 德国数学家高斯 (C. F. Gauss, 1777—1855) 最先提出最大似然估计的思想, 随后英国统计学家罗纳德·费希尔 (R. A. Fisher, 1890–1962) 对该方法进行了深入研究, 并将其命名为最大似然估计。

例 7.3 设在高斯白噪声下进行 N 次观测, 得到

$$r_i = a + n_i, \ i = 1, 2, \cdots, N$$

其中参数 a 未知, 噪声的方差 σ_n^2 也未知, 试根据观测 $r_i, i = 1, 2, \cdots, N$, 求出 a 和 σ_n^2 的最大似然估计。

解: 根据已知信息, 有

$$p(\boldsymbol{r}; a, \sigma_n^2) = \prod_{i=1}^{N} \frac{1}{\sqrt{2\pi\sigma_n^2}} \exp\left[-\frac{(r_i - a)^2}{2\sigma_n^2}\right]$$

对似然函数求对数得到

$$\ln p(\boldsymbol{r}; a, \sigma_n^2) = -\frac{N}{2}\ln 2\pi - \frac{N}{2}\ln \sigma_n^2 - \sum_{i=1}^{N} \frac{(r_i - a)^2}{2\sigma_n^2}$$

将上式关于 a, σ_n^2 求导等于零, 得到最大似然估计为

$$\hat{a}(\boldsymbol{r}) = \frac{1}{N}\sum_{i=1}^{N} r_i, \quad \hat{\sigma}_n^2(\boldsymbol{r}) = \frac{1}{N}\sum_{i=1}^{N}[r_i - \hat{a}(\boldsymbol{r})]^2$$

例 7.4 假设接收信号为

$$z_i = a\cos(2\pi f_0 i + \phi) + n_i, \ i = 0, 1, \cdots, N-1$$

其中参数 a, f_0 已知, ϕ 未知, n_i 为零均值方差为 σ^2 的高斯白噪声, 求相位 ϕ 的最大似然估计。

解: 由题目条件得到似然函数为

$$p(\boldsymbol{z}; \phi) = (2\pi\sigma^2)^{-N/2} \exp\left\{-\frac{1}{2\sigma^2}\sum_{i=0}^{N-1}[z_i - a\cos(2\pi f_0 i + \phi)]^2\right\}$$

进一步得到对数似然函数关于 ϕ 的导数为

$$\frac{\partial \ln p(\boldsymbol{z}; \phi)}{\partial \phi} = -\frac{1}{\sigma^2}\sum_{i=0}^{N-1}[z_i - a\cos(2\pi f_0 i + \phi)]a\sin(2\pi f_0 i + \phi)$$

令上式等于零, 得到最大似然方程

$$\sum_{i=0}^{N-1} z_i \sin(2\pi f_0 i + \phi) = a\sum_{i=0}^{N-1}\cos(2\pi f_0 i + \phi)\sin(2\pi f_0 i + \phi)$$

当 f_0 不在 0 或 1/2 附近时, 上式右边近似为零（参见文献 [12] 例 3.4 和习题 3.7）, 于是

$$\sum_{i=0}^{N-1} z_i \sin\left(2\pi f_0 i + \phi\right) = 0$$

展开上式, 得到

$$\sum_{i=0}^{N-1} z_i \sin(2\pi f_0 i) \cos\phi = -\sum_{i=0}^{N-1} z_i \cos(2\pi f_0 i) \sin\phi$$

因此最大似然估计为

$$\hat{\phi}_{\mathrm{ML}} = -\arctan\left(\frac{\displaystyle\sum_{i=0}^{N-1} z_i \sin(2\pi f_0 i)}{\displaystyle\sum_{i=0}^{N-1} z_i \cos(2\pi f_0 i)}\right)$$

7.2.4 最小二乘估计

最小二乘 (least square, LS) 估计是一种应用广泛的参数估计方法, 可在没有任何概率分布知识的情况下使用。考虑如下线性观测方程:

$$r = H\theta + n \tag{7.2.16}$$

其中 H 为观测矩阵, θ 为待估参数, n 为噪声。定义观测的误差平方和为

$$J(\theta) = \varepsilon^{\mathrm{T}}\varepsilon = (r - H\theta)^{\mathrm{T}}(r - H\theta)$$

最小二乘估计的基本思想是寻找合适的参数估计 $\hat{\theta}_{\mathrm{LS}}$, 使得观测的误差平方和最小, 即

$$\hat{\theta}_{\mathrm{LS}} = \arg\min_{\theta} J(\theta)$$

对 $J(\theta)$ 求关于 θ 的导数, 有

$$\frac{\partial J(\theta)}{\partial \theta} = -2H^{\mathrm{T}}r + 2H^{\mathrm{T}}H\theta \tag{7.2.17}$$

并令导数等于零, 得到最小二乘估计为

$$\hat{\theta}_{\mathrm{LS}} = (H^{\mathrm{T}}H)^{-1}H^{\mathrm{T}}r \tag{7.2.18}$$

可知最小二乘估计为观测数据的线性形式, 并且由式(7.2.17)等于零可得到

$\boldsymbol{H}^{\mathrm{T}}(\boldsymbol{r} - \boldsymbol{H}\hat{\boldsymbol{\theta}}_{\mathrm{LS}}) = \boldsymbol{0}$, 即满足正交原理。换句话说, 观测误差和观测矩阵的列是正交的, 进而和观测矩阵的列的线性组合形成的线性空间是正交的。因此 $\boldsymbol{H}\hat{\boldsymbol{\theta}}_{\mathrm{LS}}$ 可看成是 $\boldsymbol{r}$ 在该空间的投影, 其中投影矩阵为 $\boldsymbol{P} = \boldsymbol{H}(\boldsymbol{H}^{\mathrm{T}}\boldsymbol{H})^{-1}\boldsymbol{H}^{\mathrm{T}}$, 且具有特性 $\boldsymbol{P}^{\mathrm{T}} = \boldsymbol{P}$ 和 $\boldsymbol{P}^2 = \boldsymbol{P}$(称为等幂矩阵)。

实际中, 若数据是按时间顺序不断产生的, 这时可按照时间顺序来处理数据, 而不必等待数据到齐后一次性处理。当前数据对应的估计可由前面数据对应的估计进行更新得到, 这种方法称为序贯最小二乘估计[12](也称为递推最小二乘估计)。

进一步考虑加权最小二乘估计 (weighted least square, WLS), 引入加权矩阵①$\boldsymbol{W}$, 定义加权误差平方和为

$$J_{\boldsymbol{W}}(\boldsymbol{\theta}) = \boldsymbol{\varepsilon}^{\mathrm{T}}\boldsymbol{W}\boldsymbol{\varepsilon} = (\boldsymbol{r} - \boldsymbol{H}\boldsymbol{\theta})^{\mathrm{T}}\boldsymbol{W}(\boldsymbol{r} - \boldsymbol{H}\boldsymbol{\theta})$$

类似地, 可得加权最小二乘估计为

$$\hat{\boldsymbol{\theta}}_{\mathrm{WLS}} = \arg\min_{\boldsymbol{\theta}} J_{\boldsymbol{W}}(\boldsymbol{\theta}) = (\boldsymbol{H}^{\mathrm{T}}\boldsymbol{W}\boldsymbol{H})^{-1}\boldsymbol{H}^{\mathrm{T}}\boldsymbol{W}\boldsymbol{r} \tag{7.2.19}$$

当 $\boldsymbol{W} = \boldsymbol{I}$ 时, 加权最小二乘退化为普通的最小二乘估计。

下面分析加权最小二乘估计的统计特性。假设式(7.2.16)所示的观测方程中, 噪声满足 $E[\boldsymbol{n}] = \boldsymbol{0}$, $E[\boldsymbol{n}\boldsymbol{n}^{\mathrm{T}}] = \boldsymbol{R}_n$, 则估计均值为

$$E[\hat{\boldsymbol{\theta}}_{\mathrm{WLS}}] = E[(\boldsymbol{H}^{\mathrm{T}}\boldsymbol{W}\boldsymbol{H})^{-1}\boldsymbol{H}^{\mathrm{T}}\boldsymbol{W}(\boldsymbol{H}\boldsymbol{\theta} + \boldsymbol{n})] = E[\boldsymbol{\theta}] + (\boldsymbol{H}^{\mathrm{T}}\boldsymbol{W}\boldsymbol{H})^{-1}\boldsymbol{H}^{\mathrm{T}}\boldsymbol{W}E[\boldsymbol{n}] = E[\boldsymbol{\theta}]$$

即 $\hat{\boldsymbol{\theta}}_{\mathrm{WLS}}$ 是无偏估计, 其估计的均方误差阵为

$$E[(\hat{\boldsymbol{\theta}}_{\mathrm{WLS}} - \boldsymbol{\theta})(\hat{\boldsymbol{\theta}}_{\mathrm{WLS}} - \boldsymbol{\theta})^{\mathrm{T}}] = E\{[(\boldsymbol{H}^{\mathrm{T}}\boldsymbol{W}\boldsymbol{H})^{-1}\boldsymbol{H}^{\mathrm{T}}\boldsymbol{W}\boldsymbol{n}][(\boldsymbol{H}^{\mathrm{T}}\boldsymbol{W}\boldsymbol{H})^{-1}\boldsymbol{H}^{\mathrm{T}}\boldsymbol{W}\boldsymbol{n}]^{\mathrm{T}}\}$$
$$= (\boldsymbol{H}^{\mathrm{T}}\boldsymbol{W}\boldsymbol{H})^{-1}\boldsymbol{H}^{\mathrm{T}}\boldsymbol{W}\boldsymbol{R}_n\boldsymbol{W}^{\mathrm{T}}\boldsymbol{H}(\boldsymbol{H}^{\mathrm{T}}\boldsymbol{W}\boldsymbol{H})^{-1}$$

考虑均方误差尽可能最小, 最优权重为 $\boldsymbol{W}_{\mathrm{opt}} = \boldsymbol{R}_n^{-1}$, 得到最优加权最小二乘估计为

$$\hat{\boldsymbol{\theta}}_{\mathrm{OWLS}} = (\boldsymbol{H}^{\mathrm{T}}\boldsymbol{R}_n^{-1}\boldsymbol{H})^{-1}\boldsymbol{H}^{\mathrm{T}}\boldsymbol{R}_n^{-1}\boldsymbol{r} \tag{7.2.20}$$

该估计的均方误差阵为

$$E[(\hat{\boldsymbol{\theta}}_{\mathrm{OWLS}} - \boldsymbol{\theta})(\hat{\boldsymbol{\theta}}_{\mathrm{OWLS}} - \boldsymbol{\theta})^{\mathrm{T}}] = (\boldsymbol{H}^{\mathrm{T}}\boldsymbol{R}_n^{-1}\boldsymbol{H})^{-1} \tag{7.2.21}$$

注意最优加权最小二乘估计利用了噪声的方差信息, 若其还可以利用待估参数的先验信息, 则在线性观测模型下最优加权最小二乘估计等价于线性最小均方误差估计。

---

① 加权矩阵为对称正定阵, 当其为对角矩阵时, 相当于对各个误差的平方进行权重不等的加权。

7.3 估计量的性能

对于未知参数, 采用不同的估计准则会得到不同的估计量。估计量是观测样本的函数, 是随机变量, 其性能由统计特征或者概率密度来描述。为了衡量这些不同估计量的性能, 需要制定相应的性能指标。本节简要介绍常用的估计量性能指标, 并重点讨论估计量能达到的性能边界。

定义 7.1 (无偏性) 设 $\hat{\theta}(\boldsymbol{r})$ 为参数 θ 的估计量, 称该估计是无偏估计, 如果满足如下条件:

$$E[\hat{\theta}(\boldsymbol{r})] = \int_{-\infty}^{+\infty} \hat{\theta}(\boldsymbol{r}) p(\boldsymbol{r}; \theta) \mathrm{d}\boldsymbol{r} = \theta, \text{ 对于非随机参量} \theta \tag{7.3.1}$$

$$E[\hat{\theta}(\boldsymbol{r})] = \int_{-\infty}^{+\infty} \int_{-\infty}^{+\infty} \hat{\theta}(\boldsymbol{r}) p(\boldsymbol{r}|\theta) p(\theta) \mathrm{d}\boldsymbol{r}\mathrm{d}\theta = E[\theta], \text{ 对于随机参量} \theta \tag{7.3.2}$$

参数的估计量一般由多个观测样本构造而成, 其性能和样本个数 N 有关系, 记为 $\hat{\theta}_N(\boldsymbol{r})$。对于非随机参数或者随机参数 θ, 若估计量满足下面相应的等式, 则称该估计为渐近无偏估计:

$$\lim_{N \to \infty} E[\hat{\theta}_N(\boldsymbol{r})] = \theta \tag{7.3.3}$$

$$\lim_{N \to \infty} E[\hat{\theta}_N(\boldsymbol{r})] = E[\theta] \tag{7.3.4}$$

可以看出, 无偏估计的平均值为未知参数的真值或者均值, 保证了估计值分布在被估计量的真值或均值附近。

此外, 当样本数趋于无穷时, 好的估计量应逼近待估参数的真值。为此, 人们定义了如下的一致性指标来刻画估计量的大样本性质。

定义 7.2 (一致性) 若对于任意的 $\varepsilon > 0$, $\hat{\theta}_N(\boldsymbol{r})$ 满足下式, 则称 $\hat{\theta}_N(\boldsymbol{r})$ 是 θ 的简单一致估计。

$$\lim_{N \to \infty} P\left\{ \left|\hat{\theta}_N(\boldsymbol{r}) - \theta\right| < \varepsilon \right\} = 1 \tag{7.3.5}$$

上述定义基于随机序列的依概率收敛, 若采用随机序列的均方收敛, 即

$$\lim_{N \to \infty} E[\hat{\theta}_N(\boldsymbol{r}) - \theta]^2 = 0 \tag{7.3.6}$$

则称 $\hat{\theta}_N(\boldsymbol{r})$ 是 θ 的均方一致估计。可见, 一致性估计保证了随着样本数的增加, 估计值逐步趋近于被估计量的真值。

下面考虑待估参数 θ 为非随机参数的情况。为寻找最佳估计, 一般考虑均方误差, 得到

$$E[(\theta - \hat{\theta})^2] = E[(\theta - E[\hat{\theta}] + E[\hat{\theta}] - \hat{\theta})^2] = E[(\theta - E[\hat{\theta}])^2] + \text{Var}[\hat{\theta}]$$

这时, 均方误差由偏差的平方以及估计量的方差构成。对于无偏估计量, 其偏差为零, 这时要使得均方误差最小, 希望估计量的方差达到最小。无偏估计中具有最小方差的估计称为最小方差无偏 (minimum variance unbiased, MVU) 估计①。

对于所有的无偏估计, 人们关心它们的方差所能到达的下界。下面的定理给出了 Cramer-Rao 下界 (Cramer-Rao lower bound, CRLB)②, 指出了确定性参数的任何无偏估计的方差至少大于 Fisher 信息的倒数。

定义 7.3 (有效性) 若一个无偏估计 $\hat{\theta}$ 的方差达到 Cramer-Rao 下界, 则称其为 θ 的有效估计。

显然, 若有效估计存在, 它一定是 MVU 估计。实际上, 也有可能有效估计不存在, 但 MVU 估计存在。

定理 7.1 (Cramer-Rao 下界) 对于非随机参数 θ, 若观测数据 r 的概率密度函数满足如下正则条件:

$$E\left[\frac{\partial \ln p(r;\theta)}{\partial \theta}\right] = 0 \tag{7.3.7}$$

那么, 任意的无偏估计 $\hat{\theta}(r)$ 的方差 (也是其估计误差的方差) 满足如下不等式:

$$\text{Var}[\hat{\theta}(r)] = \text{Var}[\hat{\theta}(r) - \theta] \geqslant -E^{-1}\left[\frac{\partial^2 \ln p(r;\theta)}{\partial \theta^2}\right] = I^{-1}(\theta) \tag{7.3.8}$$

该下界称为 Cramer-Rao 下界, 且

$$I(\theta) = -E\left[\frac{\partial^2 \ln p(r;\theta)}{\partial \theta^2}\right] = E\left[\frac{\partial \ln p(r;\theta)}{\partial \theta}\right]^2 \tag{7.3.9}$$

称为数据 r 的 Fisher 信息③。进一步, $\hat{\theta}(r)$ 是有效估计当且仅当下式成立:

$$\frac{\partial \ln p(r;\theta)}{\partial \theta} = [\hat{\theta}(r) - \theta]I(\theta) \tag{7.3.10}$$

---

① 因为对所有的 θ, 其方差都是最小的, 因此也称为一致最小方差无偏估计, 但 MVU 估计量并不一定总是存在。

② Cramer-Rao 不等式最先由 Fisher 提出, 后来由 Cramer 和 Rao 进行了完整的推导, 通常称为 Cramer-Rao 界。

③ Fisher 信息是非负的, 一般来说, 与 θ 有关, 其度量了对数似然函数的平均曲率, 其越大说明概率密度对参数 θ 越敏感, 意味着越有可能得到好的估计。

证明： 因为估计量 $\hat{\theta}(\boldsymbol{r})$ 为无偏估计, 有

$$E[\hat{\theta}(\boldsymbol{r}) - \theta] = \int_{-\infty}^{+\infty} p(\boldsymbol{r}; \theta)[\hat{\theta}(\boldsymbol{r}) - \theta]\mathrm{d}\boldsymbol{r} = 0$$

等式两边关于 θ 求导, 得到

$$-\int_{-\infty}^{+\infty} p(\boldsymbol{r}; \theta)\mathrm{d}\boldsymbol{r} + \int_{-\infty}^{+\infty} \frac{\partial p(\boldsymbol{r}; \theta)}{\partial \theta}[\hat{\theta}(\boldsymbol{r}) - \theta]\mathrm{d}\boldsymbol{r} = 0$$

由 $(\ln f(x))' = \dfrac{f'(x)}{f(x)}$ 得到

$$\frac{\partial p(\boldsymbol{r}; \theta)}{\partial \theta} = \frac{\partial \ln p(\boldsymbol{r}; \theta)}{\partial \theta} p(\boldsymbol{r}; \theta)$$

又因为 $\displaystyle\int_{-\infty}^{+\infty} p(\boldsymbol{r}; \theta)\,\mathrm{d}\boldsymbol{r} = 1$, 因此有

$$\int_{-\infty}^{+\infty} \frac{\partial \ln p(\boldsymbol{r}; \theta)}{\partial \theta} p(\boldsymbol{r}; \theta)[\hat{\theta}(\boldsymbol{r}) - \theta]\mathrm{d}\boldsymbol{r} = 1$$

进一步改写为

$$\int_{-\infty}^{+\infty} \left\{ \frac{\partial \ln p(\boldsymbol{r}; \theta)}{\partial \theta} \sqrt{p(\boldsymbol{r}; \theta)} \right\} \left\{ \sqrt{p(\boldsymbol{r}; \theta)}[\hat{\theta}(\boldsymbol{r}) - \theta] \right\} \mathrm{d}\boldsymbol{r} = 1$$

利用柯西-施瓦茨不等式 (当且仅当 $f(t) = kg(t)$ 时等式成立)

$$\left[\int f(t)g(t)\mathrm{d}t \right]^2 \leqslant \int f^2(t)\mathrm{d}t \int g^2(t)\mathrm{d}t$$

得到

$$\left\{ \int_{-\infty}^{+\infty} \left[\frac{\partial \ln p(\boldsymbol{r}; \theta)}{\partial \theta} \right]^2 p(\boldsymbol{r}; \theta)\mathrm{d}\boldsymbol{r} \right\} \times \left\{ \int_{-\infty}^{+\infty} \left[\hat{\theta}(\boldsymbol{r}) - \theta \right]^2 p(\boldsymbol{r}; \theta)\mathrm{d}\boldsymbol{r} \right\} \geqslant 1$$

上述不等式可变为

$$E[\hat{\theta}(\boldsymbol{r}) - \theta]^2 \geqslant E^{-1}\left[\frac{\partial \ln p(\boldsymbol{r}; \theta)}{\partial \theta} \right]^2$$

同时可知, 当且仅当下式满足时, 不等式取等号, 即 $\hat{\theta}(\boldsymbol{r})$ 为有效估计。

$$\frac{\partial \ln p(\boldsymbol{r}; \theta)}{\partial \theta} = [\hat{\theta}(\boldsymbol{r}) - \theta]k(\theta)$$

上式两边同时关于 θ 求导并取期望, 可得 $k(\theta) = I(\theta)$。

另外, 因为 $\int_{-\infty}^{+\infty} p(\boldsymbol{r};\theta)\mathrm{d}\boldsymbol{r} = 1$, 两边同时对 θ 求导, 得到

$$\int_{-\infty}^{+\infty} \frac{\partial p(\boldsymbol{r};\theta)}{\partial \theta}\mathrm{d}\boldsymbol{r} = \int_{-\infty}^{+\infty} \frac{\partial \ln p(\boldsymbol{r};\theta)}{\partial \theta}p(\boldsymbol{r};\theta)\mathrm{d}\boldsymbol{r} = 0$$

等式两边再对 θ 求导, 得到

$$\int_{-\infty}^{+\infty} \frac{\partial^2 \ln p(\boldsymbol{r};\theta)}{\partial \theta^2}p(\boldsymbol{r};\theta)\mathrm{d}\boldsymbol{r} + \int_{-\infty}^{+\infty} \left(\frac{\partial \ln p(\boldsymbol{r};\theta)}{\partial \theta}\right)^2 p(\boldsymbol{r};\theta)\mathrm{d}\boldsymbol{r} = 0$$

$$\Rightarrow E\left[\frac{\partial \ln p(\boldsymbol{r};\theta)}{\partial \theta}\right]^2 = -E\left[\frac{\partial^2 \ln p(\boldsymbol{r};\theta)}{\partial \theta^2}\right]$$

定理得证。

注意由上述定理可知, 对于非随机参数的估计, 若数据的概率密度函数满足式(7.3.7)和式(7.3.10), 则有效估计存在, 这时将最大似然估计 $\hat{\theta}_{\mathrm{ML}}(\boldsymbol{r})$ 代入式(7.3.10)的两边, 得到

$$0 = \frac{\partial \ln p(\boldsymbol{r};\theta)}{\partial \theta}\bigg|_{\theta=\hat{\theta}_{\mathrm{ML}}(\boldsymbol{r})} = [\hat{\theta}(\boldsymbol{r}) - \theta]I(\theta)\big|_{\theta=\hat{\theta}_{\mathrm{ML}}(\boldsymbol{r})}$$

即有效估计 $\hat{\theta}(\boldsymbol{r})$ 为最大似然估计 $\hat{\theta}_{\mathrm{ML}}(\boldsymbol{r})$。若有效估计不存在, 这时可能存在优于 MLE 的最小方差无偏估计, 但是没有一般的寻求方法, 实际上任何估计量如何接近 MVU 估计并不确定。

对于最大似然估计, 下面定理给出了其渐近特性, 读者可参考文献 [12]。

定理 7.2 (MLE 的渐近特性) 对于非随机参数 θ, 若数据的对数似然函数 $\ln p(\boldsymbol{r};\theta)$ 的一、二阶导数存在, 且满足式(7.3.7)所示的正则条件, 则当样本数足够多时, 未知参数 θ 的最大似然估计 $\hat{\theta}_{\mathrm{ML}}$ 渐近服从高斯分布 $N(\theta, I^{-1}(\theta))$, 其中 $I(\theta)$ 为在未知参数的真值处计算的 Fisher 信息。

上述定理说明最大似然估计是渐近无偏的, 且渐近达到 Cramer-Rao 下界。

例 7.5 考虑如下观测:

$$r_i = \theta + n_i, \; i = 1, 2, \cdots, N$$

其中噪声 n_i 为独立同分布的高斯随机变量, $n_i \sim N(0, \sigma_n^2)$, 试求非随机参数 θ 的 ML 估计。

解： 似然函数为

$$p(\boldsymbol{r};\theta) = \prod_{i=1}^{N} \frac{1}{\sqrt{2\pi}\sigma_n} \exp\left[-\frac{(r_i - \theta)^2}{2\sigma_n^2}\right]$$

求 $\ln p(\boldsymbol{r};\theta)$ 关于 θ 的导数并令其等于 0, 得到

$$\frac{\partial \ln p(\boldsymbol{r};\theta)}{\partial \theta} = \frac{N}{\sigma_n^2}\left(\frac{1}{N}\sum_{i=1}^{N} r_i - \theta\right) = 0 \Rightarrow \hat{\theta}_{\mathrm{ML}}(\boldsymbol{r}) = \frac{1}{N}\sum_{i=1}^{N} r_i$$

即在高斯分布下, 样本均值为总体均值的最大似然估计。

下面分析该估计的性能。显然该估计为无偏估计, 即 $E[\hat{\theta}_{\mathrm{ML}}(\boldsymbol{r})] = \theta$, 并且对数似然函数求导可写为

$$\frac{\partial \ln p(\boldsymbol{r};\theta)}{\partial \theta} = [\hat{\theta}_{\mathrm{ML}}(\boldsymbol{r}) - \theta]I(\theta)$$

可知最大似然估计为有效估计, 且估计方差为

$$\mathrm{Var}[\hat{\theta}_{\mathrm{ML}}(\boldsymbol{r})] = I(\theta)^{-1} = \frac{\sigma_n^2}{N}$$

由上式可知, 当 $N \to \infty$ 时, $\mathrm{Var}[\hat{\theta}_{\mathrm{ML}}(\boldsymbol{r})] \to 0$, 因此该估计具有均方一致性。

实际应用中, 待估参数可能是某个基本参数的函数, 即 $\alpha = g(\theta)$, 这时利用观测数据 $\boldsymbol{r}$ 对 α 进行估计, 则无偏估计量的方差的 Cramer-Rao 下界为

$$\mathrm{Var}\left[\hat{\alpha}(\boldsymbol{r})\right] \geqslant -\left(\frac{\partial g(\theta)}{\partial \theta}\right)^2 E^{-1}\left[\frac{\partial^2 \ln p(\boldsymbol{r};\theta)}{\partial \theta^2}\right] \tag{7.3.11}$$

例 7.6 非随机参数 θ 以非线性方式出现在信号中, 表示为

$$r_i = s(\theta) + n_i$$

其中 n_i 为独立同分布的高斯随机变量, $n_i \sim N(0, \sigma_n^2)$, 试求非随机参数 θ 的 ML 估计。

解： 似然函数为

$$p(\boldsymbol{r};\theta) = \left(\frac{1}{\sqrt{2\pi}\sigma_n}\right)^N \exp\left(-\frac{\sum\limits_{i=1}^{N}[r_i - s(\theta)]^2}{2\sigma_n^2}\right)$$

将对数似然函数关于 θ 求导, 得到

$$\frac{\partial \ln p(\boldsymbol{r};\theta)}{\partial \theta} = \frac{1}{\sigma_n^2} \sum_{i=1}^{N} [r_i - s(\theta)] \frac{\partial s(\theta)}{\partial \theta}$$

令该导数为零, 求得最大似然估计应满足

$$s[\hat{\theta}_{\mathrm{ML}}(\boldsymbol{r})] = \frac{1}{N} \sum_{i=1}^{N} r_i$$

若 $s(\theta)$ 的反函数存在, 且是一一对应的, 则

$$\hat{\theta}_{\mathrm{ML}}(\boldsymbol{r}) = s^{-1}\left(\frac{1}{N} \sum_{i=1}^{N} r_i\right)$$

这说明最大似然估计经过非线性运算仍然成立, 但此时不能保证其仍然为无偏估计。

下面分析 θ 的无偏估计的 Cramer-Rao 下界。对似然方程再取偏导数, 得

$$\frac{\partial^2 \ln p(\boldsymbol{r};\theta)}{\partial \theta^2} = \frac{1}{\sigma_n^2} \sum_{i=1}^{N} [r_i - s(\theta)] \frac{\partial^2 s(\theta)}{\partial \theta^2} - \frac{N}{\sigma_n^2} \left[\frac{\partial s(\theta)}{\partial \theta}\right]^2$$

注意到 $E[r_i - s(\theta)] = E[n_i] = 0$, 因此

$$\mathrm{Var}[\hat{\theta}(\boldsymbol{r})] \geqslant -E^{-1}\left[\frac{\partial^2 \ln p(\boldsymbol{r};\theta)}{\partial \theta^2}\right] = \frac{\sigma_n^2}{N\left[\partial s(\theta)/\partial \theta\right]^2} \tag{7.3.12}$$

设 $y = s(\theta)$, 这时 $r_i = y + n_i$, 若 $\hat{y} = s(\hat{\theta}(\boldsymbol{r}))$ 对 y 的估计误差很小, 则

$$y = s(\theta) \approx s(\hat{\theta}(\boldsymbol{r})) + \left.\frac{\partial s(\theta)}{\partial \theta}\right|_{\theta=\hat{\theta}(\boldsymbol{r})} [\theta - \hat{\theta}(\boldsymbol{r})]$$

由此得到估计量 $\hat{\theta}(\boldsymbol{r})$ 的均方误差为

$$E[\theta - \hat{\theta}(\boldsymbol{r})]^2 \approx \frac{E[(y - \hat{y})^2]}{[\partial s(\theta)/\partial \theta]^2} = \frac{\sigma_n^2}{N[\partial s(\theta)/\partial \theta]^2}$$

因此, 如图 7.5所示, 在非线性参数情况下, 若 $s(\hat{\theta}(\boldsymbol{r}))$ 估计 $s(\theta)$ 的均方误差很小, 且 θ 与 $s(\theta)$ 接近线性关系时, 则 $\hat{\theta}(\boldsymbol{r})$ 估计 θ 的均方误差接近于 Cramer-Rao 下界。

对于待估参数是随机参数的情况, 下面的定理给出了其估计的均方误差能达到的下界, 证明与定理 7.1 类似, 读者可参考文献 [13]。

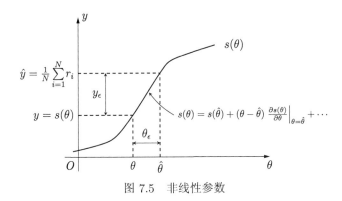

图 7.5　非线性参数

定理 7.3 (贝叶斯 Cramer-Rao 下界) [1]　对于随机参数 θ, 若概率密度满足下述条件:

(1) $\dfrac{\partial \ln p(\boldsymbol{r}, \theta)}{\partial \theta}, \dfrac{\partial^2 \ln p(\boldsymbol{r}, \theta)}{\partial \theta^2}$ 关于 $\boldsymbol{r}, \theta$ 绝对可积;

(2) 估计误差的条件期望满足

$$\lim_{\theta \to \pm\infty} E[(\hat{\theta}(\boldsymbol{r}) - \theta)|\theta]p(\theta) = 0 \tag{7.3.13}$$

则该随机参数的估计量 $\hat{\theta}(\boldsymbol{r})$ 的均方误差的下界为

$$E\{[\hat{\theta}(\boldsymbol{r}) - \theta]^2\} \geqslant E^{-1}\left[\frac{\partial \ln p(\boldsymbol{r}, \theta)}{\partial \theta}\right]^2 = -E^{-1}\left[\frac{\partial^2 \ln p(\boldsymbol{r}, \theta)}{\partial \theta^2}\right] \tag{7.3.14}$$

其中贝叶斯信息 $I_B(\theta)$ 定义为

$$I_B(\theta) = E\left[\frac{\partial \ln p(\boldsymbol{r}, \theta)}{\partial \theta}\right]^2 = -E\left[\frac{\partial^2 \ln p(\boldsymbol{r}, \theta)}{\partial \theta^2}\right] \tag{7.3.15}$$

当下列条件成立时, 不等式(7.3.14)的等号成立。

$$\frac{\partial \ln p(\boldsymbol{r}, \theta)}{\partial \theta} = I_B(\theta)[\hat{\theta}(\boldsymbol{r}) - \theta] \tag{7.3.16}$$

类似地, 称满足贝叶斯 Cramer-Rao 下界的估计量为贝叶斯有效估计。若式(7.3.16)成立, 则 MAP 估计就是有效估计, 且 $\hat{\theta}_{\mathrm{MS}}(\boldsymbol{r}) = \hat{\theta}_{\mathrm{MAP}}(\boldsymbol{r})$, 这时求 MAP 估计通常比求后验均值估计更为容易; 若有效估计不存在, 则后验均值估计是最优的估计, 其均方误差小于 MAP 估计的均方误差。

---

[1] 注意对估计量没有无偏的要求。

7.4 信号参量的估计

本节将经典参数估计方法引入信号参量估计中, 主要讨论在高斯白噪声下常见信号参量的估计, 包括振幅估计、时延估计、相位估计和频率估计。

7.4.1 高斯白噪声中信号参量的估计

设观测波形为

$$r(t) = s(t, \theta) + n(t), \ 0 \leqslant t \leqslant T$$

其中 $n(t)$ 为零均值高斯白噪声, θ 是待估计的非随机参数。下面主要讨论最大似然估计以及无偏估计所能达到的 C-R 下界。

根据第 6 章的分析, 高斯白噪声下观测信号的似然函数为

$$p(r(t); \theta) = F \cdot \exp \left(-\frac{1}{N_0} \int_0^T [r(t) - s(t, \theta)]^2 \mathrm{d}t \right)$$

其中 F 为常数。ML 估计量应满足下列方程:

$$\left. \frac{\partial \ln p(r(t); \theta)}{\partial \theta} \right|_{\theta = \hat{\theta}_{\mathrm{ML}}} = \left. \frac{2}{N_0} \int_0^T [r(t) - s(t, \theta)] \frac{\partial s(t, \theta)}{\partial \theta} \mathrm{d}t \right|_{\theta = \hat{\theta}_{\mathrm{ML}}} = 0 \qquad (7.4.1)$$

进一步, 可计算得到

$$E \left[\frac{\partial^2 \ln p(r(t); \theta)}{\partial \theta^2} \right] = E \left[\frac{\partial}{\partial \theta} \left(\frac{2}{N_0} \int_0^T [r(t) - s(t, \theta)] \frac{\partial s(t, \theta)}{\partial \theta} \mathrm{d}t \right) \right]$$

$$= \frac{2}{N_0} \left(\int_0^T E[r(t) - s(t, \theta)] \frac{\partial^2 s(t, \theta)}{\partial \theta^2} \mathrm{d}t - \int_0^T \left[\frac{\partial s(t, \theta)}{\partial \theta} \right]^2 \mathrm{d}t \right)$$

$$= -\frac{2}{N_0} \int_0^T \left[\frac{\partial s(t, \theta)}{\partial \theta} \right]^2 \mathrm{d}t$$

因此, 无偏估计的估计误差方差能达到的 C-R 下界为

$$\mathrm{Var}[\hat{\theta} - \theta] \geqslant -E^{-1} \left[\frac{\partial^2 \ln p(r(t); \theta)}{\partial \theta^2} \right] = \frac{N_0}{2} \left(\int_0^T \left[\frac{\partial s(t, \theta)}{\partial \theta} \right]^2 \mathrm{d}t \right)^{-1} \qquad (7.4.2)$$

当 $\dfrac{\partial \ln p(r(t); \theta)}{\partial \theta} = (\hat{\theta} - \theta) I(\theta)$ 时, 上述不等式取等号, 且 $\hat{\theta}$ 为有效估计。

7.4.2 振幅估计

令 $s(t,a) = as(t)$, 其中振幅 a 为未知的非随机参量, 观测信号为

$$r(t) = s(t,a) + n(t) = as(t) + n(t)$$

根据式(7.4.1), 得到最大似然估计 $\hat{a}_{\mathrm{ML}}$ 满足

$$\left. \frac{2}{N_0} \int_0^T [r(t) - as(t)] s(t)\mathrm{d}t \right|_{a=\hat{a}_{\mathrm{ML}}} = 0$$

因此, 振幅 a 的最大似然估计为

$$\hat{a}_{\mathrm{ML}} = \frac{\displaystyle\int_0^T r(t)s(t)\mathrm{d}t}{\displaystyle\int_0^T s^2(t)\mathrm{d}t} = \frac{1}{E_0} \int_0^T r(t)s(t)\mathrm{d}t \tag{7.4.3}$$

其中 $E_0 = \displaystyle\int_0^T s^2(t)\mathrm{d}t$。

下面讨论该估计的性能。首先得到

$$E[\hat{a}_{\mathrm{ML}}] = E\left[\frac{\displaystyle\int_0^T [as(t) + n(t)] s(t)\mathrm{d}t}{\displaystyle\int_0^T s^2(t)\mathrm{d}t} \right] = a$$

即最大似然估计为无偏估计。进一步

$$\frac{\partial \ln p(r(t);a)}{\partial a} = \frac{2}{N_0} \int_0^T [r(t) - as(t)] s(t)\mathrm{d}t$$
$$= \frac{2}{N_0}(\hat{a}_{\mathrm{ML}} - a) \int_0^T s^2(t)\mathrm{d}t = \frac{2E_0}{N_0}(\hat{a}_{\mathrm{ML}} - a)$$

即满足式(7.3.10), 该估计为有效估计, 其估计误差方差为

$$\mathrm{Var}[\hat{a}_{\mathrm{ML}} - a] = -E^{-1}\left[\frac{\partial^2 \ln p(r(t);a)}{\partial a^2} \right] = \left(\frac{2E_0}{N_0} \right)^{-1} \tag{7.4.4}$$

另外, 假设待估参数 a 是服从高斯分布的随机变量, 即

$$p(a) = \frac{1}{\sqrt{2\pi}\sigma_a} \exp\left(-\frac{a^2}{2\sigma_a^2} \right)$$

易知, $\dfrac{\partial \ln p(a)}{\partial a} = -\dfrac{a}{\sigma_a^2}$, 由 $\ln p(a|\boldsymbol{r}) = \ln p(\boldsymbol{r}|a) + \ln p(a) - \ln p(\boldsymbol{r})$, 得到

$$\frac{\partial \ln p(a|\boldsymbol{r})}{\partial a} = \frac{2}{N_0} \int_0^T \left[r(t) - as(t)\right] s(t)\mathrm{d}t - \frac{a}{\sigma_a^2}$$

令该导数为零, 可知 MAP 估计满足

$$\hat{a}_{\mathrm{MAP}} \left(1 + \frac{2\sigma_a^2 E_0}{N_0}\right) = \frac{2\sigma_a^2}{N_0} \int_0^T r(t)s(t)\mathrm{d}t$$

即 MAP 估计为

$$\hat{a}_{\mathrm{MAP}} = \frac{1}{\dfrac{N_0}{2\sigma_a^2} + E_0} \int_0^T r(t)s(t)\mathrm{d}t$$

可见, 振幅估计可以通过相关接收机的方式来实现, 如图 7.6所示。

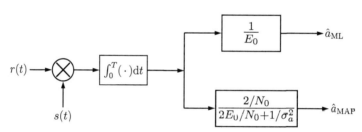

图 7.6　振幅估计的实现

根据上面的分析可知, 线性调制参数 (即信号对参数求导后与参数无关) 的 ML 估计是有效估计, 其估计误差方差可以达到 C-R 下界; 该下界值只能通过增加 $2E_0/N_0$ 来降低, 改变信号形式无用, 能量相同的任何信号的估计性能是一样的。但是对于非线性参数的估计则不然, 它还可以通过改变信号的波形来提高估计的精度, 下面的时延估计就说明了这一点。

7.4.3　时延估计

时延 (time delay) 估计是一个非线性参数估计问题, 信号时延通常与目标的距离有关, 在工程中, 时延估计等效于距离估计。令观测信号为

$$r(t) = s(t - \tau) + n(t)$$

观测信号的似然函数为

$$p(r(t); \tau) = F \cdot \exp\left[-\frac{1}{N_0} \int_0^T [r(t) - s(t-\tau)]^2 \mathrm{d}t \right]$$

进一步, 对数似然函数为

$$\ln p(r(t); \tau) = \ln F - \frac{1}{N_0} \int_0^T [r(t) - s(t-\tau)]^2 \mathrm{d}t$$

$$= \ln F - \frac{1}{N_0} \int_0^T r(t)^2 \mathrm{d}t + \frac{2}{N_0} \int_0^T r(t)s(t-\tau)\mathrm{d}t - \frac{1}{N_0} \int_0^T s(t-\tau)^2 \mathrm{d}t$$

上式第二个积分与参数 τ 有关, 选择 $\hat{\tau}$ 使此积分值最大, 因此得到如图 7.7 所示的时延估计示意图, 即将信号 $s(t)$ 延迟后与 $r(t)$ 作相关, 当某个信号延迟使相关输出最大时, 该延迟点 $\hat{\tau}_{\mathrm{ML}}$ 就是最大似然估计。

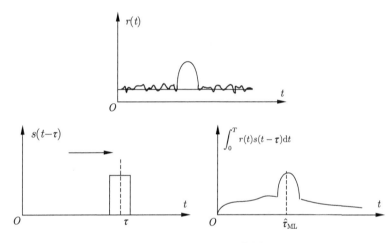

图 7.7　时延估计示意图

可以将 ML 估计表述为下列方程的解:

$$\frac{\partial}{\partial \tau} \int_0^T r(t)s(t-\tau)\mathrm{d}t \bigg|_{\tau = \hat{\tau}_{\mathrm{ML}}} = -\int_0^T r(t)s'(t-\tau)\mathrm{d}t \bigg|_{\tau = \hat{\tau}_{\mathrm{ML}}} = 0 \qquad (7.4.5)$$

另外, 也可以通过令对数似然函数关于 τ 的导数等于零, 从而得到 ML 估计。推导如下:

$$\frac{\partial \ln p(r(t); \tau)}{\partial \tau} = \frac{2}{N_0} \int_0^T [r(t) - s(t-\tau)] \frac{\partial s(t-\tau)}{\partial \tau} \mathrm{d}t$$

$$= \frac{2}{N_0} \left[\int_0^T r(t) \frac{\partial s(t-\tau)}{\partial \tau} \mathrm{d}t - \int_0^T s(t-\tau) \frac{\partial s(t-\tau)}{\partial \tau} \mathrm{d}t \right] = 0$$

因为上式第二项积分为零, 得到 ML 估计满足

$$\int_0^T r(t)\frac{\partial s(t-\tau)}{\partial \tau}\mathrm{d}t\bigg|_{\tau=\hat{\tau}_{\mathrm{ML}}} = 0 \tag{7.4.6}$$

进一步, 得到时延估计误差方差的 C-R 下界为

$$\mathrm{Var}[\hat{\tau}-\tau] \geqslant \frac{N_0}{2\int_0^T \left[\frac{\partial s(t-\tau)}{\partial \tau}\right]^2 \mathrm{d}t} = \frac{N_0}{2\int_0^T [s'(t-\tau)]^2 \mathrm{d}t}$$

考虑帕塞瓦尔定理和信号时延、导数的傅里叶变换, 该下界可改写为

$$\frac{N_0}{2\frac{1}{2\pi}\int_{-\infty}^{+\infty} \left|\mathrm{j}\omega S(\omega)\,\mathrm{e}^{-\mathrm{j}\omega\tau}\right|^2 \mathrm{d}\omega} = \frac{\pi N_0}{\int_{-\infty}^{+\infty} \omega^2 |S(\omega)|^2 \mathrm{d}\omega}$$

将上式的分子分母同除以 $\frac{1}{2\pi}\int_{-\infty}^{+\infty} |S(\omega)|^2 \mathrm{d}\omega = E_0$, 得到

$$\mathrm{Var}[\hat{\tau}-\tau] \geqslant \frac{1}{\dfrac{2E_0}{N_0}W_{\mathrm{s}}^2} \tag{7.4.7}$$

其中 W_{s} 称为有效带宽或信号的均方根带宽, 定义如下:

$$W_{\mathrm{s}}^2 = \frac{\displaystyle\int_{-\infty}^{+\infty} \omega^2 |S(\omega)|^2 \mathrm{d}\omega}{\displaystyle\int_{-\infty}^{+\infty} |S(\omega)|^2 \mathrm{d}\omega}$$

上式说明提高时延估计精度 (测距精度) 有两种方式, 一是提高 $2E_0/N_0$, 二是加宽信号的频谱, 如窄脉冲、调频信号等。

7.4.4　相位估计

考虑如下观测信号:

$$r(t) = s(t,\theta) + n(t) = A\sin(\omega t + \theta) + n(t)$$

其中 ω 满足 $\omega t = k\pi(k$ 为整数), 信号相位 θ 未知, 噪声 $n(t)$ 是功率谱为 $N_0/2$ 的高斯白噪声。

将对数似然函数关于 θ 求导, 得到

$$\frac{2}{N_0}\int_0^T [r(t) - A\sin(\omega t + \theta)]A\cos(\omega t + \theta)\mathrm{d}t$$

$$= \frac{2}{N_0}\left[\int_0^T r(t)A\cos(\omega t + \theta)\mathrm{d}t - A^2\int_0^T \sin(\omega t + \theta)\cos(\omega t + \theta)\mathrm{d}t\right]$$

由于上式第二项的积分为零, 得到最大似然估计满足如下条件:

$$\int_0^T r(t)\cos(\omega t + \theta)\mathrm{d}t\bigg|_{\theta=\hat{\theta}_{\mathrm{ML}}} = 0 \qquad (7.4.8)$$

将式(7.4.8)展开, 得到

$$\cos\hat{\theta}_{\mathrm{ML}}\int_0^T r(t)\cos\omega t\mathrm{d}t = \sin\hat{\theta}_{\mathrm{ML}}\int_0^T r(t)\sin\omega t\mathrm{d}t$$

因此相位的最大似然估计为

$$\hat{\theta}_{\mathrm{ML}} = \arctan\left[\frac{\displaystyle\int_0^T r(t)\cos\omega t\mathrm{d}t}{\displaystyle\int_0^T r(t)\sin\omega t\mathrm{d}t}\right] \qquad (7.4.9)$$

该估计可以采用如图 7.8所示的双通道相位估计器实现。另外, 根据式(7.4.8), 相位估计也可以采用如图 7.9所示的锁相环相位测量装置实现。锁相环 (phase-locked loop) 是一种使压控振荡器的输出相位 θ' 与接收信号 $r(t)$ 的相位同步的自动控制系统, 下面简要介绍其原理。

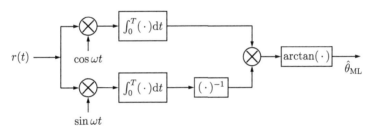

图 7.8　双通道相位估计器

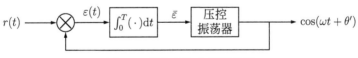

图 7.9　锁相环相位测量装置

由 $r(t) \approx A\sin(\omega t + \theta)$, 可得

$$\varepsilon(t) = A\sin(\omega t + \theta)\cos(\omega t + \theta')$$

进而有

$$\bar{\varepsilon} = \int_0^T \varepsilon(t)\mathrm{d}t = \frac{AT}{2}\sin(\theta - \theta') \propto \sin(\theta - \theta')$$

当 $\theta - \theta'$ 很小时，$\sin(\theta - \theta') \approx \theta - \theta'$，可见 $\bar{\varepsilon} \propto \theta - \theta'$ 代表相位误差信号，基于相位误差形成压控振荡器的输入信号，从而获得需要的相位信息。

最后由式(7.4.2)可得出相位估计误差方差下界为

$$\mathrm{Var}[\hat{\theta} - \theta] \geqslant \frac{N_0}{2\int_0^T \left[\dfrac{\partial s(t,\theta)}{\partial \theta}\right]^2 \mathrm{d}t} = \left(\frac{2E_0}{N_0}\right)^{-1} \tag{7.4.10}$$

上式说明可以通过提高 $2E_0/N_0$ 来提高相位的估计精度。

7.4.5　频率估计

考虑如下观测信号：

$$r(t) = s(t,\omega) + n(t) = A\sin(\omega t + \theta) + n(t)$$

其中相位 $\theta \sim U(0, 2\pi)$，信号频率 ω 未知，噪声是功率谱为 $N_0/2$ 的高斯白噪声。

根据第 6 章 6.4.2 节的分析，可知似然函数为

$$p(r(t); \omega) = \frac{F}{2\pi} \exp\left[-\frac{1}{N_0}\int_0^T r^2(t)\mathrm{d}t - \frac{A^2 T}{2N_0}\right] \int_0^{2\pi} \exp\left[\frac{2A}{N_0}\int_0^T r(t)\sin(\omega t + \theta)\mathrm{d}t\right]d\theta$$

$$= F\exp\left[-\frac{1}{N_0}\int_0^T r^2(t)\mathrm{d}t - \frac{A^2 T}{2N_0}\right] \cdot \frac{1}{2\pi}\int_0^{2\pi}\exp\left[\frac{2\Lambda}{N_0}\int_0^T r(t)\sin(\omega t + \theta)\mathrm{d}t\right]d\theta$$

$$= K \cdot I_0\left[\frac{2AM}{N_0}\right]$$

其中

$$M = \sqrt{\left(\int_0^T r(t)\cos\omega t\mathrm{d}t\right)^2 + \left(\int_0^T r(t)\sin\omega t\mathrm{d}t\right)^2}$$

因为 $I_0(x)$ 是单调增函数，因此使 $p(r(t); \omega)$ 最大，等效于使 M 最大。频率 ω 的取值范围为 $\omega_l \leqslant \omega \leqslant \omega_h$，对其进行离散化处理，得到 $\omega_i = \omega_l + (i-1)\Delta\omega, i = 1, 2, \cdots, m, \Delta\omega = (\omega_h - \omega_l)/(m-1)$，因此频率的最大似然估计可由如图 7.10所示的结构实现。

另外，可得出频率估计误差方差的下界为

$$\mathrm{Var}[\hat{\omega} - \omega] \geqslant \frac{N_0}{2\int_0^T\left[\dfrac{\partial s(t,\omega)}{\partial \omega}\right]^2 \mathrm{d}t} = \frac{N_0}{2\int_0^T [tA\cos(\omega t + \theta)]^2 \mathrm{d}t} = \frac{1}{\dfrac{2E_0}{N_0}T_s^2}$$

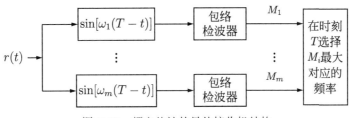

图 7.10　频率估计的最佳接收机结构

其中 T_s 称为有效时宽, 定义如下

$$T_s^2 = \frac{\displaystyle\int_{-\infty}^{+\infty} t^2 |s(t)|^2 \mathrm{d}t}{\displaystyle\int_{-\infty}^{+\infty} |s(t)|^2 \mathrm{d}t}$$

可见频率的估计性能与信噪比和时宽有关, 可通过提高信噪比和增大时宽来提高估计的性能。

7.5　维纳滤波 *

在前面介绍的参数估计中, 待估参数是不随时间变化的, 若对时变的参量或者随机过程进行估计, 这称为波形估计。设 $X[n]$ 为观测数据, $Y[n]$ 为期望的未知信号, 根据 $X[n]$ 对 $Y[n]$ 进行估计即为波形估计。根据待估计量和观测数据所处时刻的关系, 波形估计可分为如下三种类型。

(1) 滤波: 根据当前和过去的观测 $X[i], i \leqslant n$ 估计当前时刻的信号 $Y[n]$;

(2) 预测: 也称外推, 根据当前和过去的观测 $X[i], i \leqslant n$ 估计未来时刻的信号 $Y[k], k > n$;

(3) 内插: 也称平滑, 根据当前和过去的观测 $X[i], i \leqslant n$ 估计过去时刻的信号 $Y[k], k < n$。

本节介绍经典的维纳滤波器 (Wiener filter)。该滤波器由美国数学家维纳 (N. Wiener, 1894—1964) 于 1942 年提出, 其核心思想是使得滤波器的输出 $\hat{Y}[n]$ 与期望的信号 $Y[n]$ 的误差平方达到最小, 即

$$\hat{h} = \arg\min_h E[\hat{Y}[n] - Y[n]]^2 = \arg\min_h E\left[\sum_k h[k]X[n-k] - Y[n]\right]^2$$

上式表明, 维纳滤波器是基于最小均方误差准则的最优线性滤波器。图 7.11 给出了维纳滤波器的结构。

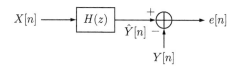

图 7.11　维纳滤波器

维纳滤波器在实际中有着广泛的应用, 可用于信号去噪、信道均衡、信号线性预测以及系统辨识等。根据信号的类型, 维纳滤波分为连续过程的维纳滤波和离散过程的维纳滤波。下面主要介绍离散过程的维纳滤波, 分别讨论三种情况 (非因果、因果、因果有限长) 的维纳滤波器的形式。

7.5.1　非因果维纳滤波器

假设滤波器是线性时不变系统, 其冲激响应为 $h[n], -\infty < n < +\infty$, 观测数据为 $X[n]$, 待估计的信号为 $Y[n]$, 则滤波器输出为

$$\hat{Y}[n] = \sum_{i=-\infty}^{+\infty} h[i]X[n-i] = h[n] * X[n]$$

下面假设观测信号 $X[n]$ 和待估信号 $Y[n]$ 都是零均值。根据线性最小均方误差估计的正交原理, 得到

$$E[(Y[n] - \hat{Y}[n])X[k]] = E\left[\left(Y[n] - \sum_{i=-\infty}^{+\infty} h[i]X[n-i]\right)X[k]\right] = 0, \ \forall\, k \in \mathbb{Z}$$

若观测信号和待估信号是联合平稳的, 有

$$R_{XY}[n-k] = \sum_{i=-\infty}^{+\infty} h[i]R_X[n-k-i], \ k \in \mathbb{Z}$$

令 $m = n - k$, 得到

$$R_{XY}[m] = \sum_{i=-\infty}^{+\infty} h[i]R_X[m-i] = h[m] * R_X[m], \ m \in \mathbb{Z} \tag{7.5.1}$$

上式称为维纳-霍夫 (Wiener-Hopf) 方程。

对上式两边同时做 z 变换, 得到

$$S_{XY}(z) = H(z)S_X(z)$$

因此维纳滤波器的传递函数为

$$H(z) = \frac{S_{XY}(z)}{S_X(z)} \tag{7.5.2}$$

若 $X[n] = S[n] + N[n]$, $S[n]$ 和 $N[n]$ 不相关, 且 $N[n]$ 为零均值的噪声, $S[n]$ 为待估的期望信号, 此时维纳滤波器为

$$H(z) = \frac{S_S(z)}{S_S(z) + S_N(z)} \approx \begin{cases} 1, & S_S(z) \gg S_N(z) \\ 0, & S_N(z) \gg S_S(z) \end{cases}$$

上式表明, 维纳滤波器可根据信噪比自适应地选取频率响应。当信噪比较高时, 频率响应接近于 1, 即倾向于保留信号成分; 反之, 当信噪比较低时, 频率响应接近于零, 从而达到抑制噪声的目的。

式(7.5.2)所示的维纳滤波器通常具有无限冲激响应并且是非因果滤波器。求解该滤波器需要事先已知信号的相关函数的信息, 实际中可以通过信号的样本来进行估计。此时维纳滤波器相应的均方误差为

$$E[(Y[n] - \hat{Y}[n])^2] = E[(Y[n] - \hat{Y}[n])Y[n]] = R_Y[0] - \sum_{i=-\infty}^{+\infty} h[i]R_{XY}[i] \tag{7.5.3}$$

上述均方误差为最小的均方误差, 是任何可实现滤波器的均方误差的下界。

7.5.2 因果维纳滤波器

虽然非因果滤波器容易求解, 但是不可实现。若限制滤波器为因果滤波器, 即 $h[n] = 0(n < 0)$, 可考虑将非因果滤波器的冲激响应进行右移使得 $n < 0$ 的部分尽可能小, 然后对冲激响应进行截断, 使得其成为因果滤波器。但是这种方法将使得滤波器的输出有延迟, 并且也不是最优的因果滤波器。本节将推导因果维纳滤波器的形式。

当滤波器为因果滤波器时, 输出信号为

$$\hat{Y}[n] = \sum_{i=0}^{+\infty} h[i]X[n-i] = h[n] * X[n]$$

此时维纳-霍夫方程为

$$R_{XY}[m] = \sum_{i=0}^{+\infty} h[i]R_X[m-i] = h[m] * R_X[m], \ m \geq 0 \tag{7.5.4}$$

注意, 上式只要求 $m \geq 0$ 时成立, 而 $m < 0$ 无限制, 因此对上式做单边 z 变换, 有

$$[H(z)S_X(z) - S_{XY}(z)]_+ = 0$$

其中 $[\cdot]_+$ 表示保留因果部分。假设观测信号的功率谱具有谱分解 $S_X(z) = S_X^i(z)S_X^i(z^{-1})$，其中 $S_X^i(z)$ 的零、极点均位于单位圆内，则

$$\left[S_X^i(z^{-1})\left(H(z)S_X^i(z) - \frac{S_{XY}(z)}{S_X^i(z^{-1})}\right)\right]_+ = 0$$

从而得到因果维纳滤波器的传递函数为

$$H(z) = \frac{1}{S_X^i(z)}\left[\frac{S_{XY}(z)}{S_X^i(z^{-1})}\right]_+ \tag{7.5.5}$$

上述无限冲激响应的因果维纳滤波器可理解为白化滤波器和输入为白噪声求解得到的滤波器级联而成，具体如图 7.12 所示。

图 7.12　因果维纳滤波器

若观测 $X[n]$ 为单位方差的白噪声时，有

$$R_{XY}[m] = h[m] * \delta[m], \; m \geqslant 0$$

此时维纳滤波器的冲激响应为

$$h[m] = R_{XY}[m], \; m \geqslant 0$$

相应的传递函数为

$$H(z) = [S_{XY}(z)]_+ \tag{7.5.6}$$

若观测 $X[n]$ 不是白噪声时，可以先对其进行白化，变成白噪声 $W[n]$ 后，再利用式(7.5.6)进行实现。根据 $X[n]$ 的功率谱，白化滤波器为

$$H_W(z) = \frac{1}{S_X^i(z)}$$

此时白化滤波器的输出 $W[n]$ 与待估信号 $Y[n]$ 的互功率谱为

$$S_{WY}(z) = H_W(z^{-1})S_{XY}(z)$$

根据式(7.5.6), 滤波器的传递函数为

$$G(z) = [S_{WY}(z)]_+ = [H_W(z^{-1})S_{XY}(z)]_+$$

因此, 因果维纳滤波器的传递函数为

$$H(z) = H_W(z)G(z) = \frac{1}{S_X^i(z)} \left[\frac{S_{XY}(z)}{S_X^i(z^{-1})} \right]_+$$

例 7.7 假设信号 $Y[n]$ 的相关函数为 $R_Y[n] = 2(0.9)^{|n|}$, 其功率谱为

$$S_Y(z) = \frac{3.8}{(1-0.9z^{-1})(1-0.9z)}$$

令观测信号为 $X[n] = Y[n-1]$, 维纳滤波器的输出为

$$\hat{Y}[n] = \sum_{i=-\infty}^{n} h[n-i]X[i] = \sum_{i=-\infty}^{n} h[n-i]Y[i-1]$$

即维纳滤波器为线性预测器, 试求因果维纳滤波器的形式, 并与非因果维纳滤波器以及非因果维纳滤波器右移而成的截断滤波器进行对比, 比较它们各自所能达到的均方误差。

解: 由题意可知, $S_X(z) = S_Y(z)$ 且 $S_{XY}(z) = zS_Y(z)$, 可得

$$\frac{S_{XY}(z)}{S_Y^i(z^{-1})} = zS_Y^i(z) = \frac{\sqrt{3.8}z}{1-0.9z^{-1}}$$

利用

$$zS_Y^i(z) = \sqrt{3.8} \sum_{m=0}^{+\infty} (0.9)^m z^{-(m-1)} = 0.9\sqrt{3.8} \sum_{m=-1}^{+\infty} (0.9)^m z^{-m}$$

得到因果滤波器的传递函数为

$$H(z) = \frac{1}{S_Y^i(z)}[zS_Y^i(z)]_+ = \frac{1-0.9z^{-1}}{\sqrt{3.8}} \frac{0.9\sqrt{3.8}}{1-0.9z^{-1}} = 0.9$$

则冲激响应为

$$h[n] = 0.9\delta[n]$$

因此滤波器的预测结果为 $\hat{Y}[n] = 0.9X[n] = 0.9Y[n-1]$, 估计的均方误差为 $E(Y[k] - 0.9Y[k-1])^2 = 0.38$。

容易知道, 非因果滤波器为

$$h[n] = \delta[n+1]$$

该滤波器的预测结果为 $\hat{Y}[n] = X[n+1] = Y[n]$, 其估计的均方误差为零; 另外, 将非因果滤波器右移, 得到截断的因果滤波器为

$$h[n] = \delta[n]$$

该滤波器的预测结果为 $\hat{Y}[n] = X[n] = Y[n-1]$, 估计的均方误差为 $E(Y[k] - Y[k-1])^2 = 0.4$。因此非因果滤波器的均方误差最小, 将非因果滤波器右移得到的因果滤波器的性能差于最优的因果滤波器。

7.5.3 因果有限长维纳滤波器

若滤波器为因果有限长的滤波器, 其长度为 L, 输出信号为

$$\hat{Y}[n] = \sum_{i=0}^{L-1} h[i]X[n-i] = \boldsymbol{h}^{\mathrm{T}}\boldsymbol{X}[n]$$

其中 $\boldsymbol{h} = (h[0], h[1], \cdots, h[L-1])^{\mathrm{T}}$, $\boldsymbol{X}[n] = (X[n], X[n-1], \cdots, X[n-L+1])^{\mathrm{T}}$。

此时, 相应的维纳-霍夫方程为

$$R_{XY}[m] = \sum_{i=0}^{L-1} h[i]R_X[m-i], \ 0 \leqslant m \leqslant L-1$$

上述等式可以写成矩阵形式, 即

$$E[\boldsymbol{X}[n]Y[n]] = E[\boldsymbol{X}[n]\boldsymbol{X}[n]^{\mathrm{T}}]\boldsymbol{h} \tag{7.5.7}$$

其中

$$E[\boldsymbol{X}[n]Y[n]] = (R_{XY}[0], R_{XY}[1], \cdots, R_{XY}[L-1])^{\mathrm{T}}$$

$$E[\boldsymbol{X}[n]\boldsymbol{X}[n]^{\mathrm{T}}] = \begin{bmatrix} R_X[0] & R_X[1] & \cdots & R_X[L-1] \\ R_X[1] & R_X[0] & \cdots & R_X[L-2] \\ \vdots & \vdots & \ddots & \vdots \\ R_X[L-1] & R_X[L-2] & \cdots & R_X[0] \end{bmatrix}$$

$E[\boldsymbol{X}[n]\boldsymbol{X}[n]^{\mathrm{T}}]$ 中利用了 $R_X[m] = R_X[-m]$。若 $E[\boldsymbol{X}[n]\boldsymbol{X}[n]^{\mathrm{T}}]$ 可逆, 维纳滤波器的冲激响应为

$$\boldsymbol{h} = E^{-1}[\boldsymbol{X}[n]\boldsymbol{X}[n]^{\mathrm{T}}]E[\boldsymbol{X}[n]Y[n]] \tag{7.5.8}$$

相应的均方误差为

$$E[(Y[n] - \hat{Y}[n])^2] = R_Y(0) - E[Y[n]\boldsymbol{X}[\boldsymbol{n}]^{\mathrm{T}}]E^{-1}[\boldsymbol{X}[n]\boldsymbol{X}[n]^{\mathrm{T}}]E[\boldsymbol{X}[n]Y[n]] \quad (7.5.9)$$

与式(7.2.13)和式(7.2.14)相比可知, 当信号均值为零时, 维纳滤波器所得估计结果就是线性最小均方误差估计。

7.6 研究型学习——期望最大算法 *

期望最大 (expectation maximization, EM) 算法由美国数学家 A. Dempster、N. Laird 和 D. Rubin 于 1977 年提出, 该算法是一种用于寻求参数的最大似然估计 [①] 的迭代算法。与传统的最大似然估计算法相比, EM 算法可以有效解决含有隐变量 (latent variable) 或缺失数据 (incomplete data) 情况下的最大似然估计问题。

在 EM 算法中, 完整数据分为观测数据和隐变量。观测数据是指观测到的随机变量 Y 的样本; 隐变量是指未观测到的随机变量 Z。根据已知的观测数据 y, 考虑隐变量 z, 参数 θ 的对数似然函数可展开为

$$L(\theta) = \ln p(y;\theta) = \ln \int_{-\infty}^{+\infty} p(y,z;\theta)\mathrm{d}z$$

令 $\theta^{(i)}$ 为参数 θ 的第 i 次估计值, 有

$$L(\theta) = \ln \int_{-\infty}^{+\infty} p(z|y,\theta^{(i)})\frac{p(y,z;\theta)}{p(z|y,\theta^{(i)})}\mathrm{d}z$$

根据 Jensen 不等式, 如果 f 是凸函数 [②], 则对任意随机变量 X, $E[f(X)] \geqslant f(E[X])$。由于 $f(x) = -\ln x$ 是严格的凸函数, 因此可得到 $L(\theta)$ 的下界, 即

$$L(\theta) \geqslant \int_{-\infty}^{+\infty} p\left(z|y,\theta^{(i)}\right) \ln \frac{p\left(y,z;\theta\right)}{p\left(z|y,\theta^{(i)}\right)}\mathrm{d}z = B\left(\theta,\theta^{(i)}\right)$$

显然, 当 $\theta = \theta^{(i)}$ 时, $B\left(\theta^{(i)},\theta^{(i)}\right) = L\left(\theta^{(i)}\right)$。因此, $B\left(\theta,\theta^{(i)}\right)$ 可看成 $L(\theta)$ 可达的下界。若存在 θ 能使得 $B\left(\theta,\theta^{(i)}\right)$ 达到最大值, 则也尽可能使 $L(\theta)$ 达到最大值。于是可通过对 $B\left(\theta,\theta^{(i)}\right)$ 求最大值来更新参数 θ, 即

$$\theta^{(i+1)} = \arg\max_{\theta} B\left(\theta,\theta^{(i)}\right)$$

$$= \arg\max_{\theta} \int_{-\infty}^{+\infty} p\left(z|y,\theta^{(i)}\right) \ln \frac{p(y,z;\theta)}{p\left(z|y,\theta^{(i)}\right)}\mathrm{d}z$$

---

① EM 算法也可用于求解最大后验估计。

② 对任意的 x,y 和 $0 \leqslant \alpha \leqslant 1$, 若 $f(\alpha x + (1-\alpha)y) \leqslant \alpha f(x) + (1-\alpha)f(y)$ 成立, 则称 f 为凸函数。

$$= \arg\max_{\theta} \int_{-\infty}^{+\infty} p\left(z|y,\theta^{(i)}\right) \ln p\left(y,z;\theta\right) \mathrm{d}z$$

$$= \arg\max_{\theta} E_{z|y,\theta^{(i)}}[\ln p(y,z;\theta)] = \arg\max_{\theta} Q\left(\theta,\theta^{(i)}\right)$$

综上, EM 算法包含两个步骤。

(1) E 步骤 (Expectation step): 利用当前估计值 $\theta^{(i)}$ 计算期望, 即 Q 函数:

$$Q\left(\theta,\theta^{(i)}\right) = E_{z|y,\theta^{(i)}}[\ln p(y,z;\theta)]$$

(2) M 步骤 (Maximization step): 求 Q 函数的最大值来计算参数下一步的估计值 $\theta^{(i+1)}$, 即

$$\theta^{(i+1)} = \arg\max_{\theta} Q\left(\theta,\theta^{(i)}\right)$$

该值将被用于下一个 E 步计算中。

EM 算法的计算框架由 E 步和 M 步交替组成。显然, 在每次迭代中有

$$L\left(\theta^{(i+1)}\right) \geqslant B\left(\theta^{(i+1)},\theta^{(i)}\right) \geqslant B\left(\theta^{(i)},\theta^{(i)}\right) = L\left(\theta^{(i)}\right)$$

该算法在迭代中保证了 $L\left(\theta^{(i+1)}\right) \geqslant L\left(\theta^{(i)}\right)$, 从而能够实现 $p(y;\theta^{(i+1)}) \geqslant p(y;\theta^{(i)})$。虽然 EM 算法不能保证所求的估计值收敛到全局最优解, 但其收敛性可以确保至少逼近局部最大值, 因此运用该算法时应选择合理的初值。

作业 EM 算法及其改进版本应用广泛, 可用于聚类、概率主成分分析、隐马尔可夫模型、假设检验等, 查阅文献给出 EM 算法的应用实例及相应的仿真, 并撰写一份研究型报告。

7.7 MATLAB 仿真实验

7.7.1 信号参数估计

实验 7.1 给定如下观测信号:

$$r_k = h_k a + n_k, \quad k = 1,2,\cdots,N$$

其中, 待估参数 a 服从高斯分布 $N\left(\mu_a,\sigma_a^2\right)$, 噪声 n_k 服从 $N\left(0,\sigma_k^2\right)$, 且不同时刻的噪声之间是相互独立的, 参数和噪声之间也是相互独立的。该观测可以写成矩阵形式:

$$\boldsymbol{r} = \boldsymbol{h}a + \boldsymbol{n}$$

其中 $\boldsymbol{r} = (r_1\ r_2\ \cdots\ r_N)^{\mathrm{T}}$, $\boldsymbol{h} = (h_1\ h_2\ \cdots\ h_N)^{\mathrm{T}}$, $\boldsymbol{n} = (n_1\ n_2\ \cdots\ n_N)^{\mathrm{T}}$, 噪声向量 $\boldsymbol{n}$ 的

协方差阵为 $\boldsymbol{R}_n = \mathrm{diag}(\sigma_k^2)$。试根据观测 $\boldsymbol{r}$, 分别用最小均方误差估计、最大后验估计、最大似然估计、线性最小均方误差估计、最小二乘估计等方法来估计参数 a, 并将这些方法的均方误差与理论值进行比较。

根据上述信息以及 7.2 节的估计方法, 可以得到这些不同估计量及其均方误差, 如表 7.1所示。

表 7.1 不同估计及其均方误差

估 计 量	均 方 误 差
$\hat{a}_{\mathrm{MS}}{}^1 = \dfrac{\sigma_a^2}{1+\sigma_a^2\left(\sum\limits_{i=1}^{N}\frac{h_i^2}{\sigma_i^2}\right)}\left(\sum\limits_{i=1}^{N}\frac{h_i r_i}{\sigma_i^2}\right) + \dfrac{1}{1+\sigma_a^2\left(\sum\limits_{i=1}^{N}\frac{h_i^2}{\sigma_i^2}\right)}\mu_a$	$\left(\sum\limits_{i=1}^{N}\dfrac{h_i^2}{\sigma_i^2} + \dfrac{1}{\sigma_a^2}\right)^{-1}$
$\hat{a}_{\mathrm{ML}} = \left(\sum\limits_{i=1}^{N}\dfrac{h_i^2}{\sigma_i^2}\right)^{-1}\sum\limits_{i=1}^{N}\dfrac{h_i r_i}{\sigma_i^2}$	$\left(\sum\limits_{i=1}^{N}\dfrac{h_i^2}{\sigma_i^2}\right)^{-1}$
$\hat{a}_{\mathrm{LMMSE}} = \mu_a + \sigma_a^2\boldsymbol{h}^{\mathrm{T}}[\sigma_a^2\boldsymbol{h}\boldsymbol{h}^{\mathrm{T}} + \boldsymbol{R}_n]^{-1}(\boldsymbol{r} - \boldsymbol{h}\mu_a)$	$\sigma_a^2 - (\sigma_a^2)^2\boldsymbol{h}^{\mathrm{T}}[\sigma_a^2\boldsymbol{h}\boldsymbol{h}^{\mathrm{T}} + \boldsymbol{R}_n]^{-1}\boldsymbol{h}$
$\hat{a}_{\mathrm{LS}} = (\boldsymbol{h}^{\mathrm{T}}\boldsymbol{h})^{-1}\boldsymbol{h}^{\mathrm{T}}\boldsymbol{r}$	$(\boldsymbol{h}^{\mathrm{T}}\boldsymbol{h})^{-1}\boldsymbol{h}^{\mathrm{T}}\boldsymbol{R}_n\boldsymbol{h}(\boldsymbol{h}^{\mathrm{T}}\boldsymbol{h})^{-1}$
$\hat{a}_{\mathrm{OWLS}}{}^2 = (\boldsymbol{h}^{\mathrm{T}}\boldsymbol{R}_n^{-1}\boldsymbol{h})^{-1}\boldsymbol{h}^{\mathrm{T}}\boldsymbol{R}_n^{-1}\boldsymbol{r}$	$(\boldsymbol{h}^{\mathrm{T}}\boldsymbol{R}_n^{-1}\boldsymbol{h})^{-1}$

[1] 后验分布是高斯分布, 因此该估计同时也是最大后验估计。
[2] 在高斯分布下, 最优加权最小二乘估计和最大似然估计是一致的。

下面令待估参数 a 的均值 $\mu_a = 1$, 方差 $\sigma_a = 0.5$, 观测向量 $\boldsymbol{h} = (0.3\,2\,1\,1.5\,0.6)^{\mathrm{T}}$, 噪声 $n_k, k = 1, 2, \cdots, 5$ 的标准差依次为 $0.5, 1, 1.2, 0.7, 0.3$, 仿真次数为 500。

MATLAB 代码如下。

```matlab
mu_a=1;
sigma_a=0.5;
H=[0.3 2 1 1.5 0.6]';              % 观测阵
sigma_n=[0.5 1 1.2 0.7 0.3]';      % 噪声的标准差
N=length(sigma_n);
% 理论的均方误差
K1=sum(H.^2./(sigma_n.^2));
% 后验均值
th_ms=1/(1/sigma_a^2+K1);
% 最大似然估计
th_ml=1/K1;
Rn=diag(sigma_n).^2;
% 线性最小均方误差估计
th_lmmse=(sigma_a^2)-(sigma_a^2)*H'*inv((sigma_a^2)*H*H'
```

```
+Rn)*(sigma_a^2)*H;
% 最小二乘估计
th_ls=inv(H'*H)*H'*Rn*H*inv(H'*H);
W=diag(1./sigma_n.^2);
% 最优加权最小二乘估计
th_owls=inv(H'*W*H);
M=500;                          % 仿真次数
for i=1:M
a=mu_a+sigma_a*randn;           % 待估的随机参数
z=H*a+sigma_n.*randn(N,1);      % 观测数据
% 后验均值
K2=sum(H.*z./(sigma_n.^2));
a_ms=sigma_a^2/(1+sigma_a^2*K1)*K2+1/(1+sigma_a^2*K1)*mu_a;
e_ms(i)=(a-a_ms)^2;
% 最大似然估计
a_ml=K2/K1;
e_ml(i)=(a-a_ml)^2;
% 线性最小均方误差估计
a_lmmse=mu_a+sigma_a^2*H'*inv(sigma_a^2*H*H'+Rn)*(z-mu_a*H);
e_lmmse(i)=(a-a_lmmse)^2;
% 最小二乘估计
a_ls=inv(H'*H)*H'*z;
e_ls(i)=(a-a_ls)^2;
% 最优加权最小二乘估计
a_owls=inv(H'*W*H)*H'*W*z;
e_owls(i)=(a-a_owls)^2;
end
% 实际的均方误差
E_ms=mean(e_ms);
E_ml=mean(e_ml);
E_lmmse=mean(e_lmmse);
E_ls=mean(e_ls);
E_owls=mean(e_owls);
```

　　各种估计量的估计性能如表 7.2所示。可知, 实际的均方误差都与理论值基本一致; 在高斯分布的情况下, MMSE 与 LMMSE 估计性能是一样的, ML 估计和 OWLS 估计是一样的; 并且利用先验信息更多的估计方法优于同类的方法。

表 7.2 不同估计方法的均方误差

估 计 方 法	理论均方误差	实际均方误差
MMSE/MAP	0.0567	0.0574
ML	0.0733	0.0717
LMMSE	0.0567	0.0574
LS	0.1113	0.1167
OWLS	0.0733	0.0717

实验 7.2 假设信号为如下的矩形脉冲信号:

$$s(t) = \begin{cases} 1, & 0 \leqslant t \leqslant T \\ 0, & \text{其他} \end{cases}$$

时延信号为 $s(t-\tau)$,该时延信号淹没在均值为零、方差为 $\sigma_n^2 = 0.25$ 的高斯白噪声中,试利用相关求极大值的方法估计信号时延。

MATLAB 代码如下。

```
N=40;
a=zeros(1,N);
T=10;
b=ones(1,T);
s=a;
timedelay=5; % 信号时延
s(timedelay:timedelay+T-1)=b;
sigma_n=0.5; % 噪声的标准差
noise=sigma_n*randn(1,N);
z=s+noise; % 有噪的观测
e=xcorr(2,6);
e=e(N:2*N-1);
[m,p]=max(e);
ee=p; % 估计的时延
figure(1)
subplot(3,1,1)
plot(s)
title('时延信号')
xlim([0 40])
```

```
ylim([0 3])
subplot(3,1,2)
plot(z)
title('含噪的时延信号')
ylim([-inf 3])
xlim([0 40])
subplot(3,1,3)
plot(e)
title('相关结果')
xlim([0 40])
```

仿真结果如图 7.13所示。可见相关方法在有噪情况下仍然可准确估计出信号的时延。

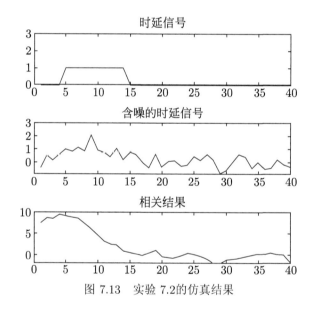

图 7.13 实验 7.2的仿真结果

7.7.2 信号波形估计

实验 7.3 设观测波形为

$$x(t) = s(t) + n(t) = b + a\cos(\omega t + \phi) + n(t)$$

其中 $n(t)$ 为零均值高斯白噪声, 相位 ϕ 服从 $[0, 2\pi]$ 的均匀分布, $\omega = 10, b = 1, a = 1,$

相位和噪声二者独立。令采样间隔为 $\Delta t = 0.05$, 观测的样本为

$$x[k] = s[k] + n[k] = b + a\cos(\omega k\Delta t + \phi) + n[k]$$

试根据观测样本 $x[k]$ 估计出淹没在高斯白噪声中的原始信号 $s[k]$。

可以使用因果有限长的维纳滤波器来估计信号 $s[n]$, 注意这里待估信号和观测信号的均值分别为 $E[s[n]] = b$, $E[x[n]] = b$, 二者都不是零均值的, 因此减去均值后再采用维纳滤波器来估计。令 $\bar{s}[n] = s[n] - b$, $\bar{x}[n] = x[n] - b$, 采用 $\bar{x}[n]$ 来估计 $\bar{s}[n]$, 维纳滤波器的输出为

$$\hat{\bar{s}}[n] = \sum_{i=0}^{L-1} h_i \bar{x}[n-i] = \boldsymbol{h}^{\mathrm{T}} \bar{\boldsymbol{x}}[n]$$

其中 $\bar{\boldsymbol{x}}[n] = (\bar{x}[n], \bar{x}[n-1], \cdots, \bar{x}[n-L+1])^{\mathrm{T}}$, $\boldsymbol{h} = (h[0], h[1], \cdots, h[L-1])^{\mathrm{T}}$ 为维纳滤波器系数。可求得

$$\boldsymbol{h}^{\mathrm{T}} = E[\bar{s}[n]\bar{\boldsymbol{x}}[n]^{\mathrm{T}}] E^{-1}[\bar{\boldsymbol{x}}[n]\bar{\boldsymbol{x}}[n]^{\mathrm{T}}]$$

其中

$$E[\bar{s}[n]\bar{\boldsymbol{x}}[n]^{\mathrm{T}}] = \mathrm{Cov}^{\mathrm{T}}(s[n], \boldsymbol{x}[n])$$
$$= \begin{pmatrix} \dfrac{a^2}{2} & \dfrac{a^2}{2}\cos(\omega\Delta t) & \cdots & \dfrac{a^2}{2}\cos(\omega\Delta t(L-1)) \end{pmatrix}$$
$$E[\bar{\boldsymbol{x}}[n]\bar{\boldsymbol{x}}[n]^{\mathrm{T}}] = \mathrm{Cov}^{\mathrm{T}}(\boldsymbol{x}[n], \boldsymbol{x}[n])$$
$$= \begin{pmatrix} \dfrac{a^2}{2} + \sigma_n^2 & \dfrac{a^2}{2}\cos(\omega\Delta t) & \cdots & \dfrac{a^2}{2}\cos(\omega\Delta t(L-1)) \\ \dfrac{a^2}{2}\cos(\omega\Delta t) & \dfrac{a^2}{2} + \sigma_n^2 & \cdots & \dfrac{a^2}{2}\cos(\omega\Delta t(L-2)) \\ \vdots & \vdots & \ddots & \vdots \\ \dfrac{a^2}{2}\cos(\omega\Delta t(L-1)) & \dfrac{a^2}{2}\cos(\omega\Delta t(L-2)) & \cdots & \dfrac{a^2}{2} + \sigma_n^2 \end{pmatrix}$$

维纳滤波器的输出信号再加上信号均值, 得到最终的信号估计为

$$\hat{s}[n] = b + \hat{\bar{s}}[n] = b + \boldsymbol{h}^{\mathrm{T}}\bar{\boldsymbol{x}}[n]$$
$$= b + E[\bar{s}[n]\bar{\boldsymbol{x}}[n]^{\mathrm{T}}] E^{-1}[\bar{\boldsymbol{x}}[n]\bar{\boldsymbol{x}}[n]^{\mathrm{T}}]\bar{\boldsymbol{x}}[n]$$
$$= b + \mathrm{Cov}^{\mathrm{T}}(s[n], \boldsymbol{x}[n])\mathrm{Cov}^{-1}(\boldsymbol{x}[n], \boldsymbol{x}[n])(\boldsymbol{x}[n] - \boldsymbol{b})$$

上式与式(7.2.11)所示的线性最小均方误差估计是一致的。

注意, 如果不减去信号的均值, 直接采用维纳滤波器对信号进行估计, 得到

$$\hat{s}[n] = E[s[n]\boldsymbol{x}[n]^{\mathrm{T}}]E^{-1}[\boldsymbol{x}[n]\boldsymbol{x}[n]^{\mathrm{T}}]\boldsymbol{x}[n]$$

其中待估计量和观测数据的二阶矩信息为

$$E[s[n]\boldsymbol{x}[n]^{\mathrm{T}}] = b^2\mathbf{1}_{1\times L} + \mathrm{Cov}^{\mathrm{T}}(s[n], \boldsymbol{x}[n])$$

$$E[\boldsymbol{x}[n]\boldsymbol{x}[n]^{\mathrm{T}}] = b^2\mathbf{1}_{L\times L} + \mathrm{Cov}^{\mathrm{T}}(\boldsymbol{x}[n], \boldsymbol{x}[n])$$

该估计没有利用信号的一阶矩信息, 其性能不如上面的线性最小均方误差估计, 下面的仿真实验对比了这两种估计, 验证了这一结论。

MATLAB 代码如下。

```
phi=2*pi*rand; % 随机相位
T=0.05;
t=0:T:50-T;
omega=10;
b=1;
a=1;
s=b+a*cos(omega*t+phi); % 随机相位信号
N=length(s);
sigma_n=0.5;
n=sigma_n*randn(1,N);
x=s+n; % 有噪的信号
L=20;  % 滤波器长度
r=zeros(L,L);
for i=1:L
    for j=1:L
        r(i,j)=a^2/2*cos(omega*T*(i-j))+b^2;
    end
end
R=r+sigma_n^2*eye(L);
corr=r(1,:);
H=corr*inv(R); % 未去均值所对应的维纳滤波器系数
s_e=conv(x,H); % 滤波器输出信号
err=sum((s-s_e(1:N)).^2)/N; % 估计的均方误差
r0=zeros(L,L);
for i=1:L
    for j=1:L
```

```
            r0(i,j)=a^2/2*cos(omega*T*(i-j));
        end
end
R0=r0+sigma_n^2*eye(L);
corr0=r0(1,:);
H0=corr0*inv(R0); % 去均值后所对应的维纳滤波器系数
x0=x-b;
s_e0=b+conv(x0,H0); % 得到的估计信号
err0=sum((s-s_e0(1:N)).^2)/N; % 估计的均方误差
figure(1)
subplot(2,1,1)
plot(s)
title('随机相位信号')
subplot(2,1,2)
plot(x)
title('有噪的随机相位信号')
figure(2)
subplot(2,1,1)
plot(s_e(1:N))
title('未去均值估计得到的信号')
subplot(2,1,2)
plot(s_e0(1:N))
title('去均值后估计得到的信号')
```

仿真中, 滤波器长度为 20, 实验结果如图 7.14所示, 可以看出两种估计方法具有较好的去噪效果, 能估计出原始信号的波形, 其中未去均值所得估计的均方误差为

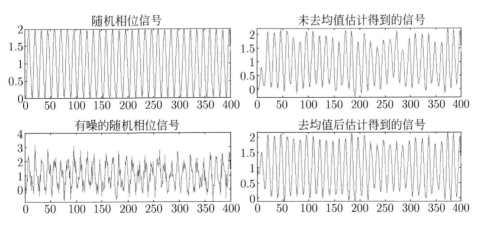

图 7.14　实验 7.3的仿真结果

0.0562，去均值所得估计的均方误差为 0.0273，因此后者性能更优。通常采用该估计方法，需要将观测信号减去均值后再做后续的估计处理。

MATLAB 实验练习

7.1 给定 θ 的两个无偏估计量，它们的方差分别为

$$\mathrm{Var}(\hat{\theta}_1) = \frac{2}{N}, \quad \mathrm{Var}(\hat{\theta}_2) = \frac{1}{N} + \frac{100}{N^2}$$

画出方差与 N 的关系，并确定出较好的估计量。

7.2 设平稳信号 $S[n]$ 的自相关函数为 $R_S[k] = (0.5)^{|k|}$，该信号叠加了噪声方差为 1 的高斯白噪声，信号与噪声不相关，将含噪信号 $Z[n]$ 作为维纳滤波器的输入，求长度为 2 的维纳滤波器的冲激响应，并仿真给出 $S[n]$, $Z[n]$ 及滤波后的输出信号 $\hat{S}[n]$，分析滤波器长度对估计的均方误差的影响。

7.3 试利用维纳滤波器实现噪声对消、图像去模糊等。

习 题

7.1 设观测数据为

$$x[n] = a + w[n], \; n = 0, 1, \cdots, N-1$$

其中 $w[n]$ 是独立同分布的高斯噪声，$w[n] \sim N(0,1)$。现希望估计 a 的值，考虑以下两个估计量：

$$\hat{a} = \frac{1}{N} \sum_{n=0}^{N-1} x[n]$$

$$\tilde{a} = \frac{1}{N+2} \left(2x[0] + \sum_{n=1}^{N-2} x[n] + 2x[N-1] \right)$$

比较哪一个估计量更优，并给出理由。

7.2 设观测数据为

$$x[n] = ar^n + w[n], \; n = 0, 1, \cdots, N-1$$

其中 $w[n]$ 是独立同分布的高斯噪声，$w[n] \sim N(0, \sigma^2)$，$r > 0$ 已知，求 a 的 CRLB，并证明有效估计量存在，给出其方差。进一步，对于不同的 r 值，当 $N \to \infty$ 时，分析该方差的变化趋势。

7.3 已知待估参数的后验概率密度函数为

$$p(\theta|x) = \begin{cases} \exp[-(\theta-x)], & \theta > x \\ 0, & \theta < x \end{cases}$$

求最小均方误差估计和最大后验估计。

7.4 设观测量 $z = x/2 + v$, v 是均值为 0, 方差为 1 的高斯随机变量。求 x 的最大似然估计; 若已知 x 的先验概率密度如下所示, 求 x 的最大后验估计。

$$f(x) = \begin{cases} 0, & x > 0 \\ \dfrac{1}{4}\exp\left(-\dfrac{x}{4}\right), & x < 0 \end{cases}$$

7.5 设观测数据为

$$x[n] = a + w[n], \ n = 0,1,\cdots,N-1$$

假定未知参数 a 具有先验概率密度函数:

$$p(a) = \begin{cases} \lambda\exp(-\lambda a), & a > 0 \\ 0, & a < 0 \end{cases}$$

其中 $\lambda > 0$, $w[n]$ 是方差为 σ^2 的高斯白噪声, 且与 a 独立。求 a 的 MAP 估计量。

7.6 考虑数据

$$x[n] = Ar^n + w[n], \ n = 0,1,\cdots,N-1$$

其中 A 是待估计的随机参数, $A \sim N(\mu_A, \sigma_A^2)$, r 为已知常数, $w[n]$ 方差为 σ^2 的高斯白噪声。求 A 的最小均方误差估计和线性无偏最小方差估计。

7.7 设随机参量 θ 的后验概率密度函数为

$$p(\theta|x) = \frac{\epsilon}{\sqrt{2\pi}}\exp\left[-\frac{1}{2}(\theta-x)^2\right] + \frac{1-\epsilon}{\sqrt{2\pi}}\exp\left[-\frac{1}{2}(\theta+x)^2\right]$$

其中 ϵ 为 $(0,1)$ 的任意常数, 求最小均方误差估计和最大后验估计。

7.8 给定零均值实平稳随机过程 $s(t), 0 \leqslant t \leqslant T$, 若已知 $s(0)$ 和 $s(T)$, 利用 $s(0)$ 和 $s(T)$, 求 $(0,T)$ 内任意时刻 $s(t_0)$ 的线性最小均方误差估计。

7.9 已知观测样本 $y_i = \alpha + \beta x_i + n_i, i = 1, 2, \cdots, 10$, 其中 $\boldsymbol{x} = (x_i)_{i=1}^{10} = (1, 2, 3, 4, 5, 6, 7, 8, 9, 10)$, $\boldsymbol{y} = (y_i)_{i=1}^{10} = (1, 2, 1, 4, 6, 6, 8, 9, 12, 15)$, 求 α 和 β 的最小二乘估计。

7.10 设接收波形为

$$y(t) = a\cos(2\pi ft + \varphi) + n(t)$$

其中 $n(t)$ 是功率谱密度为 $N_0/2$ 高斯白噪声, 求参数 a 和 φ 的无偏估计量的 C-R 下界。

7.11 设接收信号为

$$x(t) = a[1 + \cos\omega_0(t - \tau)] + n(t)$$

其中 $n(t)$ 是功率谱密度为 $N_0/2$ 的高斯白噪声, 求信号时延 τ 的最大似然估计。

7.12 设信号为 $x(t) = s(t) + n(t)$, 其中 $s(t)$ 和 $n(t)$ 的均值为零, 且 $R_S(\tau) = \mathrm{e}^{-|\tau|}$, $R_N(\tau) = \mathrm{e}^{-2|\tau|}$, $R_{SN}(\tau) = 0$, 现对信号 $s(t)$ 进行估计, 求因果连续维纳滤波器的传递函数。

7.13 已知 $x[n] = s[n] + w[n]$, 其中 $s[n]$ 和 $w[n]$ 不相关, 且

$$S_S(z) - \frac{0.92}{(1 - 0.4z^{-1})(1 - 0.4z)}, \quad S_W(z) = 1$$

现需估计信号 $s[n]$, 求因果滤波器的传递函数 $H_{\mathrm{opt}}(z)$ 及其估计均方误差, 并与非因果情况下的维纳滤波器进行比较。

附录 A

典型分布

A.1 离散型随机变量

伯努利分布 $X \sim \mathrm{Bernoulli}(p)$, $0 \leqslant p \leqslant 1$

- 分布列: $P(X=1)=p, P(X=0)=1-p$
- 数字特征: $E[X]=p, \mathrm{Var}[X]=p(1-p)$
- 特征函数: $C_X(u)=1-p+p\mathrm{e}^{\mathrm{j}u}$

二项分布 $X \sim B(n,p)$, $0 \leqslant p \leqslant 1$

- 分布列: $P(X=k)=\binom{n}{k}p^k(1-p)^{n-k}$, $k=0,1,\cdots,n$
- 数字特征: $E[X]=np, \mathrm{Var}[X]=np(1-p)$
- 特征函数: $C_X(u)=(1-p+p\mathrm{e}^{\mathrm{j}u})^n$

泊松分布 $X \sim \mathrm{Poisson}(\lambda)$, $\lambda > 0$

- 分布列: $p_k = \dfrac{\lambda^k}{k!}\mathrm{e}^{-\lambda}$, $k \in \mathbb{N}$
- 数字特征: $E[X]=\lambda, \mathrm{Var}[X]=\lambda$
- 特征函数: $C_X(u)=\exp(\lambda(\mathrm{e}^{\mathrm{j}u}-1))$

泊松分布适合于描述某段时间 (或其他度量区间, 如距离、面积等) 内随机事件发生的次数。例如, 某段时间内客服接听电话次数、医院的就诊人数、路口的车辆通行数等。注意 $E[X]=\lambda$, 即参数 λ 表示该段时间内随机事件平均发生的次数。

定理 A.1 (泊松定理) 若 $\lim\limits_{n\to\infty} np_n = \lambda \geqslant 0$, $0 < p_n < 1$, 则

$$\lim_{n\to\infty}\binom{n}{k}p_n^k(1-p_n)^{n-k}=\frac{\lambda^k}{k!}\mathrm{e}^{-\lambda}$$

泊松定理说明, 当 n 足够大, p 足够小, 且 $np=\lambda$ 时, 可用泊松分布近似二项分布。图 A.1给出了不同参数下两个分布的概率质量函数。

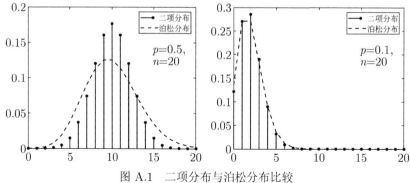

图 A.1　二项分布与泊松分布比较

A.2　连续型随机变量

(连续) 均匀分布　$X \sim U(a,b),\ -\infty < a < b < +\infty$

- 密度函数: $f_X(x) = \begin{cases} \dfrac{1}{b-a}, & a \leqslant x \leqslant b \\ 0, & \text{其他} \end{cases}$

- 分布函数: $F_X(x) = \begin{cases} 0, & x < a \\ \dfrac{x-a}{b-a}, & a \leqslant x \leqslant b \\ 1, & x > b \end{cases}$

- 数字特征: $E[X] = \dfrac{1}{2}(a+b),\ \mathrm{Var}[X] = \dfrac{1}{12}(b-a)^2$

- 特征函数: $C_X(u) = \dfrac{\mathrm{e}^{\mathrm{j}bu} - \mathrm{e}^{\mathrm{j}au}}{\mathrm{j}u(b-a)}$

高斯 (正态) 分布　$X \sim N(\mu, \sigma^2),\ -\infty < \mu < +\infty, \sigma > 0$

- 密度函数: $f_X(x) = \dfrac{1}{\sqrt{2\pi}\sigma} \exp\left[-\dfrac{(x-\mu)^2}{2\sigma^2}\right]$

- 分布函数: $F_X(x) = \dfrac{1}{2}\left[1 + \mathrm{erf}\left(\dfrac{x-\mu}{\sqrt{2}\sigma}\right)\right]$

- 数字特征: $E[X] = \mu,\ \mathrm{Var}[X] = \sigma^2$

- 特征函数: $C_X(u) = \exp\left(\mathrm{j}\mu u - \dfrac{1}{2}\sigma^2 u^2\right)$

瑞利分布　$X \sim \mathrm{Rayl}(\sigma),\ \sigma > 0$

- 密度函数: $f_X(x) = \dfrac{x}{\sigma^2}\exp\left(-\dfrac{x^2}{2\sigma^2}\right),\ x \geqslant 0$

- 分布函数: $F_X(x) = 1 - \exp\left(-\dfrac{x^2}{2\sigma^2}\right),\ x \geqslant 0$

- 数字特征: $E[X] = \sqrt{\dfrac{\pi}{2}}\sigma,\ \mathrm{Var}[X] = \dfrac{4-\pi}{2}\sigma^2$

- 特征函数: $C_X(u) = 1 + \mathrm{j}u\sigma\exp\left(-\dfrac{\sigma^2 u^2}{2}\right)\sqrt{\dfrac{\pi}{2}}\left[\mathrm{jerf}\left(\dfrac{\mathrm{j}u\sigma}{\sqrt{2}}\right) + 1\right]$

命题 A.1　已知 X_1, X_2 为独立同分布的高斯随机变量: $X_{1,2} \sim N(0, \sigma^2)$, 令

$$Y = \sqrt{X_1^2 + X_2^2}$$

则 Y 服从瑞利分布: $Y \sim \mathrm{Rayl}(\sigma)$。

莱斯分布 $X \sim \mathrm{Rice}(b, \sigma),\ b \geqslant 0, \sigma > 0$

- 密度函数: $f_X(x) = \dfrac{x}{\sigma^2} \exp\left(-\dfrac{x^2 + b^2}{2\sigma^2}\right) I_0\left(\dfrac{xb}{\sigma^2}\right),\ x \geqslant 0$

其中 $I_0(\cdot)$ 为零阶第一类修正贝塞尔函数: $I_0(x) = \dfrac{1}{\pi}\displaystyle\int_0^{\pi} \exp(x\cos\varphi)\mathrm{d}\varphi$

由于莱斯分布的分布函数、数字特征以及特征函数较为复杂, 在此省略。

命题 A.2 若 $X_1 \sim N(b\cos\theta, \sigma^2), X_2 \sim N(b\sin\theta, \sigma^2)$ 且相互独立, 则 $Y = \sqrt{X_1^2 + X_2^2}$ 服从莱斯分布: $Y \sim \mathrm{Rice}(b, \sigma)$。当 $b = 0$ 时, 莱斯分布退化为瑞利分布。

指数分布 $X \sim \mathrm{Exp}(\lambda),\ \lambda > 0$

- 密度函数: $f_X(x) = \lambda\exp(-\lambda x),\ x \geqslant 0$
- 分布函数: $F_X(x) = 1 - \exp(-\lambda x),\ x \geqslant 0$
- 数字特征: $E[X] = 1/\lambda, \mathrm{Var}[X] = 1/\lambda^2$
- 特征函数: $C_X(u) = \dfrac{\lambda}{\lambda - \mathrm{j}u}$

命题 A.3 若 $X \sim \mathrm{Rayl}(\sigma)$, 则 $X^2 \sim \mathrm{Exp}\left(\dfrac{1}{2\sigma^2}\right)$; 反之亦然。

拉普拉斯 (双边指数) 分布 $X \sim \mathrm{Laplace}(\mu, \beta),\ -\infty < \mu < +\infty, \beta > 0$

- 密度函数: $f_X(x) = \dfrac{1}{2\beta}\exp\left(-\dfrac{|x - \mu|}{\beta}\right)$
- 分布函数: $F_X(x) = \begin{cases} \exp\left((x - \mu)/\beta\right)/2, & x \leqslant \mu \\ 1 - \exp\left(-(x - \mu)/\beta\right)/2, & x \geqslant \mu \end{cases}$
- 数字特征: $E[X] = \mu, \mathrm{Var}[X] = 2\beta^2$
- 特征函数: $C_X(u) = \dfrac{\exp(\mathrm{j}\mu u)}{1 + \beta^2 u^2}$

柯西分布 $X \sim \mathrm{Cauchy}(\alpha, \beta),\ \alpha > 0$

- 密度函数: $f_X(x) = \dfrac{\beta}{\pi[(x - \alpha)^2 + \beta^2]}$

- 分布函数: $F_X(x) = \dfrac{1}{2} + \dfrac{1}{\pi}\arctan\left(\dfrac{x-\alpha}{\beta}\right)$

- 数字特征: 任意阶矩均不存在

- 特征函数: $C_X(u) = \exp(\mathrm{j}uc - \alpha|u|)$

(中心化)χ^2-分布 $X \sim \chi^2(n),\ n \in \mathbb{Z}_+$

- 密度函数: $f_X(x) = \dfrac{1}{2^{n/2}\Gamma(n/2)}x^{n/2-1}\mathrm{e}^{-x/2},\ x \geqslant 0$, 其中 $\Gamma(\alpha) = \displaystyle\int_0^{+\infty} t^{\alpha-1}\mathrm{e}^{-t}\mathrm{d}t$

- 分布函数: $F_X(x) = \dfrac{1}{\Gamma(n/2)}\displaystyle\int_0^{x/2} t^{n/2-1}\mathrm{e}^{-t}\mathrm{d}t$

- 数字特征: $E[X] = n, \mathrm{Var}[X] = 2n$

- 特征函数: $C_X(x) = (1 - 2\mathrm{j}u)^{-n/2}$

称 n 为 χ^2-分布的自由度。

命题 A.4 已知 n 个相互独立的高斯随机变量: $X_n \sim N(\mu_n, \sigma_n^2)$, 令

$$Y = \sum_{k=1}^{n}\left(\frac{X_n - \mu_n}{\sigma_n}\right)^2$$

则 Y 服从自由度为 n 的 χ^2-分布。

命题 A.5 χ^2-分布、指数分布与瑞利分布具有如下关系:

$$Y \sim \chi^2(2) \Leftrightarrow Y \sim \exp(1/2) \Leftrightarrow \sqrt{Y} \sim \mathrm{Rayl}(1)$$

Gamma 分布 $X \sim \mathrm{Gamma}(\alpha, \beta),\ \alpha, \beta > 0$

- 密度函数: $f_X(x) = \dfrac{1}{\beta^\alpha\Gamma(\alpha)}x^{\alpha-1}\mathrm{e}^{-x/\beta},\ x \geqslant 0$, 其中 $\Gamma(\alpha) = \displaystyle\int_0^{+\infty} t^{\alpha-1}\mathrm{e}^{-t}\mathrm{d}t$

- 分布函数: $F_X(x) = \dfrac{1}{\Gamma(\alpha)}\displaystyle\int_0^{x/\beta} t^{\alpha-1}\mathrm{e}^{-t}\mathrm{d}t$

- 数字特征: $E[X] = \alpha\beta, \mathrm{Var}[X] = \alpha\beta^2$

- 特征函数: $C_X(x) = (1 - \mathrm{j}u\beta)^{-\alpha}$

许多分布都是 Gamma 分布的特例。例如, 当 $\alpha = 1$ 时, Gamma 分布退化为指数分布; 当 α 取正整数时, 称之为厄朗分布; 当 $\alpha = n/2$, $\beta = 2$ 时, Gamma 分布即为中心化 χ^2-分布。

图 A.2展示了典型分布的概率密度函数。

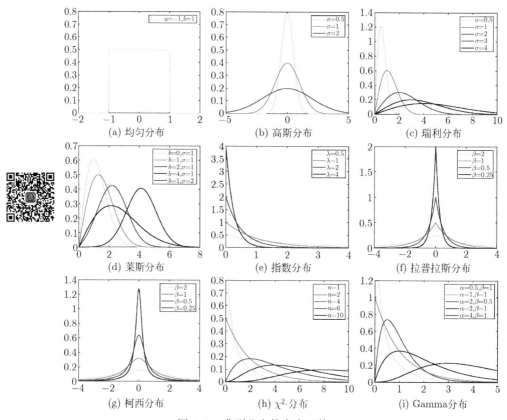

(a) 均匀分布 (b) 高斯分布 (c) 瑞利分布

(d) 莱斯分布 (e) 指数分布 (f) 拉普拉斯分布

(g) 柯西分布 (h) χ^2-分布 (i) Gamma分布

图 A.2　典型分布的密度函数

附录 B

极限定理

B.1 重要不等式

命题 B.1 (马尔可夫不等式) 已知随机变量 X 取值非负, 则

$$P\{X \geqslant a\} \leqslant \frac{E[X]}{a}, \ \forall a > 0 \tag{B.1.1}$$

命题 B.2 (切比雪夫不等式) 已知随机变量 X 的均值 μ 和方差 σ^2 均有限, 则

$$P\{|X - E(X)| \geqslant \varepsilon\} \leqslant \frac{\sigma^2}{\varepsilon^2}, \ \forall \varepsilon > 0 \tag{B.1.2}$$

依据切比雪夫不等式, 如果随机变量 X 的方差为零, 则

$$P\{|X - E[X]| > 0\} = 0$$

或等价地,

$$P\{X = E[X]\} = 1$$

即 X 以概率 1 等于常数 $E[X]$。

B.2 收敛的概念

在介绍极限定理之前, 首先明确关于随机变量 (序列) 收敛的概念。以下假设 $X_n, n \in \mathbb{N}$ 为随机序列, X 为随机变量。

定义 B.1 (以概率 1 收敛) 称 X_n 以概率为 1 收敛 (convergence with probability 1) 于 X, 如果

$$P\left\{\lim_{n \to \infty} X_n = X\right\} = 1 \tag{B.2.1}$$

以概率 1 收敛又称为几乎处处 (almost everywhere, a.e.) 或几乎必然 (almost surely, a.s.) 收敛, 简记为 $X_n \xrightarrow{\text{a.e.}} X, n \to \infty$ 或 $X_n \xrightarrow{\text{a.s.}} X, n \to \infty$。

定义 B.2 (依概率收敛) 称 X_n 依概率收敛 (convergence in probability) 于 X, 如果

$$\lim_{n \to \infty} P\{|X_n - X| \geqslant \varepsilon\} = 0, \ \forall \varepsilon > 0 \tag{B.2.2}$$

简记为 $X_n \xrightarrow{\text{P}} X, n \to \infty$。

定义 B.3 (L^r-收敛)　设 $E[|X_n|^r], E[|X|^r]$ 均存在, 其中 $r \geqslant 1$。称 X_n 依 L^r 范数收敛 (convergence in L^r norm) 于 X, 如果

$$\lim_{n \to \infty} E[|X_n - X|^r] = 0 \tag{B.2.3}$$

简记为 $X_n \xrightarrow{L^r} X, n \to \infty$。特别地, 当 $r = 2$ 时即为均方收敛 (convergence in mean-square), 简记为 $X_n \xrightarrow{\text{m.s.}} X, n \to \infty$。

定义 B.4 (依分布收敛)　设 $F_n(x), F(x)$ 分别为 X_n, X 的分布函数, 称 X_n 依分布收敛 (convergence in distribution) 于 X, 如果

$$\lim_{n \to \infty} F_n(x) = F(x), \ \forall x \in \mathbb{R} \text{ 且为 } F \text{ 的连续点} \tag{B.2.4}$$

简记为 $X_n \xrightarrow{\text{d}} X, n \to \infty$。

依分布收敛又称为弱收敛, 因其是其他收敛的必要条件。此外, 还有其他一些常用的蕴含关系。

命题 B.3　如果 $X_n \xrightarrow{\text{a.e.}} X, n \to \infty$, 则 $X_n \xrightarrow{\text{P}} X, n \to \infty$。

命题 B.4　如果 $X_n \xrightarrow{L^s} X, n \to \infty$, 且 $s > r \geqslant 1$, 则 $X_n \xrightarrow{L^r} X, n \to \infty$。

命题 B.5　如果 $X_n \xrightarrow{L^r} X, n \to \infty$, 则 $X_n \xrightarrow{\text{P}} X, n \to \infty$。

命题 B.6　如果 $X_n \xrightarrow{\text{m.s.}} X, n \to \infty$, $Y_n \xrightarrow{\text{m.s.}} Y, n \to \infty$, 则 $E[X_n Y_n] \to E[XY], n \to \infty$。

B.3　大数定律

大数定律 (law of large numbers, LLN) 是概率论中重要结论之一, 该定理说明在大量独立重复试验中, 试验的平均结果 (即样本平均) 趋向于其统计平均。

定理 B.1 (弱大数定律)　设 $X_1, X_2, \cdots, X_n$ 为独立同分布的随机序列, 均值为 $\mu < \infty$, 令

$$Y_n = \frac{1}{n}(X_1 + X_2 + \cdots + X_n)$$

则 Y_n 依概率收敛于 μ, 即

$$\lim_{n \to \infty} P\{|Y_n - \mu| \geqslant \varepsilon\} = 0, \ \forall \varepsilon > 0 \tag{B.3.1}$$

注: 弱大数定律也称为辛钦大数定律。特别地, 当 X_n 为伯努利序列时, 称为伯努利大数定律。伯努利大数定律可以解释随机事件的相对频率作为概率的合理性。设独立重复试验中某结果为随机事件 E, 记

$$X_n = \begin{cases} 1, & \text{第 } n \text{ 次试验 } E \text{ 发生} \\ 0, & \text{第 } n \text{ 次试验 } E \text{ 不发生} \end{cases}$$

于是 X_n 为伯努利序列, 且 $E[X_n] = P(X_n = 1) = P(E) = p$。令 $Y_n = (X_1 + X_2 + \cdots + X_n)/n$, 则 Y_n 表示 E 发生的相对频率。根据大数定律, 当 n 充分大时, 相对频率趋向于 p, 即 E 发生的概率。

定理 B.2 (强大数定律) 设 $X_1, X_2, \cdots, X_n$ 为独立同分布的随机序列, 均值为 $\mu < \infty$, 令

$$Y_n = \frac{1}{n}(X_1 + X_2 + \cdots + X_n)$$

则 Y_n 以概率 1 收敛于 μ, 即

$$P\left\{ \lim_{n \to \infty} Y_n = \mu \right\} = 1 \tag{B.3.2}$$

B.4 中心极限定理

中心极限定理 (central limit theorem, CLT) 是概率论中另一个重要结论。该定理表明由大量相互独立的因素构成的随机事件, 其结果服从正态 (高斯) 分布。高尔顿 (F. Galton, 1822—1911) 钉板实验即为中心极限定理的一种直观示例。

定理 B.3 (中心极限定理) 设 $X_1, X_2, \cdots, X_n$ 为独立同分布的随机序列, 且具有有限的均值 μ 和方差 σ^2, 令

$$Z_n = \frac{X_1 + X_2 + \cdots + X_n - n\mu}{\sqrt{n}\sigma}$$

则当 $n \to \infty$ 时, Z_n 的分布趋向于标准正态分布, 即

$$\lim_{n \to \infty} P\{Z_n < z\} = \frac{1}{\sqrt{2\pi}} \int_{-\infty}^{z} \mathrm{e}^{-\frac{x^2}{2}} \mathrm{d}x, \ \forall z \in \mathbb{R} \tag{B.4.1}$$

注意到中心极限定理对 X_n 的分布并无要求。但是有一种特殊情况的结论非常有用, 即当 X_n 为伯努利序列, 由此得到棣莫弗-拉普拉斯 (De Moivre–Laplace) 定理。

定理 B.4 (棣莫弗-拉普拉斯定理) 设伯努利试验 "成功" 的概率为 p, 记 n 次试

验成功的次数为 S_n, 则 S_n 服从二项分布, 且当 $n \to \infty$ 时,

$$\lim_{n \to \infty} P \left\{ a \leqslant \frac{S_n - np}{\sqrt{np(1-p)}} \leqslant b \right\} = \varPhi(b) - \varPhi(a) \tag{B.4.2}$$

其中 $\varPhi(x) = \dfrac{1}{\sqrt{2\pi}} \displaystyle\int_{-\infty}^{x} \exp(-t^2/2) \mathrm{d}t$。

棣莫弗-拉普拉斯 (De Moivre–Laplace) 定理的结论也可记为

$$\binom{n}{k} p^k q^{n-k} \simeq \frac{1}{\sqrt{2\pi npq}} \exp\left(-\frac{(k-np)^2}{2npq} \right), \; p + q = 1, n \to \infty \tag{B.4.3}$$

该定理表明, 当 n 充分大时可以用高斯分布近似二项分布。图 B.1 给出了 n 取不同值时的二项分布曲线。

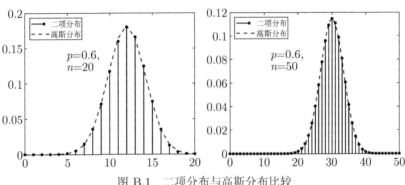

图 B.1 二项分布与高斯分布比较

附录

随机过程的连续性与微积分

C.1 连续性的不同定义

已知随机过程 $X(t), t \in \mathcal{T}$, 其中 $\mathcal{T}$ 为连续时间集, 通常可考虑实数集 $\mathbb{R}$, 并假设 $X(t)$ 在 $t_0 \in \mathcal{T}$ 上有定义。下面给出连续性的不同定义。

定义 C.1 (以概率 1 连续) 称随机过程 $X(t)$ 在点 t_0 以概率 1 连续 (continuity with probability 1), 如果

$$P\left\{\zeta \in \Omega \left| \lim_{t \to t_0} X(t, \zeta) = X(t_0, \zeta)\right.\right\} = 1 \tag{C.1.1}$$

定义 C.2 (依概率连续) 称随机过程 $X(t)$ 在点 t_0 依概率连续 (continuity in probability), 如果

$$\lim_{t \to t_0} P\left\{\zeta \in \Omega \, | \, |X(t, \zeta) - X(t_0, \zeta)| \geqslant \varepsilon\right\} = 0, \, \forall \varepsilon > 0 \tag{C.1.2}$$

定义 C.3 (均方连续) 称随机过程 $X(t)$ 在点 t_0 均方连续 (continuity in mean-square), 如果

$$\lim_{t \to t_0} E[|X(t) - X(t_0)|^2] = 0 \tag{C.1.3}$$

定义 C.4 (依分布连续) 称随机过程 $X(t)$ 在点 $t_0 \in \mathbb{R}$ 依分布连续 (continuity in distribution), 如果

$$\lim_{t \to t_0} F_X(x; t) = F_X(x; t_0), \, \forall x \in \mathbb{R} \tag{C.1.4}$$

以上定义描述的是随机过程在某一点的连续性, 此外还可以定义区间上的连续性。

定义 C.5 (样本连续) 称随机过程 $X(t)$ 在区间 $T \subset \mathcal{T}$ 样本连续 (sample continuity), 如果

$$P\left\{\zeta \in \Omega \left| \lim_{\varepsilon \to 0} X(t + \varepsilon, \zeta) = X(t, \zeta)\right.\right\} = 1, \, \forall t \in T \tag{C.1.5}$$

样本连续也称为几乎必然 (almost surely, a.s.) 连续。

C.2 均方连续、均方可导、均方可积的判定条件

本书主要涉及均方意义的极限。特别地, 随机过程的均方连续、均方可导、均方可积等定义均可通过自相关函数来判定。

定理 C.1 已知随机过程 $E[X^2(t)] < \infty$, $X(t)$ 在点 t 均方连续的充要条件是其自相关函数 $R_X(t_1, t_2)$ 在点 (t, t) 连续。

证明: 注意到

$$E[X(t+\Delta t) - X(t)]^2 = R_X(t+\Delta t, t+\Delta t) - R_X(t+\Delta t, t) - R_X(t, t+\Delta t) + R_X(t, t)$$

如果 $R_X(t_1, t_2)$ 在 (t, t) 连续, 则当 $\Delta t \to 0$ 时, 上式右端趋向于零, 因此 $X(t)$ 在点 t 均方连续。充分性得证。

下面证明必要性。

$$R_X(t_1, t_2) - R_X(t, t) = R_X(t_1, t_2) - R_X(t_1, t) + R_X(t_1, t) - R_X(t, t)$$

利用三角不等式及柯西-施瓦茨 (Cauchy-Schwarz) 不等式,

$$\begin{aligned}
&|R_X(t_1, t_2) - R_X(t, t)| \\
&\leqslant |R_X(t_1, t_2) - R_X(t_1, t)| + |R_X(t_1, t) - R_X(t, t)| \\
&= |E[X(t_1)(X(t_2) - X(t))]| + |E[X(t)(X(t_1) - X(t))]| \\
&\leqslant \sqrt{E[X^2(t_1)]E[X(t_2) - X(t)]^2} + \sqrt{E[X^2(t)]E[X(t_1) - X(t)]^2}
\end{aligned}$$

因为 $X(t)$ 在点 t 均方连续且 $E[X^2(t)] < \infty$, 故当 $(t_1, t_2) \to (t, t)$ 时, 上述不等式右端趋向于零, 故左端亦趋向于零。因此 $R_X(t_1, t_2)$ 在点 (t, t) 连续。必要性得证。

定理 C.2 (柯西准则) 随机过程 $X(t)$ 在点 t 均方可导的充要条件是

$$\lim_{\Delta t_1, \Delta t_2 \to (0,0)} E\left[\frac{X(t+\Delta t_1) - X(t)}{\Delta t_1} - \frac{X(t+\Delta t_2) - X(t)}{\Delta t_2}\right]^2 = 0 \qquad \text{(C.2.1)}$$

定理 C.3 随机过程 $X(t)$ 在点 t 均方可导的充要条件是其自相关函数 $R_X(t_1, t_2)$ 在点 (t, t) 时存在广义二阶偏导数 [1], 即

$$\begin{aligned}
\lim_{\Delta t_1, \Delta t_2 \to (0,0)} \frac{1}{\Delta t_1 \Delta t_2} [&R_X(t+\Delta t_1, t+\Delta t_2) \\
&- R_X(t+\Delta t_1, t) - R_X(t, t+\Delta t_2) + R_X(t, t)]
\end{aligned} \qquad \text{(C.2.2)}$$

极限存在。

---

[1] 注意广义二阶偏导数不同于混合偏导数 $\dfrac{\partial^2}{\partial t_1 \partial t_2} R_X(t_1, t_2)$, 因为混合偏导数是累次极限, 而式(C.2.2)是重极限。

证明: 记

$$h(\Delta t_1, \Delta t_2; t) = E\left[\frac{X(t+\Delta t_1) - X(t)}{\Delta t_1} \cdot \frac{X(t+\Delta t_2) - X(t)}{\Delta t_2}\right]$$

$$= \frac{1}{\Delta t_1 \Delta t_2}[R_X(t+\Delta t_1, t+\Delta t_2) - R_X(t+\Delta t_1, t) - $$

$$R_X(t, t+\Delta t_2) + R_X(t,t)]$$

因此广义二阶偏导数又可写为

$$\lim_{\Delta t_1, \Delta t_2 \to (0,0)} h(\Delta t_1, \Delta t_2; t) \tag{C.2.3}$$

注意到式 (C.2.1)中期望式展开为

$$E\left[\frac{X(t+\Delta t_1) - X(t)}{\Delta t_1} - \frac{X(t+\Delta t_2) - X(t)}{\Delta t_2}\right]^2 = h(\Delta t_1, \Delta t_1; t) - 2h(\Delta t_1, \Delta t_2; t) + $$

$$h(\Delta t_2, \Delta t_2; t) \tag{C.2.4}$$

因此, 如果式 (C.2.3)极限存在, 则上式趋向于零, 满足柯西准则, 故 $X(t)$ 均方可导。充分性得证。

反之, 如果 $X(t)$ 在点 t 均方可导, 不妨设导数为 $X'(t)$, 即

$$\underset{\Delta t \to 0}{\text{l.i.m}} \frac{X(t+\Delta t) - X(t)}{\Delta t} = X'(t)$$

则易知 [1]

$$\lim_{(\Delta t_1, \Delta t_2) \to (0,0)} E\left[\frac{X(t+\Delta t_1) - X(t)}{\Delta t_1} \cdot \frac{X(t+\Delta t_2) - X(t)}{\Delta t_2}\right] = E[X'(t)X'(t)]$$

上式等价于

$$\lim_{\Delta t_1, \Delta t_2 \to (0,0)} h(\Delta t_1, \Delta t_2; t) = E[X'(t)X'(t)]$$

必要性得证。

定理 C.4 随机过程 $X(t)$ 在区间 $[a, b]$ 上均方可积的充要条件是其自相关函数 $R_X(t_1, t_2)$ 在矩形区域 $[a, b] \times [a, b]$ 上可积。

证明过程可参见文献 [8, 14]。

---

[1] 见命题 B.6。

附录 D

复积分与留数定理

在复分析中, 留数定理是用于计算解析函数①沿封闭曲线路径积分的有力工具, 同时也可以用于计算实积分。在介绍该定理之前, 首先介绍**留数** (residue) 的概念。

定义 D.1 设 $z_0 \in \mathbb{C}$ 为 f 的孤立奇点②, f 在点 z_0 的洛朗展开式为

$$f(z) = \sum_{n=-\infty}^{+\infty} a_n(z - z_0)^n \tag{D.0.1}$$

称系数 a_{-1} 为 f 在点 z_0 的留数, 记为 $\mathrm{Res}(f, z_0) = a_{-1}$。

定理 D.1 (留数定理) 已知单连通区域 U 内包含有限个点 $z_1, z_2, \cdots, z_n$, 设 f 为 $U \setminus \{z_k\}_{k=1}^n$ 上的解析函数, Γ 为 U 内一条封闭曲线, 且不经过任意 z_k, 则 f 沿 Γ 的积分为

$$\oint_\Gamma f(z)\mathrm{d}z = 2\pi\mathrm{j} \sum_{k=1}^n I(\Gamma, z_k)\mathrm{Res}(f, z_k) \tag{D.0.2}$$

其中 $I(\Gamma, z_k)$ 为 Γ 绕点 z_k 的卷绕数, $\mathrm{Res}(f, z_k)$ 为 f 在点 z_k 的留数。如果 Γ 为一条逆时针简单封闭曲线, 则

$$I(\Gamma, z_k) = \begin{cases} 1, & z_k \in \Gamma \text{ 内部} \\ 0, & \text{其他} \end{cases}$$

因此

$$\oint_\Gamma f(z)\mathrm{d}z = 2\pi\mathrm{j} \sum_{z_k \in \Gamma\text{内部}} \mathrm{Res}(f, z_k) \tag{D.0.3}$$

关于留数的计算通常有两种方法。一种方法是利用留数定理, 考虑仅包含 z_0 的某个逆时针封闭曲线 γ, 则

$$\mathrm{Res}(f, z_0) = \frac{1}{2\pi\mathrm{j}} \oint_\gamma f(z)\mathrm{d}z \tag{D.0.4}$$

为了便于计算, 通常可以选取圆作为积分路径, 且要求圆的半径足够小, 以避免包含其他奇点。

---

① 如果复函数 $f : \mathbb{C} \to \mathbb{C}$ 在开集 D 上可导, 则称 f 为 D 上的解析函数。

② 如果 f 在某一去心邻域 $0 < |z - z_0| < \delta$ 内解析而在点 z_0 不解析, 则称 z_0 为 f 的孤立奇点 (isolated singularity)。孤立奇点可分为可去奇点 (removable singularity)、极点 (pole) 和本性奇点 (essential singularity)。

另一种方法是直接通过留数的定义。以下假设 f 为有理函数[①]的形式, 即

$$f(z) = \frac{g(z)}{h(z)}$$

其中 $g(z), h(z)$ 均为多项式。

根据奇点的类型, 若 z_0 为 $f(z)$ 的可去奇点 (此时 $h(z) \equiv 1$), 则洛朗展开式中所有的负指数项系数均为零, 即 $a_n = 0, n < 0$。因此 $\mathrm{Res}(f, z_0) = a_{-1} = 0$。若 z_0 为 f 的 n 阶极点 $(n \geqslant 1)$, 则

$$\mathrm{Res}(f, z_0) = \frac{1}{(n-1)!} \lim_{z \to z_0} \frac{\mathrm{d}^{n-1}}{\mathrm{d}z^{n-1}} [(z - z_0)^n f(z)] \tag{D.0.5}$$

定义法回避了积分运算, 通常更为简便。

在信号处理中, 经常遇到计算傅里叶变换 (实积分) 或拉普拉斯变换 (复积分) 的问题, 利用留数定理可以方便求解积分。在介绍该方法之前, 首先给出一条重要命题, 即若当引理 (Jordan lemma)。

引理 D.1 (若当引理) 已知复平面上位于虚轴左侧的半圆

$$C_r = \{re^{\mathrm{j}\theta} | \theta \in I\}, \text{ 其中 } I = [\pi/2, 3\pi/2]$$

如图 D.1所示, 并设 f 具有如下形式:

$$f(z) = \mathrm{e}^{az} g(z), \ a > 0$$

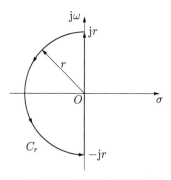

图 D.1　半圆积分路径

则

$$\left| \int_{C_r} f(z) \mathrm{d}z \right| \leqslant \frac{\pi}{a} M_r \tag{D.0.6}$$

[①] 有理函数是一种典型的亚纯函数 (meromorphic function), 其只有有限阶的极点, 而没有本性奇点。

其中 $M_r = \max\limits_{\theta \in I} |g(re^{j\theta})|$。特别地，如果 $\lim\limits_{r \to \infty} M_r = 0$，则

$$\lim_{r \to \infty} \int_{C_r} f(z)\mathrm{d}z = 0 \tag{D.0.7}$$

证明： 令 $z = re^{j\theta}$，则

$$\left| \int_{C_R} f(z)\mathrm{d}z \right| = \left| \int_{\theta \in I} e^{are^{j\theta}} g(re^{j\theta}) j re^{j\theta} \mathrm{d}\theta \right|$$

$$\leqslant \int_{\theta \in I} \left| e^{are^{j\theta}} g(re^{j\theta}) j re^{j\theta} \right| \mathrm{d}\theta$$

$$= \int_{\theta \in I} |e^{ar\cos\theta + jar\sin\theta}| |g(re^{j\theta})| r \mathrm{d}\theta$$

$$\leqslant r \max_{\theta \in I} |g(re^{j\theta})| \int_{\theta \in I} e^{ar\cos\theta} \mathrm{d}\theta = 2rM_r \int_0^{\pi/2} e^{-ar\sin\theta} \mathrm{d}\theta$$

注意到 $\sin\theta$ 在 $[0, \pi/2]$ 上是凹函数，故 $\sin\theta \geqslant 2\theta/\pi$，因此

$$\int_0^{\pi/2} e^{-ar\sin\theta} \mathrm{d}\theta \leqslant \int_0^{\pi/2} e^{-2ar\theta/\pi} \mathrm{d}\theta = \frac{\pi}{2ar}(1 - e^{-ar}) \leqslant \frac{\pi}{2ar}$$

于是

$$\left| \int_{C_r} f(z)\mathrm{d}z \right| \leqslant \frac{\pi}{a} \max_{\theta \in I} |g(re^{j\theta})|$$

当 $r \to \infty$ 时，若上面不等式右端趋向于零，则左端必然趋向于零，因此

$$\lim_{r \to \infty} \int_{C_r} f(z)\mathrm{d}z = 0$$

命题得证。

注： 注意到若当引理中要求 $a > 0$。如果 $a < 0$，则积分路径可以取虚轴右侧的半圆，即 $I = [-\pi/2, \pi/2]$，此时结论同样成立。此外，如果函数 f 的形式变为

$$f(z) = e^{jaz}g(z), \ a > 0$$

则积分路径可以取实轴上侧的半圆，即 $I = [0, \pi]$，结论依然成立，读者可自行验证。

如果 $a = 0$，则可以通过一种更为简便的条件进行判断，有如下命题。

引理 D.2 设 f 为有理函数的形式:

$$f(z) = \frac{g(z)}{h(z)} = \frac{a_0 + a_1 z + \cdots + a_m z^m}{b_0 + b_1 z + \cdots + b_n z^n}$$

如果 $n - m \geqslant 2$, 则

$$\lim_{r \to \infty} \int_{C_r} f(z)\mathrm{d}z = 0 \tag{D.0.8}$$

其中 $C_r = \{r\mathrm{e}^{\mathrm{j}\theta} | \theta \in I\}, I = [\pi/2, 3\pi/2]$。

证明:

$$|f(z)| = \frac{|g(z)|}{|h(z)|} = \frac{|a_0/z^m + a_1/z^{m-1} + \cdots + a_m|}{|b_0/z^n + b_1/z^{n-1} + \cdots + b_n|} \frac{|z^m|}{|z^n|}$$

当 $|z| \to \infty$ 时, 上式第一项趋向于 $|a_m|/|b_n|$, 因此只要 $|z|$ 充分大, 则有

$$\frac{|a_0/z^m + a_1/z^{m-1} + \cdots + a_m|}{|b_0/z^n + b_1/z^{n-1} + \cdots + b_n|} \leqslant \frac{|a_m|}{|b_n|} + 1$$

于是

$$\left| \int_{C_r} f(z)\mathrm{d}z \right| \leqslant \int_{C_r} |f(z)|\,\mathrm{d}z \leqslant \left(\frac{|a_m|}{|b_n|} + 1 \right) r^{m-n} \pi r = \left(\frac{|a_m|}{|b_n|} + 1 \right) \pi r^{-(n-m-1)}$$

若 $n - m - 1 > 0$, 即 $n - m \geqslant 2$, 则当 $r \to \infty$ 时, 上面不等式右端趋向于零, 因此左端必然也趋向于零。命题得证。

注: 引理 D.2中的 I 也可以是其他长度为 π 的区间, 对结果不会造成影响。

下面说明留数定理在积分中的应用。以随机信号分析中的典型问题为例, 设某随机信号的功率谱为 $S(s)$, 并假设 $S(s)$ 为有理函数, 现需要计算信号的自相关函数:

$$R(\tau) = \frac{1}{2\pi\mathrm{j}} \int_{-\mathrm{j}\infty}^{+\mathrm{j}\infty} S(s)\mathrm{e}^{s\tau}\mathrm{d}s \tag{D.0.9}$$

注意到上式是沿虚轴的复积分, 不妨构造一个以原点为圆心、半径为 r 的封闭半圆 Γ_r, 且方向为逆时针方向, 如图 D.1所示, 则

$$\frac{1}{2\pi\mathrm{j}} \oint_{\Gamma_r} S(s)\mathrm{e}^{s\tau}\mathrm{d}s = \frac{1}{2\pi\mathrm{j}} \left[\int_{C_r} S(s)\mathrm{e}^{s\tau}\mathrm{d}s + \int_{L_r} S(s)\mathrm{e}^{s\tau}\mathrm{d}s \right] \tag{D.0.10}$$

其中 C_r 为半圆路径, L_r 为沿虚轴的直线路径。

根据留数定理,

$$\frac{1}{2\pi\mathrm{j}}\oint_{\varGamma_r}S(s)\mathrm{e}^{s\tau}\mathrm{d}s=\sum_{s_k\in\varGamma_r内部}\mathrm{Res}(S(s)\mathrm{e}^{s\tau},s_k) \tag{D.0.11}$$

另一方面, 由于功率谱 $S(s)$ 是有理函数, 为了保证其有物理意义, 分子多项式阶数应小于分母多项式阶数, 因此当 $|s|\to\infty$ 时, $|S(s)|\to 0$。根据若当引理可知当 $r\to\infty$ 时, 沿半圆 C_r 的积分为零。于是

$$R(\tau)=\frac{1}{2\pi\mathrm{j}}\int_{-\mathrm{j}\infty}^{+\mathrm{j}\infty}S(s)\mathrm{e}^{s\tau}\mathrm{d}s=\sum_{s_k\in\varGamma_\infty内部}\mathrm{Res}(S(s)\mathrm{e}^{s\tau},s_k) \tag{D.0.12}$$

其中 $\varGamma_\infty$ 表示半径充分大的封闭半圆。

随机信号分析中的另一个典型问题是计算平均功率, 即

$$Q=\frac{1}{2\pi\mathrm{j}}\int_{-\mathrm{j}\infty}^{+\mathrm{j}\infty}S(s)\mathrm{d}s \tag{D.0.13}$$

与上述方法类似, 只须判定当 $r\to\infty$ 时, $S(s)$ 沿半圆的积分为零。事实上, 设 $S(s)$ 的分子多项式阶数和分母多项式阶数分别为 m,n。根据谱分解定理, 两者均为偶数, 且为了保证功率谱有物理意义, $n-m\geqslant 2$, 因此满足引理 D.2。进而可利用留数定理求得积分值:

$$Q=\frac{1}{2\pi\mathrm{j}}\int_{-\mathrm{j}\infty}^{+\mathrm{j}\infty}S(s)\mathrm{d}s=\sum_{s_k\in\varGamma_\infty内部}\mathrm{Res}(S,s_k) \tag{D.0.14}$$

其中 $\varGamma_\infty$ 为半径充分大的封闭半圆。

参考文献

[1] STARK H, WOODS J W. 概率、统计与随机过程 (英文版)[M]. 4 版. 北京: 电子工业出版社, 2012.

[2] ROSS S. 概率论基础教程 (英文版)[M]. 10 版. 北京: 机械工业出版社, 2020.

[3] JAYNES E T. 概率论沉思录 (英文版)[M]. 北京: 人民邮电出版社, 2009.

[4] 钟开莱. 概率论教程 (英文版)[M]. 3 版. 北京: 机械工业出版社, 2010.

[5] PAPOULIS A, PILLAI S U. 随机变量与随机过程 (英文改编版)[M]. 4 版. 北京: 机械工业出版社, 2013.

[6] 张贤达. 矩阵分析与应用 [M]. 2 版. 北京: 清华大学出版社, 2013.

[7] PROAKIS J G, MANOLAKIS D G. 数字信号处理——原理、算法与应用 (英文版)[M]. 4 版. 北京: 电子工业出版社, 2013.

[8] SHYNK J J. 概率、随机变量和随机过程在信号处理中的应用 [M]. 谢晓霞, 安成锦, 许可, 译. 北京: 机械工业出版社, 2016.

[9] 王永德, 王军. 随机信号分析基础 [M]. 4 版. 北京: 电子工业出版社, 2013.

[10] 陈芳炯, 金连文. 随机信号处理 [M]. 北京: 清华大学出版社, 2018.

[11] KAY S M. 现代谱估计: 原理与应用 [M]. 黄建国, 武延祥, 杨世兴, 译. 北京: 科学出版社, 1994.

[12] KAY S M. 统计信号处理基础——估计与检测理论 [M]. 罗鹏飞, 张文明, 刘忠, 等译. 北京: 电子工业出版社, 2014.

[13] TREES H L, BELL K L, TIAN Z. 检测、估计和调制理论——卷 1: 检测、估计和滤波理论 [M]. 孙进平, 王俊, 高飞, 等译. 北京: 电子工业出版社, 2015.

[14] 梁之舜, 邓集贤, 杨维权, 等. 概率论及数理统计 [M]. 3 版. 北京: 高等教育出版社, 2005.

[15] OPPENHEIM A V, VERGHESE G C. 信号、系统与推理 (英文版)[M]. 北京: 机械工业出版社, 2017.

[16] 李晓峰, 周宁, 傅志中, 等. 随机信号分析 [M]. 5 版. 北京: 电子工业出版社, 2018.

[17] 郑薇, 赵淑清, 李卓明. 随机信号分析 [M]. 3 版. 北京: 电子工业出版社, 2015.

[18] HAYKIN S, VEEN B V. 信号与系统 (英文版)[M]. 2 版. 北京: 电子工业出版社, 2012.

[19] 朱华, 黄辉宁, 李永庆, 等. 随机信号分析 [M]. 北京: 北京理工大学出版社, 2014.

[20] 张峰, 陶然. 随机信号分析教程 [M]. 北京: 高等教育出版社, 2019.

[21] 罗鹏飞, 张文明. 随机信号分析与处理 [M]. 2 版. 北京: 清华大学出版社, 2012.

[22] 张立毅, 张雄, 李化. 信号检测与估计 [M]. 2 版. 北京: 清华大学出版社, 2014.

[23] 郭业才. 随机信号分析简明教程 [M]. 北京: 清华大学出版社, 2020.

[24] 张明友. 信号检测与估计 [M]. 3 版. 北京: 电子工业出版社, 2013.

图 书 资 源 支 持

感谢您一直以来对清华大学出版社图书的支持和爱护。为了配合本书的使用，本书提供配套的资源，有需求的读者请扫描下方的"书圈"微信公众号二维码，在图书专区下载，也可以拨打电话或发送电子邮件咨询。

如果您在使用本书的过程中遇到了什么问题，或者有相关图书出版计划，也请您发邮件告诉我们，以便我们更好地为您服务。

我们的联系方式：

地　　址：北京市海淀区双清路学研大厦 A 座 701

邮　　编：100084

电　　话：010-83470236　010-83470237

资源下载：http://www.tup.com.cn

客服邮箱：tupjsj@vip.163.com

QQ：2301891038（请写明您的单位和姓名）

用微信扫一扫右边的二维码，即可关注清华大学出版社公众号。

教学资源·教学样书·新书信息

人工智能科学与技术
人工智能|电子通信|自动控制

资料下载·样书申请

书圈